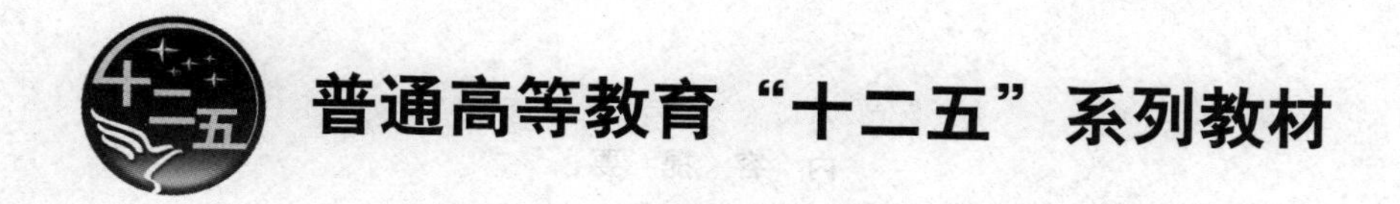

可编程控制器原理及应用

（第二版）

主　编　董爱华
副主编　李　良　余琼芳
编　写　苏　波　曾志辉
主　审　张会清

中国电力出版社
CHINA ELECTRIC POWER PRESS

内 容 提 要

本书是在原书第一版的基础上，参照广大读者提出的宝贵意见和建议，经过总结提高、修改完善编写而成的。全书分绪论、11章内容和附录，其中主要内容包括电气控制基本知识、可编程控制器概述、可编程控制器的组成与原理、三菱FX系列可编程控制器、FX系列可编程控制器基本指令、步进指令、功能指令、编程器及编程软件的使用、特殊功能模块，以及可编程控制器的设计、调试方法及工程应用实例。同时为扩大读者知识面及教材信息量，还对其他常用的PLC系列进行了介绍。在附录中给出了FX_{2N}系列PLC的常用辅助继电器和FX系列PLC主要功能指令，供编程参考。为配合教学，本书配有免费电子课件，凡选用本书作为教材的学校，可登录http：//jc.sgcc.com.cn注册、下载。

本书可作为高等院校电气工程及其自动化、自动化、机械设计制造及其自动化等专业教学用书，也可作为高职高专、成人教育层次相关专业教材，还可供相关工程技术人员参考。

图书在版编目（CIP）数据

可编程控制器原理及应用/董爱华主编．—2版．—北京：中国电力出版社，2014.12（2023.1重印）

普通高等教育“十二五”规划教材

ISBN 978-7-5123-6698-5

Ⅰ．①可…　Ⅱ．①董…　Ⅲ．①可编程序控制器-高等学校-教材　Ⅳ．①TM571.6

中国版本图书馆CIP数据核字（2014）第249982号

中国电力出版社出版、发行

（北京市东城区北京站西街19号　100005　http：//www.cepp.sgcc.com.cn）

望都天宇星书刊印刷有限公司印刷

各地新华书店经售

*

2009年7月第一版

2014年12月第二版　2023年1月北京第十次印刷

787毫米×1092毫米　16开本　18.75印张　455千字

定价35.00元

前　言

本书第一版自2009年出版以来，已经过数次印刷，并受到了广大院校师生的一致好评。本次修订是在第一版的基础上，参照广大读者提出的宝贵意见和建议，经过总结提高、修改完善编写而成的。全书分绪论、11章内容和附录，其中主要内容包括电气控制基本知识、可编程控制器概述、可编程控制器的组成与原理、三菱FX系列可编程控制器、FX系列可编程控制器基本指令、步进指令、功能指令、编程器及编程软件的使用、特殊功能模块、可编程控制器的应用及其他系列PLC简介。在附录中给出了FX_{2N}系列PLC的常用辅助继电器和FX系列PLC主要功能指令，供编程参考。

本次修订主要改动内容如下：

(1) 第二版增加了“绪论”部分，主要介绍PLC的产生、发展过程和发展趋势以及本书的主要内容和学习方法，方便学生对PLC的了解，提高学习兴趣与信心。

(2) 三菱公司FX_{2N}系列PLC目前已全面停产，由FX_3系列代替，但目前大多数的高等院校PLC的实训机型仍然是FX_{2N}系列。为满足教学要求和广大读者对PLC新机型的了解，第二版在保留基本PLC系列产品的基础上，增加了FX_{3U}系列、FX_{3G}系列两款新机型的介绍。

(3) 随着PLC编程功能的日益强大，传统的编程器应用场合受到很大限制，GX Developer编程软件应用越来越广泛。在本次修订时，新增加了GX Developer编程软件使用方法的介绍。

(4) 为了增强本教材的实用性，本次修订增加了一些工程应用实例。其中第1章中增加了1.3节，重点介绍典型生产机械电气控制线路，包括摇臂钻床、卧式车床、提升机的电气控制线路的原理分析、设计方法；第10章增加了10.3节，重点介绍PLC工程应用实例，包括全自动洗衣机的PLC控制、电梯的PLC控制和变频器的PLC控制。

(5) 为突出重点，删去了第一版中烦琐的内容，并对部分内容和图形做了修改。

本书由河南理工大学董爱华教授主编，李良、余琼芳任副主编，苏波、曾志辉参与编写。其中前言、绪论、1、10、11章由董爱华编写；2章和3章由李良编写；4、5章和8章由余琼芳编写；6章和7章由苏波编写；9章由曾志辉编写。

本书第一版出版后得到广大读者的关心和支持，提出了一些宝贵意见和建议，在此表示深深的感谢。在本教材的编写中参考了一些文献，在此对有关文献的作者致以诚挚的谢意！

由于时间有限，书中不妥之处在所难免，恳请有关专家和读者不吝赐教。

编　者

2014年7月

第一版前言

可编程控制器是集计算机、自动控制和通信为一体的高新技术产品。它具有功能性强、可靠性高、配置方便灵活、易学易用等突出特点，已成为发展最快、应用最广的控制装置之一，广泛应用于工矿企业及其他领域。目前，我国高等工科院校机、电、控制类专业相继开设了可编程控制器原理课程，为满足我国大专院校可编程控制技术课程教学和工程技术应用的需要，编写了《可编程控制器原理及应用》这本书。

本书编写时，参考了大量的技术资料，并结合编者多年从事PLC教学和科研工作的实践，力求语言简练、通俗易懂，原理叙述清楚，应用内容介绍到位，突出实用性；内容上以常见的FX系列PLC机型为重点，适当兼顾其他机型。考虑到电气控制技术与可编程控制技术的联系，书中还简要介绍了常用低压控制电器的基本结构、原理及典型的电气控制线路，为学习可编程控制器作基础铺垫。本书以日本三菱系列FX小型PLC为对象，详细介绍PLC的组成、工作原理、内部编程元件、基本指令、步进指令、功能指令，以及编程器的基本知识和可编程控制器选型、系统设计方法，最后还简要介绍了其他系列的可编程控制器。本书每章后面均有练习与思考题，便于读者复习、巩固所学内容。

全书共分11章，其中，第1章电气控制基本知识，介绍常用低压电器的结构、原理和基本控制线路；第2章可编程控制器概述，介绍可编程控制器的特点、分类和应用；第3章可编程控制器的组成与原理，介绍可编程控制器的组成、编程语言和等效电路等；第4章三菱FX系列可编程控制器，介绍三菱FX系列可编程控制器的特点、系统配置、性能指标和编程元件；第5章FX系列PLC基本指令，介绍基本指令、梯形图编程规则和典型编程环节；第6章步进指令，介绍步进指令及状态转移图；第7章功能指令，介绍功能指令的格式、编程方法；第8章简易编程器，介绍简易编程器的操作、功能等；第9章特殊功能模块，介绍模拟量输入/输出模块、数据通信模块；第10章可编程控制器的应用，介绍可编程控制系统的选型、设计、调试和维护方法；第11章其他系列PLC简介，介绍西门子S7-200系列、欧姆龙C系列和松下FP1系列可编程控制器的性能及基本指令，其目的是为了扩展知识面，以适应工程应用的需要。

本书由河南理工大学电气工程与自动化学院教师担任编写工作，董爱华为主编，李良、余琼芳为副主编，苏波、曾志辉参与编写。其中前言、第1章、第10章、第11章及附录部分由董爱华编写；第2章和第3章由李良编写；第4章、第5章由余琼芳编写；第6章和第7章由苏波编写；第8章和第9章由曾志辉编写。

本书承北京工业大学张会清教授审阅，提出了宝贵的修改意见，在此表示衷心感谢。

本书的编写中参考了一些文献，在此对有关文献的作者致以诚挚的感谢！

由于编者的水平有限，书中不妥、错漏之处在所难免，恳请有关专家和读者不吝赐教。

编　者

2009年1月

目 录

0 绪 论

0.1 可编程控制器技术的发展

0.1.1 发展概况

可编程控制器技术是在电气控制技术的基础上发展起来的。19世纪末，直流电动机、交流异步电动机相继问世，出现了以电动机为动力的电气拖动系统，从此拉开了电气控制技术的序幕。最早的电气控制技术是从手动刀开关控制开始的，通过手动方式拉开和闭合刀开关，实现对电动机电源控制，从而控制电动机的起动和停止。

20世纪初，电动机的应用日趋广泛，在很多生产机械拖动系统中，电动机逐渐取代了蒸汽机，并出现了多种拖动方式，如一对一拖动、一对多拖动。为了满足不同生产工艺的需要，提高产品的生产质量，不仅需要对电动机进行起动、停止控制，还需要进行制动、反转、调速等控制。另外，从电气安全运行考虑，各台设备之间还需要互锁、自锁、联锁、顺序切换等功能。进入20世纪30年代，相继出现了可实现自动控制功能的继电器、接触器、按钮等低压电器产品，并先后诞生了具有多种保护功能的自动开关，逐步形成了功能齐全的多种系列产品，基本控制电路也日趋规范化和标准化。采用继电器、接触器等电器元件构成的控制系统通常称为继电—接触器控制系统。这种控制系统结构简单、价格低廉、维护方便，因此广泛应用于生产自动控制系统中，实现对被控对象的集中控制和远距离控制。先进的生产过程还要求对影响产品质量的各种工艺参数，如温度、压力、流量、速度等实现自动测量和自动调节，这样就形成了功能完善的电气自动化系统。

由于继电—接触器控制系统是固定形式的接线方式，故在生产工艺改变时，需要重新布线，控制的灵活性较差；此外，继电—接触器控制系统采用有触点元件，动作频率低，触点易损坏，系统的可靠性较差。为了克服继电—接触器控制系统的不足，1968年美国通用汽车（GM）公司为适应汽车型号的不断更新，生产线控制系统不断改进的要求，提出了可编程控制器的设想。1969年美国数字设备公司（DEC）率先研制出世界上第一台可编程控制器，型号为PDP-14，并在GM公司汽车生产自动装配线上试用成功，从此开创了可编程控制器的新纪元。随后，其他一些国家也相继开展了可编程控制器的研制：1971年，日本研制出第一台可编程控制器；1973年，德国研制出第一台可编程控制器；1974年，中国研制出第一台可编程控制器。

可编程控制器结合了计算机和继电—接触器控制系统的优点，采用计算机的软件控制方式，灵活性强、通用性好，操作简单方便、价格便宜，是一种能适应工业环境的通用控制装置。同时可编程控制器简化了编程方法和程序输入方式，使得不熟悉计算机的人员也能很快掌握它的使用技术。

20世纪70年代微处理器技术日益发展和成熟，很快被引入到可编程控制器中，使可编程控制器增加了运算、数据传送及处理等功能，成为真正意义上具有计算机特征的工业自动化控制装置。个人计算机（Personal Computer，PC）发展起来后，为了真正反映可编程控制器的功能特点并区别于个人计算机，可编程控制器定名为可编程逻辑控制器（Programmable Logic Controller，PLC）。

20 世纪 80 年代初，PLC 进入实用化发展阶段。计算机技术的全面引入，使 PLC 的性能发生了飞跃性变化。运算速度更快、可靠性更高，具有模拟量运算和 PID 控制等功能的超小型 PLC 很快占领了市场，并以极高的性价比奠定了 PLC 在工业控制领域的主导地位。

20 世纪 80 年代中期，PLC 在先进工业国家中已获得广泛应用。世界上生产 PLC 的国家日益增多，产量日益上升。这标志着 PLC 已步入成熟阶段。

20 世纪 80 年代至 90 年代中期，是 PLC 发展最快的时期，年增长率一直保持为 30%～40%。在这时期，PLC 处理模拟量的能力、数字运算能力、人机接口能力和网络能力得到大幅度提高，并逐渐进入过程控制领域，在某些方面取代了在过程控制领域处于统治地位的 DCS 系统。

20 世纪末期，为适应现代工业的发展、满足大型复杂控制系统的需要，大型或超大型 PLC 被成功研制出来，并先后诞生了各种各样的特殊功能单元、生产了各种人机界面单元、通信单元，使以 PLC 为核心的工业控制系统更加方便、快捷。当前，PLC 已经成为电气自动控制系统中应用最为广泛的核心装置，在很多控制领域中对传统的继电—接触器控制技术形成了很大的挑战。

0.1.2　发展现状

目前，随着微电子技术的发展，大规模和超大规模集成芯片的涌现，作为 PLC 核心部件的微处理器已由最初的一位发展到现在的 16 位和 32 位，而且还出现了多处理器、多通道的大型、快速 PLC。如今，PLC 技术已日趋成熟，不仅控制功能增强，功耗和体积减小，成本下降，可靠性提高，编程和故障检测更为灵活方便，而且随着远程 I/O 和通信网络、数据处理以及图像显示的发展，使 PLC 向用于连续生产过程控制的方向发展，成为实现工业生产自动化的主要控制装置。

现在，世界上已有 200 多家 PLC 生产厂家，PLC 产品多达 400 余种。按地域可分成美国、欧洲和日本等三大主流产品，各主流产品都各具特色。其中，美国是 PLC 生产大国和出口大国，有 100 多家著名的 PLC 生产和销售公司，典型的有 AB 公司、通用电气（GE）公司、莫迪康（MODICON）公司。德国的西门子（SIEMENS）公司、AEG 公司及法国的 TE 公司是欧洲 PLC 产品制造商中最典型的代表。日本有许多 PLC 制造商，典型的有三菱、欧姆龙、松下、富士等。韩国有三星（SAMSUNG）、LG 等 PLC 品牌，这些生产厂家的产品占 PLC 市场份额达 80%以上。

我国在 20 世纪 70 年代末和 80 年代初开始引进和研发自己的 PLC，经过多年的发展，国内 PLC 形成产品化生产的企业约 30 多家。目前，国内 PLC 主要应用市场仍然以国外产品为主。

0.1.3　发展趋势

PLC 控制技术与电气控制技术一样，也是一门不断发展的技术。随着 PLC 应用领域日益扩大，PLC 技术及其产品结构都在不断发生变化。归纳起来，PLC 发展趋势如下。

(1) 产品规模方面向两极方向发展。当前中小型 PLC 比较多，为了适应市场的多种需要，今后 PLC 会向多品种方向发展。一方面，大力发展速度更快、性价比更高的小型和超小型 PLC，以适应单机及小型自动控制的需要；另一方面，向高速度、大容量、技术完善的大型或超大型 PLC 方向发展。随着复杂系统控制的要求越来越高，微处理器与计算机技术的不断发展，人们对 PLC 的信息处理速度要求也越来越高，要求用户存储器容量也越来越大。目前，PLC 的扫描速度已成为很重要的一个性能指标，有的 PLC 的扫描速度可达 0.1ms/k 步左右。现已有 I/O 点数达 14336 点的超大型 PLC，它使用了 32 位微处理器，采用大容量存储器和多 CPU 并行工作方式。

（2）向通信网络化方向发展。PLC 网络控制是当前控制系统和 PLC 技术发展的主流。PLC 与 PLC 之间的联网通信、PLC 与上位计算机的联网通信已得到广泛应用。目前，PLC 制造商都在发展自己专用的通信模块和通信软件，以加强 PLC 的联网能力，并在协商制定通用的通信标准，以构成更大的网络系统。PLC 已成为集散控制系统（DCS）不可缺少的组成部分，加强 PLC 联网通信的能力，是 PLC 技术发展的主要趋势之一。

（3）向模块化、智能化方向发展。为满足工业自动化各种控制系统的需要，近年来，PLC 厂家先后开发了不少新器件和新模块，如智能 I/O 模块、温度控制模块和用于检测 PLC 外部故障的专用智能模块等，这些模块的开发和应用不仅增强了 PLC 的功能，扩展了 PLC 的应用范围，还提高了系统的可靠性，增强了外部故障的检测与处理能力。统计资料表明：在 PLC 控制系统的故障中，CPU 占 5%，I/O 接口占 15%，输入设备占 45%，输出设备占 30%，线路占 5%。前两项共 20%的故障属于 PLC 的内部故障，它可通过 PLC 自身的软、硬件实现自动检测和自动处理；而其余 80%的故障属于 PLC 的外部故障，PLC 生产厂家在致力于研制、开发专用的智能模块，以实现外部故障的自检测、自校正，进一步提高系统的可靠性。

（4）向多样化和标准化方向发展。多种编程语言和编程工具并存、互补与发展是 PLC 软件发展的一种趋势。PLC 厂家在使硬件及编程工具频繁换代、增加品种、提高功能的同时，向制造自动化协议（MAP）靠拢，使 PLC 的基本部件（包括输入输出模块、通信协议、编程语言和编程工具等）更趋规范化和标准化。在 PLC 系统结构不断发展、完善的同时，PLC 的编程语言也越来越丰富，功能也不断增强。除了大多数 PLC 使用的梯形图语言外，为了适应各种控制要求，出现了面向顺序控制的步进编程语言、面向过程控制的流程图语言、与计算机兼容的高级语言（如 BASIC、C 语言）等。

0.2 本课程简介

0.2.1 课程性质

“可编程控制器原理与应用”是工科专业一门实用性和实践性较强的专业基础课。它是计算机原理、控制理论、数字电子基础、工业控制网络等多领域的交叉学科，不仅理论性强，而且与工程实际结合极为密切。PLC 在工农业生产、科学研究和其他领域都有广泛的应用。学习这门课程的目的，就是要掌握电气控制器件结构原理、常见电气控制电路原理，以及 PLC 的组成原理和编程方法；培养分析电气控制线路、PLC 控制系统的能力，掌握 PLC 自控控制系统硬件和软件设计方法，为将来从事工程技术工作打下基础。

0.2.2 课程的主要内容

本课程内容很多，概括起来主要有以下几个方面：

(1) 低压电器的结构原理。主要介绍常见的控制电器、主令电器和保护电器结构原理和作用。

(2) 常见电气控制线路的原理和设计方法。主要介绍电气控制线路图的绘制原则，三相笼型异步电动机直接起动控制线路的设计方法，包括三相电动机直接起动控制线路、点动控制线路、正反转控制线路和自动往复行程控制线路；介绍定子串电阻降压起动、星形—三角形换接降压起动和自耦变压器降压起动三种控制线路，分析反接制动控制线路和能耗制动控制线路的工作原理。

(3) PLC 基本组成及工作原理。主要介绍 PLC 的定义与产生、特点与分类以及 PLC 应用、PLC 基本组成原理和编程语言等。

(4) PLC 基本编程语言。主要介绍 FX 系列 PLC 基本指令，包括 20 条语句表指令和梯形图，并结合应用介绍 PLC 编程规则以及典型的编程环节，还介绍工业顺序控制常用的步进指令，最后介绍功能指令的基本格式和主要的功能指令。

(5) PLC 控制系统设计方法。主要介绍 PLC 系统设计原则、选型以及 PLC 系统设计一般方法和 PLC 系统调试。

0.2.3 课程特点

本课程主要具有以下两个特点：

(1) 内容丰富。“可编程控制器原理与应用”涵盖了计算机技术、电气控制技术、数字电子技术、电力电子技术、网络工程等方面的内容，是过去的“电气控制技术”和“可编程控制器原理及应用”两门课程的基本内容的合成。

(2) 实用性强，应用广。PLC 技术作为重要的控制手段已在各个领域被广泛应用，遍及国民经济的各行各业、各个领域，是当代工业自动化三大支柱之一。三菱 PLC 和西门子是目前国内使用最多的 PLC，特别是中国沿海的大中型企业，主要以日产 PLC 为主。本书以三菱 PLC 为重点介绍对象，并附带介绍了其他系列的 PLC，以达到触类旁通，融会贯通。

0.2.4 学习方法

“可编程控制器原理与应用”覆盖的知识范围宽，对培养学生的创新思维能力和实际动手能力具有重要的作用。为了学好这门课程，首先要树立正确的学习目的和态度，还要有刻苦学习的精神和正确的学习方法。现就学习本课程的几个教学环节提出应注意的事项，以供参考。

(1) 系统掌握常用低压电器结构原理、用途以及 PLC 的硬件结构原理、软件设计方法和基本控制系统的设计方法。在此基础上，还要注意各部分内容之间的联系，前后之间的相互衔接，重在理解，要勤动脑，多思考，在教师的指导下，培养自学能力。

(2) 重视实验环节。通过实验巩固所学基本知识，培养和训练实验技能，培养科学作风。实验是学习本课程的一个重要环节，实验前最好要认真准备，实验时要积极思考；实验后要认真总结，力求掌握规律性的东西。

(3) 要理论联系实际。充分利用各种课外设计、制作活动，积极参加相关技能竞赛，不断提高自己的动手能力和分析问题和解决问题的能力。

1 电气控制基本知识

目前，在工业生产现场的许多控制系统中，一些由低压电器如按钮、各种开关、继电器、接触器等组成的电气控制线路到处可见。可编程控制器（Programmable Logic Controller，PLC）控制系统是在传统的继电—接触器控制系统的基础上发展起来的。因此在介绍 PLC 原理之前，有必要先介绍常用的低压电器以及继电—接触器控制系统的基本知识，使读者对低压电器及基本控制线路的组成原理、使用方法有所了解，能够正确分析继电—接触器控制系统的基本原理，为学习 PLC 原理及应用打下基础。

1.1 常用低压电器

电器是指能根据外界的信号及要求，手动或自动地接通或断开电路，断续或连续地改变电路参数，以实现电路或非电对象的切换、控制、保护、检测、变换和调节所使用的电气设备。即电器是一种控制工具，其应用十分广泛。

1.1.1 电器的分类

根据不同的分类方法，电器可分为不同的种类。电器的分类方法主要有按工作电压等级分类、按用途分类和按工作原理分类等。

1. 按工作电压等级分类

（1）低压电器。低压电器通常是指工作电压在 1200V（AC）或 1500V（DC）以下的电器，主要用于低压供配电系统中。例如继电器、接触器、刀开关、熔断器、起动器等。

（2）高压电器。高压电器通常是指工作电压在 1200V（AC）或 1500V（DC）以上的电器。例如高压断路器、高压隔离开关等。

2. 按用途分类

（1）控制电器。控制电器指用于各种控制电路和控制系统的电器，如接触器、各种控制继电器、起动器等。

（2）主令电器。主令电器指用于自动控制系统中发送控制指令的电器，如控制按钮、主令开关、行程开关、转换开关等。

（3）保护电器。保护电器指用于保护电设备的电器，如熔断器、热继电器、避雷器等。

（4）执行电器。执行电器指用于完成某种动作或传动功能的电器，如电磁铁、电磁阀等。

3. 按工作原理分类

（1）电磁式电器。电磁式电器指依据电磁感应原理来工作的电器，如交直流接触器、各种电磁式继电器等。

（2）非电量控制电器。非电量控制电器指靠外力或某种非电物理量的变化而动作的电器。例如刀开关、行程开关、按钮、速度继电器、压力继电器、温度继电器等。

1.1.2　开关电器

常用的开关电器有刀开关、组合开关、断路器等，它们广泛应用于配电线路作电源的隔离、保护与控制。

1. 刀开关

刀开关是一种广泛应用的手动控制电器，由操作手柄、触刀、静插座和绝缘底板组成。刀开关按刀数可分为单极、双极和三极，主要技术参数有额定电压、额定电流、通断能力等，其中通断能力是指在规定条件下、在额定电压下刀开关能接通和分断的电流值。

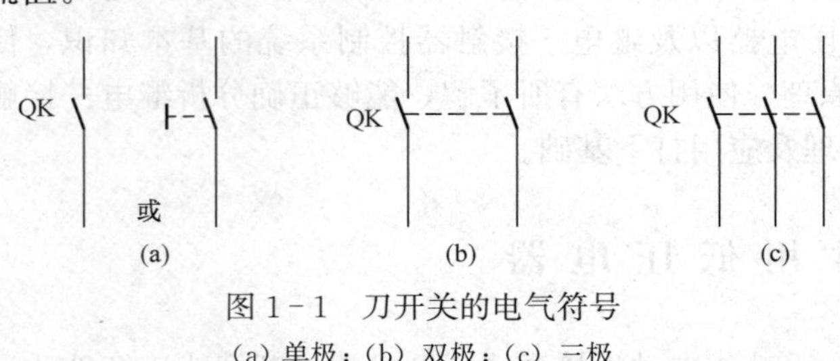

图 1-1　刀开关的电气符号

(a) 单极；(b) 双极；(c) 三极

刀开关在安装时，手柄要向上，不得倒装或平装，避免由于重力作用手柄自动下落而引起误动作。接线时应将电源线接在上端，负载线接在下端，这样拉闸后刀片与电源隔离，防止意外事故发生。刀开关的电气符号如图 1-1 所示。

2. 组合开关

组合开关又称转换开关，常用于电气设备中不频繁地通断电路、转接电源和负载，控制小容量感应电动机。

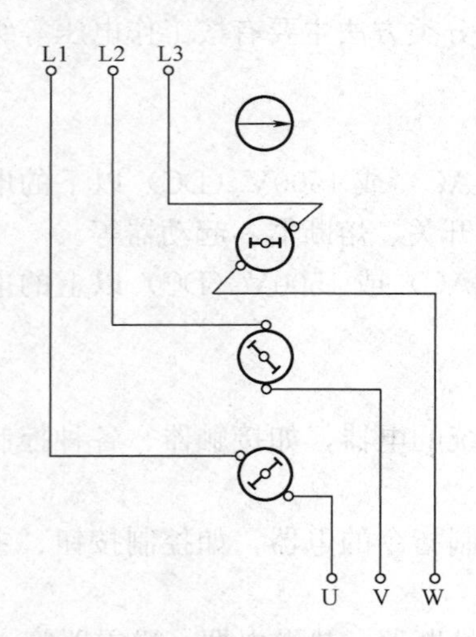

图 1-2　组合开关结构示意图

组合开关由动触点、静触点、转轴、手柄定位机构等组成。组合开关结构示意图如图 1-2 所示，电气符号如图 1-3 所示。

3. 断路器

断路器俗称自动开关，常用于低压配电电路的不频繁通断控制。在电路发生短路、过载或欠电压等故障时，能自动分断故障电路，起保护作用。

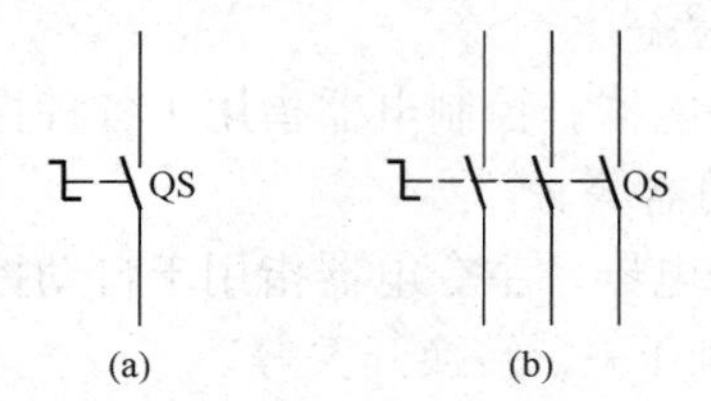

图 1-3　组合开关的电气符号

(a) 单极；(b) 三极

断路器的种类很多，图 1-4 是一种塑壳断路器的工作原理图。断路器主要由三个基本部分组成：触点、灭弧系统和各种脱扣器。脱扣器包括过电流脱扣器、失电压脱扣器、热脱扣器、分励脱扣器和自由脱扣器。过电流脱扣机构用于实现过电流保护，当电流超过整定值时，电流产生的电磁力拉动衔铁，过电流脱扣器带动自由脱扣器动作，断路器跳闸。失电压脱扣器用于实现失电压保护，当电源电压为额定值时，失电压脱扣器产生的电磁力将衔铁吸合，使断路器处于合闸状态；当电源电压降到低于整定值或为零时，在弹簧的作用下，自由脱扣器动

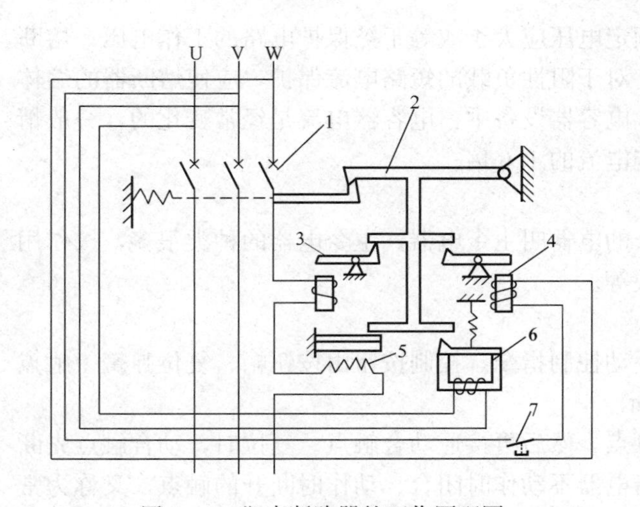

图 1－4　塑壳断路器的工作原理图

1—主触点；2—自由脱扣器；3—过电流脱扣器；
4—分励脱扣器；5—热脱扣器；6—失电压脱扣器；7—按钮

作而切断电源。热脱扣器用于实现过载保护。而分励脱扣器用于远距离操作：在正常工作时，其线圈是断电的；在需要远距离操作时，其线圈得电，分励脱扣器动作使断路器跳闸。断路器的电气符号如图 1－5 所示。

1.1.3　熔断器

熔断器是利用熔体熔化而切断电路实现对电路保护的。熔断器主要由熔体

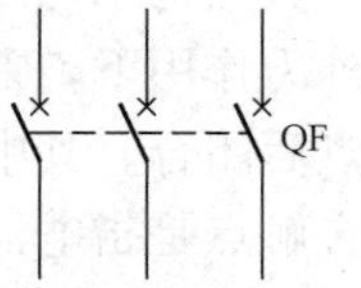

图 1－5　断路器的电气符号

和熔管等部分组成：熔体由易熔金属材料铝、锡、锌、银及其合金制成，通常制成丝状或片状；熔管是安装熔体的外壳，在熔体熔断时兼有灭弧作用。熔断器的类型很多，常见的有插入式熔断器和螺旋式熔断器。插入式熔断器有 RC1A 等系列，主要用于民用和工业的照明电路中；螺旋式熔断器有 RL6、RL7、RLS2 和 RZ1 等系列：RL6、RL7 系列多用于机床配线电路中；RLS2 为快速熔断器，主要用于保护硅整流器件和晶闸管等半导体器件；RZ1 系列是一种自复式新型熔断器，这种熔断器只能限制故障电流，不能切断故障电路，一般与断路器配合使用。其中瓷插式熔断器（插入式熔断器的一种）的外形结构如图 1－6 所示。熔断器的电气符号如图 1－7 所示。

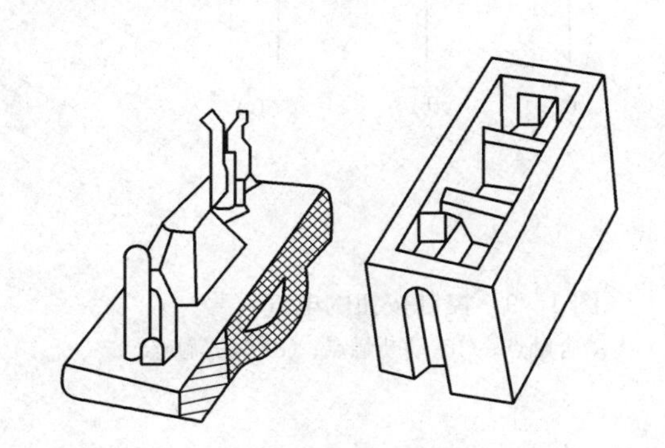

图 1－6　瓷插式熔断器的外形结构

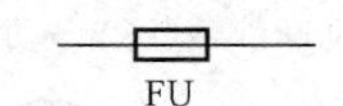

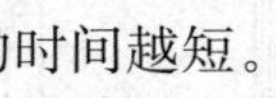

图 1－7　熔断器的电气符号

熔断器串接在被保护的电路中，当电路正常工作时，电路的电流小于熔断器的熔断电流，熔断器的熔体不熔化；当电路发生短路或过载时，电路的电流大于熔断器的熔断电流，产生的热量使熔体熔化并切断电路，从而达到保护的目的。电流通过熔体时产生的热量与电流的平方和电流通过的时间成正比，因此电流越大，熔体熔断的时间越短。熔断时间与熔断电流之间的关系称为熔断器的安秒特性，熔断器典型的安秒特性数值关系见表 1－1。

表 1－1　熔断器典型的安秒特性数值关系

熔断电流	（1.25～1.3）I_N	$1.6I_N$	$2I_N$	$2.5I_N$	$3I_N$	$4I_N$
熔断时间	∞	1h	40s	8s	4.5s	2.5s

熔断器的选择分类型选择、额定电压选择、额定电流选择。类型选择要根据电路要求、

使用场合、安装条件来确定；熔断器的额定电压应大于或等于被保护电路的工作电压；熔断器的额定电流与负载的大小及性质有关。对于阻性负载的短路电流保护，应使熔断器的熔体额定电流等于或略大于电路的工作电流；电容器设备中，电容器电流是经常变化的，一般情况下，熔体的额定电流应大于电容器额定电流的1.6倍。

1.1.4 主令电器

在自动控制系统中用于发布控制指令的电器叫主令电器。主令电器的种类很多，按作用分为控制按钮、位置开关、万能转换开关等。

1. 控制按钮

在低压控制电路中，控制按钮发布手动控制指令。控制按钮由按钮帽、复位弹簧、触点和外壳组成，其结构示意图如图1-8所示。

按钮在外力作用下，首先断开动断触点，然后再接通动合触点。复位时，动合触点先断开，动断触点后闭合。其中动断触点是指电器不动作时闭合、动作时断开的触点，又称为常闭触点；动合触点是指电器不动作时断开、动作时闭合的触点，又称为常开触点。

控制按钮一般用红色表示停止按钮，绿色表示起动按钮。控制按钮的电气符号如图1-9所示。

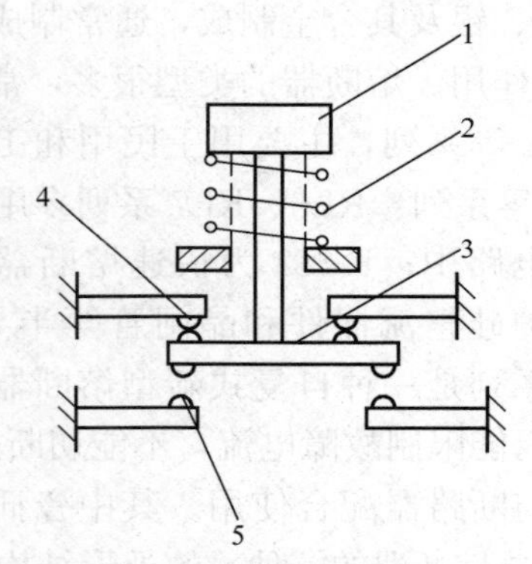

图1-8 控制按钮结构示意图
1—按钮帽；2—复位弹簧；3—动触点；4—动断静触点；5—动合静触点

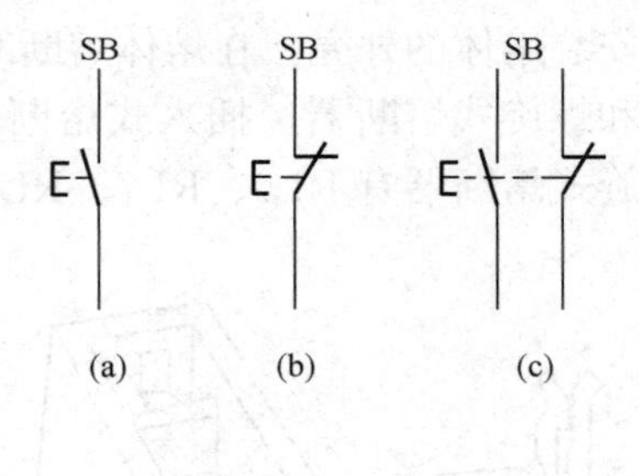

图1-9 控制按钮的电气符号
(a) 动合触点；(b) 动断触点；(c) 复式触点

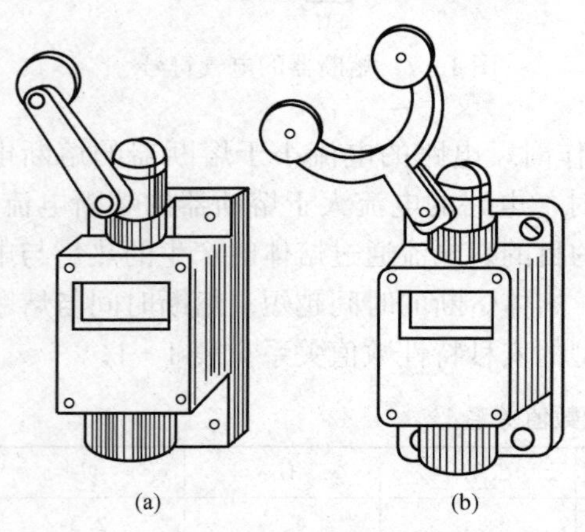

图1-10 行程开关外形图
(a) 单轮旋转式；(b) 双轮旋转式

2. 位置开关

位置开关主要由操动机构、触点系统和外壳等部分构成。位置开关可分为行程开关、接近开关、光电开关等。在电气控制系统中，位置开关用以实现顺序控制、位置状态的检测与定位控制。

(1) 行程开关。行程开关是一种利用生产机械某些运动部件的碰撞来发出控制指令的开关。当行程开关用于位置保护时，也叫限位开关。单轮旋转式和双轮旋转式行程开关外形如图1-10所示。

行程开关的规格、品种较多，选用时应根据不同使用场合，满足额定电压、额定电流、复位方式等方面要求。行程开关的图形符号及文字符号如图 1-11 所示。

（2）接近开关。接近开关又称无触点行程开关，是一种以不直接接触方式进行控制的位置开关。当被测物体接近到一定距离时接近开关就可发出开关信号，它不仅可用于完成行程控制和限位保护，还可用于高速计数、测速、检测物体位置、尺寸等。

接近开关按其工作原理分为高频振荡型、电容型、霍尔型等，其中以高频振荡型最为常用。高频振荡型接近开关的电路由振荡器、放大器和输出三部分组成，当有金属物体接近高频振荡器的线圈时，振荡回路参数变化，振荡衰减直到终止而输出控制信号。接近开关的主要技术参数有工作电压、输出电流、动作距离等。接近开关的文字符号与图形符号如图 1-12 所示。

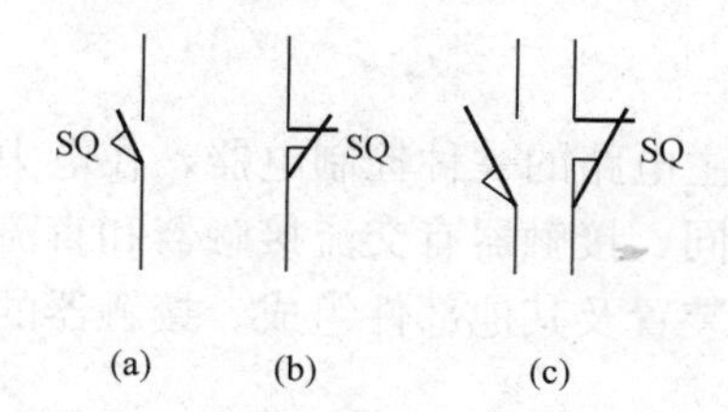

图 1-11 行程开关的符号
(a) 动合触点；(b) 动断触点；(c) 复式触点

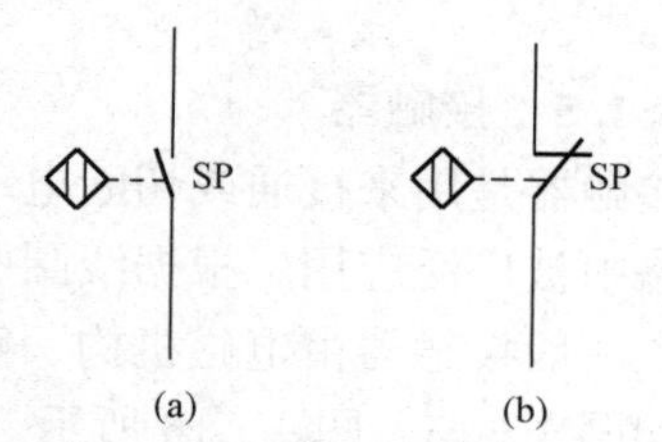

图 1-12 接近开关的符号
(a) 动合触点；(b) 动断触点

（3）光电开关。光电开关是接近开关的一种，具有作用距离远、能直接检测非金属物体的优点，还具有体积小、功能多、寿命长、精度高、响应速度快和抗干扰能力强等特点。目前，光电开关广泛用于物位检测、液位控制、产品计数、速度检测、宽度检测、自动门控制以及安全防护等领域。

光电开关种类繁多，主要技术指标有电源电压、检测距离、输出方式、响应时间、检测方式等。

3. 万能转换开关

万能转换开关是一种多挡位、控制多回路的组合开关，由于转换电路多、用途广泛而得名。万能转换开关一般包括操动机构、面板、手柄及数个触点座等部件，用螺栓组装成为整体。触点的分断与闭合由凸轮进行控制，其某一层结构如图 1-13 所示。

目前常用的万能转换开关有 LW2、LW5、LW6、LW8、LW9、LW12 和 LW15 等系列。其中 LW9 和 LW12 系列符合 IEC 和国家最新标准，采用一系列新工艺、新材料，性能可靠、功能齐全，能替代目前同类产品。

万能转换开关的电气符号与操作手柄在不同位置时，其触点分合状态有两种表示方式：一种是图形表示，即用画有虚线和“·”的电路图表示，如图 1-14（a）所示，其中虚线表示操作手柄的位置，有“·”表示对应触点闭合；另一种是通断表表示，如图 1-14（b）所示，其中有“×”表示操作手柄在此位置时触点闭合。

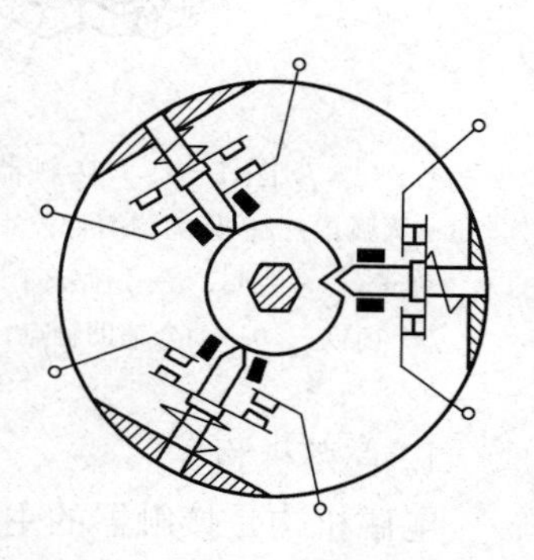

图 1-13 万能转换开关某一层结构

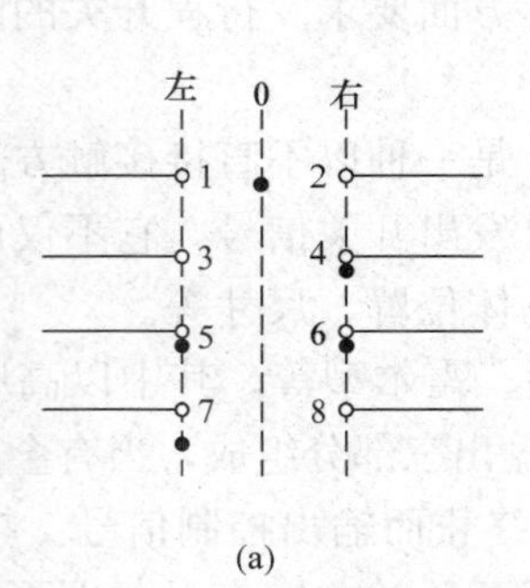

触点号	位置		
—	左	0	右
1–2		×	
3–4			×
5–6	×		×
7–8	×		

(b)

图 1－14　万能转换开关的图形符号
（a）图形表示；（b）通断表表示

1.1.5　接触器

接触器是用来接通或切断电动机或其他负载主电路的一种控制电器，在电力拖动自动控制电路中被广泛应用。根据线圈中的电流种类不同，接触器有交流接触器和直流接触器两大类型。一般接触器由电磁机构、触点系统、灭弧装置及其他部件组成。接触器的外形及电气符号如图 1－15、图 1－16 所示。

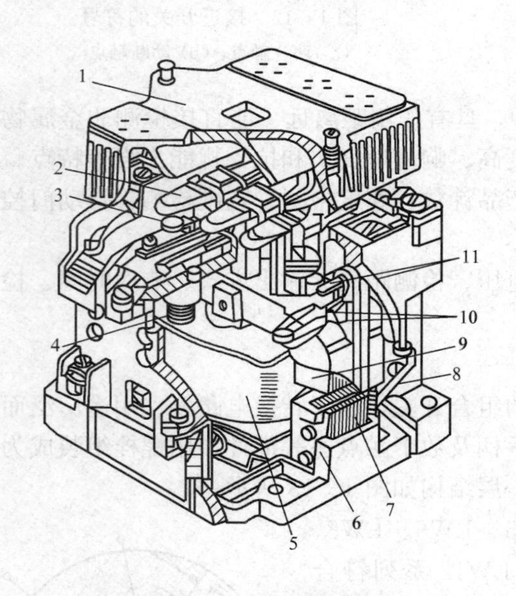

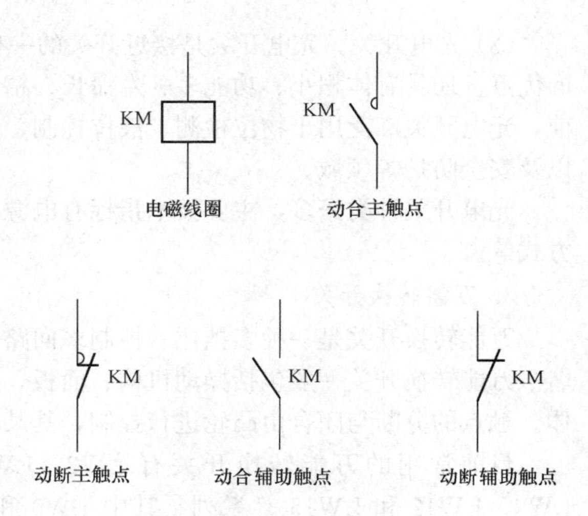

图 1－15　接触器外形图

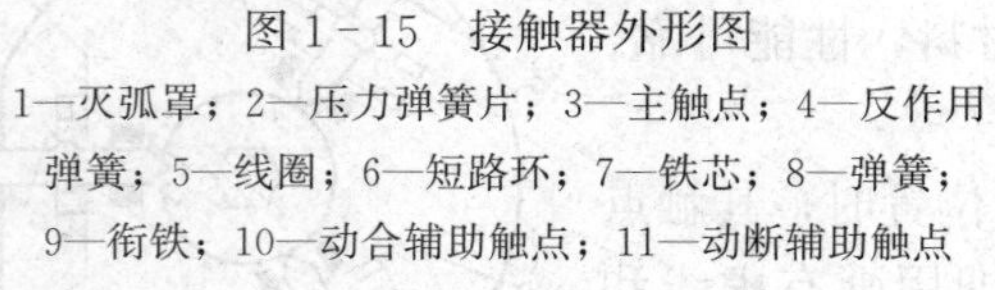
1—灭弧罩；2—压力弹簧片；3—主触点；4—反作用弹簧；5—线圈；6—短路环；7—铁芯；8—弹簧；9—衔铁；10—动合辅助触点；11—动断辅助触点

图 1－16　接触器的电气符号

1. 电磁机构

电磁机构是接触器的主要组成部件之一，它的主要作用是将电磁能量转换为机械能量，带动触点动作，从而接通或分断电路。电磁机构由线圈、铁芯、衔铁等几部分组成，其主要结构与原理示意图如图 1－17 所示。

2. 触点系统

触点是接触器的执行部分，起接通和分断电路的作用。接触器的触点系统包括主触点和辅助触点，且有动合和动断之分。要求触点导电、导热性能良好，故触点常用银、铜材料制成。

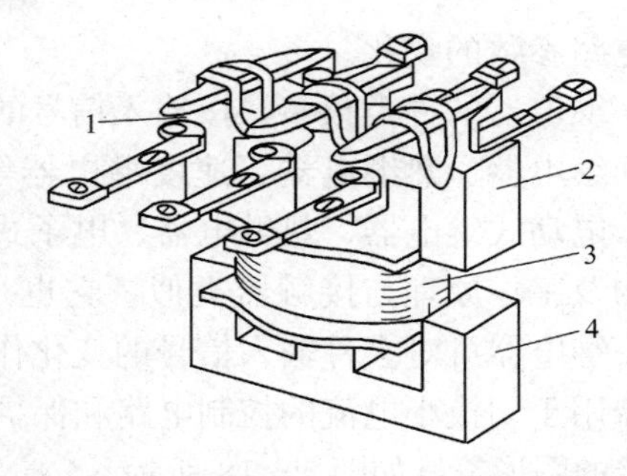

图 1-17 电磁机构的主要结构与原理示意
1—主触点；2—衔铁；3—电磁线圈；4—铁芯

3. 灭弧装置

接触器的触点在大气中断开电路时，如果被断开电路的电流超过某一数值，断开瞬间加在触点间隙两端电压超过某一数值（约 12～20V）时，则触点间隙中就会产生电弧。电弧实际上是触点间气体在强电场作用下产生的电离放电现象。当触点间刚出现分断时，两触点间距离极小，磁场强度很大，在高温和强电磁场作用下，金属内部的自由电子从阴极表面逸出，奔向阳极，这些自由电子在电场中运动时撞击中性气体分子，使之激励和电离，产生正离子和电子。在触点间隙中产生大量的带电粒子，使气体导电，形成了炽热的电子流即电弧。

电弧产生时，常伴随高温并发出强光，会将触点烧损，并使电路的切断时间延长，严重时还会引起火灾，因此应采取适当措施熄灭电弧。灭弧装置就用来熄灭触点在切断电路时所产生的电弧，保护触点不受电弧灼伤。在交流接触器中常采用的灭弧方法有电动力灭弧和栅片火弧。

4. 其他部件

其他部件主要包括反作用弹簧、缓冲弹簧、传动机构、接线柱和外壳等，它们是接触器的辅助部分。

5. 接触器的工作原理

当电磁线圈得电后，磁场的电磁力使衔铁克服弹簧的反作用力向铁芯移动，同时带动触点系统，使动合触点闭合，动断触点断开。相反，一旦电源电压消失或者显著降低，电磁力消失或电磁力不足，在弹簧的作用下，触点恢复电磁线圈未通电时的状态。

6. 接触器的主要技术参数

接触器的技术参数是选择接触器的重要依据，其主要技术参数如下。

(1) 额定电压。接触器的额定电压是指主触点的额定电压，交流有 220、380、660V，直流有 110、220、440V。

(2) 额定电流。接触器的额定电流是指主触点的额定工作电流，目前常用电流范围为 10～1000A。

(3) 吸引线圈的额定电压。吸引线圈额定电压交流有 36、127、220V 和 380V，直流有 24、48、220V 和 440V。

(4) 额定操作频率。接触器的额定操作频率是指每小时允许的操作次数，一般为 300 次/h 和 1200 次/h。

1.1.6 继电器

继电器是一种根据特定形式的输入信号而动作的自动控制电器。其输入信号可以是电流、电压等电量，也可以是温度、时间、速度、压力等非电量，而输出则是触点的动作或者是电路参数的变化。

继电器的种类很多，按输入信号的性质，分为电压继电器、电流继电器、中间继电器、时间继电器、热继电器、速度继电器等；按工作原理，可分为电磁式继电器、感应式继电器、电动式继电器、热继电器、电子式继电器等。其中电磁式继电器有直流和交流两类。其结构及工作原理与接触器类似，它也是由电磁机构和触点系统组成的，二者的主要区别在于：继电器可对多种输入信号的变化作出反应，而接触器只有在一定的电压信号下动作；继电器用于切换小电流的控制电路和保护电路，而接触器主要用来控制大电流电路。电磁式继电器的图形符号如图 1-18 所示。

1. 电流继电器

电流继电器的线圈与被测量电路串联，以反映电路电流的变化，其线圈匝数少、导线粗、线圈阻抗小。

2. 电压继电器

电压继电器的线圈与被测量电路并联，以反映电路电压的变化，其线圈匝数多、导线细、线圈阻抗大。

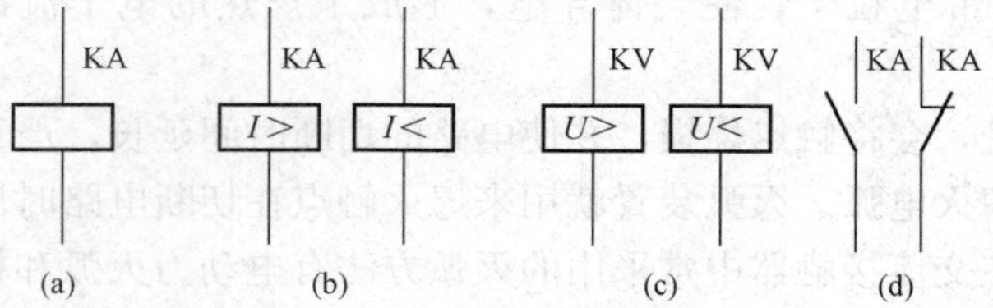

KA KA KA KV KV KA KA

I> I< U> U<

(a) (b) (c) (d)

图 1-18 电磁式继电器的符号
(a) 线圈的一般符号；(b) 电流继电器线圈；
(c) 电压继电器线圈；(d) 触点

3. 中间继电器

中间继电器实质上是一种电压继电器，触点对数多、触点容量较大（额定电流 5～10A），动作灵敏度高。中间继电器主要起信号中继作用。

4. 时间继电器

时间继电器是一种利用电磁原理或机械动作原理实现触点延时接通和断开的自动控制电器。按动作原理可分为直流电磁式、空气阻尼式、电动式和电子式等。

(1) 直流电磁式时间继电器。在直流电磁式电压继电器的铁芯上增加一个阻尼铜套，即可构成时间继电器。当线圈通电时，由于衔铁处于释放位置，气隙大、磁阻大、磁通小、铜套阻尼作用相对也小，因此衔铁吸合时延时不显著。而当线圈断电时，磁通变化量大、铜套阻尼作用也大，使衔铁延时释放而起到延时作用。这种继电器仅能作断电延时，且延时一般不超过 5s。

(2) 空气阻尼式时间继电器。空气阻尼式时间继电器是利用空气阻尼原理获得延时的。它由电磁机构、延时机构和触点系统三部分组成，电磁机构为直动式双 E 形铁芯，延时机构采用气囊式阻尼机构，触点系统是微动开关。

空气阻尼式时间继电器结构简单、延时范围大、寿命长、价格低，但延时误差大，无调节刻度指示，一般适用于延时准确度要求不高的场合。

(3) 电动式时间继电器。电动式时间继电器是由微型同步电动机拖动，有通电延时和断电延时两种类型，其优点是延时范围宽（0～72h），缺点是机械结构复杂、价格贵。

(4) 电子式时间继电器。电子式时间继电器具有体积小、延时范围宽、使用寿命长的优点。就延时原理而论有阻容充电延时型和数字电路型。

时间继电器在选择时应根据控制要求选择其延时方式，根据所需延时范围和准确度选择继电器的类型。时间继电器的电气符号如图 1-19 所示。

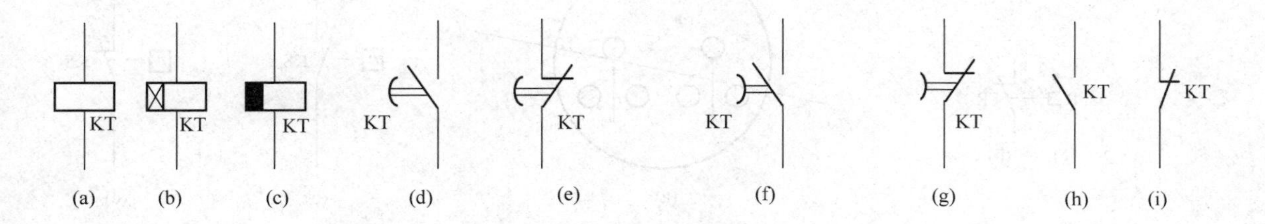

图 1-19 时间继电器的电气符号

（a）线圈一般符号；（b）通电延时线圈；（c）断电延时线圈；（d）延时闭合动合触点；（e）延时断开动断触点；（f）延时断开动合触点；（g）延时闭合动断触点；（h）瞬时动合触点；（i）瞬时动断触点

5. 热继电器

热继电器是利用电流的热效应原理实现电动机过载保护的自动控制电器。热继电器主要由热元件、双金属片、触点系统等组成，双金属片是热继电器的感温元件，它由两种不同热膨胀系数的金属碾压而成。图 1-20 为热继电器结构原理图。

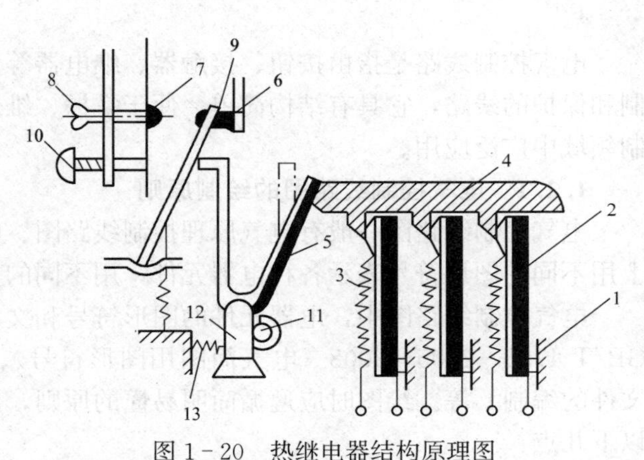

图 1-20 热继电器结构原理图

1—推杆；2—双金属片；3—热元件；4—导板；5—补偿双金属片；6—动断触点；7—动合触点；8—复位调节螺钉；9—动触点；10—复位按钮；11—调节旋钮；12—支撑件；13—弹簧

热继电器的热元件串联在电动机定子回路中，电动机正常工作时，热元件产生的热量虽然能使双金属片弯曲，但不能使热继电器动作。当电动机过载时，流过热元件的电流增大，经过一段时间后，双金属片推动导板使热继电器触点动作，切断电动机的控制电路。

电动机断相运行是电动机烧毁的重要原因之一，因此，要求热继电器还应具备断相保护功能。热继电器的导板采用差动机构，在断相发生时，电动机两相电流增大，一相逐渐冷却，这样可使热继电器的动作时间缩短，以便更有效地保护电动机。

热继电器的图形符号及文字符号如图 1-21 所示。

6. 速度继电器

速度继电器又称为反接制动继电器，主要用作笼型异步电动机的反接制动控制。速度继电器主要由转子、定子和触点三部分组成。

速度继电器转子的轴与被控电动机的轴相连接，当电动机转动时，速度继电器的转子随之转动。当达到一定转速，定子在感应电流和力矩作用下跟随转子转动，定子转到一定角度时，装在定子轴上的摆锤推动簧片（动触片）动作，使动断触点断开，动合触点闭合。当电动机转速低于某一数值时，定子产生的转矩减小，触点在簧片作用下复位。

速度继电器的电气符号如图 1-22 所示。

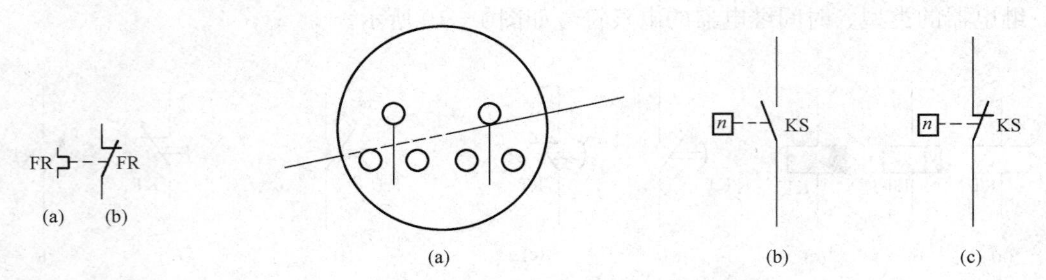

图 1-21　热继电器的电气符号
(a) 热元件；(b) 动断触点

图 1-22　速度继电器的电气符号
(a) 转子；(b) 动合触点；(c) 动断触点

1.2　基本电气控制线路

电气控制线路是指由按钮、接触器、继电器等低压电器组成的、用于实现对被控对象控制和保护的线路，它具有结构简单、便于掌握、维修方便等许多优点，在生产机械的电气控制领域中广泛应用。

1.2.1　电气控制线路图的绘制原则

电气控制线路图一般有电气原理控制线路图、电器布置图、电器安装接线图三种。在图上用不同的图形符号表示各种电器元件，用不同的文字符号表示电器元件的名称。

电气控制线路图中，电器元件的图形符号和文字符号都有国家标准，这些标准主要包括GB/T 4728—2005～2008《电气简图用图形符号》、GB/T 6988—2006～2008《电气技术用文件的编制》等。绘图时应遵循简明易懂的原则，用规定的方法和符号绘制。另外还要遵循以下几点：

(1) 控制线路一般分主电路和控制电路两部分。主电路是从电源到电动机，为大电流通过的电路；控制电路中流过较小电流，包括控制回路、照明电路、信号电路及保护电路等，由继电器的线圈、接触器的线圈、继电器的触点、接触器的辅助触点、按钮、照明灯等电器元件组成。

(2) 控制线路图中，各电器元件不画实际的外形图，而采用国家规定的统一标准，文字符号也要符合国家标准规定。

(3) 控制线路图中，同一电器元件的各部件根据需要可以不画在一起，但文字符号要相同。

(4) 控制线路图中，所有电器的触点，都应按没有通电和没有外力作用时的初始开闭状态画出。例如继电器、接触器的触点按吸引线圈不通电时的状态画，按钮、行程开关触点按不受外力作用时的状态画等。

(5) 控制线路图中，无论是主电路还是控制电路，各电器元件一般按动作顺序从上到下、从左到右依次排列，可水平布置也可垂直布置。

三相笼型异步电动机具有结构简单、价格便宜、维修方便、坚固耐用等优点，在工农业生产中得到广泛应用，其控制线路大都由继电器、接触器、按钮等低压电器组成。本节主要介绍应用广泛的三相笼型异步电动机的起动、运行、调速和制动基本控制线路。三相笼型异步电动机起动控制分为直接起动和降压起动两种方式。

1.2.2 三相笼型异步电动机直接起动控制线路

1. 单向直接起动控制线路

常用的三相笼型异步电动机的直接起动控制线路如图 1-23 所示。它由刀开关 QK、熔断器 FU1、接触器 KM 的主触点、热继电器 FR 的热元件与电动机 M 组成主电路。由起动按钮 SB2、停止按钮 SB1、接触器 KM 的线圈及其动合辅助触点、热继电器 FR 的动断触点和熔断器 FU2 构成控制电路。

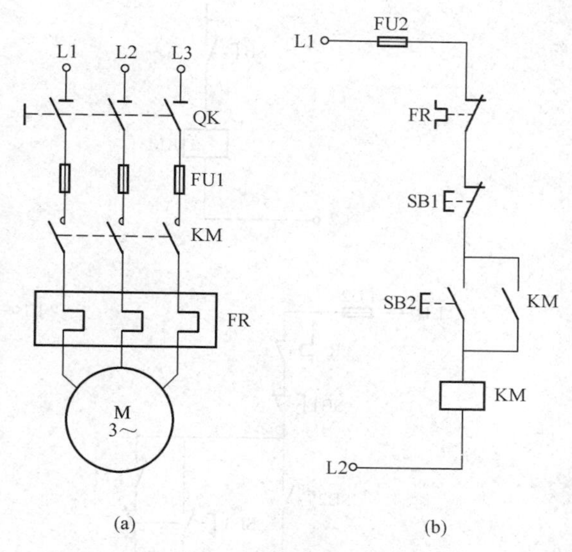

图 1-23 直接起动控制线路

(a) 主电路；(b) 控制电路

(1) 线路的工作原理。起动开始时，合上 QK，接入三相电源。按下 SB2，交流接触器 KM 的吸引线圈通电，接触器主触点闭合，电动机接通电源直接起动运转；同时与 SB2 并联的动合辅助触点 KM 闭合，使接触器吸引线圈经两条路通电。这样，当 SB2 复位时，接触器 KM 的线圈仍可通过 KM 触点继续通电，从而保持电动机的连续运行。这种依靠接触器自身辅助触点而使其线圈保持通电的运行方式称为自锁，起自锁作用的辅助触点称为自锁触点。

需要使电动机停止运转时，按停止按钮 SB1，接触器 KM 的吸引线圈失电，KM 已经闭合的动合主触点断开，将三相电源切断，电动机 M 停止旋转。同时 KM 的动合辅助触点断开，解除自锁。当手松开按钮后，SB1 的动断触点在复位弹簧的作用下，随即恢复到原来的动断状态，为下次起动做好了准备。

(2) 控制线路保护环节。该控制线路不仅具有控制起停的功能，还具有一些重要的保护环节：

1) 短路保护。熔断器 FU1 作为主电路的短路保护，FU2 作为控制电路的短路保护。

2) 过载保护。当电动机长时间过载时，热继电器 FR 动作，断开控制电路，使接触器线圈断电释放，电动机停止旋转，实现电动机过载保护。

3) 零电压保护。这种保护是依靠接触器本身的电磁结构来实现的。当电源电压由于某种原因而失电压（或严重欠电压）时，接触器的衔铁自行释放，电动机停止旋转。而当电源电压恢复正常时，接触器线圈也不能自动通电，只有在操作人员再次按下起动按钮 SB2 后，电动机才会起动，实现了零电压保护。有了零电压保护，可以防止电动机低电压运行，避免因发热而损坏电动机，更重要的是防止电源电压恢复时电动机突然起动运转，造成设备和人身事故。

通过上述分析可以看出，电器控制的基本方法是通过按钮发布命令信号，由接触器实现对主电路的各种必要控制。

2. 点动控制环节

某些生产机械常常要求既能够正常起动，又能够在调试时进行点动控制。常见的四种点动控制电路如图 1-24 所示。

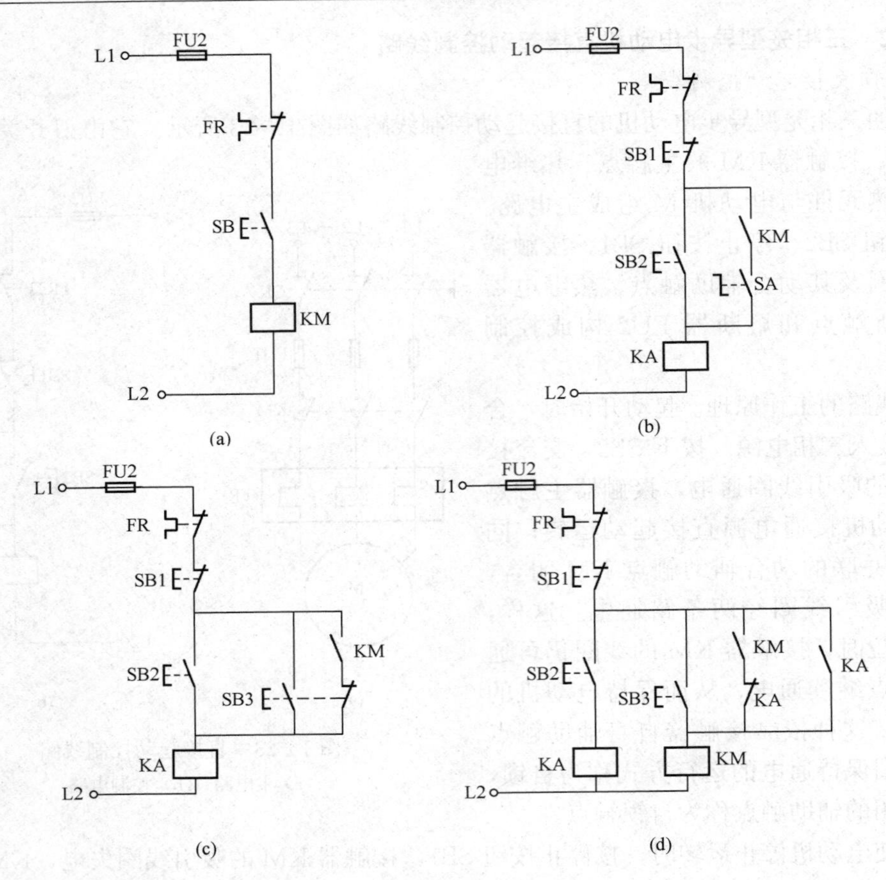

图 1－24 四种点动控制电路

(a) 基本点动控制电路；(b) 用手动开关实现的点动控制电路；
(c) 用复合按钮实现的点动控制电路；(d) 用中间继电器实现的点动控制电路

图 1－24（a）是最基本的点动控制电路。由于在起动按钮 SB 两端无自锁触点，当按下起动按钮时，接触器 KM 通电吸合，主触点闭合，电动机接通电源。当手松开按钮时，接触器断电释放，主触点断开，电动机电源被切断，停止旋转。

图 1－24（b）是带手动开关 SA 的点动控制电路。需要点动时，将开关 SA 打开，操作 SB2 即可实现点动控制。当需要连续工作时合上 SA，自锁触点接入，就能实现连续控制。

图 1－24（c）增加了一个复合按钮 SB3。点动控制时，按下点动按钮 SB3，其动断触点先断开自锁电路，动合触点后闭合，接通起动控制电路，KM 线圈通电，主触点闭合，电动机起动旋转。当松开 SB3 时，KM 线圈断电，主触点断开，电动机停止转动。若连续工作，按起动按钮 SB2 即可，停机时需按停止按钮 SB1。

图 1－24（d）是利用中间继电器实现点动的控制电路。利用点动起动按钮 SB2 控制中间继电器 KA，KA 的动合触点并联在 SB3 两端，控制接触器 KM。按下按钮 SB2，中间继电器闭合，KM 线圈通电，主触点闭合，电动机起动；当松开 SB2 后电动机停止转动，实现点动；当需要连续控制时，按下 SB3 按钮即可实现电动机连续运转；当需要停转时按下 SB1 按钮。

3．正反转控制电路

在实际生产中，经常需要电动机能够实现正反两个方向的运行。例如机床工作台的前进与后退、主轴的正转与反转、起重机吊钩的上升与下降等，这就要求电动机能正反转。众所周知，若将接至电动机的三相电源进线中的任意两相对调，即可使电动机反转。所以，正反控制线路实质上是能够实现两个方向相反的单向运行线路，但为了避免误操作引起电源相间短路，又在这两个相反方向的单向运行线路中加设了必需的互锁功能。根据电动机正反转的操作顺序的不同，可分为“正—停—反”和“正—反—停”和自动往复行程控制线路。

（1）电动机“正—停—反”控制电路。“正—停—反”控制电路如图 1-25（b）所示，两个接触器 KM1、KM2 分别控制正转和反转。其中将动断触点 KM1 串到 KM2 接触器的线圈电路中，而将动断触点 KM2 串到 KM1 接触器的线圈电路中，当任一接触器线圈先带电后，按下相反方向按钮，另一接触器也无法得电。这种利用两个接触器的动断辅助触点进行互相控制的作用称为互锁，这两对起互锁作用的触点称为互锁触点。

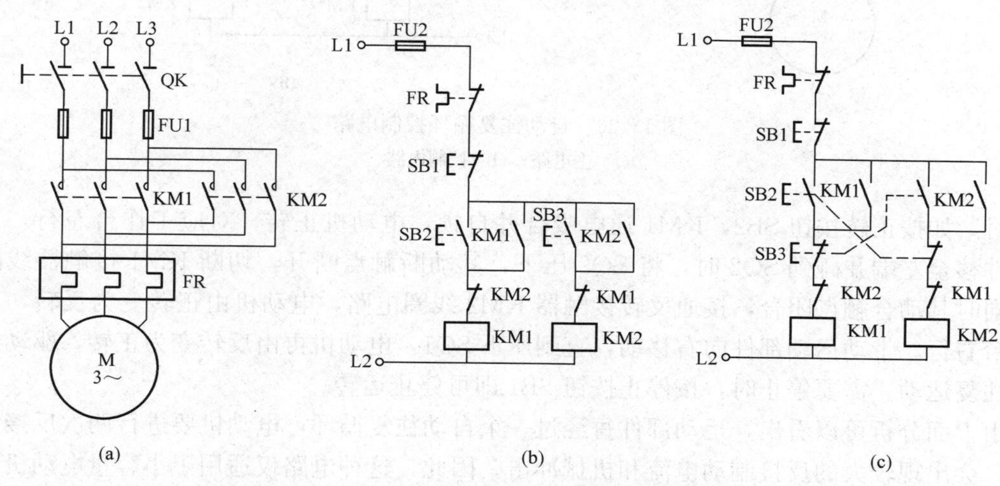

图 1-25 三相笼型异步电动机正反转控制电路
(a) 主电路；(b)“正—停—反”控制电路；(c)“正—反—停”控制电路

在图 1-25（b）中，如果电动机处于正转期间使电机反转，必须先按下停止按钮 SB1，然后再按反向控制按钮 SB3 才能实现电机的反转，因此将这种线路称为“正—停—反”控制线路。

（2）电动机“正—反—停”控制电路。为了提高生产率，减少辅助工时，有时需要不按停止按钮就能实现电机反转的控制线路，如图 1-25（c）所示。它是采用两个复合按钮实现“正—反—停”功能的控制线路。

正转时，按下起动按钮 SB2，正转接触器 KM1 的线圈通电，其动合触点闭合，按钮 SB2 自锁，电动机正转，同时串在反转接触器 KM2 线圈电路中的动断触点断开。反转时起动按钮 SB3 具有与 SB2 同样功能，当按下 SB2 或 SB3 时，首先是动断触点断开，然后才是动合触点闭合。所以不必按停止按钮，只需直接操作正反转按钮就可改变电动机运转方向。在图 1-25（c）控制电路中，既有接触器触点的自锁，又有按钮的互锁，保证了控制线路的可靠性。

（3）自动往复行程控制电路。自动往复行程控制电路也是一种电动机正反转控制电路，它是利用行程开关实现往复运动控制的，如龙门刨床、导规磨床等都采用这种控制方式。典型的自动往复循环控制电路如图 1-26 所示。

图 1-26 中行程开关 SQ1 放在右端需要反向的位置，而 SQ2 放在左端需要反向的位置。

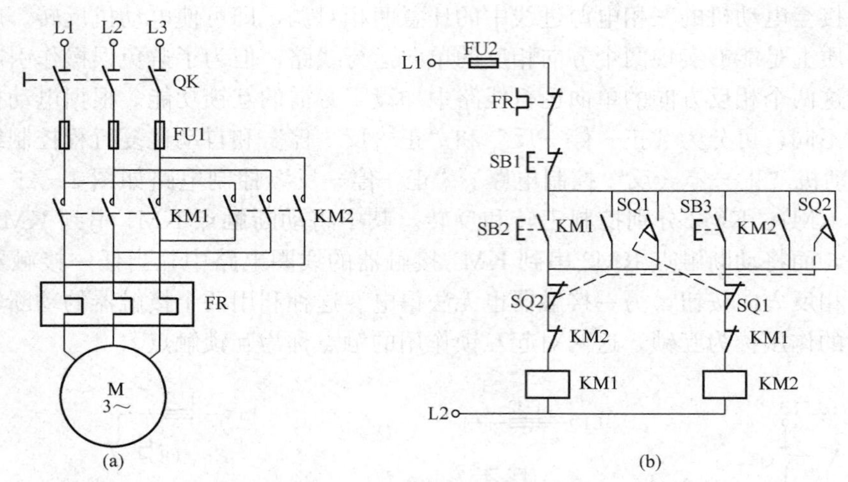

图 1－26　自动往复循环控制电路

（a）主电路；（b）控制电路

起动时，如按正转按钮 SB2，KM1 通电吸合并自锁，电动机正转，对应工作台左行，当运动部件移至左端并碰到 SQ2 时，将 SQ2 压下，其动断触点断开，切断 KM1 接触器线圈电路，同时其动合触点闭合，接通反转接触器 KM2 线圈电路，电动机由正转变为反转，对应工作台右行，带动运动部件向右移动，直到压下 SQ1，电动机再由反转变为正转，驱动运行部件往复运动。需要停止时，按停止按钮 SB1 即可停止运转。

由上面分析可以看出，运动部件每经过一个自动往复循环，电动机要进行两次反接制动过程，会出现较大的反接制动电流和机械冲击。因此，这种电路仅适用于小容量电动机的场合，另外，在选择接触器容量时应比一般情况下选择的容量大一些。

1.2.3　三相笼型异步电动机降压起动控制电路

三相笼型异步电动机容量较大（一般大于 10kW）时，为避免起动电流过大引起线路电压降低，通常都采用降压起动方式来起动。即起动时降低加在电动机定子绕组上的电压，起动后再将电压恢复到额定值，使之在正常电压下运行。常用的降压起动方式有定子串电阻、星形—三角形换接、自耦变压器等起动方法。

1. 定子串电阻降压起动控制电路

电动机定子串电阻降压起动控制电路如图 1－27 所示。其工作原理如下：合上电源开关 QK，按下起动按钮 SB2，KM1 得电吸合并自锁，电动机串入电阻 R 起动，同时通电延时型时间继电器 KT 通电开始延时，当达到设定值后，其延时闭合的动合触点闭合，使 KM2 通电，其动合触点闭合切除串入的电阻 R，电动机在全电压下运转。从主电路看，只要 KM2 得电就能使电动机进入全电压运行状态，但对电路图 1－27（a），在电动机起动后 KM1 和 KT 一直处于带电状态，这势必产生不必要的能量损耗。为了解决了这个问题可采用图 1－27（c）所示的控制电路，在 KM1 及 KT 的线圈电路中串入 KM2 的动断触点，组成互锁电路，同时为 KM2 线圈增加自锁电路。KT 延时到后，KM2 带电使电机进入全压运行状态，同时将 KM1 及 KT 的线圈断电。

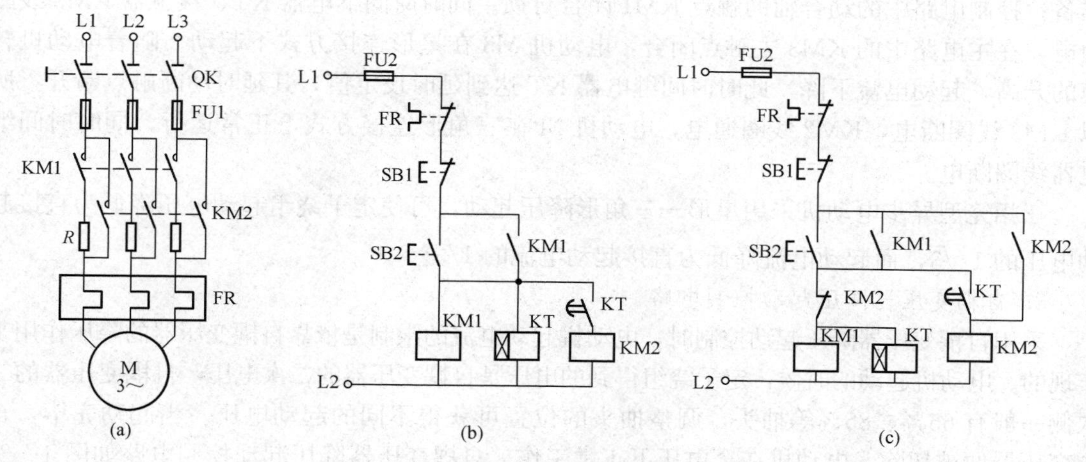

图 1－27 定子串电阻降压起动控制电路

(a) 主电路；(b) 基本控制电路；(c) 改进的控制电路

2. 星形—三角形换接降压起动控制线路

对正常运行时定子绕组接成三角形并且三相绕组的 6 个接线端均引出的三相笼型异步电动机，可采用星形—三角形换接降压起动方法进行起动，以达到限制起动电流的目的。起动时，定子绕组首先接成星形，待转速上升到接近额定转速时，将定子绕组的接线由星形换接成三角形，电动机进入全电压正常运行状态。

星形—三角形降压起动控制电路如图 1－28 所示。由图 1－28（a）可知，当 KM2 主触点断开、KM3 主触点闭合时，电动机为星形联结；KM3 主触点断开、KM2 主触点闭合时，电动机为三角形联结。星形—三角形降压起动控制电路的工作原理如下：合上电源开关 QK，按起动按钮 SB2，接触器 KM1 线圈带电，主电路中的主触点 KM1 闭合，为起动做好

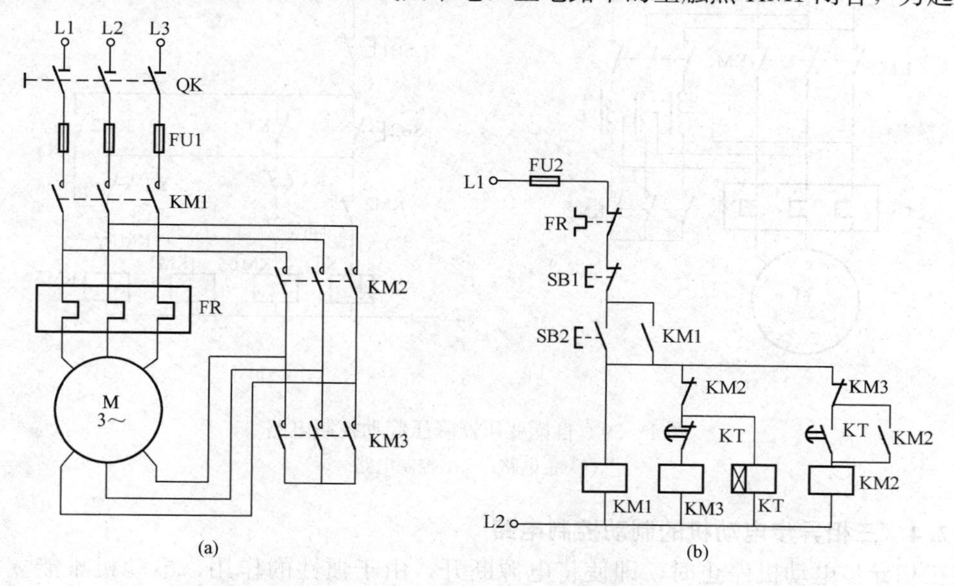

图 1－28 星形—三角形降压起动控制电路

(a) 主电路；(b) 控制电路

准备；控制电路中的动合辅助触点 KM1 闭合自锁。同时时间继电器 KT、接触器 KM3 线圈通电，在主电路中的 KM3 主触点闭合，电动机 M3 在星形连接方式下起动。随着电动机转速的升高，起动电流下降，此时时间继电器 KT 达到延时设定值，其延时动断触点断开，所以 KM3 线圈断电，KM2 线圈通电，电动机 M 在三角形连接方式下正常运行，同时时间继电器线圈断电。

三相笼型异步电动机采用星形—三角形降压起动，可使定子绕组起动电压降低为直接起动电压的 $1/\sqrt{3}$，而起动电流降低为直接起动电流的 1/3。

3. 自耦变压器降压起动控制电路

采用自耦变压器降压起动控制时，电动机起动电流的限制是依靠自耦变压器的降压作用来实现的。电动机起动的时候，定子绕组得到的电压是自耦变压器的二次电压，自耦变压器的二次侧一般有 65%、85%等抽头，调整抽头的位置可获得不同的起动电压。当起动完毕，自耦变压器便被切除，电动机在全电压下正常工作。自耦变压器降压起动控制电路如图 1－29 所示。起动时，合上电源开关 QK，按下起动按钮 SB2，接触器 KM1、KM3 和时间继电器 KT 的线圈通电，KM1、KM3 的主触点闭合，电动机定子绕组经自耦变压器接至电源，开始降压起动。当时间继电器 KT 达到其延时设定值时，动断延时触点断开，KM1、KM3 的线圈断电，KM1、KM3 的主触点断开，将自耦变压器切除；同时，KT 的动合延时触点闭合，使接触器 KM2 线圈通电，KM2 的主触点闭合，电动机直接接到电网上运行，完成了整个起动过程。

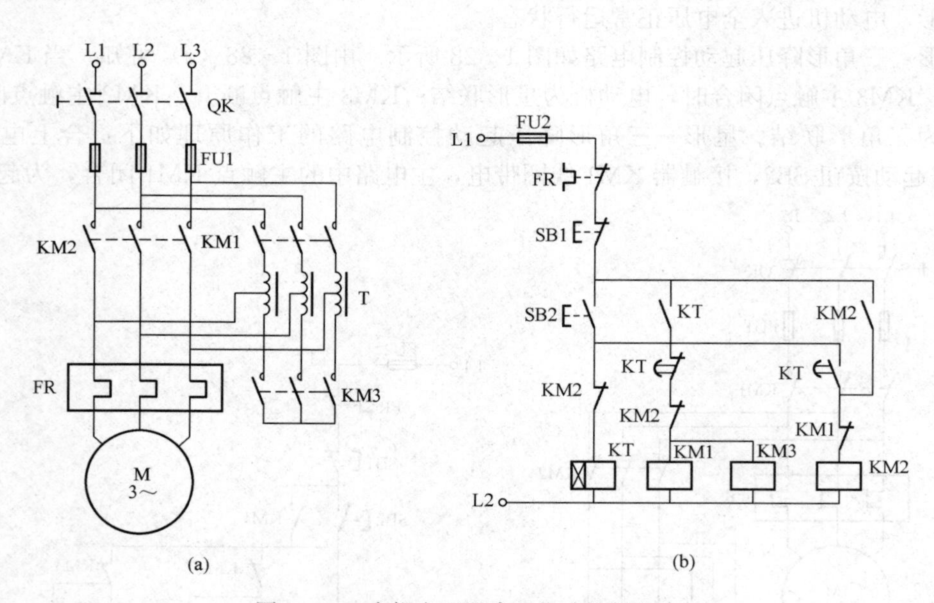

图 1－29　自耦变压器降压起动控制电路

(a) 主电路；(b) 控制电路

1.2.4　三相异步电动机的制动控制电路

在三相异步电动机停止时，即使将电源断开，由于惯性的作用，电动机不能立即停下来。为提高生产效率和满足生产工艺的需要都要求电动机能迅速停止，通常需要对电动机采用制动控制。制动方法一般有两大类，即机械制动和电气制动。机械制动是用机械装置来强迫电动机迅速停车；电气制动实质上是在电动机停车时，产生一个与原来旋转方向相反的制动转矩，迫使电动机迅速下降。常用的电气制动方法主要有反接制动和能耗制动。

1. 反接制动控制电路

反接制动是利用改变电动机电源的相序，使定子绕组产生相反方向的旋转磁场，从而产生制动转矩的一种制动方法。反接制动时，由于转子与旋转磁场的相对速度接近于两倍的同步转速，所以定子绕组中流过的反接制动电流相当于全电压直接起动时电流的两倍，故这种制动方法仅适用于10kW以下的小容量电动机。为了减少冲击电流，还要接反接制动电阻。反接制动又分为单向反接制动和可逆反接制动。

（1）单向反接制动控制电路。由电机原理可知，反接制动的关键就是改变电动机电源相序，且当转速下降接近于零时，能自动将电源切除，为此采用速度继电器来检测电动机的速度变化。单向反接制动的控制线路如图1-30所示。起动时，合上电源开关QS，按下起动按钮SB2，接触器KM1通电自锁，电动机M通电起动。在电动机正常运转时，速度继电器KS的动合触点闭合，为反接制动做好了准备。停车时，按下停止按钮SB1，接触器KM1线圈断电，电动机M脱离电源。由于此时电动机的惯性转速还很高，KS的动合触点仍然处于闭合状态，反接制动接触器KM2线圈通电并自锁，其主触点闭合，将反接制动电阻 R 串入电动机定子回路，并使电动机定子绕组得到与正常运转相序相反的三相交流电源，电动机进入反接制动状态，转速迅速下降。当电动机转速接近于零时，速度继电器动合触点复位，接触器KM2线圈电路被切断，反接制动结束。

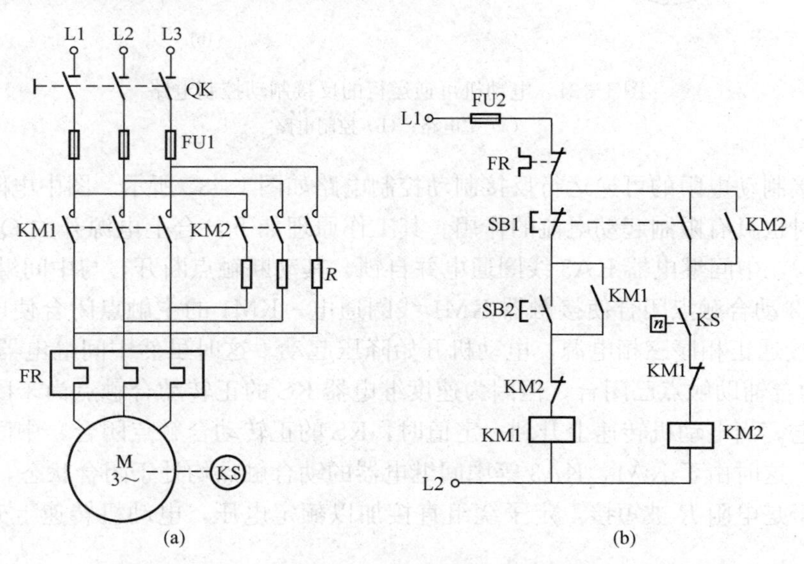

图1-30　电动机单向反接制动的控制电路

(a) 主电路；(b) 控制电路

（2）电动机可逆运行的反接制动控制线路。电动机可逆运行的反接制动控制线路如图1-31所示。其中KS-1、KS-2分别为速度继电器KS的正转和反转触点。当电动机正转时，速度继电器KS正转的动断触点和动合触点均已动作。但是，由于KM1动断辅助触点的互锁作用，正转的KS-1动合触点仅仅起到使KM2准备通电的作用，并不能使KM2线圈得电。当需要停止时，按下停止按钮SB1时，由于KM1线圈断电，主电路中的动合触点断开，电动机脱离电源，同时 KM1 的动断触点闭合，使反向接触器 KM2 线圈通电，定子绕组接入反相序三相交流电源，电动机进入正向反接制动状态。当电动机转速接近零时，KS-1 的正转动断触点和动合触点均恢复原来的状态，接触器 KM2 的线圈断电，正向反接制动过程结束。当电机处于反转状态需要停止时，按下停止按钮 SB1 后，同样可进入反向反接制动过程。很显然，这种控制电路的缺点是主电路没有限流电阻，冲击电流大。

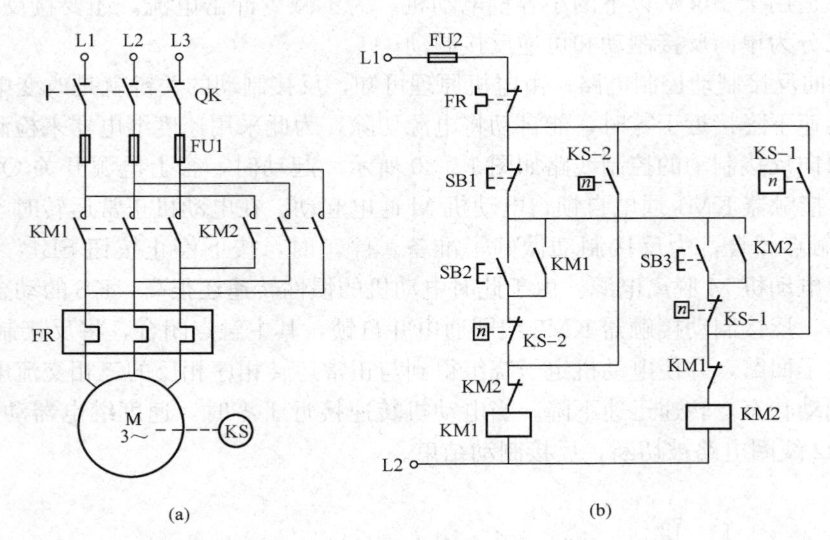

图 1-31 电动机可逆运行的反接制动控制电路
(a) 主电路；(b) 控制电路

具有反接制动电阻的可逆运行反接制动控制电路如图 1-32 所示。图中电阻 R 是反接制动电阻，同时也具有限制起动电流的作用。其工作原理如下：合上电源开关 QK，按下正转起动按钮 SB2，中间继电器 KA3 线圈通电并自锁，其动断触点断开，与中间继电器 KA4 线圈互锁，KA3 动合触点闭合使接触器 KM1 线圈通电，KM1 的主触点闭合使电动机定子绕组经电阻 R 接通正相序三相电源，电动机开始降压起动。这时虽然中间继电器 KA1 线圈电路中 KM1 动合辅助触点已闭合，但因为速度继电器 KS 的正转动合触点尚未闭合，KA1 线圈仍无法通电。当电动机转速上升到一定值时，KS 的正转动合触点闭合，中间继电器 KA1 通电并自锁，这时由于 KA1、KA3 等中间继电器的动合触点均处于闭合状态，接触器 KM3 线圈通电，于是电阻 R 被短接，定子绕组直接加以额定电压，电动机转速上升到稳定的工作转速。

当按下停止按钮 SB1 时，KA3、KM1、KM3 三个线圈断电，此时电动机转子的惯性转速仍然很高，速度继电器 KS 的正转动合触点尚未恢复断开状态，中间继电器 KA1 仍处于工作状态，所以接触器 KM1 动断触点闭合后，接触器 KM2 线圈便通电，其动合主触点闭合，使定子绕组经电阻 R 获得反相序的三相交流电源，对电动机进行反接制动。转子速度迅速下降，当其转速小于 100r/min 时，KS 的正转动合触点 KS-1 恢复断开状态，KA1 线圈断电，KM2 释放，反接制动过程结束。

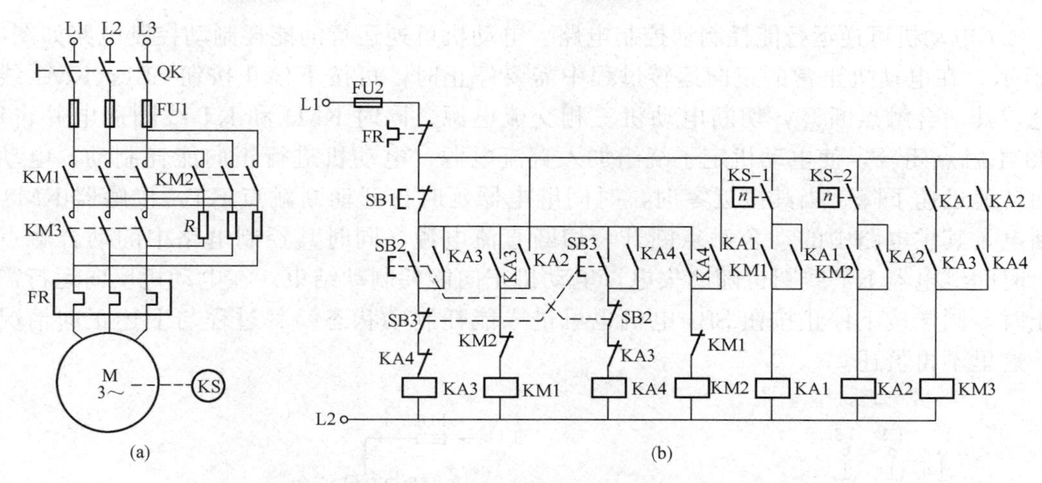

图 1－32 具有反接制动电阻的可逆运行的反接制动控制电路

（a）主电路；（b）控制电路

2．能耗制动控制电路

所谓能耗制动，就是当电动机脱离三相交流电源之后，定子绕组上加一个直流电压，即通入直流电流，利用转子感应电流与静止磁场的作用以达到制动的目的。这里介绍两种常见的能耗制动控制线路。

（1）单向能耗制动控制线路。单向能耗制动控制线路如图 1－33 所示，其工作原理如下：在电动机正常运行时，按下停止按钮 SB1，KM1 断电，主电路中的 KM1 动合触点断开，使电动机断开三相交流电源。而由于接触器 KM2 线圈通电，其主触点闭合，将直流电源加入定子绕组，并且时间继电器 KT 线圈与 KM2 线圈同时通电并自锁，于是电动机进入能耗制动状态，其转子转速逐渐降低。当速度接近于零时，时间继电器延时断开动断触点断开，接触器 KM2 线圈断电，KM2 动合触点断开，切断直流电源，同时时间继电器 KT 线圈的电源也被断开，电动机能耗制动结束。

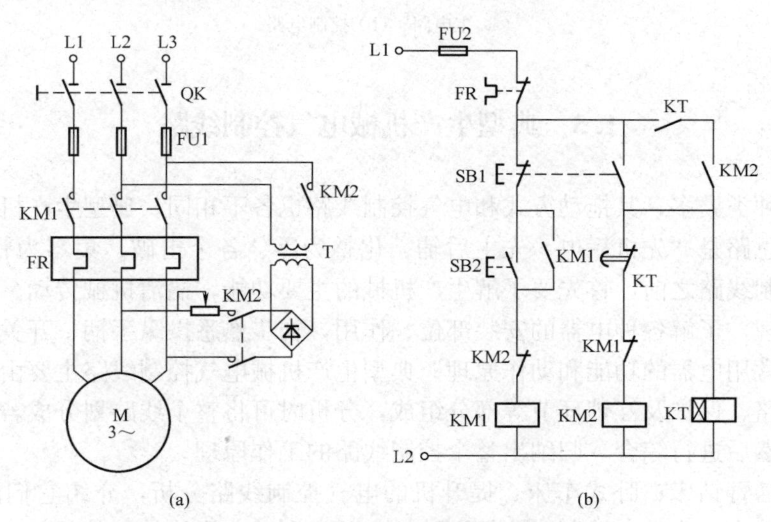

图 1－33 电动机单向能耗制动电路

（a）主电路；（b）控制电路

（2）电动机可逆运行能耗制动控制电路。电动机可逆运行的能耗制动控制电路如图 1－34 所示。在电动机正常的正向运转过程中需要停止时，可按下停止按钮 SB1，KM1 线圈断电，其动合触点断开，切断电动机三相交流电源。同时 KM3 和 KT 线圈通电并自锁，KM3 主触点闭合，使电动机定子绕组加入直流电源，电动机进行正向能耗制动，电动机正向转速迅速下降。当其接近零时，时间继电器延时打开动断触点 KT，接触器 KM3 线圈断电，其主电路中的动合触点断开，切断直流电源，同时其控制电路中的动合触点断开，时间继电器 KT 线圈也随之失电，电动机正向能耗制动结束。在电动机反向运行需要停止时，同样按下停止按钮 SB1 电机也可进入能耗制动状态，其过程与上述正向情况相同，这里不再赘述。

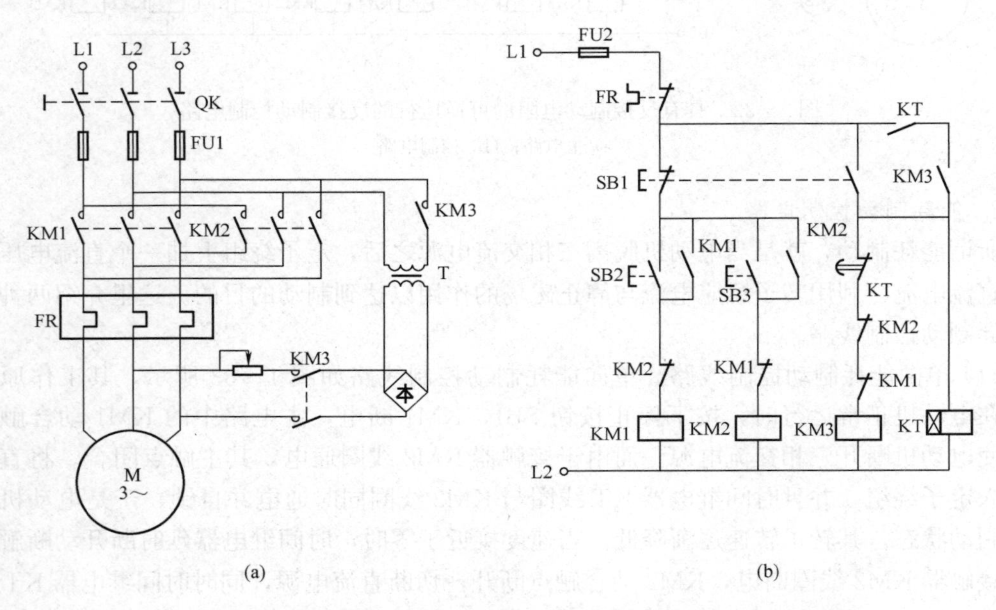

图 1－34　电动机可逆运行的能耗制动控制电路

（a）主电路；（b）控制电路

1.3　典型生产机械电气控制线路

生产机械种类繁多，其拖动方式和电气控制线路也各不相同。典型生产机械电气控制线路分析的基本思路是“先机后电、先主后辅、化整为零、各个击破、集零为整”。在分析生产机械电气控制线路之前，首先要了解生产机械的主要功能，搞清机械传动、液压或气动等装置的工作原理，了解各种电器的安装部位、作用，初步熟悉操纵手柄、开关、控制按钮以及行程开关等常用电器的功能和动作原理。典型生产机械电气控制线路主要由主电路、控制电路、辅助电路、保护及互锁环节等部分组成，分析时可将整个线路划分成若干个环节，逐一进行分析，然后进行综合，归纳出整个控制线路的工作原理。

下面通过摇臂钻床、卧式车床、提升机的电气控制线路分析，介绍它们的电气控制原理，培养读图能力，为电气控制线路的设计、安装、调试、维护打下基础。

1.3.1 摇臂钻床电气控制

1. 概述

摇臂钻床是一种孔加工机床，可进行钻孔、扩孔、铰孔、镗孔和攻螺纹等加工。Z3040型摇臂钻床是常见的摇臂钻床之一，具有结构简单实用、操作维修方便等特点。它主要由底座、内外立座、摇臂、主轴箱和工作台等组成，其主要结构如图1-35所示。内立柱固定在底座的一端，外立柱套在内立柱上，通过液压夹紧结构与内立柱夹紧。摇臂的一端为套筒，套装在外立柱上，并借助丝杠的正、反转可沿外立柱上下移动。

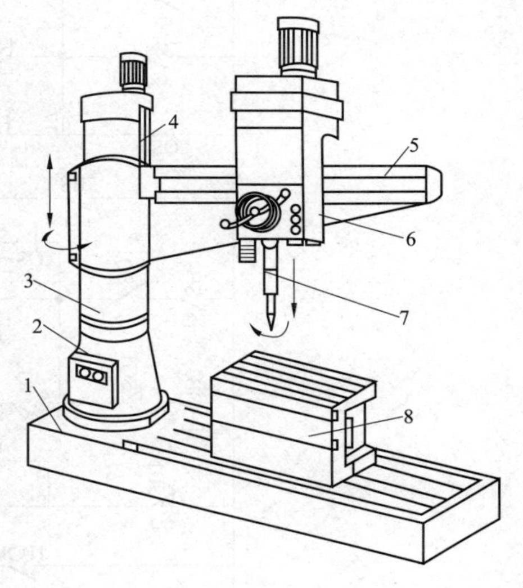

图1-35 Z3040型摇臂钻床的基本结构
1—底座；2—内立柱；3—外立柱；
4—摇臂升降丝杆；5—摇臂；6—主轴箱；
7—主轴；8—工作台

主轴箱是一个复合部件，它由主传动电动机、主轴和主轴传动机构、进给机构和变速机构以及机床的操作机构等部分组成。主轴箱安装在摇臂的水平导轨上，可通过手轮操作使其在水平导轨上沿摇臂移动。加工时，根据工件高度的不同，摇臂借助丝杠可带着主轴箱沿外支柱上下升降。在升降之前，应自动将摇臂松开，再进行升降。当达到所需的位置时，摇臂自动夹紧在立柱上。钻削加工时，主轴的旋转为主运动，而主轴的直线移动为进给运动。即钻头在做旋转运动的同时做纵向进给运动。主轴变速和进给变速机构都在主轴箱内，用变速机构分别调节主轴转速和上、下进给量。摇臂钻床的主轴旋转运动和进给运动由交流异步电动机M1拖动。

摇臂钻床的辅助运动包括摇臂沿外立柱的上升、下降，立柱的夹紧和松开以及摇臂与外立柱一起绕内立柱的回转运动。摇臂的上升、下降由交流异步电动机M2拖动；立柱的夹紧、松开，摇臂的夹紧与松开，以及主轴箱的夹紧与松开由液压机构实现。液压机构的推力通过交流异步电动机M3拖动的齿轮泵进行调节，而刀具的冷却是由交流异步电动机M4拖动冷却泵实现。此外，摇臂的回转和主轴箱沿摇臂水平导轨方向的左右移动由手动完成。

2. Z3040型摇臂钻床的电气控制线路

Z3040型摇臂钻床的电气控制线路图如图1-36所示。下面分别介绍其主电路和控制电路。

(1) 主电路。Z3040型摇臂钻床电气控制的主电路如图1-37所示。主轴电动机M1为单方向旋转，由接触器KM1控制。主轴的正反转由机床液压系统操纵机构配合正、反转摩擦离合器实现，主轴电动机采用热继电器进行过载保护。摇臂升降电动机M2由正、反转接触器KM2、KM3控制。摇臂升降时，控制电路首先使液压泵电动机M3旋转，使液压系统产生压力将摇臂松开，然后再起动M2，拖动摇臂上升或下降。当摇臂升、降到位后，控制电路首先使M2停下，再通过液压系统使摇臂夹紧，最后液压泵电动机M3停转。M2为短时工作，可不设过载保护。M3由接触器KM4、KM5控制其正、反转，并用热继电器FR2进行过载保护。M4为小容量电动机，可由开关SA1直接控制其起动和停止。

(2) 控制电路。Z3040型摇臂钻床电气控制线路的控制电路图如图1-38所示。它主要

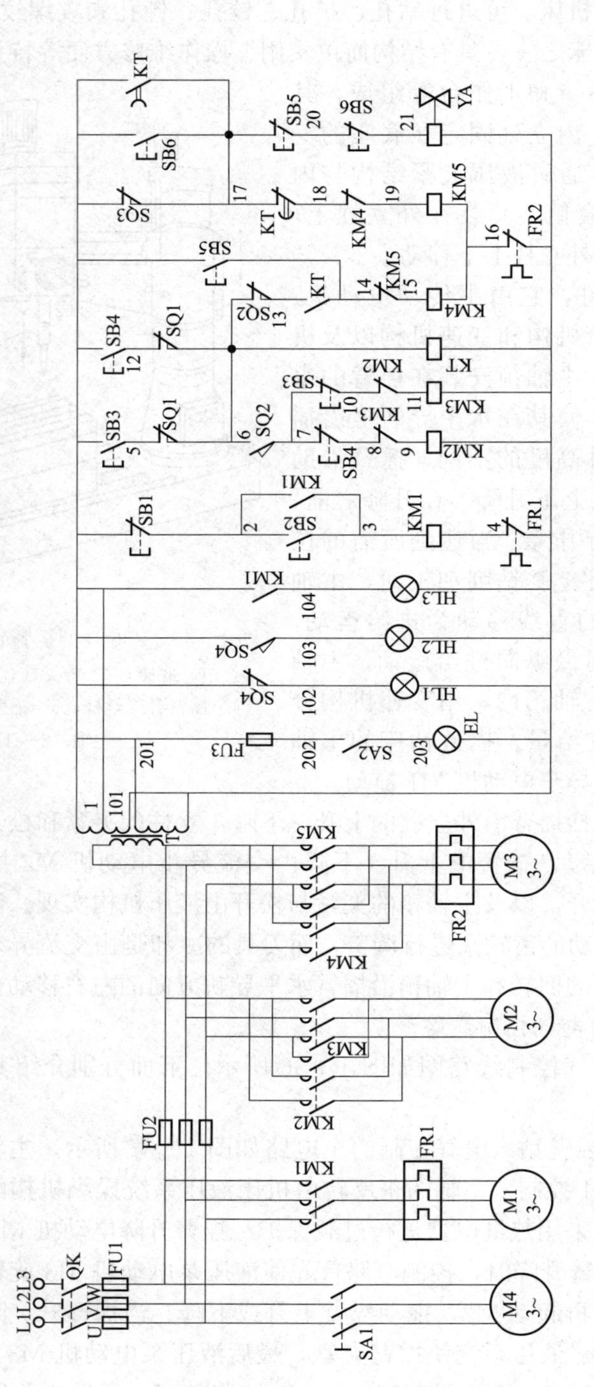

图1-36　Z3040型摇臂钻床的电气控制线路图

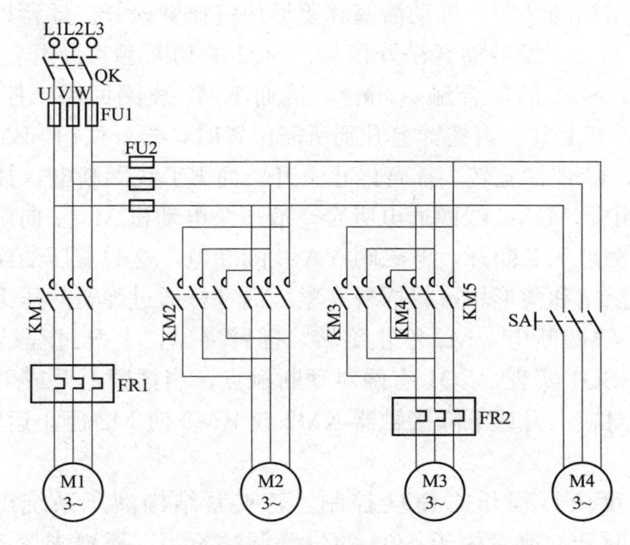

图 1－37　Z3040 型摇臂钻床电气控制线路的主电路

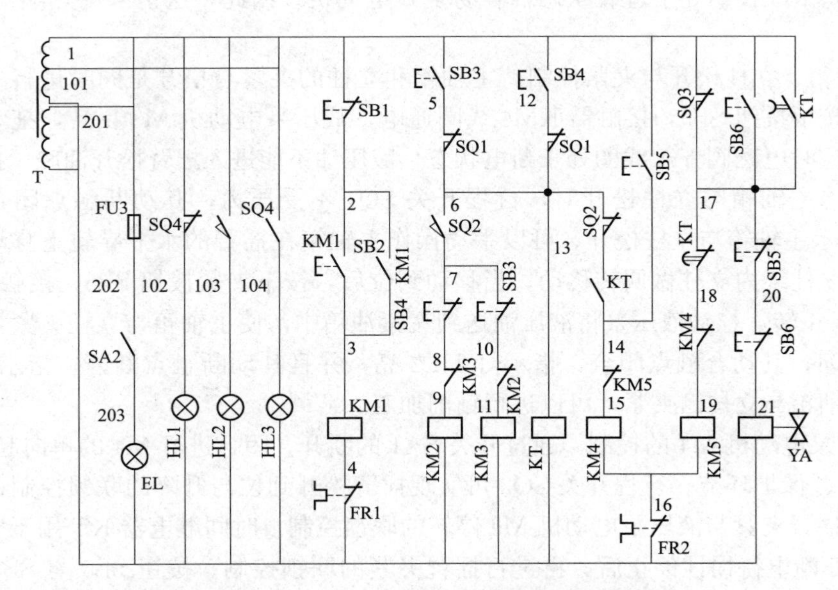

图 1－38　Z3040 型摇臂钻床电气控制线路的控制电路

完成主轴电动机控制、摇臂升降控制、主轴箱、立柱松开与夹紧控制、冷却泵电动机的控制以及联锁、保护环节，现分别进行介绍。

1）主轴电动机 M1 控制。由按钮 SB1、SB2 与接触器 KM1 构成主轴电动机的单方向起动、停止控制。M1 起动后，指示灯 HL3 点亮，表示主轴电动机在工作。

2）摇臂升降控制。摇臂升、降控制电路由按钮 SB3、SB4 及正、反转接触器 KM2、KM3 组成，该控制电路具有双重互锁和正、反转点动控制功能。摇臂的升降需与夹紧机构液压系统配合实现，其工作过程如下：按下摇臂上升点动按钮 SB3，时间继电器 KT 线圈通电，瞬动动合触点闭合，接通接触器 KM4 线圈回路，液压泵电动机 M3 反向旋转，拖动液压泵送出液压油。同时 KT 的断电延时动合触点闭合，电磁阀 YA 线圈通电，液压泵送出的液压油进入摇臂夹紧结构的油腔，推动活塞和菱形块将摇臂松开。摇臂松开时，活塞杆通过弹簧片压下行程开关 SQ2，发出摇臂松开信号。SQ2 的动断触点断开，使 KM4 线圈断电，电动机 M3 停止转动；SQ2 的动合触点闭合，接通 KM2 线圈回路，控制摇臂升降电动机 M2 正向旋转，拖动摇臂上升。当摇臂上升到所需位置时，松开按钮 SB3，KM2 与 KT 线圈同时断电，电动机 M2 依惯性旋转，摇臂停止上升。而 KT 线圈断电，其断电延时闭合触点 KT 经延时 1～3s 后闭合，KM5 线圈通电吸合，液压泵电动机 M3 正向旋转，拖动液压泵供出液压油。同时动合触点 KT 断开，电磁阀 YA 线圈断电，这时液压油经二位六通阀进入摇臂夹紧腔，反向推动活塞和菱形块，将摇臂夹紧。活塞杆通过弹簧片压下行程开关 SQ3，其动断触点断开，KM5 线圈断电，M3 停止旋转，摇臂夹紧，上升过程结束。摇臂升、降的极限保护由限位开关 SQ1 实现。SQ1 有两对动断触点，当摇臂上升或下降到极限位置时其相应触点断开，切断对应上升或下降接触器 KM2 或 KM3 使 M2 停止运转，摇臂停止移动，实现极限位置保护。

摇臂自动夹紧程度由行程开关 SQ3 控制。若夹紧结构液压系统出现故障不能夹紧，SQ3 的动断触点不能断开，或者由于 SQ3 的位置调整不当，摇臂夹紧后仍不能压下 SQ3，都将使电动机 M3 长期处于过载状态，容易烧毁电动机。因此，这里采用热继电器 FR2 进行过载保护。

3）主轴箱、立柱松开与夹紧控制。主轴箱和立柱的夹紧与松开是同时进行的，其控制过程如下：按下按钮 SB5，接触器 KM4 线圈通电，液压泵电动机 M3 反转，拖动液压泵送出液压油。这时电磁阀 YA 线圈处于断电状态，液压油不能进入摇臂松开油腔，摇臂仍处于夹紧状态。当主轴箱与立柱松开时，行程开关 SQ4 不受压力，其动断触点闭合，指示灯 HL1 亮，表示主轴箱与立柱松开。可以手动操作主轴箱在摇臂的水平导轨上移动，也可推动摇臂使外立柱绕内立柱做回转移动。当移动到位后，按下夹紧按钮 SB6，接触器 KM5 线圈通电，M3 正转，拖动液压泵将液压油送到夹紧油箱中，使主轴箱与立柱夹紧，此时压下行程开关 SQ4，其动合触点闭合，指示灯 HL2 亮，并且其动断触点断开，指示灯 HL1 熄灭，表示主轴箱与立柱已夹紧，可以进行钻削加工。

4）冷却泵电动机 M4 的控制。通过开关 SA1 的断开、闭合进行 M4 的单向起、停控制。

5）联锁、保护环节。行程开关 SQ2 可实现摇臂松开到位与升降的联锁控制；行程开关 SQ3 可实现摇臂夹紧与液压泵电动机 M3 停转的联锁控制。时间继电器 KT 用于实现摇臂升降电动机 M2 断电待惯性停止后，再进行摇臂夹紧的联锁控制。按钮 SB5 与 SB6 的动断触点串联在电磁阀 YA 线圈回路，可实现在进行主轴箱与立柱夹紧、松开操作时，压力油不能进入摇臂夹紧油腔的联锁控制。

1.3.2 卧式车床的电气控制

1. 概述

车床是用车刀对旋转的工件进行车削加工的机床，可完成车削外圆、内孔、端面、切槽、螺纹等加工工序，还可通过安装钻头或铰刀等进行钻孔、铰孔加工。车床的种类较多，有卧式、落地式、立式、转塔式车床等，生产中以普通卧式车床应用最为普遍。这里以 C650 型普通卧式车床为例分析其电气控制线路。

C650 型卧式车床为中型车床，可加工的最大工件回转直径为 1020mm，最大工件长度为 3000mm，其基本结构如图 1－39 所示。

卧式车床有三种运动形式：主轴通过卡盘或顶尖带动工件的旋转运动；刀具与滑板一起随溜板箱实现进给运动；其他辅助运动。主轴的旋转运动由主轴电动机拖动，经传动机构实现。车削加工时，要求车床主轴具有一定的变速范围，变速方式通常采用机械机构。为满足加工螺纹的需要，车床主轴应具有正、反向旋转功能，可通过改变拖动电动机的旋转方向实现。

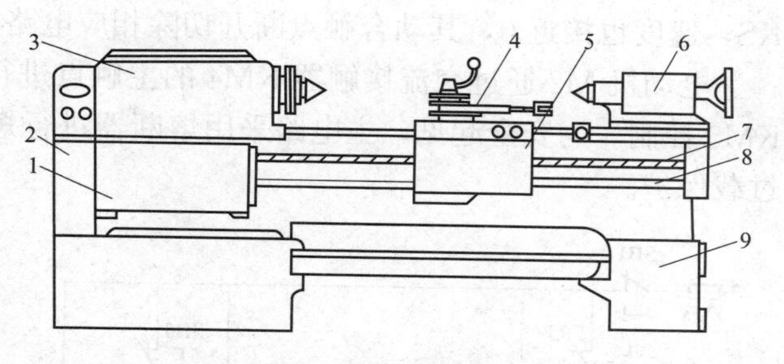

图 1-39 C650 型卧式车床的基本结构

1—进给箱；2—挂轮箱；3—主轴变速箱；4—滑板与刀架；5—溜板箱；6—尾座；7—丝杆；8—光杆；9—床身

2. 电气控制线路

C650 型卧式车床电气控制线路如图 1-40 所示。其中左边部分为主电路，右边部分为控制电路。

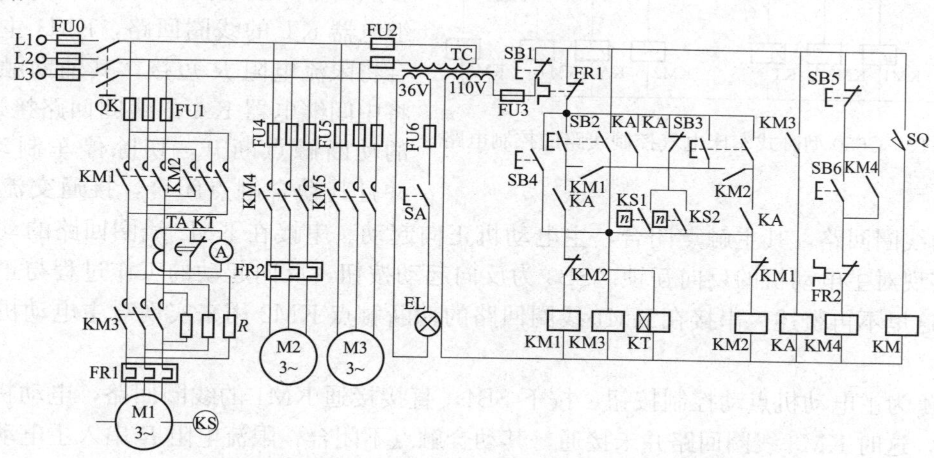

图 1-40 C650 型卧式车床电气控制线路

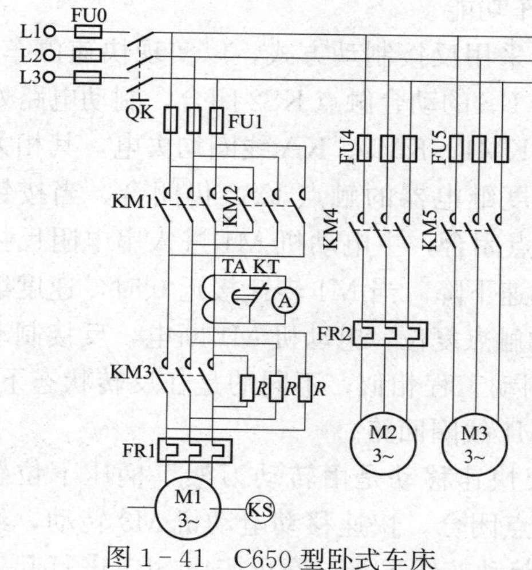

图 1-41 C650 型卧式车床电气控制线路的主电路

（1）主电路。为便于分析，将主电路单独画出，如图 1-41 所示。

主电路是三台电动机的驱动电路，通过开关 QK 引入三相电源。M1 为主电动机，M2 为冷却电动机，M3 为移动电动机。通过交流接触器 KM1、KM2 实现主电动机的正反转控制，为监视主电动机的工作电流，采用电流互感器 TA 和电流表 A 检测电动机定子电流的变化。利用时间继电器 KT 的延时动断触点，在主电动机起动期间将电流表短接，防止电流表受到起动电流的冲击而损坏。接触器 KM3 是用来控制限流电阻 R 的串入与切除。在电动机反接制动时，为避免电流过大，KM3 主触点断开，串入限流电阻 R，当主电动机转速接近 0 时，与主电动机同轴相连的速度继电器

KS，速度也接近 0，其动合触点断开切除相应电路，结束反接制动。

电动机 M2 通过交流接触器 KM4 的主触点进行起、停控制；电动机 M3 由交流接触器 KM5 控制。为安全起见，主电路采用熔断器进行短路保护，并采用热继电器实现电动机的过载保护。

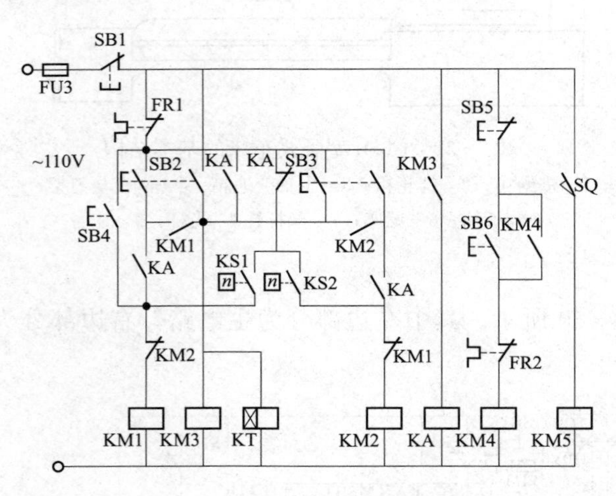

图 1－42 C650 型卧式车床电气控制线路的控制电路

（2）控制电路。C650 型卧式车床电气控制线路的控制电路如图 1－42 所示。其主要功能是完成对主电动机 M1、冷却泵电动机 M2 和移动电动机的控制，下面对各部分的控制逐一进行介绍。

1）主电动机的起停控制。该控制电路主要完成对 M1 的正、反向起动和点动控制。当按下正向按钮 SB2 时，其动合触点闭合，接通交流接触器 KM3 和时间继电器 KT 的线圈回路，KM3 主触点闭合将限流电阻 R 短接，其辅助触点同时将中间继电器 KA 的线圈回路接通，KA 的动断触点断开，切除停车制动电路，并且其动合触点闭合，接通交流接触器 KM1 的线圈回路，其主触点闭合，主电动机正向起动。串接在 KM2 线圈回路的动断触点 KM1 实现对主电动机的反向互锁。SB3 为反向起动按钮，反向起动的工作过程与正向起动类似，这里不再赘述。串接在 KM1 线圈回路的动断触点 KM2 用来实现对主电动机的正向互锁。

SB4 为主电动机点动控制按钮。按下 SB4，直接接通 KM1 的线圈回路，电动机 M1 正向起动，这时 KM3 线圈回路并未接通，其动合触点不闭合，限流电阻 R 串入主电动机的定子回路，同时 KA 线圈回路不通电，其动合触点断开，当 SB4 松开时，KM1 线圈不能连续通电，M1 停转，实现主电动机串限流电阻的点动试车功能。

2）主电动机的反接制动控制。C650 型卧式车床采用反接制动方式，以实现快速停车，提高生产效率。当主电动机正向旋转时，速度继电器 KS 的动合触点 KS2 闭合，制动电路处于准备状态。当按下停止按钮 SB1，切断控制电源，KM1、KM3、KA 线圈均失电，其相关触点复位。而主电动机在惯性作用下继续运转，速度继电器的触点 KS2 仍闭合，当按钮 SB1 复位后，接触器 KM2 线圈回路被接通，其主触点闭合，主电动机 M1 进入串电阻反接制动状态。在制动力矩作用下，电动机 M1 的转速迅速下降。当 M1 转速接近 0 时，速度继电器触点 KS2 断开，切断 KM2 线圈回路，其相应的触点复位，电动机 M1 断电，反接制动过程结束。反转时的反接制动过程与正转时的反接制动工程相似，不同的是在反转状态下，速度继电器的触点 KS1 闭合，制动时接通接触器 KM1 线圈回路。

3）刀架的快速移动和冷却电动机的控制。刀架快速移动是由转动刀架手柄压下位置开关 SQ，接通接触器 KM5 的线圈回路，使其主触点闭合，快速移动电动机 M3 转动，经传动机构带动刀架快速移动。冷却泵电动机 M2 由起动按钮 SB6、停止按钮 SB5 进行起停控制。

1.3.3 桥式起重机的电气控制

1. 概述

起重机是一种用来起吊和下放重物的起重机械。它广泛应用于工矿企业、车站、港口、建筑工地、仓库等场所，是现代化生产不可缺少的机械设备。起重机按结构和用途分为臂架式旋转起重机和桥式起重机两种，其中桥式起重机是一种在固定跨度上空用来吊运各种重物的设备，又称“天车”或“行车”。桥式起重机按起吊装置不同，又可分为吊钩桥式起重机、电磁盘桥式起重机和抓斗桥式起重机，其中吊钩桥式起重机应用最广。

吊钩桥式起重机主要由桥架、大车运动机构和装有起升、运动机构的小车等几部分组成，其基本结构如图 1-43 所示。

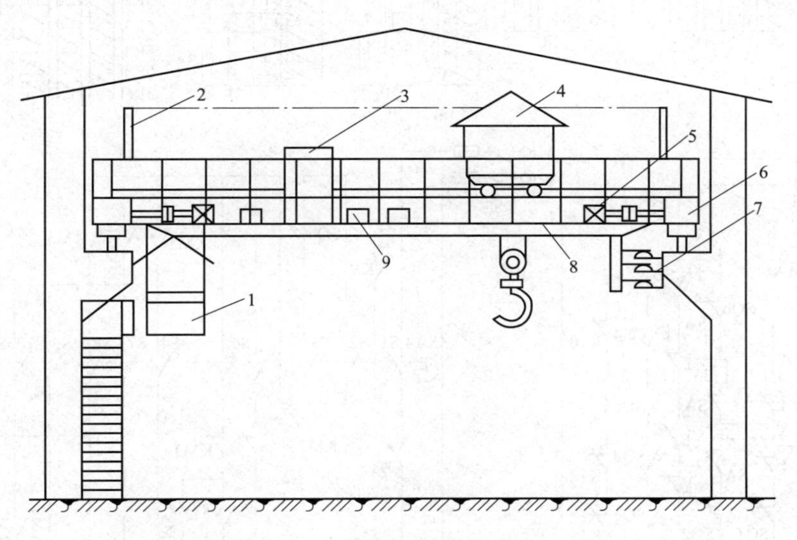

图 1-43 桥式起重机的基本结构

1—驾驶室；2—辅助滑线架；3—控制盘；4—小车；5—大车电动机；6—大车端梁；7—主滑线；8—大车主梁；9—电阻箱

大车运动机构由驱动电动机、制动器、减速器和车轮等部件组成。常见的驱动方式有集中驱动和分别驱动两种，目前国内生产的桥式起重机大多采用分别驱动方式。

小车由安装在小车架上的移动机构和提升机构等组成。小车运动机构也由驱动电动机、减速器、制动器和车轮组成。在小车运动机构的驱动下，小车可沿桥架主梁上的轨道移动。小车提升机构用以吊运重物，它由电动机、减速器、卷筒、制动器等组成。

主钩和副钩组成提升机构，主钩用来提升重物，副钩除用来提升轻物外，还可配合主钩翻转物体，主钩和副钩均装在小车上。

2. 电气控制线路

下面以 30/5t 小型桥式起重机为例，从凸轮控制器和主令控制器两种控制方式来介绍起重机的电气控制线路的工作原理。30/5t 小型桥式起重机线气控制线路如图 1-44 所示。

桥式起重机的大车桥架跨度较大，两侧各有一个行走轮，分别由两台相同规格的电动机 M3 和 M4 拖动，沿大车轨道向两个方向同速运动。小车运动机构由一台电动机 M2 拖动，沿固定在大车桥架上的小车轨道向两个方向运动。

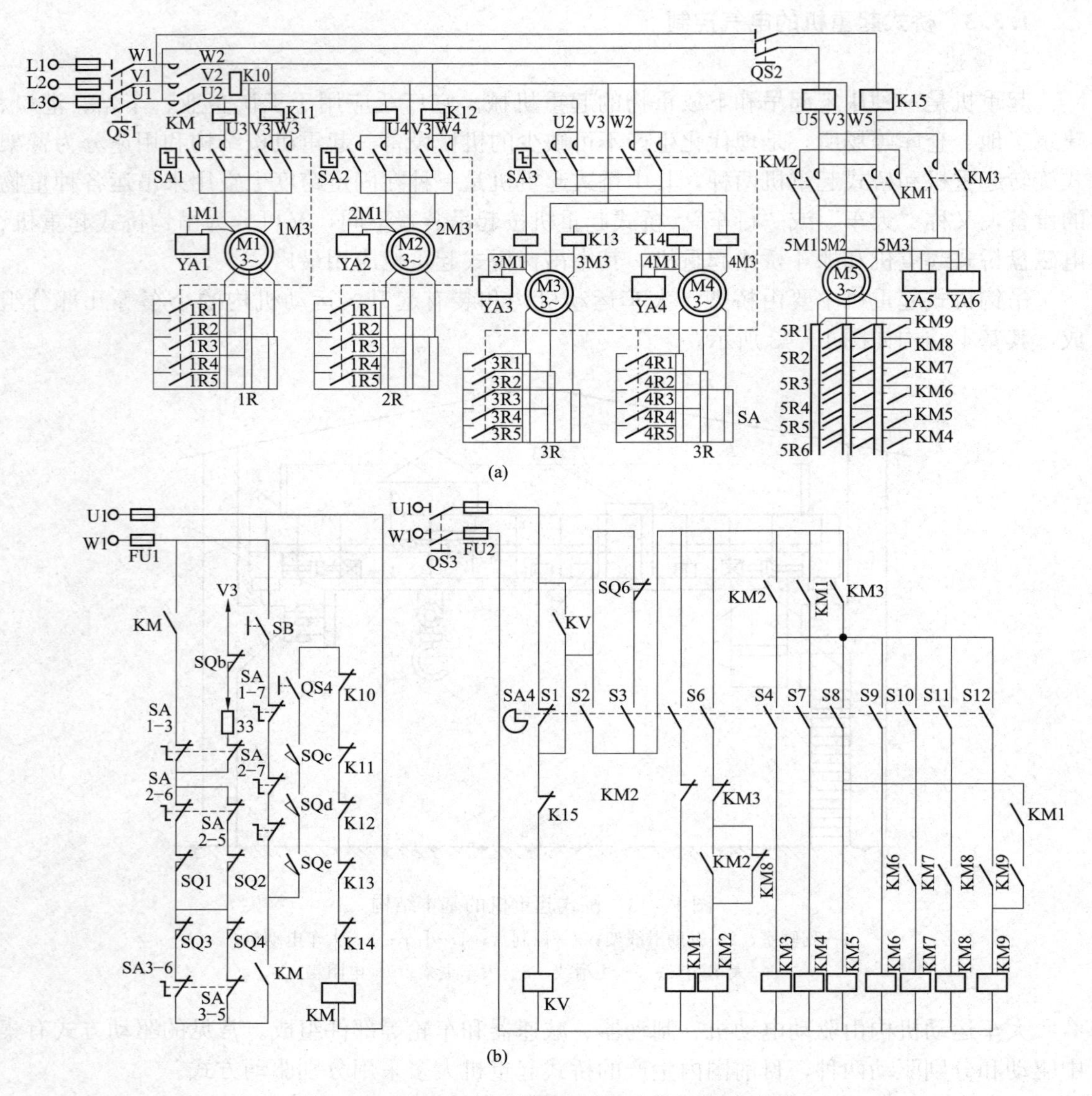

(a)

(b)

图 1 - 44　30/5t 小型桥式起重机电气控制线路图

(a) 主电路；(b) 控制电路

主钩升降由电动机 M5 拖动，副钩升降由电动机 M1 拖动。

整个电气控制线路由主电路和控制电路组成，控制电路又分为凸轮控制器和主令控制器两种控制方式。

QS1 为电源总开关，凸轮控制器 SA1、SA2、SA3 分别控制副钩电动机 M1、小车电动机 M2、大车电动机 M3、M4，主令控制器 SA4 配合磁力控制屏 PQR 完成主钩电动机 M5 的控制。KM1 为主钩下降接触器，KM2 为主钩上升接触器，KM3 为主钩制动接触器，KM4～KM9 为调速电阻接触器。

由于桥式起重机电气控制电路较复杂，下面仅介绍一些主要控制环节。

（1）准备与起动。在起重机投入运行前，首先将电源总开关 QS1 闭合，并将凸轮控制器至于“零位”，零位联锁触头 SA1-7、SA2-7、SA3-7 处于闭合状态。并闭合处于主接触器回路的紧急开关 QS4，关好舱门和横梁栏杆门，使限位开关 SQc、SQd、SQe 动合触点闭合，为起重机的起动做好准备。

起动时，操作人员首先按下起动按钮 SB，主接触器 KM 线圈通电，3 个动合触点 KM 闭合，使凸轮控制器 SA1、SA2、SA3 与电源接通，由于凸轮控制器手柄均在零位，电动机 M1、M2、M3、M4 均不运转，与此同时，主接触器 KM 动合辅助触点闭合起到自锁作用。

(2) 起重机大车的行走控制。起重机大车行走是由两台电动机拖动的，大车行走凸轮控制器 SA3 要控制两台电动机 M3、M4，所以其控制触点比 SA1 及 SA2 多 5 个，用于切除两台电动机转子电阻，以实现调速。大车行走凸轮控制器 SA3 触点的分合状态如图 1-45 所示。

SA3

	向后						向前				
	5	4	3	2	1	0	1	2	3	4	5
U2-3M3,4M1							×	×	×	×	×
U2-3M1,4M3	×	×	×	×	×						
W2-3M1,4M3							×	×	×	×	×
W2-3M3,4M1	×	×	×	×	×						
3R5	×	×	×	×				×	×	×	×
3R4	×	×	×						×	×	×
3R3	×	×								×	×
3R2	×										×
3R1	×										×
4R5	×	×	×	×				×	×	×	×
4R4	×	×	×						×	×	×
4R3	×	×								×	×
4R2	×										×
4R1	×										×
SA3-5						×	×	×	×	×	×
SA3-6	×	×	×	×	×	×					
SA3-7						×					

图 1-45　凸轮控制器 SA3 触点的分合状态图

由图 1-45 可知，SA3 有 11 个位置，中间为零位，左、右各有 5 个位置，用于控制电动机 M3、M4 的正反转，使起重机大车前进或后退。SA3 的 4 个主触点控制电动机 M3 和 M4 定子电源，以实现正转和反转。例如，当正转时，U2 与 3M3、4M1 接通，W2 与 3M1、4M3 接通；反转时，U2 与 3M1、4M3 接通，W2 与 3M3、4M1 接通。10 个转子电阻控制触点分别切换电动机 M3、M4 的转子电阻 3R、4R。另外 3 个辅助触点为联锁触点，其中 SA3-5、SA3-6 为电动机正反转联锁触点，SA3-7 为零位联锁触点。

凸轮控制器 SA3 的操作过程如下：扳动 SA3 操作手柄向后，置于 1 位置，电动机 M3、M4 电源接通，同时电磁铁 YA3、YA4 通电，解除电气制动。此时联锁触点 SA3-6 接通，SA3-5 断开，并且转子回路串入全部电阻，电动机以低速旋转，大车慢速向后行走。扳动 SA3 操作手柄向后置 2 位置，转子电阻控制触点 3R5、4R5 接通，将电阻 3R5、4R5 切除，电动机转速略有升高。手柄向后置于 3 位置，电阻 3R4、4R4 切除，电动机转速进一步上高，当操作手柄切除全部电阻后，电动机转速达到最高。

当凸轮手柄控制器 SA3 手柄扳到向前时，通过触点将电动机电源相序变换，电动机反向旋转。此时联锁触点 SA3-5 接通，SA3-6 断开，其他工作过程与向后类似。

当断电或操作手柄置零位时，电动机与电磁铁线圈断电，制动器抱闸进行电动机制动。

小车和副钩的控制工程与大车行走控制类似，这里不再赘述。

(3) 主钩的控制。主钩电动机是桥式起重机功率最大的电动机，一般采用主令控制器与接触器配合进行控制，即用主令控制器的触点控制接触器的线圈回路。主令控制器 SA4 触点的分合状态如图 1-46 所示。

其操作控制过程如下。首先是准备阶段：合上开关 QS1、QS2、QS3，接通主电路和控制电路电源。主令控制器手柄置零位，触点 S1 闭合，电压继电器 KV 线圈通电，其动合触点闭合自锁，为主钩电动机 M5 起动做好准备。主钩下降分 6 个挡位：J、1、2 挡为制动下降挡位，电动机处于反接动状态，防止在重物下降时速度过快；3、4、5 挡为强力下降挡位，用于轻载时的快速下降。

SA4

		下降							上升					
		强力			制动									
		5	4	3	2	1	J	0	1	2	3	4	5	6
	S1							×						
	S2	×	×	×										
	S3				×	×	×		×	×	×	×	×	×
KM3	S4	×	×	×	×	×			×	×	×	×	×	×
KM1	S5	×	×	×										
KM2	S6				×	×	×		×	×	×	×	×	×
KM4	S7	×	×	×		×	×		×	×	×	×	×	×
KM5	S8	×	×	×			×			×	×	×	×	×
KM6	S9	×	×								×	×	×	×
KM7	S10	×										×	×	×
KM8	S11	×											×	×
KM9	S12	×	0	0										×

图 1-46　主令控制器 SA4 触点的分合状态

工作情况如下：

1）下降 J 挡。SA4 指令控制器的动断触点 S1 断开，动合触点 S3、S6、S7、S8 闭合，接触器 KM2 线圈通电，其主触点闭合，电动机 M5 产生上升方向的转矩。另外，辅助触点动作实现自锁、互锁，并为制动电磁铁 YA5 线圈通电做好准备；接触器 KM4、KM5 线圈通电，其动合触点闭合，转子电阻 5R6、5R5 被切除。此时，尽管电动机 M5 电源已接通，但由于主令控制器 SA4 的动合触点 S4 未闭合，接触器 KM3 线圈不通电，串在制动电磁铁回路的动合触点 KM3 不闭合，则制动未解除，M5 不转动。J 挡主要用于主钩提升重物时，使电动机 M5 产生一个向上的提升力，减小抱闸制动力矩，保证安全运行。

2）下降 1 挡。S3、S6、S7 触点仍闭合，KM2、KM4 线圈仍通电，另有 S4 闭合，接触器 KM3 线圈通电，其主触点 KM3 闭合，电磁铁 YA5、YA6 线圈通电，电磁抱闸解除，电动机 M5 转动，KM3 动合触点闭合自锁，并与 KM1、KM2 动合触点并联，保证电动机 M5 正反转切换过程中电磁铁 YA5 线圈通电，处于非制动状态，以免产生过大的机械冲击。

3）下降 2 挡。S3、S6、S7 触点仍闭合，S7 断开，接触器 KM4 线圈断电，附加电阻全部串入转子回路，使电动机向上的提升转矩减小，重物下降速度有所加快。因此，可根据下放重物的重量大小，采用 1 挡或 2 挡以选择适当的下降速度。

4）强力下降 3、4、5 挡。在下降 3 挡时，上升限位开关 SQ6 动断触点断开，S2 触点闭合，控制电源改由 S2 接通。S6 断开，上升接触器 KM2 线圈断电，其触点释放。S4、S5、S7、S8 触点闭合，接触器 KM1 线圈通电，主触点闭合，电动机电源相序切换反向旋转，辅助触点动作进行自锁和互锁。同时接触器 KM4、KM5 线圈通电，其动合触点闭合，切除转子附加电阻 5R6、5R5，这时物体便在电动机下降转矩作用下下降。在下降至 4 挡时，S2、S4、S5、S7、S8、S9 闭合，接触器 KM6 线圈通电，其动合触点闭合，切除附加电阻 5R4，电动机转速进一步升高，物体下降速度变快。与接触器 KM7 线圈回路串联的动合触点 KM6 闭合，为 KM7 通电做准备。在下降至 5 挡时，S2、S4、S5、S7～S12 闭合，接触器 KM7～KM9 线圈依次通电，附加电阻 5R3、5R2、5R1 依次被切除，电动机转速逐渐加快，重物下放速度加快。如果当下放物体的质量过大，下降速度超过电动机的同步转速，由电动机的特性可知，电动机的电磁转矩就变为制动转矩，电动机处于发电制动状态，因此物体的下降速度不至于太快。

练习与思考题

1-1　根据用途，电器可分为哪几类？

1-2　简述交流接触器的结构原理。

1－3　在基本电气控制线路中，熔断器和热继电器的保护作用有什么不同？

1－4　解释说明交流接触器与继电器之间的相同之处和不同之处。

1－5　简述自锁、互锁的概念及其作用。

1－6　什么是主令电器？举例说明常见三种主令电器的名称和它们的作用。

1－7　设计一个既能连续工作，又能点动的控制线路。

1－8　试设计具有点动、自动往返功能的控制线路。

1－9　试分析摇臂钻床的工作原理。

1－10　叙述卧式车床起停控制原理。

1－11　叙述桥式起重机的工作过程。

2 可编程控制器概述

可编程控制器（Programmable Logic Controller，PLC）是以微处理器为核心，综合计算机技术、自动控制技术和通信技术发展起来的一种新型工业自动控制装置。经过多年发展，可编程控制器从无到有，实现了工业控制领域从接线逻辑到存储逻辑的飞跃；其功能从弱到强，实现了逻辑控制到数字控制的进步。由于具有通用灵活的控制性能、简单方便的使用性能、可以适应各种工业环境的可靠性，因此可编程控制器成为工业自动化领域中最重要、应用最多的控制装置，居工业生产自动化三大支柱（可编程控制器、机器人、计算机辅助设计与制造）的首位。

2.1 PLC的定义与特点

2.1.1 PLC的定义

早期的PLC主要是用来替代继电—接触器控制系统的，因此功能较为简单，只能进行开关量逻辑控制，称为可编程逻辑控制器。

随着微电子技术、计算机技术和通信技术的发展，20世纪70年代后期微处理器被用作PLC的CPU，大大扩展了PLC的功能，使之除了可进行开关量逻辑控制外，还具有了模拟量控制、高速计数、PID回路调节、远程I/O和网络通信等许多功能。1980年，美国电气制造商协会（National Electrical Manufacturers Association，NEMA）正式将其命名为可编程控制器（Programmable Controller，PC），其定义为：“PC是一种数字式的电子装置，它使用可编程序的存储器以及存储指令，能够完成逻辑、顺序、定时、计数及算术运算等功能，并通过数字或模拟的输入、输出接口控制各种机械或生产过程。”为了避免和通用的个人计算机简称PC混淆，在很多书中对可编程控制器仍沿用PLC的简称。

国际电工委员会（IEC）在1987年2月颁布的可编程控制器标准草案的第三稿中将其进一步定义为：“可编程控制器是一种数字运算操作的电子装置，专为在工业环境下应用而设计。它采用可编程序的存储器，用来在其内部存储执行逻辑运算、顺序控制、定时、计数和算术运算等操作的指令，并通过数字式、模拟式的输入和输出控制各种类型的机械或生产过程。可编程控制器及其有关设备，都应按易于与工业控制器系统连成一个整体、易于扩充其功能的原则设计。”

定义中有以下三点值得注意。

(1) PLC是“数字运算操作的电子装置”，它带有“可以编制程序的存储器”，可以进行“逻辑运算、顺序运算、计时、计数和算术运算”工作，可见PLC具有计算机的基本特征。事实上，PLC无论从内部构造、功能及工作原理上看都是不折不扣的计算机。

(2) PLC是“为工业环境下应用”而设计的计算机。工业环境和一般办公环境有较大的区别，PLC具有特殊的构造，使它能在高粉尘、高噪声、强电磁干扰和温度变化剧烈的环境下正常工作。为了能控制“机械或生产过程”，它又要能“易于与工业控制系统形成一个整体”，这些都是个人计算机不可能做到的。PLC 不是普通的计算机，它是一种工业现场用计算机。

(3) PLC 能控制“各种类型”的工业设备及生产过程。它“易于扩展其功能”，也就是说，它的程序并不是不变的，而是能根据控制对象的不同，让使用者“可以编制程序”的。PLC 较其以前的工业控制计算机，如单片机工业控制系统，具有更大的灵活性，它可以方便地应用在各种场合，是一种通用的工业控制计算机。

2.1.2 PLC 的特点

1. 可靠性高、抗干扰能力强

现代 PLC 采用了集成度很高的微电子器件，大量的开关动作由无触点的半导体电路来完成，其可靠程度是使用机械触点的继电器所无法比拟的。为了保证 PLC 能在恶劣的工业环境下可靠工作，在其设计和制造过程中采取了一系列硬件和软件的抗干扰措施。

硬件方面采取的主要措施有以下几方面。

(1) 隔离。PLC 的输入、输出接口电路一般都采用光电耦合器来传递信号，这种光电隔离措施使外部电路与 PLC 内部之间完全避免了电的联系，有效地抑制了外部干扰源对 PLC 的影响，还可防止外部强电窜至内部 CPU。

(2) 滤波。在 PLC 电路电源和输入、输出（Input & Output，I/O）电路中设置多种滤波电路，可有效抑制高频干扰信号。

(3) 在 PLC 内部对 CPU 供电电源采取屏蔽、稳压、保护等措施，防止干扰信号通过供电电源进入 PLC 内部，另外各个 I/O 接口电路的电源彼此独立，可避免电源之间的干扰。

(4) 内部设置连锁、环境检测与诊断等电路，一旦发生故障，立即报警。

(5) 外部采取密封、防尘、抗震的外壳封装结构，以适应恶劣的工作环境。

软件方面采取的主要措施有：

(1) 设置故障检测与诊断程序，每次扫描都对系统状态、用户程序、工作环境和故障进行检测和诊断，发现出错后，立即自动作出相应的处理，如报警、保护数据和封锁输出等。

(2) 对用户程序及动态数据进行电池后备，以保障停电后有关状态及信息不会因此而丢失。

采用以上抗干扰措施后，一般 PLC 的抗电平干扰强度可达峰值 1000V，脉宽 10μs，其平均无故障时间可高达 30 万～50 万 h 以上。

2. 功能完善、适应性强

PLC 是通过程序实现控制的。当控制要求发生改变时，只需修改程序即可。目前 PLC 产品已经标准化、系列化和模块化，不仅具有逻辑运算、计时、计数、顺序控制等功能，还具有模/数（A/D）、数/模（D/A）转换、算术运算及数据处理、通信联网和生产过程监控等功能。能根据实际需要，方便灵活地组装成大小各异、功能不一的控制系统：既可控制一台单机、一条生产线，又可以控制一个机群、多条生产线；既可以现场控制，又可以远程控制。

针对不同的工业现场信号，如交流或直流、开关量或模拟量、电流或电压、脉冲或电位、强电或弱电等，PLC 都有相应的 I/O 接口模块与工业现场控制器件和设备直接连接，用户可以根据需要方便地进行配置，组成实用、紧凑的控制系统。

3. 编程直观、简单

PLC 是面向用户和现场的控制装置，考虑到大多数电气技术人员熟悉电气控制线路的特点，它没有采用微机控制中常用的汇编语言，而是采用了一种面向控制过程的梯形图语言。梯形图语言与继电—接触器原理图相类似，形象直观，易学易懂，世界上许多国家的公司生产的 PLC 把梯形图语言作为第一用户语言。电气工程师和具有一定知识的电工、工艺人员都可以在短时间内学会，使用起来得心应手，使得计算机技术和传统的继电—接触器控制技术之间的隔阂在 PLC 上完全不存在。

4. 安装简单，维护方便

PLC 不需要专门的机房，可以在各种工业环境下直接运行。使用时只需将现场的各种设备与 PLC 相应的 I/O 端相连，即可投入运行。各种模块上均有运行和故障指示装置，便于用户了解运行情况和查找故障。由于采用模块化结构，因此一旦某模块发生故障，用户可以通过更换模块的方法使系统迅速恢复运行。

5. 体积小、重量轻、能耗低

由于 PLC 是专为工业控制而设计的专用计算机，其结构紧密、坚固、小巧、抗干扰能力强。以超小型 PLC 为例，新近出产的品种底部尺寸小于 $100mm^2$，质量小于 150g，功耗仅数瓦。由于体积小很容易装入机械内部，因而是实现机电一体化的理想控制设备，广泛用于数控、机器人、过程流程控制等领域。而且，PLC 采用软件控制，其控制速度取决于内部 CPU 运行速度和扫描周期（一般小于 100ms），比继电器的动作快得多。

2.2 PLC 的分类及性能指标

2.2.1 PLC 的分类

目前国内外 PLC 生产厂家众多，产品更是品种繁多，其型号、规格和性能也各不相同。一般说来，PLC 可以根据它的结构形式、输入/输出点数以及功能范围来进行分类。

1. 按结构形式分类

按照结构形式的不同，可分为整体式 PLC 和模块式 PLC 两种。

(1) 整体式 PLC。整体式 PLC 又称为单元式或箱体式。它将中央处理单元、存储器单元、输入/输出单元、输入/输出扩展接口单元和电源单元等集中安装在一个机箱内，输入/输出接线端子及电源进出接线端子分别装在机箱的上下侧。机箱的面板上有相应的发光二极管（LED）来指示输入/输出、电源及系统运行的状态，并留有输入/输出扩展接口的插座、外部设备接口单元的插座和可擦除可编程只读存储器（EPROM）的插座等。这种整体式结构的 PLC 结构紧凑、体积小、价格低，一般小型 PLC 如单体设备的开关量自动控制和机电一体化产品都采用这种结构。小型 PLC 的主要型号有三菱 F_1、F_2、FX_2、FX_{0N}、FX_{3U} 等系列，欧姆龙 C 系列 P 型袖珍机，西门子 S7 系列等。

(2) 模块式 PLC。模块式 PLC 将 PLC 各部分分成若干个单独的模块，如 CPU 模块、I/O 模块、电源模块（有的包含在 CPU 模块中）和各种其他功能模块，然后组装在机架或母板上。在机架或母板的底板上有若干个模块插座和连接这些插座的内部系统总线。一些产品的机架或母板上还安装了与输入/输出扩展机连接的接口插座。这种模块式结构的 PLC 配置灵活、装配方便、便于扩展和维修，一般大、中型PLC都采用这种结构，适用于复杂过程控制系统的应用场合。常见的有三菱 A_1N、A_2N、A_3N 系列，欧姆龙C系列C500、C1000H及C2000H和通用电气90TM－70、90TM－30等。

2. 按功能、点数分类

按功能、输入/输出点数和存储器容量不同，可分为小型、中型和大型PLC三类。

(1) 小型PLC。小型PLC又称为低档PLC。这类PLC的规模较小，它的输入/输出点数一般从20点到128点（其中输入/输出点数小于64点的PLC又称为超小型机）。用户存储容量小于2KB，具有逻辑运算、定时、计数、移位及自诊断、监控等基本功能，有些还有少量的模拟量I/O、算术运算、数据传送、远程I/O和通信等功能，可用于开关量控制、定时/计数控制、顺序控制及少量模拟量控制等场合，通常用来代替继电—接触器控制，在单机或小规模生产过程中使用。常见的小型PLC产品有三菱 F_1、F_2 和 FX_0 系列，欧姆龙SP20系列和西门子S5－100U、S5－95、S7－200等。

(2) 中型PLC。中型PLC的I/O点数通常在128点至512点之间，用户程序存储器的容量为2～8KB。中型PLC除具有小型机的功能外，还具有较强的模拟量I/O、数字运算、过程参数调节（如PID调节）、数据传送与比较、数值转换、中断控制、远程I/O及通信联网功能。中型PLC适用于既有开关量又有模拟量的复杂控制系统，如大型注塑机控制、配料和称重等中小型连续生产过程控制。常见的机型有三菱 A_{1S} 系列，欧姆龙C200H、C500，西门子S5－115U等。

(3) 大型PLC。大型PLC又称为高档PLC。I/O点数在512点以上，其中I/O点数大于8192点的又称为超大型PLC，用户存储器容量在8KB以上。大型PLC除具有中型机的功能外，还具有较强的数据处理、模拟调节、特殊功能函数运算、监视、记录、打印以及强大的通信联网、中断控制、智能控制和远程控制等功能。由于大型PLC具有比中小型PLC更强大的功能，因此一般用于大规模过程控制、分布式控制系统和工厂自动化网络等场合。常见的如三菱 A_3M、A_3N，欧姆龙C2000H，AB PLC－5以及西门子S5－135U、S5－155U、S7－400等。

2.2.2 PLC的性能指标

性能指标是用户评价和选购机型的基本依据。目前，市场上各种机型种类繁多，各个厂家在说明其性能指标时，主要技术项目也不完全相同。用户在进行PLC的选型时，可参照生产厂商提供的以下技术指标：

(1) I/O点数。PLC的输入/输出单元的种类和点数的多少决定了其应用规模的大小。用户应根据实际生产过程中的输入/输出点数和信号类型来选择不同的PLC或相应的输入/输出单元模块。通常，开关量输入/输出单元采用最大的输入/输出点数来表示，模拟量输入/输出单元采用最大的输入/输出通道数来表示。在总的点数中，输入/输出点数总是按一定的比例设置，往往是输入点数大于输出点数。

(2) 内部寄存器。PLC内部有许多寄存器用以存放状态变量、中间结果、数据等，还有许多供用户使用的辅助寄存器。这些辅助寄存器常可提供许多特殊功能以简化整个系统的设计，因此寄存器的配置及容量常是衡量可编程控制器硬件功能的一个指标。

(3) 存储容量。PLC的存储器由系统程序存储器、用户程序存储器组成。系统程序存储器的容量大小是确定的，用户程序是用户根据实际生产过程控制的应用要求而编写的。因此，用户程序存储器的容量与控制的要求有关，它的容量大小是不固定的，用户必须根据实际应用情况来选择有一定用户程序存储器容量的 PLC。PLC 的存储器容量通常是指用户程序存储器容量，一般用千字节（KB）来表示。在 PLC 中，程序指令是按“步”存放的，一条基本指令一般为一步，而复杂的指令往往若干步，因而也用“步”来表示程序容量，一般以最简单的基本指令为单位，称为多少基本指令（步）。

（4）扫描速度。PLC 一般以扫描 1K 条基本指令所需的时间来表示其扫描速度，单位为 ms/K 步，各类指令的执行时间并不相同，所以大多还要标明是哪类程序。用户应根据应用程序的大小及所选产品给出的扫描速度指标来估算实际的扫描周期，以满足生产过程对控制周期的要求。

（5）编程语言及指令功能。PLC 常用的语言有梯形图语言、助记符语言、流程图语言及某些高级语言等，目前使用最多的是前两种，不同的 PLC 具有不同的编程语言。PLC 的指令可分为基本指令和扩展指令，基本指令是各种类型的 PLC 都有的，主要是逻辑指令，而不同厂家不同型号的 PLC，其指令扩展的深度是不同的。

（6）使用条件。用户在选择 PLC 时主要考察下列三个方面的使用指标：①工作环境：如工作环境的温度、湿度和环境空气中尘埃的要求等；②电源要求：如输入电压、频率范围和功耗等；③抗干扰性能：如耐压强度、抗电磁干扰强度、抗震动强度等。

（7）可扩展性。PLC 的可扩展性包括：①I/O 点数的扩展；②存储容量的扩展；③控制区域和功能的扩展。小型 PLC 的基本单元多为开关量的 I/O 接口，各个生产厂家在 PLC 基本单元的基础上，发展了各种智能扩展模块，如模拟量处理、高速处理、温度控制、通信等。智能扩展模块的多少也可以用于反映 PLC 产品功能的指标。

2.3 PLC 的应用

PLC 在发展初期由于价格较高，使它的应用受到了限制。近年来，PLC 应用范围迅速扩大，主要原因是：一方面微处理器芯片及相关元器件的价格大大下降，使得 PLC 的成本下降；另一方面，随着 PLC 的功能大幅度提高，能解决许多复杂的计算和通信问题，PLC 的应用范围日益扩大。目前，PLC 已广泛应用于钢铁、石油、化工、电力、建材、机械制造、汽车、轻纺、交通运输、环保以及文化娱乐等行业。

PLC 的主要应用有如下几方面。

1. 开关量的逻辑控制

这是 PLC 最基本、最广泛的应用领域，它取代了传统的继电—接触器控制等顺序控制装置，实现逻辑控制、顺序控制，如高炉上料系统、电梯控制、港口码头货物的存放与提取、采矿的带运输等。PLC 既可实现单机控制，又可应用于多机群控制及自动生产线的控制、因而在机床电气控制、冲压、铸造机械、包装机械的控制、化工系统中各种泵和电磁阀的控制、啤酒罐装生产线、汽车装配生产线、电视机和收音机生产线的控制等方面也得到了广泛应用。

2. 过程控制

过程控制是指对压力、流量等模拟量的闭环控制。作为工业控制用计算机，PLC 能编制各种控制算法程序，完成闭环控制，其中 PID 调节是一般闭环控制系统中较常用的调节方法。PLC通过模拟量I/O模块实现模拟量与数字量之间的A/D、D/A转换，并对模拟量实现闭环PID控制。目前大中型PLC都有PID模块，许多小型PLC也具有PID功能。过程控制在冶金、化工、热处理、锅炉控制等场合有非常广泛的应用。

3. 运动及位置控制

PLC可用于圆周运动或直线运动的控制。从控制机构配置来说，早期直接用开关量I/O模块连接位置传感器和执行机构，现在一般使用专用的位置运动模块，如可驱动步进电动机或伺服电动机的单轴或多轴位置控制模块，它比计算机数值控制（CNC）装置体积更小、价格更低、速度更快、操作更方便，所以广泛地应用于各种机械、机床、机器人、电梯控制等场合。

4. 数据处理

PLC具有数学运算（包括矩阵运算、函数运算、逻辑运算）、数据传递、转换、排序和查表、位操作等功能，也能完成数据的采集、分析和处理。这些数据可以与存储在存储器中的参考值比较，也可以利用通信功能传送到别的智能装置，或将它们打印制表。数据处理一般用于大型控制系统，如无人控制的柔性制造系统，也可以用于过程控制系统如造纸、冶金、食品工业中的一些大型控制系统。

5. 通信联网

PLC的通信包括PLC相互之间、PLC与上位计算机、PLC与其他智能设备间的通信。PLC系统与通用计算机可以直接或通过通信处理单元和通信转换器相连构成网络，以实现信息的交换，并可构成“集中管理、分散控制”的分布式控制系统，满足工厂自动化（FA）系统发展的需要。各PLC系统或远程I/O模板按功能各自放置在生产现场分散控制，然后采用网络连接构成集中管理信息的分布式网络系统。新近生产的PLC都具有通信接口，通信非常方便。目前PLC之间的通信协议网络是各厂家专用的，而PLC与计算机之间的通信一般采用工业标准总线，并向标准通信协议靠拢。

6. 特殊功能

特殊功能如定位、显示、打印等。

并不是所有的PLC都具有上述的全部功能，有的小型PLC只具有上述功能中的部分。

2.4 PLC控制系统与其他工控系统的比较

2.4.1 PLC控制系统与继电—接触器控制系统的比较

继电—接触器控制系统是针对一定的生产机械和固定的生产工艺设计的，采用硬接线方式装配而成，它需要使用大量的硬件控制电路，主要完成既定的逻辑控制、定时、计数等功能，一旦生产工艺过程改变，则控制柜必须重新设计，重新配线，工作量相当大，有时甚至相当于重新设计一台新装置。而PLC由于采用了微电子技术和计算机技术，各种控制功能都是通过软件来实现的，软件本身具有可修改性，如果需要改变生产工艺过程，只需要改变程序及极少的连接线即可适应生产工艺过程的改变。同时，由于简化了硬件电路，也提高了PLC的可靠性。据不完全统计，PLC平均故障的间隔大于5×10^4h，而平均修复时间则小于10min。

此外，PLC能处理工业现场的强电信号如交流220V、直流24V，并可直接驱动功率部件（一般负载电流为 2A），可长期在严酷的工业环境中工作。

从适应性、可靠性、安装维护等各方面比较，PLC 都有着显著的优势，因此 PLC 控制系统取代继电—接触器控制系统是现代控制系统的必然趋势。

PLC 控制系统与继电—接触器控制系统的比较见表 2-1。

表 2-1　　PLC 控制系统与继电—接触器控制系统的比较

比较项目	继电—接触器控制系统	PLC 控制系统
控制功能的实现	由许多继电器采用接线的方式来完成控制功能	各种控制功能是通过编制的程序来实现的
对生产工艺过程变更的适应性	适应性差，需要重新设计，改变继电器和接线	适应性强，只需对程序进行修改
控制速度	低，靠机械动作实现	极快，靠微处理器进行处理
计数及其他特殊功能	一般没有	有
安装、施工	连线多，施工繁	安装容易，施工方便
可靠性	差，触点多，故障多	高，因元器件采取了筛选和抗老化等可靠性措施
寿命	短	长
可扩展性	困难	容易
维护	工作量大，故障不易查找	有自诊能力，维护工作量小

2.4.2　PLC 控制系统与计算机控制系统的比较

工业控制领域中的计算机控制系统，其主机一般采用能够在恶劣工业环境下可靠运行的工业控制计算机。工业控制计算机（简称工控机）是由通用微型计算机适应工业生产控制要求发展起来的一种控制设备，硬件结构方面总线标准化程度高、兼容性强，而软件资源丰富，特别是有实时操作系统的支持，故对要求快速、实时性强、模型复杂、计算工作量大的工业对象的控制具有优势。但是，使用工控机控制生产工艺过程，要求开发人员具有较高的计算机专业知识和微机软件编程的能力。

PLC 最初是针对工业顺序控制应用而发展来的，硬件结构专用性强，通用性差，很多优秀的微机软件不能直接使用，必须经过二次开发。但是，PLC 使用了工厂技术人员熟悉的梯形图语言编程，易学易懂，便于推广应用。

从可靠性方面看，PLC 是专为工业现场应用而设计的，结构上采用整体密封或插件组合型，并采取了一系列抗干扰措施，具有很高的可靠性。而工控机虽然也能够在恶劣的工业环境下可靠运行，但毕竟是由通用机发展而来的，在整体结构上要完全适应现场生产环境，还要做很多工作。另外，PLC 用户程序是在 PLC 监控程序的基础上运行的，软件方面的抗干扰措施在监控程序里已经考虑得很周全。而工控机的用户程序必须考虑抗干扰问题，一般的编程人员很难考虑周全，这也是工控机应用系统比 PLC 应用系统可靠性低的原因。

尽管 PLC 在模拟量信号处理、数值运算、实时控制等方面有了很大提高，但在模型复杂、计算量大且计算较难、实时性要求较高的环境中，工业控制计算机则更能发挥其专长。

PLC 控制系统与通用计算机控制系统的比较见表 2-2。

表 2-2 **PLC控制系统与通用计算机系统的比较**

比较项目	通用计算机系统	PLC控制系统
工作目的	科学计算，数据管理	工业自动控制
工作环境	对工作环境的要求高	对环境要求低，可在恶劣的工业现场工作
工作方式	中断处理方式	循环扫描方式
系统软件	需配备功能较强的系统软件	一般只需简单的监控程序
采用的特殊措施	掉电保护等一般性措施	采用多种抗干扰措施：自诊断、断电保护、可在线维修
编程语言	汇编语言、高级语言	梯形图、助记符语言、SFC标准化语言
对操作人员的要求	需专门培训，并具有一定的计算机基础	一般技术人员稍加培训即可操作使用
对内存的要求	容量大	容量小
价格	价格高	价格较低
其他	若用于控制，一般需自行设计	机种多，模块种类多，易于集成系统

一般情况下，在工业自动化工程中多采用PLC，但计算机在信息处理方面优于PLC，所以在一些自动化控制系统中，常常将两者结合起来，PLC做下位机进行现场控制，计算机做上位机进行信息处理。

2.4.3 PLC控制系统与集散控制系统的比较

集散控制系统是专门为工业过程控制设计的过程控制装置，由回路仪表控制系统发展而来，它主要应用于连续量的模拟控制，而PLC的主要应用场合是开关量的逻辑控制。因此，在设计思想上有一定的区别。

PLC是按扫描方式工作的，集散控制系统是按用户的程序指令工作的。因此，可编程控制器对每个采样点的采样速度是相同的，而集散控制系统可根据被检测对象的特性采用不同的采样速度。例如，对流量点的采样周期是1s，对温度点的采样周期是20s等。此外，在集散控制系统中，可有多级优先级中断的设置，而PLC通常不采用中断方式。在存储器的容量上，PLC的存储器容量较小，而集散控制系统需进行大量的数字运算，存储器容量较大。在运算速度上，模拟量的运算速度可较低，而开关量的运算需要有较高的速度。在抗干扰和运算精度等性能上也有所不同，如对开关量的抗干扰性要求较低，模拟量运算精度要求较高等。

除了部分集散过程控制装置安装在现场，需要按现场的工作环境设计外，集散控制系统是按照安装在控制室设计的；而PLC是按照在现场工作环境的要求设计的，因此，对元器件的可靠性方面有专门的考虑。在可靠性方面，两者都有较高的要求。

另外，不论是PLC控制系统还是集散控制系统，在发展过程中，始终是互相渗透、互为补充的。现代PLC的模拟量控制功能很强，多数配备了多种智能模块，以适应生产现场的多种特殊要求，具有PID调节功能和构成网络系统组成分级控制的功能以及集散控制系统所能完成的功能。而集散控制系统既有单回路控制系统，也有多回路控制系统，同时还具有顺序控制功能。到目前为止，PLC与集散控制系统的发展越来越接近，很多工业生产过程既可以用PLC，也可以用集散控制系统实现其控制功能。综合PLC和集散控制系统各自的优势，把二者有机地结合起来，可形成一种新型的全分布式的计算机控制系统。

练习与思考题

2-1　简述 PLC 的定义。

2-2　PLC 的特点有哪些？

2-3　PLC 是如何分类的？有哪些重要指标？

2-4　PLC 控制系统与传统的继电—接触器控制系统、集散控制系统及通用计算机系统相比有什么不同？

3 可编程控制器的组成与原理

PLC在工业生产各个领域得到了越来越广泛的应用。目前PLC的品种很多，各种不同型号的产品结构也各不相同，但就其基本组成而言，却大致相同。要正确地应用PLC完成各种不同的控制任务，首先必须了解它的结构特点和工作原理。

3.1 PLC 的 组 成

PLC是一种以微处理器为核心的工业通用自动控制装置，其实质是一种工业控制用的专用计算机。因此，它的组成与一般的微型计算机基本相同，也是由硬件系统和软件系统两大部分组成。硬件系统和软件系统组成了一个完整的PLC系统，它们相辅相成，缺一不可。

3.1.1 PLC的硬件系统

PLC的硬件系统主要由主机、输入/输出扩展单元、外部设备组成，其框图如图3-1所示，各部分之间通过总线连接。其中主机主要由中央处理单元（CPU）、存储器、输入/输出电路、外部设备接口、电源几大部分组成。

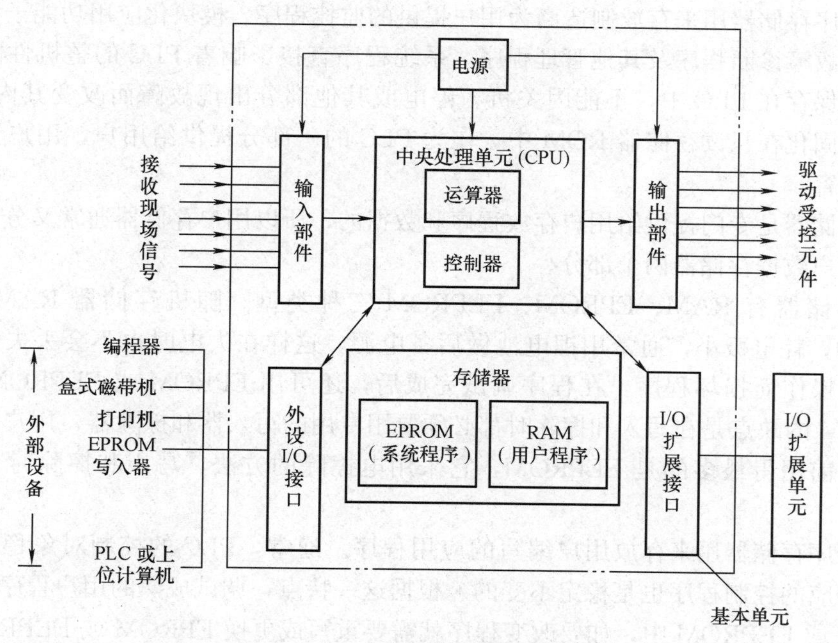

图3-1 PLC的硬件系统组成框图

1. 中央处理单元（CPU）

与通用计算机一样，中央处理单元（CPU）是PLC的核心部件，它的主要作用是控制整个系统协调一致地运行。它解释并执行用户及系统程序，完成所有控制、处理、通信以及所赋予的其他功能。它的主要功能有以下几点。

（1）接收、存储用户通过编程器等输入设备输入的程序和数据。

（2）以扫描方式接收来自输入单元的输入变量、状态数据，并存入相应的数据存储区（输入映像寄存器）。

（3）利用错误校验技术监控存储和通信状态、诊断内部电路的工作状态、电源状态和用户编程中的语法错误。

（4）执行用户程序，完成各种数据的处理、传输和存储，并根据数据处理结果，刷新有关标志位的状态和输出状态寄存器的内容，产生相应的内部控制信号，以完成用户指令规定的各种操作。

（5）响应各种外围设备（如编程器、打印机等）的要求。

PLC 常用的 CPU 有通用微处理器、单片机和位片式微处理器。通用微处理器常用的是 8 位机和 16 位机，如 8080、8086、M6800、80286、80386 等；单片机常用的有 8031、8051、8096 等；位片式微处理器常用的有 AMD2901、AMD2903 等。

小型 PLC 大多采用 8 位微处理器或单片机，中型 PLC 大多采用 16 位微处理器或单片机，大型 PLC 大多采用高速位片式处理器。PLC 的档次越高，所用的 CPU 的位数越多、运算速度越快、功能越强。

2. 存储器

存储器主要用来存放系统程序、用户程序和数据。根据存储器在系统中的作用，可将其分为系统程序存储器和用户存储器。

系统程序存储器用来存放制造商为用户提供的监控程序、模块化应用功能子程序、命令解释程序、故障诊断程序及其他管理程序。系统程序直接影响着 PLC 的整机性能。系统程序需要永久保存在 PLC 中，不能因关机、停电或其他部分出现故障而改变其内容。因此，系统程序需固化在只读存储器 ROM 中，作为 PLC 的一部分提供给用户，用户无法改变系统程序的内容。

用户存储器是专门提供给用户存放程序和数据的，所以用户存储器通常又分为用户程序存储器和用户数据存储器两个部分。

用户存储器有 RAM、EPROM、EEPROM 三种类型。随机存储器 RAM 一般都是 CMOS 型的，耗电极小，通常用锂电池做后备电源，这样在失电时也不会丢失程序。为防止由于错误操作而损坏程序，在程序调试完成后，还可用 EPROM 或 EEPROM 将程序固化。EPROM 的缺点是在写入和擦除时都必须要用专用的写入器和擦除器，用户使用很不方便，所以目前用得最多的是 EEPROM，它采用电擦除的方法，写入和擦除时只需编程器即可。

用户程序存储器用来存放用户编写的应用程序。通常，PLC 的控制对象稳定，所以控制内容和相应的控制程序也是稳定不变的。根据这一特点，调试成熟的用户程序一般都存储在 EPROM 或 EEPROM 中，如要改变程序就需要重写或更换 EPROM 或 EEPROM。

数据存储器用来存放控制过程中不断改变的信息，如输入/输出信号、各种工作状态、计数值、定时值、运算的中间结果等。这些数据在 PLC 运行期间总是不断改变的，只能用可以随意读写的随机存储器 RAM 来存放。

因为系统程序用来管理 PLC，用户无法改变，所以 PLC 产品样本或说明书中所列的存储器类型及其容量，是指用户程序存储器而言。如 FX_2－24M 的存储器容量为 4K 步，即指用户程序存储器的容量。PLC 所配的用户存储器的容量大小差别很大，通常中小型 PLC 的用户存储器存储容量在 8K 步以下，大型 PLC 的存储容量可达到或超过 256K 步。

3. 输入/输出（I/O）模块

PLC 是一种工业控制计算机系统，它的控制对象是工业生产过程，它与工业生产过程的联系就是通过 I/O 模块实现的，I/O 模块是 PLC 与生产现场相联系的桥梁。

输入模块用来接收和采集输入信号，输入信号有两类：一类是由按钮开关、行程开关、数字拨码开关、接近开关、光电开关、压力继电器等提供的开关量输入信号；另一类是从电位器、热电、测速电机、各种变送器送来的连续变化的模拟量输入信号。输入模块还需要将这些不同的电平信号转换成 CPU 能够接收和处理的数字信号。

输出模块的作用是接收中央处理器处理过的数字信号，并把它转换成现场执行部件能接收的信号，用来控制接触器、电磁阀、调节阀、调速装置等，控制的另一类负载是指示灯、数字显示器和报警装置等。

为提高抗干扰能力，一般的输入/输出单元都有光电隔离装置。在数字量 I/O 模块中广泛采用由发光二极管和光敏晶体管组成的光耦合器，在模拟量 I/O 模块中通常采用隔离放大器。

（1）开关量 I/O 模块的外部接线方式。开关量 I/O 模块输入信号只有接通和断开两种状态。各 I/O 点的通/断状态用发光二极管显示，外部接线一般接在模块面板的接线端子上。某些模块使用可拆装的插座式端子排，不需断开端子板上的外部接线，即可迅速地更换模块。

开关量 I/O 模块的点数一般是 2 的 n 次方，如 4、8、16 点。

开关量 I/O 模块的外部接线方式有汇点式、分组式和分隔式，如图 3-2 所示。

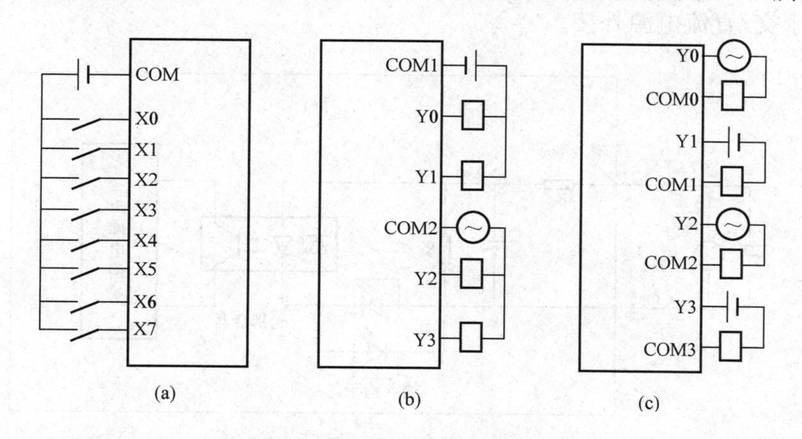

图 3-2　I/O 模块外部接线方式
（a）汇点式；（b）分组式；（c）分隔式

汇点式模块的所有 I/O 电路只有一个公共点，所有 I/O 点共用一个电源。

分组式模块的 I/O 点分为若干组，每一组的各 I/O 电路有一个公共点，它们共用一个电源。各组之间是隔开的，可分别使用不同的电源。

分隔式模块的各 I/O 点之间相互隔离，每一 I/O 点可使用单独的电源，如将它们的 COM 端连接起来，这几个点就可以使用同一电源。

（2）输入接口电路。PLC 的一大优点是抗干扰能力强。在 PLC 的输入端，所有的输入信号都是经过光耦合并经 RC 电路滤波后才送入 PLC 内部放大器的。采用光耦合和 RC 滤波措施后能有效地消除环境中杂散电磁波等造成的干扰，而且光耦合器的输入/输出具有很高的绝缘电阻，能承受 1500V 以上的高压而不被击穿，所以 PLC 的这种抗干扰手段已为其他电路所采用。

图 3-3 所示为直流输入接口电路，PLC 内部提供直流电源。当输入开关接通时，光耦合器导通，由装在 PLC 面板上的发光二极管（LED）来显示某一输入端口（图中只画了一个端口）有信号输入。

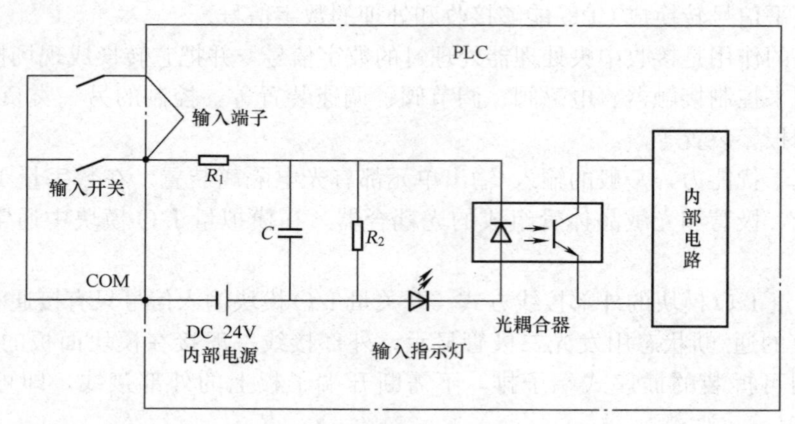

图 3-3　直流输入接口电路

图 3-4 所示为交/直流输入接口电路。其内部电路结构与直流输入接口电路基本相同，不同之处在于交/直流电源外接。

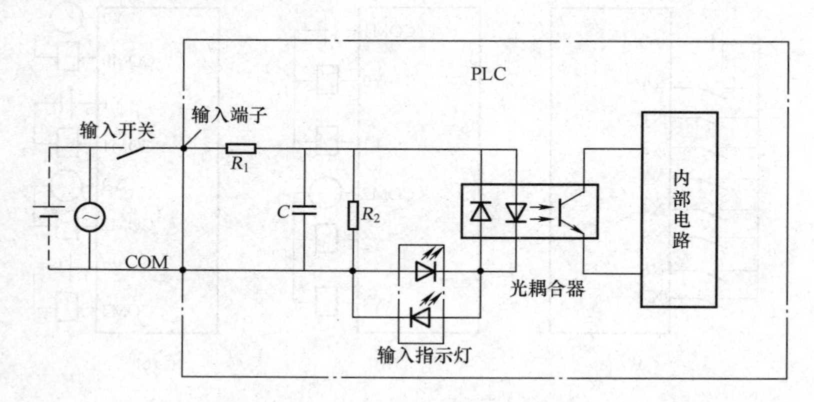

图 3-4　交/直流输入接口电路

（3）输出接口电路。PLC 的输出方式按负载使用电源（即用户电源）来分，有直流输出、交流输出和交/直流输出三种方式。按输出开关器件的种类来分，有晶体管、晶闸管和继电器三种输出方式。输出电流典型值为 0.5～2A，负载电源由外部现场提供。

继电器输出型是利用继电器线圈与输出触点，将 PLC 内部电路与外部负载电路进行电气隔离，其接口电路如图 3-5 所示。它既可带直流也可带交流负载，电源由用户提供，继电器同时起隔离和功率放大作用，每一路只提供一对动合触点。

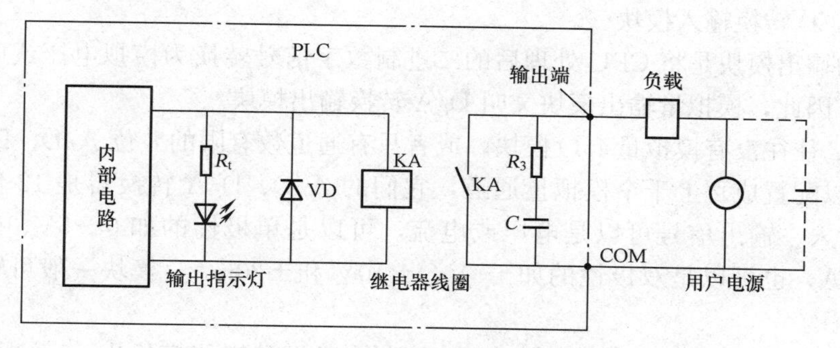

图 3－5　继电器输出接口电路

晶闸管输出型采用光控晶闸管，将 PLC 的内部电路与外部负载电路进行电气隔离，只能带交流负载（属于交流输出方式），交流电源由用户提供，其接口电路如图 3－6 所示。

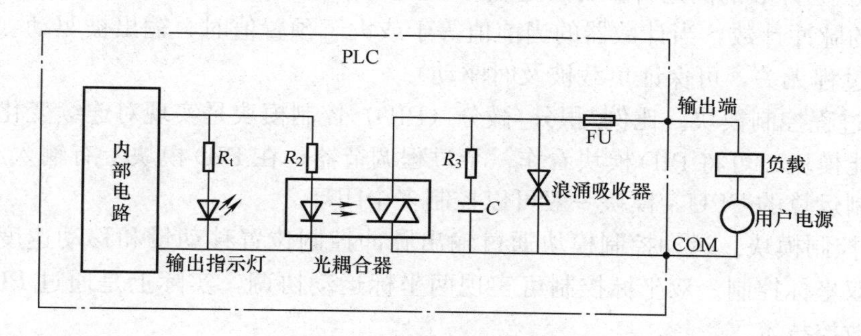

图 3－6　晶闸管输出接口电路

晶体管输出型采用光耦合器将 PLC 内部电路与输出晶体管进行隔离，只能带直流负载，直流电源由用户提供，其接口电路如图 3－7 所示。

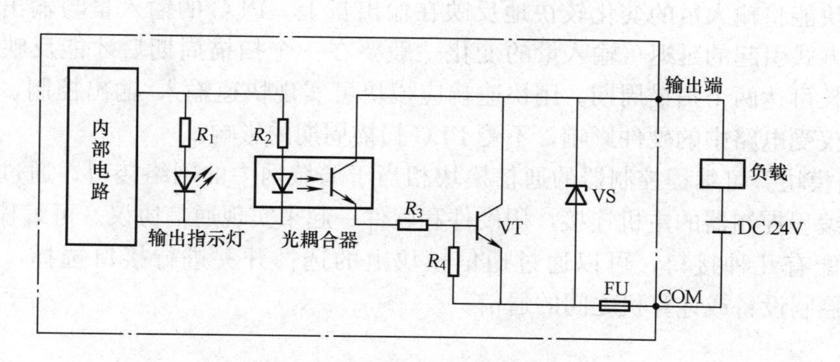

图 3－7　晶体管输出接口电路

（4）特殊功能模块（功能模块或智能模块）。随着 PLC 在工业控制中的广泛应用和发展，为了增强功能，扩大应用范围，生产厂家开发了许多供用户选用的特殊功能模块。

1）模拟量输入输出模块。模拟量的输入在过程控制中应用很广泛，如温度、压力、流量、位移等工业检测都是对应电压、电流大小的模拟量。模拟量经传感器或变送器转换为标准信号，输入模块用 A/D 转换器将它们转换成数字量送给 CPU 进行处理。因此，模拟量输入模块又叫 A/D 转换输入模块。

模拟量的输出模块是将 CPU 处理后的二进制数字信号转换为模拟电压或电流，再去控制执行机构。因此，模拟量输出模块又叫 D/A 转换输出模块。

小型 PLC 往往没有模拟量 I/O 模块，或者只有通道数有限的 8 位 A/D、D/A 模块。大中型 PLC 可以配置成百上千个模拟量通道，它们的 A/D、D/A 转换器是 12 位的。模拟量 I/O 模块的输入、输出信号可以是电压或电流，可以是单极性的如 0～5V、0～10V、1～5V、4～20mA，也可以是双极性的如±5V、±10V 和±20mA，模块一般可输入多种量程的电流或电压。

2）高速计数模块。高速计数模块是工业控制中常用的智能模块之一，它可以把过程控制变量（如位置信号、速度值、流量值累计等），送入 PLC。这些参量的变化速度很快，脉冲宽度小于 PLC 扫描周期，按正常扫描输入/输出信号来处理会丢失部分参量。因此，使用脱离 PLC 而独立计数的高速计数器对这些参量进行计数。高速计数模块可对几十千赫兹甚至上兆赫兹的脉冲计数，当计数器的当前值等于或大于预置值时，输出被驱动（这一过程与 PLC 的扫描过程无关，可保证负载被及时驱动）。

3）PID 过程控制模块。比例/积分/微分（PID）控制模块是实现对连续变化的模拟量闭环控制的智能模块，可将 PID 模块看作一个过程调节器。在 PID 模块上有输入/输出接口和进行闭环控制运算的 CPU，模块一般可以控制多个闭环。

4）运动控制模块。运动控制模块通过输出脉冲控制位置移动量和移动速度，可分为单坐标控制和双坐标控制。双坐标控制可实现两坐标运动协调，实际上是通过 PLC 运动控制模块实现的数控技术。

5）中断输入模块与快速响应模块。中断输入模块适用于快速响应的控制系统，接收到中断输入信号后，暂停正在运行的主程序，转而执行中断程序，执行完后返回，继续执行主程序。

快速响应模块的功能与通用的开关量 I/O 模块功能相似。主要区别是在相同条件下，快速响应模块能将输入量的变化较快地反映在输出量上。PLC 的输入量与输出量之间存在因扫描工作方式引起的延迟（输入量的变化一般要在一个扫描周期后才能反映在输出上），这种延迟最长可达两个扫描周期。用快速响应模块可实现快速输入/输出控制，模块输出响应的延迟仅仅受电路中的硬件影响，不受 PLC 扫描周期的影响。

6）通信模块。可编程控制器的通信模块相当于局域网中的网络接口，通过通信模块数据总线和可编程控制器的主机连接，用硬件和软件一起来实现通信协议。可编程控制器的通信模块一般配有几种接口，可以通过通信模块上的选择开关进行接口选择，实现与别的 PLC、智能控制设备或计算机之间的通信。

4. 电源

PLC 配有开关式稳压电源模块，用来将外部供电电源转换成使 PLC 内部的 CPU、存储器和 I/O 接口等电路工作所需的直流电源。PLC 的电源部件有很好的稳压措施，因此对外部电源的稳定性要求不高。小型 PLC 的电源往往和 CPU 单元合为一体，大中型 PLC 都有专用电源模块。

有些 PLC 的电源部件还能向外提供直流 24V 稳压电源，用于对外部设备供电，可避免由于外部电源受到干扰或不合格而引起的故障。为防止在外部电源发生故障的情况下，PLC 内部程序和数据等重要信息丢失，PLC 还带有锂电池作为后备电源。

5. 外部设备接口

外部设备接口（包括I/O扩展单元接口）是PLC主机实现人—机对话、机—机对话的通道。通过它，PLC可以和编程器、彩色图形显示器、打印机、I/O扩展单元等相连，也可以与其他PLC或上位计算机连接。外部设备接口一般是RS-232C或RS-422A（或RS-485）串行通信接口，该接口的功能是串行/并行数据的转换、通信格式的识别、数据传输的出错校验、信号电平的转换等。对于一些小型PLC，外部设备接口还有与专用的编程器连接的并行数据接口。

6. I/O扩展单元

I/O扩展单元是PLC I/O单元的扩展部件。当用户所需的I/O点数或类型超出主机I/O单元所允许的点数或类型时，可以通过加接I/O扩展单元来解决。I/O扩展单元与主机的输入/输出扩展接口相连方式有两种类型：简单型和智能型。

简单型的I/O扩展单元本身不带中央处理单元，对外部现场信号I/O处理过程完全由主机的中央处理单元管理，依赖于主机的程序扫描过程。通常，它通过并行接口与主机通信，并安装在主机旁，在小型PLC的I/O扩展时常被采用。

智能型的I/O单元本身带有中央处理单元，它对生产过程现场信号的I/O处理由本身的中央处理单元管理，而不依赖于主机的程序扫描过程。通常，它采用串行通信接口与主机通信，可以远离主机安装，多数用于大中型PLC的输入/输出扩展。

7. 编程器

编程器是PLC最重要的外围设备。编程器的主要任务是编辑程序、调试程序、监控PLC内部程序的执行，还可以在线测试PLC工作状态和参数，与PLC进行人机对话。因此编程器是开发、应用、监控运行和检查维护PLC不可缺少的设备。

编程器一般分为简易编程器和图形编程器。简易编程器的体积很小，可以直接插在PLC的编程器插座上，或者用专用电缆与PLC相连，以方便编程和调试。简易编程器的价格便宜，一般用来给小型PLC编程，或者用于PLC控制系统的现场调试和维修。简易编程器不能直接输入和编辑梯形图程序，它只能输入和编辑语句表指令程序，因此又将简易编程器叫做指令编程器。使用简易编程器时必须将梯形图程序转换为语句表指令程序，再用按键将语句表指令程序写入PLC内。

而图形编程器可以直接生成和编辑工程人员所熟悉的梯形图程序，使用起来更加直观、方便，但是它的价格偏高，操作也较复杂。图形编程器大多是便携式的，本质上是一台专用便携式计算机。图形编程器可以在线编程，也可以离线编程，可将用户程序存储在编程器自己的存储器中，也可以很方便地与PLC的CPU模块互传程序，并可将程序写入专用EPROM存储卡中，大多数图形编程器带有磁盘驱动器，提供磁带录音机接口和打印机接口，能快速清楚地打印梯形图程序，这对PLC程序调试和维护很有帮助。

除此之外，PLC厂家还向用户提供编程软件和硬件接口，用户可以在个人计算机上对PLC编程和程序开发。

8. 其他外部设备

PLC还配有生产厂家提供的其他一些外部设备。

(1) 外部存储器。外部存储器是指磁带或磁盘，工作时可将用户程序或数据存储在盒式录音机的磁带上或磁盘驱动器的磁盘中，作为程序备份。当 PLC 内存中的程序被破坏或丢失时，可将外存中的程序重新装入。

(2) 打印机。打印机用来打印带注释的梯形图程序或指令语句表程序以及打印各种报表等。在系统的实时运行过程中，打印机用来提供运行过程中发生事件的硬记录，如记录 PLC 系统运行过程中故障报警时间等，这对于事故分析和系统改进是非常有价值的。

(3) EPROM 写入器。EPROM 写入器用于将用户程序写入 EPROM 中。同一 PLC 系统的各种不同应用场合的用户程序可分别写入不同的 EPROM 中去，当系统的应用场合发生改变时，只需更换相应的 EPROM 芯片即可。

3.1.2 PLC 的软件系统

PLC 的软件系统是指 PLC 所使用的各种程序的集合，通常可分为系统程序和用户程序两大部分。

1. 系统程序

系统程序是每一个 PLC 成品必须包括的部分，由 PLC 厂家提供，用于控制 PLC 本身的运行，系统程序固化在 EPROM 中。系统程序可分为管理程序、编译程序、标准程序模块和系统调用三部分。

管理程序是系统程序中最重要的部分。PLC 的运行都由它控制，主要对 PLC 的输入、输出、运算等操作进行时间上先后顺序的管理，规定各种数据、程序的存放地址，生成用户环境以及系统诊断等。

编译程序用来把梯形图程序、语句表程序等编程语言翻译成 PLC 能够识别的机器代码。

标准程序模块和系统调用由许多独立的程序模块组成，每个程序模块完成一种功能，如输入、输出及特殊运算等。PLC 根据不同的控制要求，选用这些模块完成相应的工作。

2. 用户程序

用户程序就是由用户根据控制要求，用 PLC 程序语言编写的应用程序，以实现所需的控制目的。用户程序存储在系统程序指定的存储区内，它的最大容量也是由系统程序限定的。传统的继电—接触器控制系统是通过导线的连接确定控制器件之间的逻辑关系，这种方式称为接线逻辑；PLC 却是由用户程序实现控制功能，这种方式称为存储逻辑。

3. 程序结构

当程序不长、比较简单时，编写程序常用顺序结构，即整个程序不分段，顺序编写而成。小型 PLC 的用户程序通常都为顺序结构。

对于比较复杂、很长的程序，为使程序编写简单清晰，可以按照功能、结构或使用目的，将程序划分成多个程序模块，按模块来编写和调试程序，再把各部分组合而形成一个完整的大程序，这种程序结构称为模块结构。大中型 PLC 的用户程序较复杂，一般都采用模块化结构。

按模块结构组合而成的用户程序，由各个独立的程序段组成，每个程序段完成一个单一的功能。因此，使得原本复杂的编程工作简单了许多，程序的调试、修改和查错等也很方便。

3.2 PLC 的等效电路

3.2.1 接线程序控制、存储程序控制与可编程控制器

传统的继电—接触器控制系统和电子逻辑控制系统中，控制任务的完成是通过电器、电

子控制线路来实现的。这些控制线路将继电器、接触器、电子元器件等若干分立元器件用导线连接在一起，形成满足控制对象动作要求的控制“程序”。因其程序就固定在接线中，所以又称为接线程序控制。对于较复杂的控制过程，接线程序控制线路的设计将非常繁琐、困难，设计的控制线路也很复杂。由于控制系统器件、接线多，使系统的可靠性受到很大影响，其平均无故障时间往往较短。控制系统完成以后，若控制任务发生变化（如生产工艺流程的变化），则必须改变相应接线才能实现，因而容易造成接线程序控制系统的灵活性、通用性较低，故障率高，维修也不方便。

随着集成电路和计算机技术的迅猛发展，存储程序控制逐步取代接线程序控制，成为工业控制系统的主流和发展方向。所谓存储程序控制，就是将控制逻辑以程序语言的形式存放在存储器中．通过执行存储器中的程序实现系统的控制要求。这样的控制系统称为存储程序控制系统。在存储程序控制系统中，控制程序的修改不需要改变控制器内部的接线（即硬件），而只需通过编程器改变程序存储器中的某些程序语句。

PLC 就是一种存储程序控制器。其输入设备和输出设备与继电—接触器控制系统相同，但它们直接连接到 PLC 的输入端和输出端（PLC 的输入和输出接口已经做好，接线简单、方便），如图 3-8 所示。在 PLC 控制系统中，实现一个控制任务，需要针对具体的控制对象，分析控制系统的要求，确定所需的用户输入/输出设备，然后运用相应的编程语言（如梯形图、语句表、控制系统流程图等）编写出相应的控制程序，利用编程器或其他设备写入 PLC 的程序存储器中。每条程序语句确定一个顺序，运行时 CPU 依次读取存储器中的程序语句，对它们的内容进行解释并加以执行；执行结果用以驱动输出设备，控制被控对象工作。PLC 是通过软件实现控制逻辑的，能够适应不同控制任务的需要，通用性强，使用灵活，可靠性高。

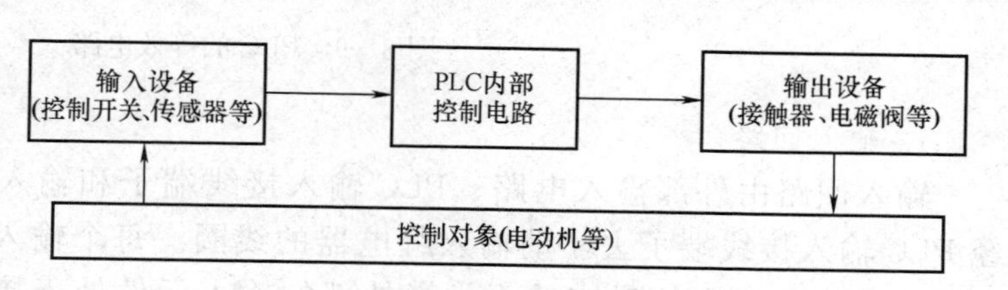

图 3-8 PLC 构成的存储程序控制系统

3.2.2 PLC 的等效电路

由图 3-8 可知，PLC 构成的存储程序控制系统，由以下三部分组成。

输入设备：连接到 PLC 的输入端，它们直接接收来自操作台上的操作命令或来自被控对象的各种状态信息，产生输入控制信号送入 PLC。常用的输入设备包括控制开关和传感器；控制开关可以是按钮开关、限位开关、行程开关、光电开关、继电器和接触器的接点等；传感器包括各种数字式和模拟式传感器，如光栅位移式传感器、热电阻、热电偶等。

PLC 内部控制电路：采用大规模集成电路制作的微处理器和存储器，执行按照被控对象的实际要求编制并存入程序存储器中的程序，完成控制任务。

输出设备：与 PLC 的输出端相连，用来将 PLC 的输出控制信号转换为驱动被控对象工作的信号。常用的输出设备包括接触器、电磁阀、电磁继电器、电磁离合器、状态指示部件等。

输入部分采集输入信号，输出部分是系统的执行部分，这两部分与继电—接触器控制系统相同。PLC 内部控制电路是用编程实现的逻辑电路，通过软件编程来代替继电器的功能。

对于使用者来说，在编制应用程序时，可以不考虑微处理器和存储器的复杂构成及相关的计算机语言，而把PLC看成是内部由许多“软继电器”组成的控制器，用近似继电—接触器控制线路图的编程语言进行编程。这样从功能上讲就可以把PLC的控制部分看作是由许多“软继电器”组成的等效电路。下面对图3-9所示PLC的等效电路的各组成部分做简要分析。

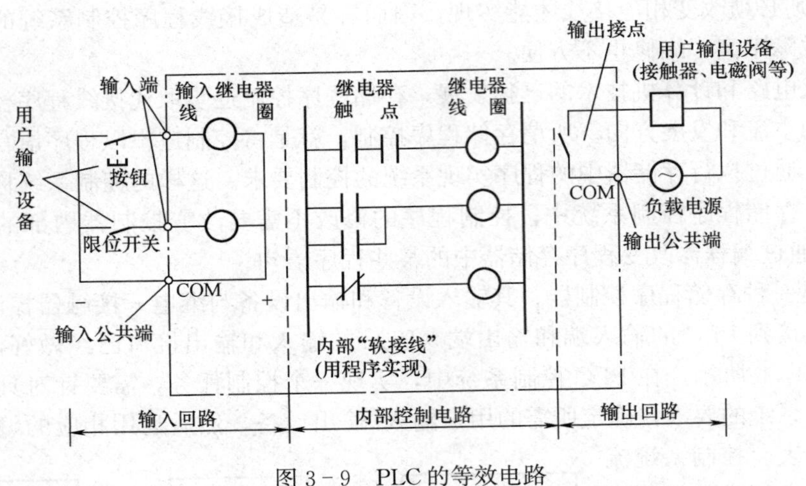

图3-9 PLC的等效电路

1. 输入回路

输入回路由外部输入电路、PLC输入接线端子和输入继电器组成。外部输入信号经PLC输入接线端子去驱动输入继电器的线圈。每个输入端子与其相同编号的输入继电器有着唯一确定的对应关系。当外部的输入元件处于接通状态时，对应的输入继电器线圈“得电”（注意：这个输入继电器是PLC内部的“软继电器”，就是存储器基本单元中的某一位，它可以提供任意多个动合触点或动断触点供PLC内部控制电路编程使用）。

为使输入继电器的线圈“得电”，即让外部输入元件的接通状态写入与其对应的基本单元中，输入回路要有电源。输入回路所使用的电源，可以用PLC内部提供的24V直流电源（其带负载能力有限），也可由PLC外部独立的交流或直流电源供电。

需要强调的是，输入继电器的线圈只能由来自现场的输入元件（如控制按钮、行程开关的接点、晶体管的基极－发射极电压、各种检测及保护器件的触点或动作信号等）驱动，而不能用编程方式去控制。因此，在梯形图程序中，一般只能使用输入继电器的触点，不能使用输入继电器的线圈。

2. 内部控制电路

所谓内部控制电路是由用户程序形成的用“软继电器”来代替硬继电器的控制逻辑。它的作用是按照用户程序规定的逻辑关系，对输入信号和输出信号的状态进行检测、判断、运算和处理，然后得到相应的输出。

一般用户程序是用梯形图语言编制的，它看起来很像继电器控制线路图。在继电器控制线路中，继电器的触点可瞬时动作，也可延时动作，而PLC梯形图中的触点是瞬时动作的，如果需要延时，可由PLC提供的定时器来完成。延时时间可根据需要在编程时设定，其定时精度及范围远远高于时间继电器。PLC 中还提供了计数器、辅助继电器（相当于继电器控制线路中的中间继电器）及某些特殊功能的继电器。PLC 的这些器件所提供的逻辑控制功能，可在编程时根据需要选用，且只能在 PLC 的内部控制电路中使用。

3. 输出回路

输出回路是由在 PLC 内部且与内部控制电路隔离的输出继电器的外部动合触点、输出接线端子和外部驱动电路组成，用来驱动外部负载。

PLC 的内部控制电路中有许多输出继电器，每个输出继电器除了有为内部控制电路提供编程用的任意多个动合、动断触点外，还为外部输出电路提供了一个实际的动合触点与输出接线端子相连。

驱动外部负载电路的电源必须由外部电源提供，电源种类及规格可根据负载要求去配备，只要在 PLC 允许的电压范围内工作即可。

3.3 PLC 的基本工作原理

3.3.1 PLC 的工作方式

PLC 与普通微机在许多方面有相似之处，但其工作方式却与微机有很大的不同。微机一般采用等待命令的工作方式，如在常见的键盘扫描方式或 I/O 扫描方式下，有键按下或 I/O 有输入动作则转入相应的子程序；无键按下或 I/O 无输入动作则继续扫描键盘和 I/O 口。PLC 则靠执行用户程序来实现控制要求。为了便于执行程序，在存储器中设置输入映像寄存器区和输出映像寄存器区（或统称 I/O 映像区），分别存放执行程序之前的各输入状态和执行过程各个结果的状态。PLC 对用户程序的执行是以循环扫描方式进行的，所谓扫描是一种形象的说法，用来描述 CPU 对程序顺序、分时操作的过程。扫描从第 0 号存储地址所存放的第一条用户程序开始，在无中断或跳转控制的情况下，按存储地址号递增的方向顺序逐条扫描用户程序，也就是顺序执行程序，直到程序结束，即完成一个扫描周期，然后再从头开始执行用户程序，并周而复始地进行。由于 CPU 的运算处理速度很高，使得从外观上看，用户程序似乎是同时执行的。

虽然 PLC 作为继电—接触器控制的替代物，但二者的工作原理有很大差别：继电—接触器控制装置采用硬逻辑并行运行的方式，即如果一个继电器的线圈通电或断电，该继电器的所有触点（包括它的动合、动断触点）不论在哪个位置上都会立即同时动作；而 PLC 的 CPU 则采用顺序逐条地扫描用户程序的运行方式，如果一个输出线圈或逻辑线圈被接通或断开，该线圈的所有触点（动合、动断触点）不会立即动作，必须等扫描到该触点时才会动作。为了消除两者之间由于运行方式不同而造成的差异，要求 PLC 扫描用户程序的时间均小于 100ms，而继电—接触器控制装置中各类触点的动作时间一般在 100ms 以上。这样 PLC 与继电—接触器控制装置在 I/O 的处理结果上没有什么差别。

3.3.2 PLC 的工作过程

虽然 PLC 的基本组成及工作原理与一般计算机相同，但其工作过程与微机有很大差异。

小型 PLC 的工作过程有两个显著特点：①周期性顺序扫描；②集中批处理。

周期性顺序扫描是 PLC 特有的工作方式。PLC 在运行过程中，总是处在不断循环的顺序扫描过程中。每次扫描所用的时间称为扫描时间，又称为扫描周期或工作周期。

由于PLC的I/O点数较多，采用集中批处理的方法，可以简化操作过程，便于控制，提高系统可靠性。因此，PLC的另一个主要特点就是对输入采样、执行用户程序、输出刷新实施集中批处理。这同样是为了提高系统的可靠性。

当PLC启动后，先进行初始化操作，包括对工作内存的初始化、复位所有的定时器、将I/O继电器清零，检查I/O单元连接是否完好，如有异常则发出报警信号。初始化之后，PLC就进入周期性顺序扫描过程中。

小型PLC的工作过程流程如图3-10所示。根据图3-10，可将PLC的工作过程（周期性顺序扫描过程）分为4个扫描阶段。

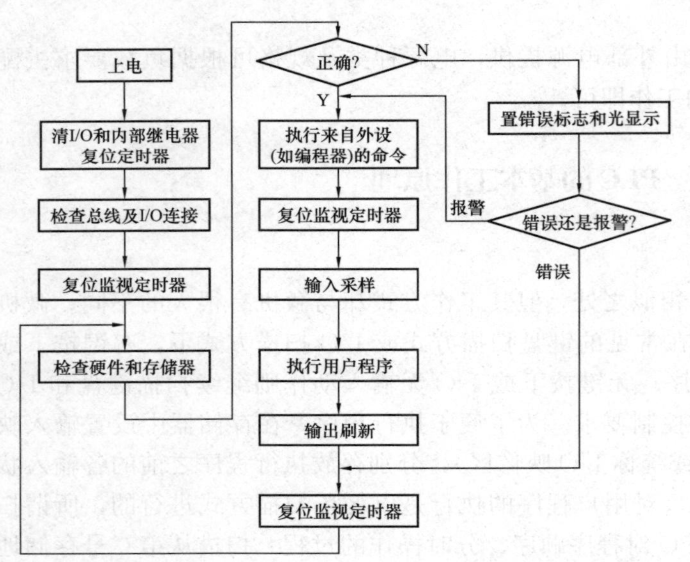

图3-10　小型PLC的工作流程图

1. 公共处理扫描阶段

公共处理包括PLC自检、执行来自外设命令、对看门狗定时器（Watch Dog Timer，WDT）清零等。

PLC自检就是CPU检测PLC各器件的状态，如出现异常再进行诊断，并给出故障信号，或自行进行相应处理，这将有助于及时发现或提前预报系统的故障，提高系统的可靠性。

在CPU对PLC自检结束后，就检查是否有外设请求，如是否需要进入编程状态、是否需要通信服务、是否需要启动磁带机或打印机等。

采用看门狗定时器技术也是提高系统可靠性的一种有效措施。在PLC内部设置一个监视定时器（WDT），以监视PLC的每次扫描时间。监视定时器预先设定好规定时间，每个扫描周期都要监视扫描时间是否超过规定值。如果程序运行正常，则在每次扫描周期的公共处理阶段对WDT进行清零（复位），避免由于PLC在执行程序的过程中进入死循环，或者由于PLC执行非预定的程序而造成系统故障，从而导致系统瘫痪。如果程序运行失常进入死循环，则WDT得不到按时清零而造成超时溢出，从而发出报警信号或停止PLC工作。

2. 输入采样扫描阶段

这是第一个集中批处理过程。在这个阶段中，PLC按顺序逐个采集所有输入端子上的信号，不论输入端子上是否接线，CPU顺序读取全部输入端，将所有采集到的一批输入信号写到输入映像寄存器中。在当前的扫描周期内，用户程序依据的输入信号状态（ON或OFF）均从输入映像寄存器中去取，而不管此时外部输入信号的状态是否变化。如果此时外部输入信号的状态发生了变化，也只能在下一个扫描周期的输入采样扫描阶段去读取。对于这种采集输入信号的批处理，虽然严格上说每个信号被采集的时间有先有后，但由于PLC

的扫描周期很短，这个差异对一般工程应用可忽略，所以可认为这些采集到的输入信息是同时的。

3. 执行用户程序扫描阶段

这是第二个集中批处理过程。在执行用户程序阶段，CPU 对用户程序按顺序进行扫描。如果程序用梯形图表示，则总是按先上后下、从左至右的顺序进行扫描。每扫描到一条指令，所需要的输入信息状态均从输入映像寄存器中读取，而不是直接使用现场的立即输入信号。对其他信息，则是从 PLC 的元件映像寄存器中读取。在执行用户程序中，每一次运算的中间结果都立即写入元件映像寄存器中，这样该状态马上就可以被后面将要扫描到的指令所利用。对输出继电器的扫描结果，也不是马上去驱动外部负载，而是将其结果写入元件映像寄存器中的输出映像寄存器中，待输出刷新阶段集中进行批处理，所以执行用户程序阶段也是集中批处理过程。

在这个阶段，除了输入映像寄存器外，各个元件映像寄存器的内容是随着程序的执行而不断变化的。

4. 输出刷新扫描阶段

这是第三个集中批处理过程。当 CPU 对全部用户程序扫描结束后，将元件映像寄存器中各输出继电器的状态同时送到输出锁存器中，再由输出锁存器经输出端子去驱动各输出继电器所带的负载。

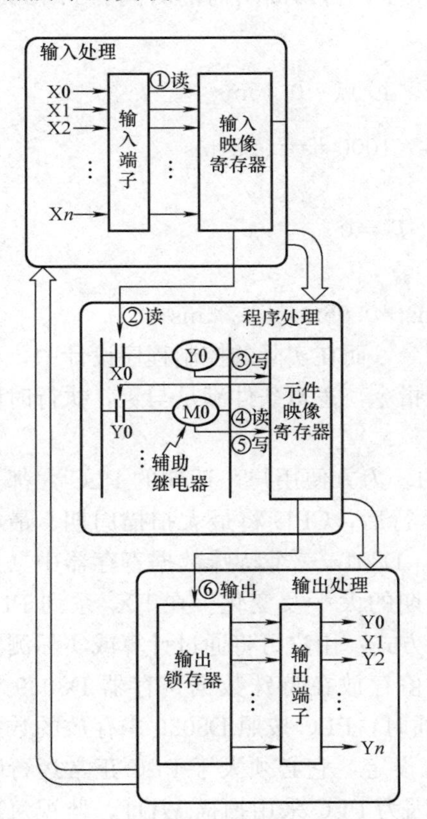

图 3-11　PLC 的三个批处理过程示意图

在输出刷新阶段结束后，CPU 进入下一个扫描周期。

上述的三个批处理过程示意图如图 3-11 所示。

3.3.3　PLC 对 I/O 的处理规则

通过对 PLC 的用户程序执行过程的分析，可总结出 PLC 对 I/O 的处理规则，如图 3-12 所示。

（1）输入映像寄存器的数据（状态）取决于输入端子板上各输入点在本扫描周期的输入处理阶段所刷新的状态（“0”或“1”）。

（2）程序的执行取决于用户程序内容以及输入/输出映像寄存器的内容及其他元件映像寄存器的内容。

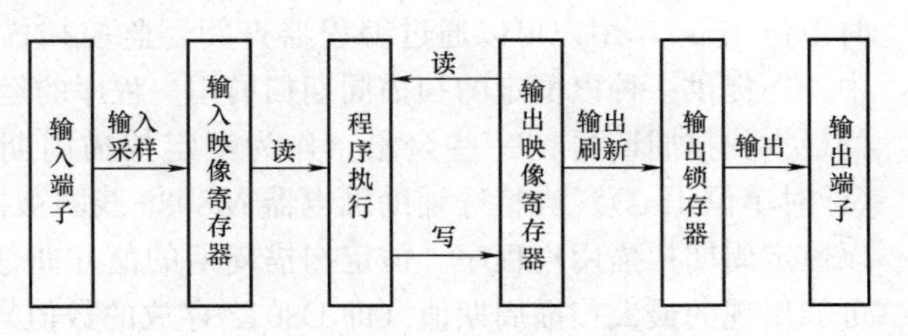

图 3-12　PLC 对 I/O 的处理规则

(3) 输出映像寄存器（包括各元件映像寄存器）的数据（状态），由用户程序中输出指令的执行结果决定。

(4) 输出锁存器中的数据（状态），由上一个扫描周期的输出处理阶段存入到输出锁存器中的数据确定，直到本扫描周期的输出处理阶段其数据才被刷新。

(5) 输出端子上的输出数据（状态），由输出锁存器中的数据决定。

3.3.4 扫描周期的计算

在 PLC 的实际工作过程中，每个扫描周期除了输入采样、程序执行、输出刷新三个阶段外，还要进行自诊断、与外设（如编程器、上位计算机）通信等处理。即一个扫描周期还应包含自诊断及与外设通信等时间。一般同型号的 PLC，其自诊断所需的时间相同，如三菱 FX_2 系列 PLC 自诊断时间均为 0.96ms。通信时间的长短与连接的外设多少有关系，如果没有连接外设，则通信时间为 0。输入采样与输出刷新时间取决于其 I/O 点数，而扫描用户程序所用的时间则与扫描速度及用户程序的长短有关。对于基本逻辑指令组成的用户程序，二者的乘积即为扫描时间。如果程序中包含特殊功能指令，则还必须根据用户手册查表计算执行这些特殊功能指令的时间。

【例 3-1】 三菱 FX_2-40M 型 PLC，配置开关量输入 24 点，开关量输出 16 点，用户程序为 1000 步，不包含特殊功能指令，PLC 运行时不连接上位计算机等外设。I/O 的扫描速度为 0.03ms/(8 点)，用户程序的扫描速度为 0.74μs/步，自诊断所需的时间为 0.96ms，试计算一个扫描周期所需要的时间。

解 扫描 40 点 I/O 所需要的时间为 $T_1=\frac{0.03\text{ms}}{8\text{点}}\times 40\text{点}=0.15\text{ms}$

扫描 1000 步程序所需要的时间为 $T_2=0.74\mu\text{s}/\text{步}\times 1000\text{步}=0.74\text{ms}$

自诊断所需要的时间为 $T_3=0.96\text{ms}$

因 PLC 运行时，不与外设通信，所以通信时间为 $T_4=0$

这样一个扫描周期 T 为

$$T=T_1+T_2+T_3+T_4=0.15\text{ms}+0.74\text{ms}+0.96\text{ms}=1.85\text{ms}$$

上面给出的例题中假设用户程序中没有特殊功能指令，而在实际的控制程序设计中，稍微复杂一点的程序都包含特殊功能指令。对于特殊功能指令，逻辑条件满足与否，执行时间不同，甚至差异较大，从而计算出的扫描周期也不一样。

由此看出准确地计算扫描周期的大小是比较困难的。为方便用户，近期的 PLC 大都采取了一些措施。如在 FX_2 系列 PLC 中，当 PLC 投入运行后，CPU 将最大扫描周期、最小扫描周期和当前扫描周期的值分别存入 D8012、D8011、D8010 三个特殊数据寄存器中（计时单位 1ms），用户可以通过编程器查阅、监控扫描周期的大小及变化。在 FX_2 系列 PLC 中，还提供一种以恒定的扫描周期扫描用户程序的运行方式：用户可将通过计算或实际测定的最大扫描周期再留一些余量，作为恒定扫描周期的值存放在特殊数据寄存器 D8039 中（计时单位 1ms）；当特殊辅助继电器 M8039 线圈被接通时，PLC 按照 D8039 中存放的数据以恒定周期扫描用户程序。恒定扫描周期的值并非任意设定，它必须大于 PLC 正常运行时可能出现的最大扫描周期值（即 D8012 存放的数值）。因为 PLC 采用扫描 WDT，监视每次扫描是否超过规定时间（如果主机出现故障，扫描周期变长，就会发出报警信号），因此用户必须使 WDT 的设定值大于恒定扫描周期的值，否则 CPU 会发出警戒计时报警信号。

3.3.5　输入/输出响应的滞后现象

1. 输入/输出滞后时间

输入/输出滞后时间又称为系统响应时间，是指从 PLC 外部输入信号发生变化的时刻至它控制的有关外部输出信号发生变化的时刻之间的间隔。系统响应时间的快慢与以下因素有关。

(1) 输入滤波器的时间常数（输入延时）。因为 PLC 的输入滤波器是一个积分环节，因此，输入滤波器的输出电压（即 CPU 模板的输入信号）相对于现场实际输入元件的变化信号有一个时间延时，这就导致了实际输入信号在进入输入映像寄存器前就有一个滞后时间。另外，如果输入导线很长，由于分布参数的影响，也会产生“隐形”滤波器的效果。

(2) 输出继电器的机械滞后（输出延时）。PLC 的数字量输出经常采用继电器触点的形式输出，继电器固有的动作时间，导致继电器的实际动作相对线圈的输入电压有滞后效应。如果采用双向晶闸管或晶体管的输出方式，则可减少滞后时间。

(3) PLC 的循环扫描方式。下面主要分析由扫描方式引起的滞后时间。

在图 3-13 所示梯形图中的 X0 是输入继电器，用来接收外部输入信号。波形图中最上一行是 X0 对应的经滤波后的外部输入信号波形。Y0、Y1、Y2 是输出继电器，用来将输出信号传送给外部负载。图中 X0 和 Y0、Y1、Y2 的波形表示对应的 I/O 映像区的状态，高电平表示“1”状态，低电平表示“0”状态。

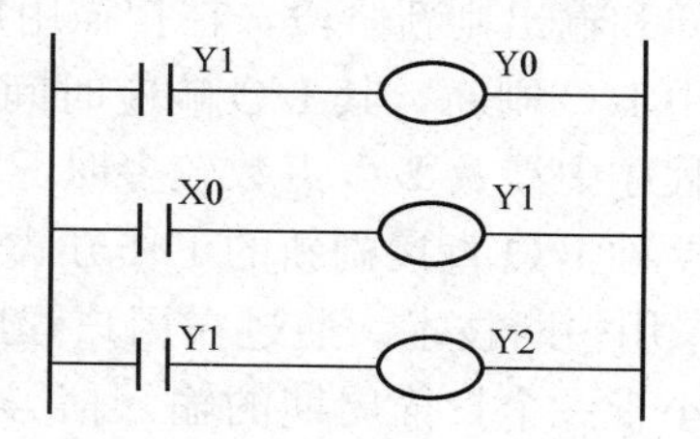

图 3-13 中，输入信号在第一个扫描周期的执行用户程序阶段才出现，所以在第一个扫描周期 I/O 映像区寄存器均为“0”状态。

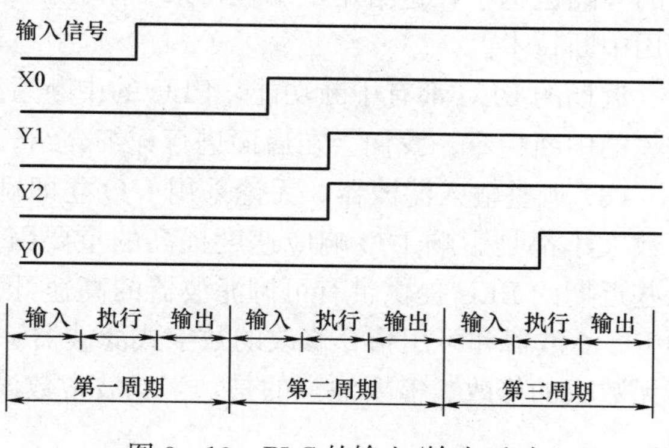

图 3-13　PLC 的输入/输出延时

在第二个扫描周期的输入处理阶段，输入继电器 X0 的映像寄存器变为“1”状态。在程序执行阶段，由梯形图可知，Y1 先接通，再扫描下一行，Y1 的动合触点闭合，所以 Y2 接通，它们在 I/O 映像区里的状态都变为“1”状态。

在第三个扫描周期的程序执行阶段，由于 Y1 的接通使 Y0 接通。Y0 的输出映像寄存器变为“1”状态。在输出处理阶段，Y0 对应的外部负载被接通。可见从外部输入触点接通到 Y0 驱动的负载接通，响应延时最长可达两个多扫描周期。

如果交换梯形图中第一行和第二行的位置，Y0 的延时时间将减少一个扫描周期，可见这种延时时间可以使用程序优化的方法减少。

2. 解决方法

PLC 的这种滞后响应，在一般的工业控制系统中是完全允许的，但不能适应要求 I/O 响应速度快的实时控制场合。为此，近期的大、中、小型 PLC 除了加快扫描速度，还在软硬件上采取一些措施，以提高 I/O 的响应速度。在硬件方面，可选用快速响应模块、高速计数模块等；下面主要介绍常用的软件方面的一些措施，主要有改变信息刷新方式、采用中断技术、调整输入滤波器等。

(1) 改变信息刷新方式。

1) I/O 立即刷新。一般来说，在输入采样阶段进行输入刷新，在输出刷新阶段刷新输出锁存电路；在程序执行阶段，既不刷新输入，又不刷新输出。这种处理方式是导致输入/输出滞后响应的主要原因。20 世纪 80 年代中期以来，几乎所有的 PLC 都增加一种新的刷新方式：I/O 立即刷新。这种新的刷新方式是通过在程序中增加 I/O 立即刷新指令完成的，用户可在程序中的不同位置插入 I/O 立即刷新指令。这样，在 PLC 投入运行后，除了在输入采样和输出刷新阶段集中进行 I/O 刷新外，还在扫描到 I/O 立即刷新指令的位置时，对指令规定的输入输出范围立即进行一次刷新：将指令规定的输入状态读入输入映像寄存器区，将指令规定的输出按输出映像寄存器区中的状态刷新输出到锁存电路。

2) I/O 直接刷新方式。为进一步提高 I/O 响应速度，有些 PLC 采用一种特殊的工作方式——I/O 直接刷新方式。与一般 PLC 不同，采用 I/O 直接刷新方式的 PLC 在运行时，没有输入采样和输出刷新阶段，在扫描用户程序的过程中，实时进行读输入和刷新输出。由于不进行集中 I/O 刷新，其 I/O 响应时间相对缩短。但由于单个通道的 I/O 操作占用较长的时间，当程序中涉及 I/O 点数较多时，不进行集中 I/O 刷新会从总体上减缓程序的运行速度，所以这种 I/O 直接刷新的工作方式在目前的 PLC 中很少被采用。

(2) 采用中断技术。通过在用户程序中多处插入 I/O 立即刷新指令，使 PLC 可以读取脉冲宽度小于一个扫描周期的输入信号；但输入信号脉冲宽度越窄，要求 I/O 立即刷新指令的间隔也越小，这给用户编程带来了不便。处理窄脉冲输入信号更有效、更简便的方法是采用中断技术。

近期的 PLC 都有中断功能，PLC 的中断系统包含了多个中断请求源（简称中断源）和相关的中断指令，我们会在后面进行详细介绍。

(3) 调整输入滤波器。无论采用 I/O 立即刷新指令，还是采用中断技术，RC 滤波时间常数大小都是影响 I/O 响应速度提高的重要因素。为了进一步提高 PLC 的 I/O 响应速度，某些近期的 PLC 提供带有可调滤波器的高速开关量输入端。这些输入端采用时间常数很小的 RC 滤波器和可用指令修改的数字式滤波器。在程序的执行过程中，滤波时间常数可以进行无数次的修改。需要注意的是，当滤波常数设置较小时，必须防止输入端混入噪声信号。

3.4 PLC 的编程语言

PLC 的控制功能是通过执行程序实现的，而程序是用程序设计语言编制的。编程语言多种多样，不同的 PLC 厂家、不同的 PLC 型号，采用的表达方式也不尽相同。PLC 最突出的优点之一就是采用“软”继电器（编程元件）代替“硬”继电器（实际元件），用软件编程逻辑代替传统的硬布线逻辑实现控制作用，而且 PLC 的编程语言面向被控对象、面向操作者，易于为熟悉继电—接触器控制电路的电气技术人员理解和掌握。PLC 的编程语言有顺序功能图、梯形图语言、功能块图、指令表、结构文本等。在这些语言中，尤以梯形图、指令助记符语言最为常用。

3.4.1　梯形图

梯形图语言是在继电—接触器控制原理的基础上演变而来的一种图形语言，它将 PLC 内部的各种编程元件（如输入继电器、输出继电器、内部继电器、定时器、计数器等）和命令用特定的图形符号和标注加以描述，并赋予一定的意义，如图 3-14 所示。

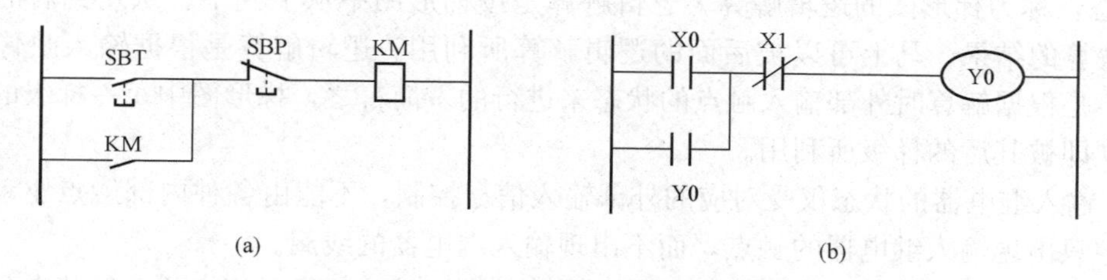

图 3-14　继电—接触器接线图及其等效 PLC 梯形图

(a) 继电—接触器接线图；(b) PLC 梯形图

使用梯形图语言与计算机语言相比，编程人员几乎不用去考虑系统内部的结构原理和硬件逻辑。因此，它很容易被一般的电气工程设计人员和运行维护人员所接受，是初学者理想的编程工具。所有厂商的 PLC 都支持梯形图语言。梯形图就是按照控制逻辑的要求和连接规则将图形符号进行组合和排列所构成的图形，表示 PLC 输入、输出之间的关系。其中，触点表示逻辑输入条件，如外部的开关、按钮和内部条件等。线圈通常代表逻辑输出结果，用来控制外部的指示灯、交流接触器和内部的输出标志位等。它清晰直观，可读性强，是目前使用最多的一种编程语言。

使用编程软件可以直接生成和编辑梯形图，并将它下载到 PLC 中去。

1. 梯形图中的符号

在梯形图中，┤├、┤/├分别表示 PLC 各种编程元件（也称软继电器）的动合触点和动断触点，—○—则表示 PLC 各种编程元件的线圈。应注意，它们并非物理实体，不是真实的物理继电器（即硬件继电器），只是概念上的意义，即只是软件中使用的编程元件。每一个软继电器实际上仅对应于 PLC 工作数据存储区中的一个存储单元（位），当该单元的状态为逻辑 1 时，相当于该继电器的线圈接通，对应的动合、动断触点都动作。

以辅助继电器为例，如果该存储单元为逻辑 1 状态，对应编程元件的线圈“通电”，其动合触点接通，动断触点断开，称该编程元件为逻辑 1 状态，或称该编程元件为 ON（接通）。该存储单元为逻辑 0 状态，梯形图中对应的编程元件的线圈“断电”，其动合触点断开（即复位），动断触点闭合（即复位），称该元件为逻辑 0 状态，或称该元件为 OFF（断开）。

另外，人们把对数据进行操作处理的指令看成一种特殊、广义的操作元件，用方框或方括号表示。它们前面有若干动合或动断触点组成的逻辑电路与之串联，作为执行该指令的条件。

2. 梯形图格式及特点

(1) 梯形图中左右两边的竖线称为左右母线，每个梯形图由多层梯级（或称逻辑行）组成，每层梯级起始于左母线，经过触点的各种连接，最后通过一个继电器线圈终止于右母线。有些梯形图中省略了右母线。每层梯级实际上代表了一个逻辑方程。

(2) 梯形图中左右母线表示假想的逻辑电源，当一梯级的逻辑运算结果为逻辑 1 时，表示有一个假想的“能流”自左向右流动。能流只能从左向右流动。利用能流这一概念，可以帮助我们更好地理解和分析梯形图。

（3）梯形图中某一编号的继电器线圈一般情况下只能出现一次。而同一编号的继电器动合触点、动断触点则可被无限次使用，即可重复读取与继电器对应的存储单元的状态。

（4）根据梯形图中各触点的状态和逻辑关系，求出与图中各线圈对应的编程元件的ON/OFF状态，称为梯形图的逻辑解算。逻辑解算是按梯形图中从上到下、从左到右的顺序进行的。解算的结果，马上可以被后面的逻辑解算所利用。逻辑解算是根据输入映像区中的值，而不是根据解算时外部输入触点的状态来进行的。简言之，梯形图中每一梯级的运算结果，可立即被其后的梯级所利用。

（5）输入继电器的状态仅受对应的外部输入信号控制，不能由各种内部触点驱动，因此梯形图中只出现输入继电器的触点，而不出现输入继电器的线圈。

（6）梯形图中输入触点和输出继电器线圈对应的是I/O映像区相应的位的状态，而不是物理触点和线圈。现场执行元件只能通过受控于输出继电器状态的接口元件（继电器、晶闸管、晶体管）所驱动。

（7）PLC内部的辅助继电器、定时器、计数器等的线圈不能用于输出控制之用。

（8）继电—接触器控制电路图所表示的线路只要接通电源，整个电路就处于带电状态，该闭合的继电器触点都同时闭合，不该闭合的都受到某种条件的限制而不能闭合。继电器动作的顺序同它在电路图上的位置和顺序无关，这种工作方式称为并行工作方式。而在梯形图中，并没有真正的电流流动，由于PLC以扫描的方式工作，故可以认为在其内部有一个能流在流动，这个能流的流动方向是从左到右，层次是先上后下。因而梯形图中的继电器都处于周期性的循环扫描接通状态中，各个继电器的动作取决于程序扫描的顺序，同它们在梯形图中的位置有关，这种工作方式称为串行工作方式。

3.4.2 指令助记符（指令语句表）

助记符语言又叫指令语句表，是PLC的命令语句表达式。用梯形图编程虽然直观、简便，但要求PLC配置较大的显示器方可输入图形符号，这在有些小型机上常难以满足，特别是在生产现场编写调试程序时，常要借助于编程器，它显示屏小，采用的就是助记符语言。应该指出的是不同型号的PLC，其助记符语言也不同，但其基本原理是相近的。编程时，一般先根据要求编制梯形图语言，然后再将梯形图转换成助记符语言。表3-1是采用三菱FX型PLC指令语句表完成图3-14（b）功能编写的程序。

表3-1 PLC指令语句表［图3-14（b）］

步序	操作码（助记符）	操作数（参数）	说　明
1	LD	X0	逻辑行开始，输入X0动合触点
2	OR	Y0	并联Y0的自保触点
3	ANI	X1	串联X1的动断触点
4	OUT	Y0	输出Y0线圈，逻辑行结束

指令语句表是由若干条语句组成的程序，语句是程序的最小独立单元。每个操作功能由一条或几条语句来执行。PLC的语句表达形式与微机的语句表达形式相类似，也是由操作码和操作数两个部分组成。

操作码用助记符表示（如LD表示取，OR表示或等），用来执行要执行的功能，告诉

CPU 该进行什么操作如逻辑运算的与、或、非；算术运算的加、减、乘、除；时间或条件控制中的计时、计数、移位等功能。

操作数一般由标识符和参数组成。标识符表示操作数的类别，例如表明是输入继电器、输出继电器、定时器、计数器、数据寄存器等。参数表明操作数的地址或一个预先设定值。

3.4.3 顺序功能图（SFC）

这是一种图形编程语言，用来编制顺序控制程序。编程人员不一定对 PLC 的指令系统非常熟悉，甚至可以不懂计算机知识，只要对被控对象的工艺流程非常熟悉就可以协助进行 SFC 的设计。因此，它是各专业技术人员进行交流的桥梁。我们将在后面的章节进行详细介绍。

顺序功能图提供了一种组织程序的图形方法，用框图来表示程序的执行过程及输入条件与输出相应之间的关系，在顺序功能图中可以用别的语言嵌套编程。顺序功能图主要由步、转换和动作三元件组成。图 3-15 是一种连接块，对应特定控制任务的编程连接；转换是一任务到另一任务的原因；动作是控制任务的独立部分。

目前多数通用编程器不能直接对 SFC 进行编辑，必须将其转换成对应的指令语句表输入编程器实现程序的编译。

3.4.4 功能块图（FBD）

这是一种较新的编程方法，用方框图的形式来表示操作功能，类似于数字逻辑门电路的编程语言。有数字电路基础的人很容易掌握，目前国际电工协会正在实施发展这种新式的编程标准。该编程语言用类似与门、或门的方框来表示逻辑运算关系，方框的左侧为逻辑运算的输入变量，右侧为输出变量；信号也是由左向右流向的，各个功能方框之间可以串联，也可以插入中间信号，如图 3-16 所示。在每个最后输出的前面组合逻辑操作方框数是有限的，同一组逻辑运算的输出结果的数目也要根据操作系统的不同而不同；经过扩展，不但可以表示各种简单的逻辑操作，并且也可以表示复杂的运算、操作功能。

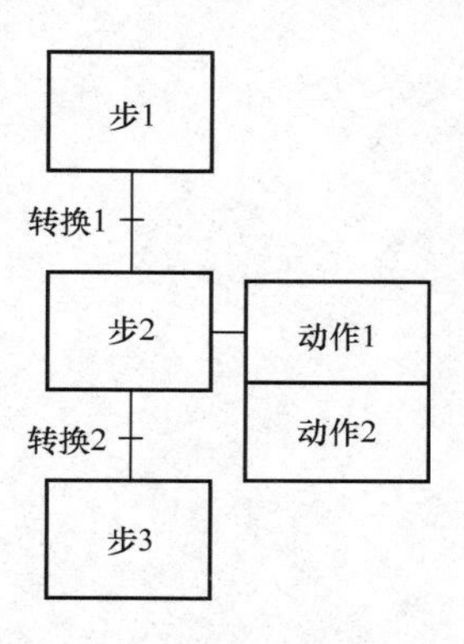

图 3-15 顺序功能图的基本结构

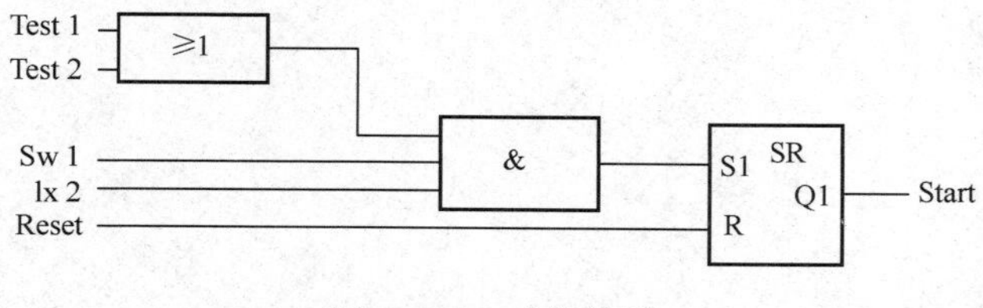

图 3-16 功能块图

有的微型 PLC 模块，如西门子公司的“LOGO!”可编程控制逻辑模块，使用的就是功能块图语言。和 SFC 一样，功能块图 FBD 也是一种图形语言，在 FBD 中也允许嵌入别的语言，如梯形图、指令语句表、结构文本等。

3.4.5 高级语言

有些 PLC 系列中已引入计算机高级语言（如 BASIC、FORTRAN、C 语言等）进行程序设计，这些高级语言用在对一些特殊功能模块（如通信模块、操作站等）的编译上。由于这些控制模块本身配有微处理器，有较强的计算功能，用高级语言编程比较方便，能更好地发挥组态软件的作用。如用户要求实现复杂的数学运算、统计分析和高级控制策略时，就会体会到这些非梯形图指令的强大功能，指令的数目和实现的难度都大大降低。

练习与思考题

3-1 PLC由哪几部分组成？各部分的作用和功能是什么？

3-2 PLC的开关量输出有几种输出形式？都适用于什么场合？

3-3 PLC的等效电路由哪几部分组成？等效电路中的继电器与实际的物理继电器有什么不同？

3-4 PLC的工作过程分哪几个阶段？每一个阶段的作用是什么？

3-5 PLC对输入/输出的处理规则是什么？

3-6 在一个扫描周期中，如果在程序执行期间输入状态发生变化，输入映像寄存器的状态是否也随之变化？为什么？

3-7 什么叫PLC的扫描周期？其长短与什么有关？

3-8 PLC为什么会产生输出响应滞后现象？如何提高I/O响应速度？

4 三菱 FX 系列可编程控制器

三菱 FX 系列 PLC 以其小巧的体积、强大的功能、灵活的系统配置和极高的可靠性，得到了广泛的使用，占有很高的市场份额。从本章开始，我们要学习三菱 FX 系列 PLC 的基本应用方法。

4.1 FX 系列 PLC 的特点

4.1.1 FX 系列 PLC 的硬件结构

三菱 PLC 是较早进入中国市场的产品。其小型机 F_1/F_2 系列是 F 系列的升级产品，早期在我国的销量也不小。F_1/F_2 系列加强了指令系统，增加了特殊功能单元和通信功能，比 F 系列有了更强的控制能力。继 F_1/F_2 系列之后，20 世纪 80 年代末三菱又推出 FX 系列产品，在容量、速度、特殊功能、网络功能等方面都有了全面的加强。FX_2 系列是在 20 世纪 90 年代开发的整体式高功能小型机，它配有各种通信适配器和特殊功能单元，在硬件和软件功能上都有很大的提高。FX_{2N} 是近年来推出的高功能整体式小型机，它是 FX_2 的换代产品，各种功能都有了全面的提升。近年来又不断推出能满足不同用户需求的微型 PLC，如 FX_{0S}、FX_{1S}、FX_{0N}、FX_{1N} 等系列产品。目前，三菱 FX 系列产品样本中主要有 FX_{1S}、FX_{1N}、FX_{2N}、FX_{2NC} 这四个子系列，与以往的产品比，在性能价格比上又有了明显的提高。

FX 系列 PLC 还具有非常有用的高速处理功能。FX 系列 PLC 内置的高速计数器，对于来自特定的输入继电器的高速脉冲进行中断处理，可以进行高达 60kHz 的计数，远远高于一般计数器的 10Hz。而且，利用高速计数器的专用比较指令可以立即输出计算结果。

FX 系列 PLC 的硬件结构一般包括：

（1）基本单元、扩展单元和扩展模块。FX 系列 PLC 采用整体式结构，提供多种不同 I/O 点数的基本单元、扩展单元、功能扩展板和特殊适配器供用户选用。基本单元内有 CPU、输入/输出电路和电源，扩展单元内只有输入/输出电路和电源，基本单元和扩展单元之间用扁平电缆连接。选择不同的硬件组合，可以组成不同 I/O 点数和不同功能的控制系统，满足用户的不同需要。FX 系列的硬件配置就像模块式 PLC 那样灵活，且因为它的基本单元采用整体式结构，最多有 128 个 I/O 点，所以具有比模块式 PLC 更高的性能价格比。

所有的基本单元上都有一个 RS－422 编程接口和 RUN/STOP 开关，FX_{3G} 还集成了一个 USB 接口。FX_{1S}、FX_{1N} 和 FX_{3G} 系列 PLC 有两个内置设置参数用的小电位器，FX_{2N} 和 FX_{3U} 系列可以选用有 8 个小电位器的功能扩展板。

（2）功能扩展板与显示模块。功能扩展板的价格非常便宜。可以将一块或两块（与 CPU 型号有关）功能扩展板安装在基本单元内，不需要外部的安装空间。功能扩展板有以下几种：4 点开关量输入板、2 点开关量晶体管输出板、2 路模拟量输入板、1 路模拟量输出板、8 点电位器板，以及 RS－232C、RS－485、RS－422 通信板和 FX_{3U} 的 USB 通信板。

通过通信板或特殊适配器，FX 可以实现多种通信和数据链接，例如与 RS－232C 和

RS－485设备、计算机连接的通信及FX系列PLC之间的通信。

微型设定显示模块FX_{1N}－5DM、FX_{3G}－5DM和FX_{3U}－7DM可以直接安装在基本单元上，它们可以显示实时时钟的当前时间和错误信息，可以对定时器、计数器和数据寄存器等进行监视，对设定值进行修改。

（3）特殊模块。FX系列PLC有很多特殊模块，例如模拟量输入/输出模块、热电阻/热电偶温度传感器输入模块、高速计数器模块、脉冲输出模块、定位单元/模块、可编程凸轮开关模块、CC－Link主站模块、CC－Link远程设备站模块、CC－Link智能设备站模块、CC－Link/LT主站模块、远程I/O系统主站模块、AS－i主站模块、RS－232C通信接口模块、RS－232C通信适配器、RS－485通信适配器和通信模块等。

（4）存储器。PLC的核心是CPU模块，而后者主要由CPU芯片和存储器组成。PLC的存储器分为系统程序存储器和用户程序存储器。系统程序相当于个人计算机的操作系统，它使PLC具有基本的功能，能完成PLC设计者规定的各种工作。系统程序由PLC生产厂家设计并固化在ROM内，用户不能读取和修改。PLC的用户程序由用户设计，它决定了PLC的输入信号与输出信号之间的具体关系。FX系列PLC将用户程序存储器的单位称为步。

PLC的常用存储器有以下几种：

1）随机访问存储器（RAM）。用户可以用编程软件读出RAM中的用户程序或数据，也可以将用户程序和运行时的数据写入RAM。RAM是易失性存储器，它的电源断开后，储存的信息将会丢失。

RAM的工作速度高，价格低，改写方便。FX_{2N}、FX_{2NC}、FX_{3U}和FX_{3UC}用RAM来储存用户程序。为了在PLC断电后保存RAM中的用户程序和数据，专门为RAM配备了一个锂电池。锂电池可以用2～5年，使用寿命与环境温度有关。需要更换锂电池时，PLC面板上的“电池电压过低”发光二极管亮，同时特殊辅助继电器M8005的动合触点接通，接通控制屏面板上的指示灯或声光报警器，通知用户及时更换锂电池。

2）只读存储器（ROM）。ROM的内容只能读出，不能写入。它是非易失性的，即使电源断电，也能保存储存的内容。ROM用来存放PLC的系统程序。

3）可电擦除的EPROM（EEPROM）。它是非易失性的，用户也可以改写它的内容，兼有ROM的非易失性和RAM的随机读写的优点，但是写入数据所需的时间比RAM长得多。

FX_{1S}、FX_{1N}和FX_{3G}等系列PLC使用EEPROM来保存用户程序，不需要定期更换锂电池，属于几乎不需要维护的计算机控制设备。

FX_{2N}、FX_{3U}等系列PLC可以用安装在基本单元内的存储器盒来扩展存储器容量。EEPROM盒可擦写10000次以上。PLC安装了存储器盒后，它将取代内置RAM优先动作。

4.1.2 FX系列PLC命名方式

三菱FX系列PLC基本单元和扩展单元的型号由字母和数字组成，如图4－1所示，各部分含义如下：

FX□□－□□ □ □－□

① ② ③ ④ ⑤

图4－1 三菱FX系列PLC型号含义

①：系列名称，如1S、1N、2N等；

②：输入输出总点数（4～128）；

③：单元类型，M为基本单元，E为输入/输出扩展单元模块，EX为输入专用扩展模块，EY为输出专用扩展模块；

④：输出形式，R为继电器输出，T为晶体管输出，S为双向晶闸管输出；

⑤：特殊品种的区别：D为DC（直流）电源，DC输出的模块；A1为AC（100～120V）输入或AC输出的模块；H为大电流输出扩展模块（1A/点）；V为采用立式端子排的扩展模块；C为采用接插口输入/输出方式的模块；F为输入滤波时间常数为1ms的扩展模块；L为TTL电平输入扩展模块；S为采用独立端子（无公共端）的扩展模块。若特殊品种一项无符号，则为AC电源（100～240V）、DC输入、横式端子排、标准输出（继电器输出为2A/点；晶体管输出为0.5A/点；双向晶闸管输出为0.3A/点）。

例如：FX_{2N}-80MR-D属于FX_{2N}系列，具有80个I/O点数的基本单元，继电器输出型，使用DC 24V电源。

4.2　FX系列PLC性能简介

目前FX系列选型指南中保留有FX_{1S}、FX_{1N}、FX_{2N}、FX_{2NC}和FX_{1NC}子系列，这些子系列在我国还拥有很大的保有量。

FX_{3U}、FX_{3UC}和FX_{3G}系列是第三代三菱微型PLC，性能有大幅度的提高。FX_{3U}、FX_{3UC}是FX_{2N}和FX_{2NC}系列的升级产品，FX_{3G}是FX_{1N}系列的升级产品。FX_{2N}的基本单元、选件、周边设备和部分扩展模块已于2012年4月停产，可用FX_{3U}的对应产品代替，新老产品的价格基本相同。

4.2.1　FX各系列PLC的共同性能和规格

FX各系列的共同性能和规格主要有：

(1) 采用反复执行存储的程序的运算方式，有中断功能和恒定扫描功能。

(2) 输入/输出控制方式为执行END指令时的批处理方式，有输入/输出刷新指令。

(3) 编程语言为梯形图和指令表，可以用步进梯形指令或SFC（顺序功能图）来生成顺序控制程序。FX系列有运行中变更程序的功能。

(4) FX_{1S}、FX_{1N}、FX_{1NC}、FX_{2N}和FX_{2NC}有27条顺序控制指令，2条步进指令。FX_{3G}、FX_{3U}和FX_{3UC}增加了2条顺序控制指令，其中主控指令最多嵌套8层（N0～N7）。

(5) 有16位变址寄存器V0～V7和Z0～Z7。16位十进制常数（K）的范围为−32768～32767，32位常数的范围为−2147483648～2147483647。

(6) FX_{1S}、FX_{1N}、FX_{1NC}、FX_{2N}和FX_{2NC}系列有256点特殊辅助继电器和256点特殊数据寄存器。FX_{3G}、FX_{3U}和FX_{3UC}系列有512点特殊辅助继电器和512点特殊数据寄存器。

(7) 基本单元的右侧可连接输入/输出扩展模块和特殊功能模块（FX_{1S}除外），基本单元输入回路的电源电压一般为DC 24V。

(8) 各系列均有内置的实时时钟和RUN/STOP开关。

(9) 有6点输入中断和脉冲捕捉功能和输入滤波器调整功能。可以同时使用C235～C255中的6点32位高速计数器。

(10) 可以用功能扩展板来扩展RS-232C、RS-485、RS-422接口，可以实现N：N连接（PLC之间的简易连接）、并联连接、计算机连接通信；除了FX_{1S}，均可以实现CC-Link、CC-Link/LT和MELSEC-I/O连接通信。

4.2.2 各系列 PLC 的性能规格比较

各系列 PLC 的简要性能规格见表 4-1。

表 4-1 FX 系列的简要性能规格

项目	FX_{1S}	FX_{1N}	FX_{1NC}	FX_{2N}	FX_{2NC}	FX_{3G}	FX_{3U}	FX_{3UC}
内置 RAM 存储器（K 步）	—	—	—	8	8	—	64	64
可扩展 RAM 存储器（K 步）	—	—	—	16	16	—	64	64
内置 EEPROM 存储器（K 步）	2	8	8	—	—	32	—	—
可扩展 EEPROM 存储器（K 步）	2	8	8	—	—	32	—	—
应用指令（种）	85	89	89	132	132	112	209	209
每条基本指令处理速度（μs）	0.55～0.7	0.55～0.7	0.55～0.7	0.08	0.08	0.21	0.065	0.065
内置定位功能	2 轴独立					3 轴独立		
输入/输出（点）	10～30	14～128	14～128	16～256	16～256	14～256	16～384	16～384
模拟电位器（点）	2	2	2	—	—	2	—	—
辅助继电器（点）	512	1536	1536	3072	3072	7680	7680	7680
状态（点）	128	1000	1000	1000	1000	4096	4096	4096
定时器（点）	64	256	256	256	256	320	512	512
16 位计数器（点）	32	200	200	200	200	200	200	200
32 位计数器（点）		35	35	35	35	35	35	35
高速计数器最高计数频率（kHz）	60	60	60	60	60	60	200	100
数据寄存器（点）	256	8000	8000	8000	8000	8000	8000	8000
16 位扩展寄存器（点）	—	—	—	—	—	24000	32768	32768
16 位扩展文件寄存器（点）	—	—	—	—	—	24000	32768	32768
CJ、CALL 指令用指针（点）	64	128	128	128	128	2048	4096	4096
定时器中断指针（点）	—	—	—	3	3	3	3	3
计数器中断指针（点）	—	—	—	6	6	—	6	6

4.3 FX 各子系列 PLC 简介

4.3.1 FX_{1S} 系列 PLC 简介

(1) FX_{1S} 系列 PLC 的特点。FX_{1S} 系列 PLC 简单实用，价格便宜，是用于小规模系统的超小型 PLC。它的 I/O 点数有 10、14、20 点和 30 点 4 种，并且不能进行 I/O 扩展，有通信功能，可连接 RS-232C、RS-485 通信板。用户存储器采用内置 EEPROM

（不需要电池），容量为 2000 步。如果实际应用需要更大的容量，则可以使用选件 FX_{1N} - EEPROM - 8L 式存储盒，其内置了 8000 步的容量。采用晶体管输出型基本单元，有两点可以同时输出 100kHz 的高速脉冲，高速计数器有 1 相 2 点 60kHz、4 点 10kHz、2 相 1 点 30kHz、1 点 5kHz 几种规格。FX_{1S}系列 PLC 内置两个用于调整定时器设定时间的模拟电位器，如果装上 FX_{1N}- 8AV - BD 型模拟电位器选件，则可将其模拟电位器增加到 8 个。

（2）FX_{1S}系列 PLC 的功能。FX_{1S}系列 PLC 可以使用 27 条基本的逻辑处理指令、两条步进梯形图指令及 85 种 167 条应用指令，用于顺序控制与应用编程。可以在输出端 Y0/Y1 上输出 100kHz 的定位脉冲信号与方向信号，通过带位置控制功能的伺服驱动器进行定位控制。利用应用指令 DRVI、DRVA 可以进行单速定位编程，利用应用指令 ZRV、DABS 可进行回原点编程。

FV_{IS}系列 PLC 还具有很多其他功能，如时钟与计数功能、输入滤波时间调整功能和注释功能等。选用各种扩展模块，可进一步丰富它的功能。

4.3.2　FX_{1N}、FX_{1NC}系列 PLC 简介

（1）FX_{1N}系列。比起 FX_{1S}系列，FX_{1N}系列 PLC 的功能有所增强，主要体现在 I/O 扩展、编程功能与网络通信上，在 FX 系列中属于性能中等的型号。FX_{1N}系列 PLC 采用了基本单元加扩展单元的结构形式，并且兼容 FX_{1S}系列的全部基本功能。

1）FX_{1N}系列基本单元具有固定的 I/O 点，既可以作为独立的 PLC 用，还可以使用 FX_{2N}系列的扩展 I/O 模块，这样可以增加 I/O 点的总数，其最大点数可以达到 128 点。

2）FX_{1N}系列的应用指令比 FX_{1S}系列增加了 4 种，并且在编程元件、用户程序存储器容量上均比 FX_{1S}大大增加。可以使用的内部继电器、定时器、计数器、数据寄存器、用户程序存储器的容量等为 FX_{1S}的 3～4 倍，编程功能更加强大。

3）FX_{1N}系列可以使用 FX_{2N}系列的网络通信功能模块，在通用 RS - 232、RS - 485、RS - 422 接口的基础上，增加了 AS - i 接口、CC - Link、CC - Link/LT 总线接口等网络连接功能。

FX_{1N}系列基本单元的 I/O 点有所不同，有三种基本规格，分别为 24、40、60 点。该系列的电源有 AC 和 DC 两种；输出也有继电器和晶体管两种。所以 FX_{1N}系列 PLC 一共有 12 种不同产品可供选择。

（2）FX_{1NC}系列。FX_{1NC}与 FX_{2NC}、FX_{3UC}一样，属于紧凑型标准机型，具有很高的性能体积比。其他机型的输入/输出为端子排型，接线方便。

FX_{1NC}与 FX_{1N}的性能规格基本上相同。FX_{1NC}有输入/输出分别为 8/8 点、16/16 点的基本单元，DC 晶体管输出，I/O 点数最多可以扩展到 128 点，不能安装显示模块和功能扩展板。

4.3.3　FX_{2N}、FX_{2NC}系列 PLC 简介

（1）FX_{2N}系列。FX_{2N}系列 PLC 可以应用在大多数单机控制或简单的网络控制中，是 FX 系列中规格最大、性能最高、功能最强的一个系列。它兼容了 FX_{IS}和 FX_{1N}系列的全部功能。

该系列使用了比 FX_{IS}和 FX_{1N}系列性能更高的 CPU，CPU 运算速度与运算性能得到了提高，I/O 点增加了，扩展功能模块也更多，编程功能与通信功能更强。主要优点主要表现在以下几个方面：

1）FX_{2N}系列基本逻辑控制指令的执行时间由FX_{1S}和FX_{1N}系列的每条0.55～0.7μs减少到每条0.08μs，速度提高了近10倍；应用指令的执行时间由FX_{1S}和FX_{1N}系列的每条3.7μs到几百微秒减少到每条1.52μs到几百微秒，速度也提高了两倍以上。

2）FX_{2N}系列采用了基本单元加扩展的结构形式。基本单元本身具有固定的I/O点，可以作为独立的PLC使用；也有扩展I/O模块，最大I/O点数可以达到256点。与FX_{1N}相比，在I/O扩展功能上，FX_{2N}系列主要增加了模拟量I/O模块，而开关量的I/O扩展模块与FX_{1N}系列基本相同。

3）FX_{2N}系列的应用指令大为增加，达到132种、309条，主要增加的是传送、移位、求补和代码转换等应用指令。PLC的编程元及用户程序存储器容量也比FX_{1N}大大增加。可以实用的内部继电器、定时器、计数器数据存储器、用户程序存储器的容量等为FX_{1N}系列的2～3倍。

4）FX_{2N}系列可以使用较多的特殊功能模块，如温度传感器输入模块、温度调节模块、脉冲输出模块、轴定位模块、高速计数模块和转角检测模块等外部模块，以适应温度控制和位置控制的应用场合。

5）在通信功能方面，FX_{2N}系列在FX_{1N}系列的基础上增加了M-NET网络连接的通信模块，以适应网络连接的需要。

FX_{2N}系列PLC基本单元有6种规格，分别为16点、32点、48点、64点、80点、128点。基本单元根据电源可以分为AC和DC两种，根据输出可以分为继电器型、晶体管型和双向晶闸管型三种。

（2）FX_{2NC}系列。FX_{2NC}系列和FX_{2N}系列的性能指标基本相同，最多可扩展到256个I/O点，连接4个特殊功能模块。FX_{2NC}系列可以使用FX_{2N}的扩展模块，不能安装显示模块和功能扩展板。

FX_{2NC}系列有16点、32点、64点和96点四种规格的直流电源晶体管输出基本单元，还有16点的继电器输出单元。

4.3.4 FX_{3G}、FX_{3U}和FX_{3UC}系列PLC简介

FX_{3G}、FX_{3U}和FX_{3UC}系列PLC为三菱第三代PLC。它们具有很好的扩展性，采用双总线扩展模式：左侧总线，可连接最多4台模拟量适配器和通信适配器，数据传输效率高；右侧总线则充分考虑到与原有系统的兼容性，可连接FX_{2N}系列的I/O扩展模块和特殊功能模块。基本单元上可安装一块或两块功能扩展板（与型号有关），还可根据客户的需要组合出性价比很高的控制系统。存储器容量和软元件的数量有较大幅度的提高（见表4-1）、指令大量增加。

（1）FX_{3G}系列。FX_{3G}系列是FX_{1N}系列的升级产品，其基本单元集成了RS-422和USB通信接口，是搭建伺服系统等小型定位系统的首选机型。

该系列有I/O分别为8/6点、14/10点、24/16点和36/24点的基本单元，由交流电源供电，采用继电器输出、晶体管源型输出和漏型输出。最多有256个I/O点（包括128点CC-Link网络I/O），基本单元左侧最多可连接4台FX_{3U}系列特殊适配器。

程序容量为32K步，基本指令处理速度达0.21μs。新增的64个1ms定时器使定时更加精确，状态的点数是FX_{1N}系列的4倍，辅助继电器的点数是FX_{1N}系列的5倍。

通过内置的 RS-422/USB 通信接口、用于通信的功能扩展板、特殊适配器和特殊功能模块，FX_{3G}系列可实现编程通信、简易 PC 间连接、计算机连接、变频器通信、无协议通信、CC-Link 和 CC-Link/LT 通信等。

可以设置两级密码，即设置设备制造商和最终用户的访问权限，每级 16 个字符。增加了“无关键字程序保护”设定，即使知道设备制造商密码也不能读取 PLC 中的程序。

(2) FX_{3U}系列。FX_{3U}系列 PLC 是三菱公司最新开发的第三代小型 PLC 系列产品，是三菱公司目前 CPU 性能最高、且适用于网络控制的小型 PLC 系列产品。FX_{3U}系列 PLC 采用了基本单元加扩展的形式，兼容了 FX_{2N}系列的全部功能。FX_{3U}系列 PLC 的基本单元有 6 种，分别是 16、32、48、64、80、128 点。基本单元为交流电源输入，输出可以为继电器输出、晶体管输出两种类型。

FX_{3U}与 FX_{2N}系列相比，CPU 的运算速度大幅度提高，通信功能进一步增强，其主要特点为：

1) 运算速度提高。FX_{3U}系列基本逻辑控制指令的执行时间由 FX_{2N}系列的 0.08μs/条减少到 0.065μs/条，应用指令的执行时间由 FX_{2N}系列的 1.25μs/条减少到 0.642μs/条，速度提高了近一倍。

2) I/O 点增加。FX_{3U}系列 PLC 与 FX_{2N}系列一样，采用了基本单元加扩展的结构形式，基本单元本身具有固定的 I/O 点，并且完全兼容 FX_{2N}的扩展 I/O 模块，主机控制的 I/O 点数为 256 点，通过远程 I/O 连接，PLC 的最大 I/O 点数可以达到 384 点。FX_{3U}系列有高速输入、输出适配器，7 种模拟量输入/输出和温度输入适配器，这些适配器不占用系统点数，使用方便。

3) 存储器容量扩大。FX_{3U}系列 PLC 的用户程序存储器（RAM）的容量可达 64KB，并可以采用“闪存（FlashROM）”卡。

4) 通信功能增强。FX_{3U}系列最多可以同时使用 3 个通信口（包括编程口、功能扩展板和通信适配器），最多可以连接两个通信适配器。可以使用带 RS-232C、RS-485 和 USB 接口的通信功能扩展板；可以通过内置的编程端口连接计算机或 GOT 1000 系列人机界面，实现 115.2kbit/s 的高速通信。通过 RS-485 通信接口，FX_{3UC}可以控制 8 台三菱变频器，并且能修改变频器的参数，执行各种指令。

5) 高速计数。FX_{3U}晶体管输出型基本单元内置 6 点可以同时达到 100kHz 的高速计数器，此外还有两点 10kHz 和两点 2 相 50kHz 的高速计数器。内置 3 轴独立最高 100kHz 的定位功能，可以同时输出频率最高为 100kHz 的脉冲。增加了新的定位指令，使定位控制功能更强、使用更为方便。加上高速输出适配器，可以实现最多 4 轴、最高 200kHz 的定位控制。同时，使用高速输入适配器可以实现最高 200kHz 的高速计数。

6) 编程功能增强。FX_{3U}系列的编程元件数量比 FX_{2N}系列大大增加。内部继电器达到 7680 点、状态继电器达到 4096 点、定时器达到 512 点，同时还增加了部分应用指令。

另外，FX_{3U}系列可以选装单色 STN 液晶显示模块 FX_{3U}-7DM，最多能显示 4 行，每行 16 个字符或 8 个汉字。用该模块可以进行软元件的监控、测试、时钟的设定、存储器盒与内置 RAM 之间程序的传送、比较等操作。可以将该显示模块安装在基本单元上或控制柜的面板上。

（3）FX_{3UC}系列。FX_{3UC}系列PLC基本单元的I/O分别为8、16、32点和48点。FX_{3UC}内置了CC-Link主站单元的功能，通过CC-Link网络最多可以扩展到384个I/O点。只有直流电源型，有直流漏型输入、晶体管漏型输出的组合型，还有直流源型/漏型输入、晶体管源型输出的组合型，且可安装显示模块。

4.4　FX系列PLC编程元件

4.4.1 “软器件”

1. “软器件”的概念

PLC在软件设计中需要各种具有不同功能的逻辑器件和运算器件，这些器件称为编程元件。编程元件用来完成程序所赋予的逻辑运算、算术运算、定时、计数功能，并沿用了继电器这一名称，按照它们的功能命名，如输入继电器、输出继电器、定时器、计数器等。但是这些器件并不是真实的物理器件，而是由电子电路和存储器组成的，每一个编程元件与PLC存储器中元件映像寄存器的一个存储单元相对应，例如输入继电器X由输入电路和映像输入接点的存储器组成；输出继电器Y由输出电路和映像输出接点的存储器组成；定时器T、计数器C、辅助继电器M、状态器S、数据寄存器D、变址寄存器V/Z等也都是由存储器组成的。为了把这些在软件中使用的编程元件与通常的硬件区分开，称PLC的编程元件为软器件。

“软器件”是一个等效概念，即并非实际的物理器件。各软器件就是用户使用的每一个输入/输出端子及内部的每一个存储单元，具有各种功能和规定的地址编号。每一种机型的元件数量和种类是固定的，其数量的多少决定了PLC整个系统的规模和数据处理能力。触点没有数量限制、没有机械磨损和电蚀等问题。在不同的操作指令下，其工作状态可以无记忆，也可以有记忆，还可以作为脉冲数字元件使用。

FX系列PLC编程元件的编号由字符和数字组成，不同厂家、不同系列的PLC，其内部软器件（编程元件）的功能和编号也不相同，因此用户在编制程序时，必须熟悉所选用的PLC的每条指令涉及编程元件的功能和编号。

2. 基本数据结构

（1）位元件。

FX系列PLC有四种基本编程元件，分别为：

X：输入继电器，用于存放外部输入电路的通断状态。

Y：输出继电器，用于从PLC直接输出物理信号。

M：辅助继电器，PLC内部的状态标志，相当于继电器控制中的中间继电器。

S：状态继电器，PLC内部的运算标志。

上面这四种基本编程元件称为“位元件”，它们只有两种不同的状态，即ON和OFF，可分别用二进制数0和1来表示这两种状态。

（2）字元件。

8个连续的位组成一个字节（Byte），16个连续的位组成一个字（Word），两个连续的字组成一个双字。定时器和计数器的当前值和设定值均为有符号字，最高位（第15位）为符号位，正数的符号位为0，负数的符号位为1。有符号的字可以表示的最大正整数为 32767。

这些元件通过地址编号加以识别，每个编程元件的编码由字母和数字组成，比如 T0、C20 等。在 FX 系列 PLC 中，除了输入和输出继电器的元件号数字为八进制的编号外，其他编程元件的元件号数字均采用十进制。值得注意的是，在使用扩展单元或扩展模块来增加 I/O 点数时，扩展单元或扩展模块的输入/输出继电器编号是接在其紧靠的单元后开始编号的。

4.4.2 输入与输出继电器（X、Y）

1. 输入继电器（X）

输入继电器与 PLC 的输入端子相连，是 PLC 接收外部开关信号的接口。输入继电器是光电隔离的电子继电器，其线圈、动合触点、动断触点与传统硬继电器表示方法一样，如图 4-2 所示。这里动合触点、动断触点的使用次数不限，在 PLC 内可以自由使用。输入继电器的编号和输入端子的编号一致，线圈的吸合与释放只取决于 PLC 输入端子所连接的外部设备状态，不能用程序驱动。一般来说，输入电路的时间常数小于 10ms。FX_2 系列 PLC 的输入继电器最多可达 128 点（X0～X177）。

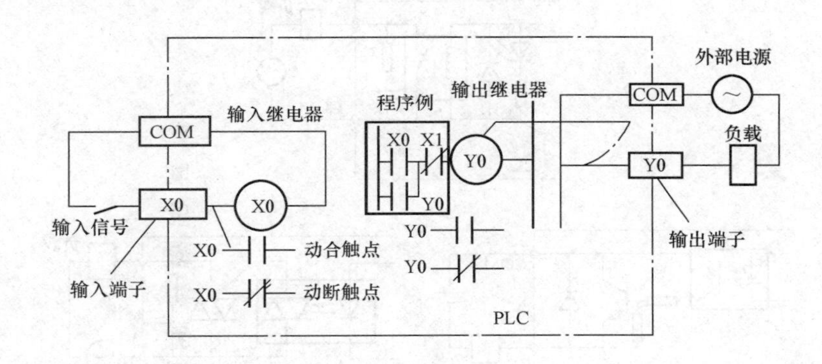

图 4-2 PLC 输入/输出示意图

各种 PLC 的输入电路都基本相同，通常有三种类型：一种是直流（12～24V）输入，可分为共阳型和共地型两种；另一种是交流（100～120V、200～240V）输入；第三种是交、直流（12～24V）输入。外界输入器件可以是无源触点或者有源传感器集电极开路的晶体管，这些外部输入器件通过 PLC 输入端子与 PLC 相连。下面以如图 4-3 所示的 PLC 直流共阳型输入电路来说明输入继电器电路的工作原理。当输入端子接收到接近开关接通的信号时，发光二极管 VL1、VL2 导通，VL2 作输入信号指示用。在 VL1 发光的激励下，光敏晶体管 VT 导通，驱动电路接通或断开。这里的 VL1、VT 的导通相当于继电器线圈接通，内部电路的通断相当于继电器动合触点、动断触点的通断。

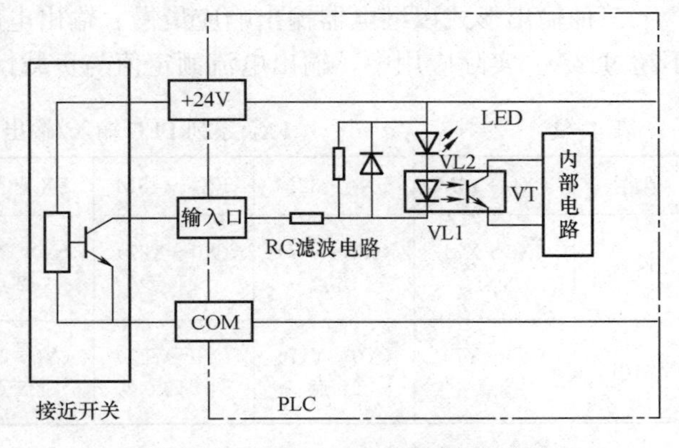

图 4-3 PLC 直流共阳型输入电路

2. 输出继电器（Y）

输出继电器的外部输出接点连接到PLC的输出端子上，输出继电器是PLC用来传送信号到外部负载的元件，如图4-2所示。每一个输出继电器有一个外部输出的动合触点，但在梯形图中，每一个输出继电器的动合触点和动断触点都可以多次使用。FX_2系列PLC的输出继电器最多可达128点（Y0～Y177）。

PLC的输出形式主要有三种：继电器输出、晶体管输出、双向晶闸管输出，图4-4分别给出了三种形式的输出电路，其中继电器输出最为常用。当CPU有输出时，接通或断开输出电路中的继电器线圈，继电器的触点闭合或断开，通过该触点来控制外部负载电路的接通。很显然，继电器输出利用继电器的触点和线圈将PLC的内部电路与外部负载电路进行隔离。晶体管输出是无触点输出，它通过光耦合使晶体管截止或饱和来控制外部负载电路，并同时对PLC内部电路和输出晶体管电路进行电气隔离。双向晶闸管输出也是无触点输出，它采用光触发型双向晶闸管。

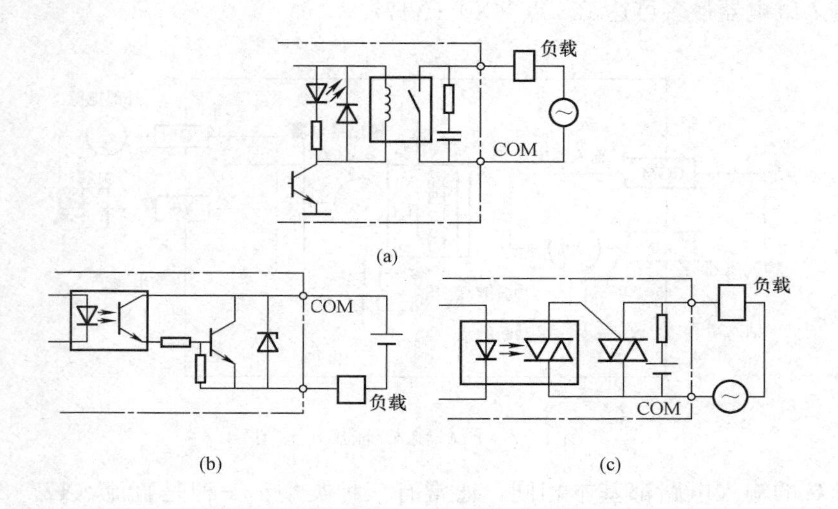

图4-4　三种形式的输出继电器电路

（a）继电器输出；（b）晶体管输出；（c）双向晶闸管输出

三种输出形式以继电器输出响应最慢。输出电路的负载电源由外部提供，负载电流一般不超过2A。实际应用中，输出电流额定值与负载性质有关。具体点数可参见表4-2。

表4-2　FX_{2N}系列PLC输入/输出继电器元件号

型号	FX_{2N}-16M	FX_{2N}-32M	FX_{2N}-48M	FX_{2N}-64M	FX_{2N}-80M	FX_{2N}-128M	扩展时
输入	（X0～X7） 8点	（X0～X17） 16点	（X0～X27） 24点	（X0～X37） 32点	（X0～X47） 40点	（X0～X77） 64点	（X0～X267） 184点
输出	（Y0～Y7） 8点	（Y0～Y17） 16点	（Y0～Y27） 24点	（Y0～Y37） 32点	（Y0～Y47） 40点	（Y0～Y77） 64点	（Y0～Y267） 184点

4.4.3 辅助继电器（M）

PLC内部有大量的辅助继电器，辅助继电器是靠软件实现其功能的。它们不能接收外部的输入信号，也不能直接驱动外部负载，只是一种内部的状态标志，相当于继电—接触器控制系统中的中间继电器，但其动合动断触点在PLC编程中可以无限制地使用。辅助继电器一般可分为以下几种。

1. 通用型辅助继电器

通用型辅助继电器的地址编号为M0～M499（共500点）。通用型辅助继电器，其用途与继电器电路的中间继电器类似，常用于逻辑运算的中间状态存储及信号类型的变换，比如状态寄存、移位运算等。其线圈只能由程序驱动，只有内部触点。

图4-5为通用型辅助继电器应用的一个例子，其中X1和X2并列为辅助继电器M1的工作条件，X3和X4并列为辅助继电器M2的工作条件，Y10为辅助继电器M1和M2串联的工作对象。

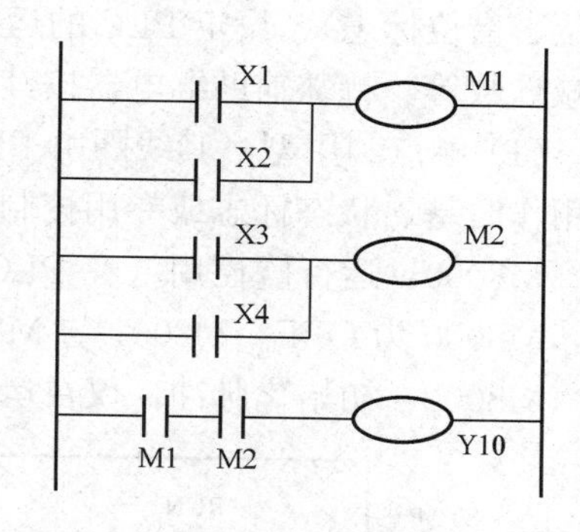

图4-5 通用型辅助继电器的应用

2. 掉电保持型辅助继电器

掉电保持型辅助继电器的地址编号为M500～M1023（共524点）。PLC在运行中如果发生断电，输出继电器和通用型辅助继电器全部成为断开状态，上电后，除了PLC运行时被外部信号接通以外，其他仍为断开状态，但不少控制系统要求保持断电瞬间的状态，掉电保持型辅助继电器就是应用于此场合，主要是在电源中断时，用锂电池保持RAM中映像寄存器中的内容，或将它们保存在EEPROM中，在PLC重新通电后的第一个扫描周期保持断电瞬间的状态，可以记忆它们在失电前的状态。图4-6是掉电保持型辅助继电器应用于滑块左右往复运动机构的一个例子。

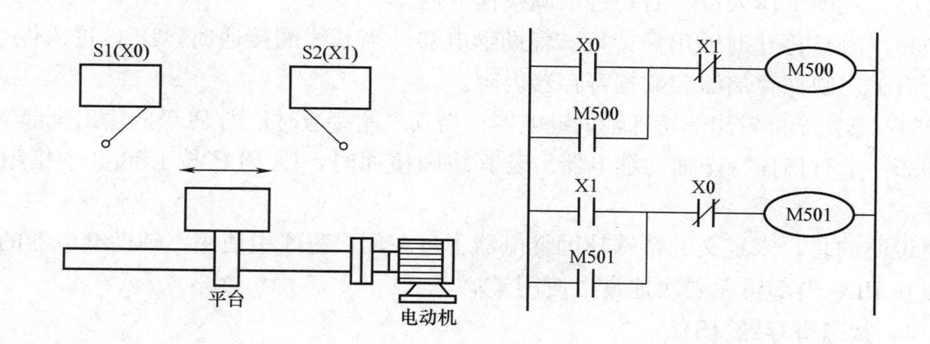

图4-6 掉电保持型辅助继电器的应用

掉电保持辅助继电器M500及M501的状态决定电动机的转向、在机构掉电又来电时，电动机仍能按掉电前的转向运行。其动作过程分析如下：

当滑块碰撞左限位开关S1时，X0得电导通，M500接通，电动机反转、驱动滑块右行；若掉电，在平台中途停止；若再次来电启动，因为M500保持掉电前的状态，则电动机继续驱动滑块右行，直到碰撞右限位开关S2时，X1得电导通，M501接通并保持；电动机正转，驱动滑块左行。

若不用掉电保持型辅助继电器，则当滑块中途断电后，再次来电启动也不能运动。

3. 特殊辅助继电器

特殊辅助继电器的地址编号为M8000～M8255（共256点）。特殊辅助继电器是具有各自特定功能的辅助继电器，它们可以用来表示PLC的某些状态，提供时钟脉冲和标志（如进位、借位标志）、设定PLC的运行方式或者用来步进顺控、禁止中断、设定计数器是加还是减计数等。特殊辅助继电器按其功能分为两大类。

(1) 触点利用型。其线圈由PLC自动驱动，用户只能用其触点。这类特殊辅助继电器常用作时基、状态标志或专用控制组件出现在程序中。下面是几个例子。

M8000：运行监控用（在PLC运行中接通），PLC运行时，M8000为ON；PLC停止时，M8000为OFF。M8001与M8000相反逻辑。

M8002：初始化脉冲，仅在运行开始瞬间接通，M8003与M8002逻辑相反。

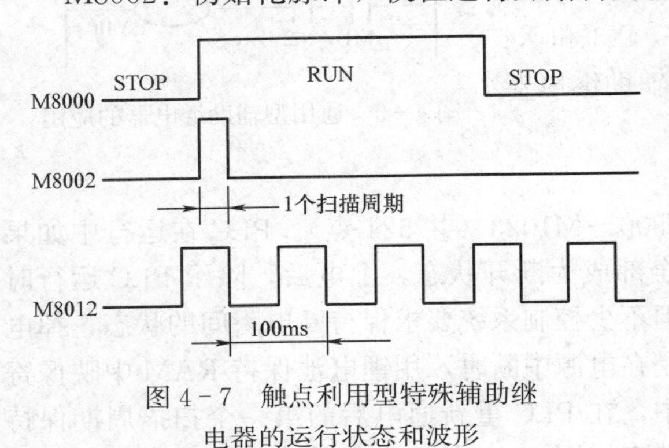

图4－7 触点利用型特殊辅助继电器的运行状态和波形

M8011、M8012、M8013和M8014分别是产生10ms、100ms、1s和1min时钟脉冲的特殊辅助继电器。图4－7为M8000、M8002、M8012的运行状态和波形图。

M8005：锂电池电压降低到规定值时变为ON，可以利用它的触点驱动输出继电器和外部指示灯，提醒工作人员更换锂电池。

(2) 线圈驱动型。这类继电器由用户程序驱动其线圈，使PLC执行特定的操作，用户并不使用它们的触点。

M8030：锂电池电压指示灯特殊辅助继电器。当其线圈接通时，表示锂电池欠电压，驱动指示灯亮，提醒工作人员，需要赶快调换锂电池。

M8033：PLC停止时输出保持特殊辅助继电器。当其线圈接通时，PLC进入停止状态，并保持所有输出映像存储器和数据寄存器内容。

M8034：禁止全部输出的特殊辅助继电器。当其线圈接通时，则PLC的输出全部禁止。

M8039：定时扫描特殊辅助继电器。若其线圈接通时，则PLC按D8039中指定的扫描时间工作。

需要说明的是，未定义的特殊辅助继电器不可在用户程序中使用；辅助继电器的动合和动断触点在PLC内部可无限次地自由使用。

4.4.4 状态寄存器（S）

状态寄存器S是构成状态转移图的重要元器件，它与后面的步进指令STL组合使用，可以用于步进顺序控制。通常状态寄存器有5种类型。

(1) 初始状态寄存器S0～S9，共10点。

(2) 回零状态寄存器S10～S19，共10点。

(3) 通用状态寄存器S20～S499，共480点。

(4) 具有状态断电保持的状态寄存器S500～S899，共400点。

(5) 供报警用的状态寄存器（可用作外部故障诊断输出）S900～S999，共100点。

例如，某机械手先后有下降、夹紧和上升3个动作，其顺序功能图如图4－8所示。如果启动信号X0为ON，则状态S20被置位（变为ON），控制下降的电磁阀Y0动作。下限位开关X1为ON时，状态S21被置位，控制夹紧的电磁阀Y1动作。随着动作的转移，前一状态自动变为OFF状态。

不对状态使用步进梯形指令时，可以把它们当作普通辅助继电器（M）使用。

供报警用的状态寄存器，可用于外部故障诊断的输出。若系统发生许多故障时，报警状态寄存器动作进行报警。在消除最小地址号的故障后，能知道下一个故障地址号状态。可采用图4-9所示的外部故障诊断程序。

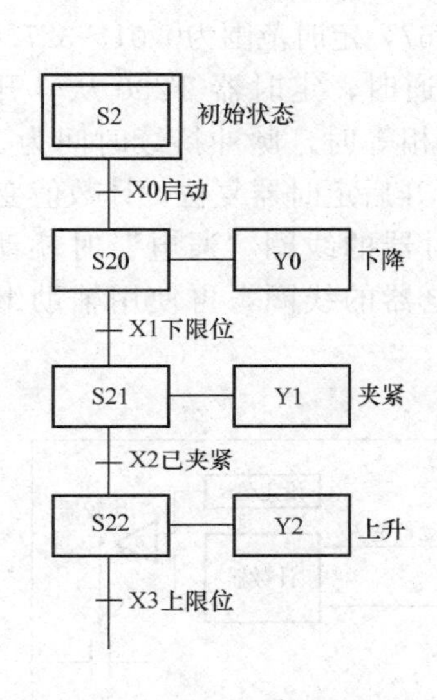

图4-8 状态寄存器的使用

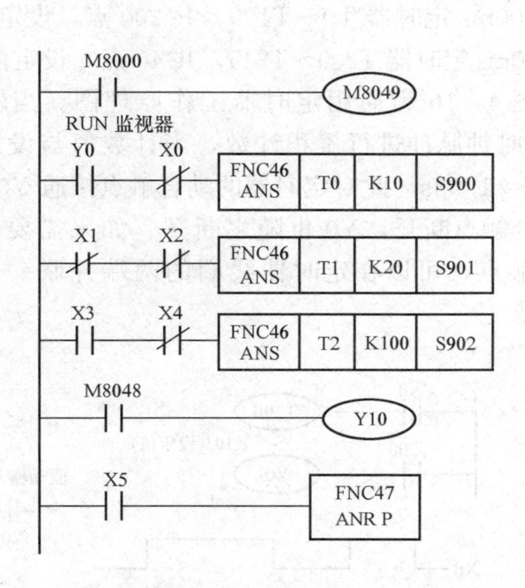

图4-9 报警状态寄存器的使用

程序中采用特殊辅助继电器M8049对所有报警状态进行监视，一旦出现故障，M8048就驱动Y10，其位开关X5消除当前最小地址号报警故障。其原理主要有以下几点：

（1）若M8000＝ON，则特殊辅助继电器M8049监视报警状态S900～S999有效。

（2）输出Y0闭合之后，如果出现检测X0超过1s不动作的故障，则S900置位。

（3）如果出现X1与X2同时不工作时间超过1s故障，则将S901置位。

（4）输入X3为ON时，若动作开关X4不动作时间超过10s，则S902置位。

（5）S900～S999中任一个报警状态为ON，则特殊辅助继电器M8048动作，故障显示输出Y10＝ON。

（6）用复位按钮X5驱动标志指令，将动作的报警状态变为OFF。每当X5为ON一次，将顺序把当前最小地址号的动作报警状态复位，直到Y10为OFF。

4.4.5 定时器（T）

PLC中的定时器相当于继电器系统中的时间继电器，当定时器的线圈被驱动时，定时器以增计数方式对PLC内的时钟脉冲（1ms、10ms、100ms）进行累积，当计时的当前值与定时器的设定位相等时，其触点动作（动合触点闭合，动断触点断开）；当定时器的线圈失电时，其触点立即复位。

定时器有个设定值寄存器（一个字长）、一个当前值寄存器（一个字长）和一个用来储存其输出触点状态的映像寄存器（占二进制的一位）。这3个存储单元使用同一个元件号。

FX 系列 PLC 的定时器分为通用定时器和积算定时器。定时器的设定值可以用常数 K 来设定，也可以用数据寄存器（D）的内容来设定，例如外部数字开关输入的数据可以存入数据寄存器，作为定时器的设定值。

1. 通用定时器

FX 系列 PLC 的通用定时器最多可达 246 个，其编号 T0～T245。

100ms 定时器 T0～T199，共 200 点，设定值为 1～32767，定时范围为 0.1～3276.7s。

10ms 定时器 T200～T245，共 46 点，设定值为 1～32767，定时范围为0.01～327.67s。

图 4－10 为通用定时器工作原理图。当输入 X0 接通时，定时器 T200 从 0 开始对 10ms 时钟脉冲进行累积计数，当计数值与设定值 K103 相等时，脉冲持续时间为 103×0.01s＝1.03s，此时定时器的动合触点接通 Y0。当 X0 断开后定时器复位，计数值变为 0，其动合触点断开，Y0 也随之断开。如果需要一个在定时器的线圈“通电”时就动作的瞬动触点，可以在定时器线圈的两端并联一个辅助继电器的线圈，再使用辅助继电器的触点。

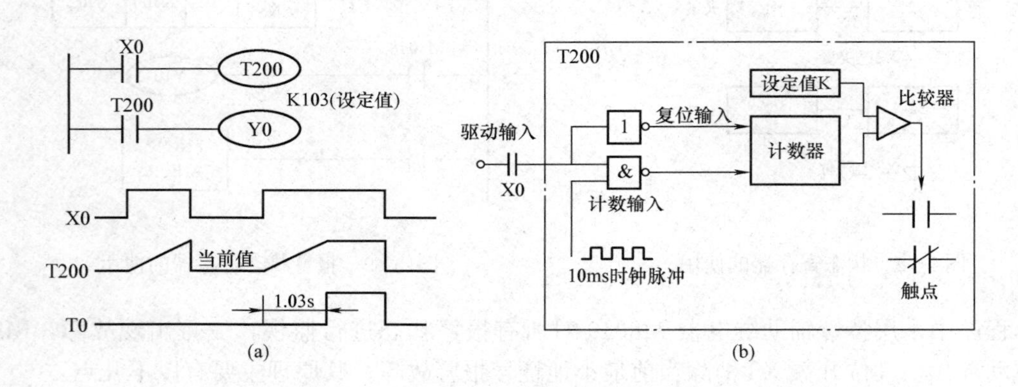

图 4－10　通用定时器工作原理图

通用定时器没有保持功能，在输入电路断开或停电时即复位。

2. 积算定时器

积算定时器的编号为 T246～T255。

1ms 积算定时器 T246～T249，共 4 点，设定值为 1～32767，定时范围为 0.001～32.767s。

100ms 积算定时器 T250～T255，共 6 点，设定值为 1～32767，定时范围为 0.1～3276.7s。积算定时器具有计数累积的功能，在定时过程中如果定时器线圈为 OFF 或断电，积算定时器将保持当前的计数值（当前值），通电或定时器线圈为 ON 后继续累积，只有将积算定时器复位，当前值才变为 0。

图 4－11 为积算定时器工作原理图。当 X0 接通时，T250 当前值计数器开始累积 100ms 的时钟脉冲个数。当 X0 经 t_0 后断开，而 T250 尚未计数到设定值 K345，其计数的当前值保留。当 X0 再次接通，T250 从保留的当前值开始继续累积，经过 t_1 时间，当前值达到 K345 时，定时器的触点动作，累积的时间为 $t_0+t_1=0.1\times345\text{s}=34.5\text{s}$。当复位输入 X1 接通时，定时器才复位，当前值变为 0，其触点也随之复位。

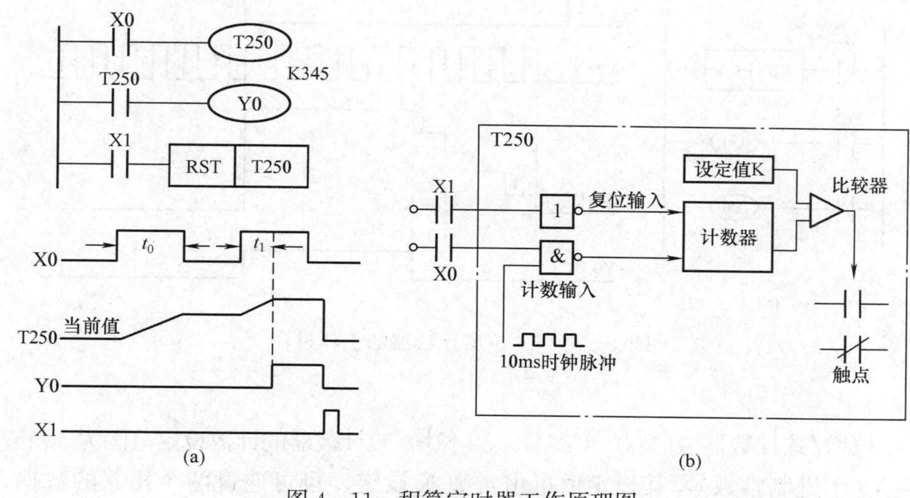

图 4－11 积算定时器工作原理图

3. 定时器触点的动作时序与准确级

定时器在其线圈被驱动后开始计时，达到设定值后，在执行第一个线圈指令时，输出触点动作。由于设定的时间不可能正好为扫描周期的整数倍，因此，实际定时器输出触点的动作可能要滞后一个扫描周期（定时误差）。故从选定定时器线圈到其触点动作，可能存在没能与扫描周期匹配而出现时间误差，即准确级。

4.4.6 计数器（C）

计数器在程序中用作计数控制。FX 系列计数器可以分为内部计数器和高速计数器。内部计数器是对机内元件（X、Y、M、S、T 和 C）的信号进行计数的计数器，其接通时间和断开时间比 PLC 的扫描周期长。机内的信号频率低于扫描频率，因而是低速计数器。对高于机内扫描频率的信号进行计数，需要用外部计数器即高速计数器。

1. 内部计数器

PLC 内有许多内部计数器，它们以增或增/减计数方式计数，当计数值达到设定值时，其触点动作。内部计数器又分为以下两类。

(1) 16 位递增计数器（C0～C199）。16 位增计数器的计数设定范围为 1～32767（十进制常数），其设定值可由常数 K 设定，也可通过数据寄存器间接设定。其中：

通用型共 100 点，地址编号为 C0～C99。

断电保持型共 100 点，地址编号为 C100～C199。

它们都按增计数方式计数。但在计数过程中，当电源切断时，通用型计数器的计数当前值立即被清除，计数器触点状态复位，而断电保持型计数器的计数当前值和触点的状态均被保持。当 PLC 再通电时，断电保持型计数器的计数值从断电前的计数当前值开始增计数，触点为断电前的状态，直到计数当前恒等于设定值。

下面以通用型计数器 C0 为例，说明 16 位增计数器的工作过程。如图 4－12 所示，当复位输入 X1 断开时，计数输入 X2 每接通一次，计数器 C0 就计一次数，其计数当前值增 1。当计数当前值等于设定值 5 时，其触点动作，以后即使计数输入 X2 再接通，计数器 C0 的当前值也不会改变。当复位输入 X1 接通时，计数器 C0 立即复位，其当前值变为 0，输出触

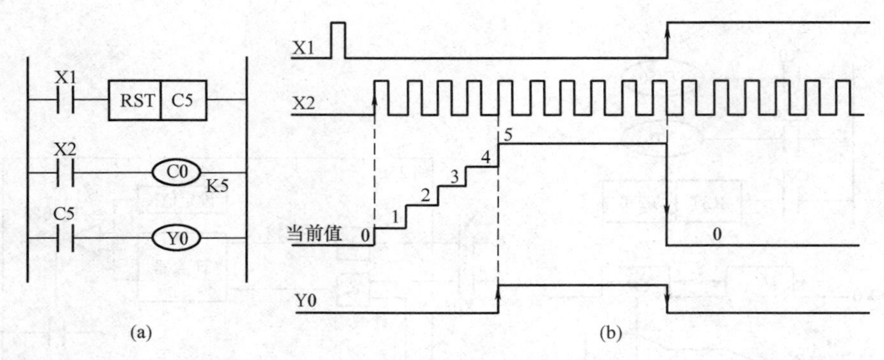

图 4-12　16 位增计数器的工作过程

点复位。

（2）32 位增/减计数器（C200～C234）。32 位增/减计数器的计数设定范围为－2147483648～2147483647（十进制常数），其设定值可由常数 K 设定，也可通过两个相邻的数据寄存器间接设定。其中：

通用型共 20 点，地址编号为 C200～C219。

断电保持型共 15 点，地址编号为 C220～C234。

它们用特殊辅助继电器 M8200～M8234 指定增/减计数方式，当特殊辅助继电器为 ON 时，对应的计数器按减计数方式计数，反之按增计数方式计数。32 位计数器增/减计数方式切换所用的特殊辅助继电器地址号见表 4-3。

表 4-3　　32 位计数器增/减计数方式切换用的特殊辅助继电器地址号

计数器地址号	方向切换	计数器地址号	方向切换	计数器地址号	方向切换	计数器地址号	方向切换
C200	M8200	C209	M8209	C218	M8218	C227	M8227
C201	M8201	C210	M8210	C219	M8219	C228	M8228
C202	M8202	C211	M8211	C220	M8220	C229	M8229
C203	M8203	C212	M8212	C221	M8221	C230	M8230
C204	M8204	C213	M8213	C222	M8222	C231	M8231
C205	M8205	C214	M8214	C223	M8223	C232	M8232
C206	M8206	C215	M8215	C224	M8224	C233	M8233
C207	M8207	C216	M8216	C225	M8225	C234	M8234
C208	M8208	C217	M8217	C226	M8226	—	—

在计数过程中，当突然断电时，通用型计数器的计数当前值立即被清除，计数器触点状态复位；而断电保持型计数器的计数当前值和触点的状态均被保持。当 PLC 再通电时，断电保持型计数器从断电前的计数当前值继续计数。

32 位增/减计数器的计数当前值在－2147483648～2147483647 间循环变化。即从－2147483647变化到 2147483647，当 2147483647 再进行加计数时，当前值就变成－214783647。同样，当－2147483647 再进行减计数时，当前值就变成 2147483647。

当计数当前值等于设定值时，计数器的触点动作，但计数器仍在计数，计数当前值仍在变化，直到执行了复位指令时，计数当前值才为0。换句话说，计数器当前值的增/减与其触点的动作无关。

当增/减计数器做加计数器时，当计数值达到设定值时，触点动作（置“1”）并保持；

当增/减计数器做减计数器时，当计数值达到设定值时则复位（置“0”）。

下面以通用型计数器C200为例，说明这种计数器的工作过程。如图4-13所示，当复位输入X1断开时，若X0为OFF，则M8200为OFF，此时，C200以增计数方式计数，当计数当前值由－5增加到－4时，其触点接通（置1）。若X0为ON，则M8200为ON，此时，C200以减计数方式计数. 当计数当前值由－4减到－5时，若输出触点原先已接通，则输出触点断开（置0）。当复位输入X1接通时，计数器复位，当前值为0。

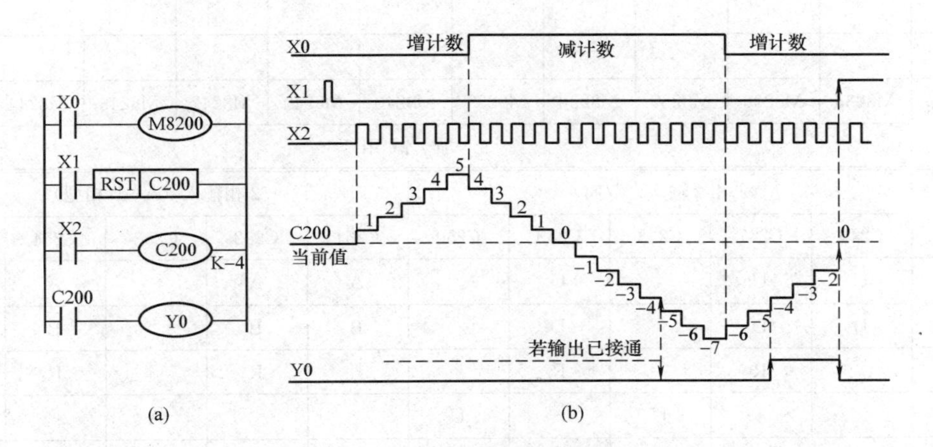

图4-13　32位增/减计数器的工作原理

2. 高速计数器

高速计数器的基本使用方法和内部计数器相似，它的优点是：输入信号与扫描周期无关，可响应高达10kHz的频率（内部计数器则可能低于50Hz），应用也更为灵活。高速计数器均有断电保护功能，通过参数设定也可变成非断电保持。FX_{2N}系列PLC有C235～C255共21点高速计数器，适合用来作为高速计数器输入的端口有X0～X7。某一输入端同时只能供一个高速计数器使用，不能重复，即如果某一个输入端已被某个高速计数器占用，它就不能再用于其他高速计数器，也不能用作他用。高速计数器可分为三类，各高速计数器对应的输入端见表4-4。

（1）高速计数器的分类。

1）单相单计数输入高速计数器（C235～C245）。单相单计数输入高速计数器触点动作与32位增/减计数器相同，可进行增或减计数（取决于M8235～M8245的状态），如图4-14所示。

图4-14（a）所示为无启动/复位端单相单计数输入高速计数器的应用。若X10断开，则M8235为OFF，C235为增计数方式（反之为减计数）。由X12选中C235，从表4-4可知，其输入信号来于X0，C235对X0信号增计数，当前值达到1234时，C235动合触点接通，Y0得电。X11为复位信号，当X11接通时，C235复位。

表 4-4 高速计数器输入表

中断输入	无启动/复位的1相计数器						指定启动/复位的1相计数器				
	C235	C236	C237	C238	C239	C240	C241	C242	C243	C244	C245
X0	U/D						U/D			U/D	
X1		U/D					R			R	
X2			U/D					U/D			U/D
X3				U/D				R			R
X4					U/D				U/D		
X5						U/D			R		
X6										S	
X7											S
特殊辅助继电器	M8235	M8236	M8237	M8238	M8239	M8240	M8241	M8242	M8243	M8244	M8245
	加/减用										

中断输入	1相2输入（双向）					2相输入（A-B相型）				
	C246	C247	C248	C249	C250	C251	C252	C253	C254	C255
X0	U	U		U		A	A		A	
X1	D	D		D		B	B		B	
X2		R		R			R		R	
X3			U		U			A		A
X4			D		D			B		B
X5			R		R			R		R
X6				S					S	
X7					S					S
特殊辅助继电器	M8246	M8247	M8248	M8249	M8250	M8251	M8252	M8253	M8254	M8255
	监视用									

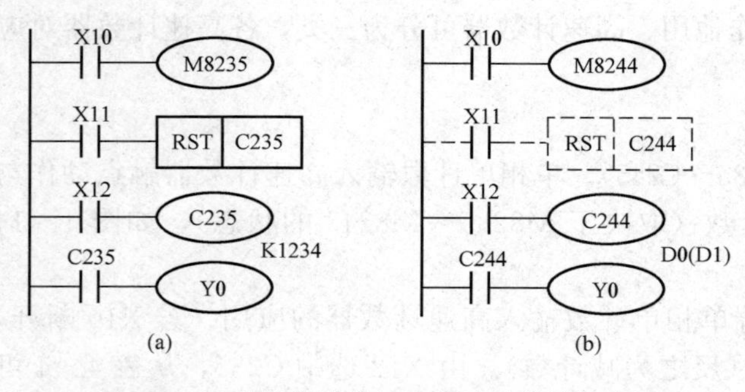

图 4-14 单相单计数输入高速计数器的应用
(a) 无启动/复位端；(b) 带启动/复位端

图 4-14（b）所示为带启动/复位端单相单计数输入高速计数器的应用。由表 4-4 可知，X1 和 X6 分别为复位输入端和启动输入端。利用 X10 通过 M8244 可设定其增/减计数方式。当 X12 为接通，且 X6 也接通时，则开始计数，计数的输入信号来自于 X0，C244 的设定值由 D0 和 D1 指定。除了可用 X1 立即复位外，也可用梯形图中的 X11 复位。

2）单相双计数输入高速计数器（C246～C250）。这类高速计数器具有两个输入端，一个为增计数输入端，另一个为减计数输入端。利用 M8246～M8250 的 ON/OFF 可监控 C246～C250 的计数减/增方向。如图 4－15 所示，X10 为复位信号，若其有效（为 ON 状态）则 C248 复位。由表 4－3 可知，也可利用 X5 对其复位。当 X11 接通时，选中 C248，输入来自 X3 和 X4，X3 为加计数输入端，X4 为减计数输入端。

3）双相高速计数器（C251～C255）。A 相和 B 相信号决定计数器是增计数还是减计数。当 A 相为 ON 时，若 B 相由 OFF 到 ON，则为增计数；当 A 相为 ON 时，若 B 相由 ON 到 OFF，则为减计数，如图 4－16（a）所示。当 A 相为 OFF 时，不计数。

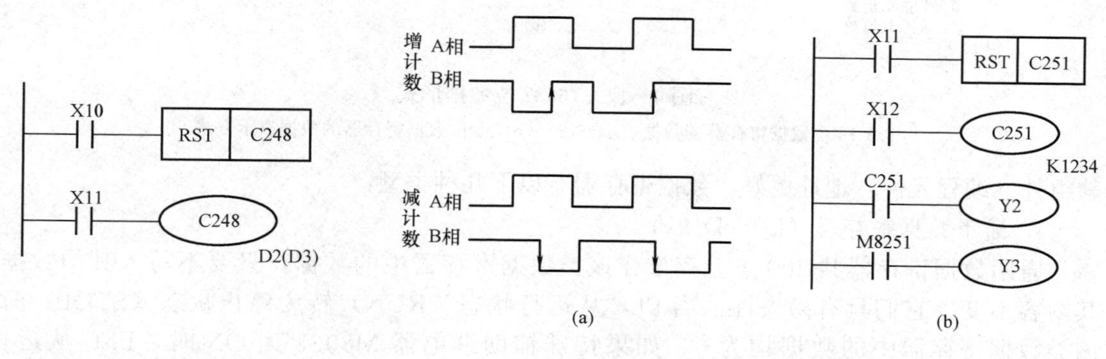

图 4－15　单相双计数输入高速计数器

图 4－16　双相高速计数器
（a）增/减计数；（b）计数顺序

如图 4－16（b）所示，当 X12 接通时，C251 开始计数。由表 4－3 可知，其输入来自 X0（A 相）和 X1（B 相）。只有当计数使当前值超过设定值，Y2 为 ON。如果 X11 接通，则计数器复位。根据不同的计数方向，Y3 为 ON（增计数）或为 OFF（减计数），用 M8251～M8255，可监视 C251～C255 的加/减计数状态。

（2）高速计数器的计数频率。高速计数器的最高计数频率受两个因素限制：一是各个输入端的响应速度，主要是受硬件的限制，其中，X0、X2、X3 最高计数频率为 10kHz；而 X1、X4、X5 的最高计数频率为 7kHz；二是全部高速计数器的处理时间，这是高速计数器计数频率受限制的主要因素，因为高速计数器是采用中断方式，故计数器用得越少，可计数频率就越高。若某些计数器采用比较低的频率计数，则其他计数器可用比较高的频率计数。

4.4.7　数据寄存器（D）

PLC 在进行输入/输出处理、模拟量控制、位置控制时，需要许多数据寄存器来存储数据和参数。数据寄存器的数值读出与写入一般采用应用指令，而且可以从数据存取单元（显示器）与编程器直接读出/写入。数据寄存器为 16 位（最高位为符号位），也可将 2 个数据寄存器组合，来存储 32 位（最高位为符号位）的数值数据。1 个数据寄存器处理的数值为－32767～32767。16/32 位数据形式如图 4－17 所示。

以 2 个相邻的数据寄存器（高位为大号，低位为小号。在变址寄存器中，V 为高位，Z 为低位），可处理－2147483648～2147483647 的高值。其数据表示如图 4－17（b）所示。在指定 32 位时，如果指定低位（例如 D0），则高位继其之后的地址号（例如 D1）被自动占用。低位可用奇数或偶数的软组件地址号指定，考虑到外围设备的监视功能，低位采用偶数

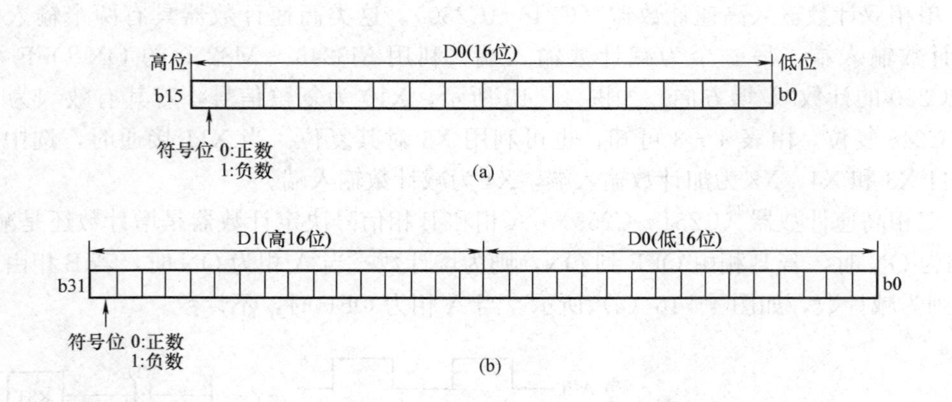

图 4－17　16/32 位数据形式

(a) 16 位数据寄存器的数据表示方法；(b) 32 位数据寄存器的数据表示方法

软组件（编程元件）地址更好。数据寄存器有以下几种类型：

1. 通用数据寄存器（D0～D199）

通用数据寄存器共 200 点。存放在该类数据寄存器中的数据，只要不写入其他数据，其内容不变。它们具有易失性，当 PLC 从运行状态（RUN）转为停止状态（STOP）时，该类数据寄存器中的数据均为 0。如果特殊辅助继电器 M8033 为 ON 时，PLC 从运行状态（RUN）转为停止状态（STOP）时，D0～D199 有断电保护功能（即存储器中的数据可以保持）；当 M8033 为 OFF 时，它们无断电保护，这种情况下当 PLC 停机或遇到停电时，数据全部清零。可以利用外部设备的参数设定改变通用数据寄存器里的数据。

2. 断电保持数据寄存器（D200～D7999）

断电保持数据寄存器共 7800 点。其中 D200～D511（共 312 点）有断电保持功能，可以利用外部设备的参数设定改变这部分数据寄存器里的数据；D490～D509 供通信用；D512～D7999 的断电保持功能不能用软件改变，但可用指令清除它们的内容。根据参数设定可以将 D1000 以上作为文件寄存器。

3. 特殊数据寄存器（D8000～D8255）

特殊用途寄存器是指用来写入特定目的的数据或事先写入特定的内容如写入后不需要进行修改的时间参数寄存器。其内容在电源接通时，置位于初始值（一般清除为 0，具备初始值的内容，可以利用编程工具将其写入）。如图 4－18 所示，利用传送指令（FNC12 MOV）向监视定时器时间的数据寄存器 D8000 中写入设定时间，并用监视定时器刷新指令（WDT）对其刷新。写入设定的时间值可以是十进制常数，也可以是计数器、数据寄存器中的值。

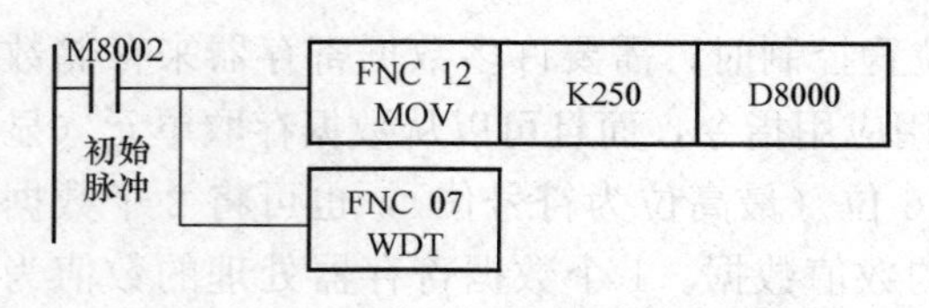

图 4－18　特殊用途数据寄存器写入特定数据

4. 变址寄存器（V、Z）

变地址寄存器 V、Z 和通用数据寄存器一样，是用于数值数据读、写的 16 位数据寄存器，它的功能是用于运算操作数地址或常数数值的修改。

根据 V 与 Z 的内容修改软元件地址号，称为软元件的变址。也可以修改常数数值，例如 V0=18 时，则 K20V0 是指十进制常数 K38（20+18=38）。

进行 32 位数据运算时，要用指定的 Z0～Z7 和 V0～V7 组合修改运算操作数地址，即（V0，Z0），（V1，Z1），…，（V7，Z7）。如操作数 D5V7Z7，当 V7=2，Z7=5，则该操作数为 D7D10，因为高 16 位为 D(5+V7)=D(5+2)=D7，低 16 位为 D(5+Z7)=D(5+5)=D10。

可以用变址寄存器进行变址的软元件有 X、Y、M、S、P、T、C、K、H、K_NX、K_NY、K_NM、K_NS。但是，变址寄存器不能修改 V 与 Z 本身或 K_NX、K_NY、K_NM、K_NS（指定位数元件）中的 K_N，例如 K4M0Z0 有效，而 K4Z0M0 无效，因为后者中的 Z0 用来改变 K4。

图 4－19 是用变址寄存器改变输出软元件地址的例子，该程序仅用有限次数的指令就实现了将 D10 或 D11 中的内容所确定的脉冲量分别由 Y20 或 Y21 输出。切换输出软元件地址由 X10 的通/断确定。当 X10 闭合时，K0 值送入 Z0，X11 闭合时，FNC57 脉冲输出指令执行一次，将 D10 中脉冲以每秒 1kHz 的频率从 Y20 端输出；若 X10 断开，则 K1 值送入 Z0，X11 闭合时，FNC 57 脉冲输出指令执行一次，则 D11 中脉冲以每 1kHz/s 的频率从 Y21 输出。

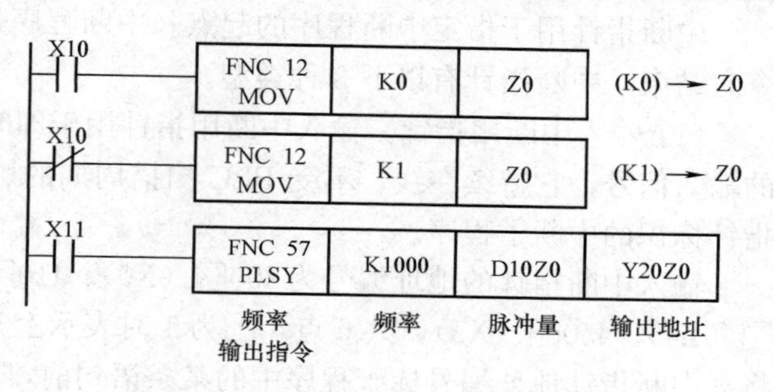

图 4－19　用变址寄存器改变输出软元件地址

5. 文件寄存器

文件寄存器实际上是一类专用数据寄存器，用于存储大量的数据，例如采集数据、统计计数数据、多组控制参数等。在 FX_{2N} 系列 PLC 的数据寄存器区域内，D1000（包括 D1000）以上的数据寄存器，通过参数设置可作为文件寄存器。文件寄存器占用机内 RAM 存储器中的一个存储区 A，以 500 点为一个单位，最多可设置 500×14=7000（点）。

4.4.8　指针（P、I）

在执行 PLC 程序过程中，当某条件满足时，需要跳过一段不需要执行的程序，或者调用一个子程序，或者执行指定的中断程序，这时需要用一“操作标记”来标明所操作的程序段，这一“操作标记”就是指针。

1. 分支用指针（P）

分支用指针编号是 P0～P62 和 P64～P127，共 127 点（P63 用于结束跳转，即跳转到 END 位置，故不能用 P63 作标号）。

当分支指针 P 用于跳转指令（CJ）时，表示指定跳转的起始位置，如图 4－20 所示。在图中，当条件 X20 为 ON 时，执行跳转指令 FNC 00（CJ），程序跳转到标号 P1 处，执行标号 P1 以后的程序；当条件 X20 为 OFF 时，顺序执行程序。

当分支指针 P 用于子程序调用指令（CALL）时，表示指定被调用的子程序和子程序的位置，如图 4－21 所示。在图中，当条件 X20 为 ON 时，执行标号为 P2 的子程序，当子程序执行完后，用 SRET 指令返回原位置（即返回到 CALL 指令的下一步指令位置）。

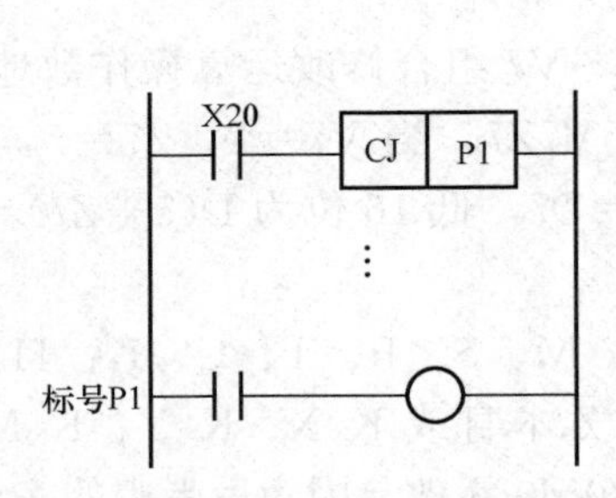

图 4-20 指针 P 用于跳转指令

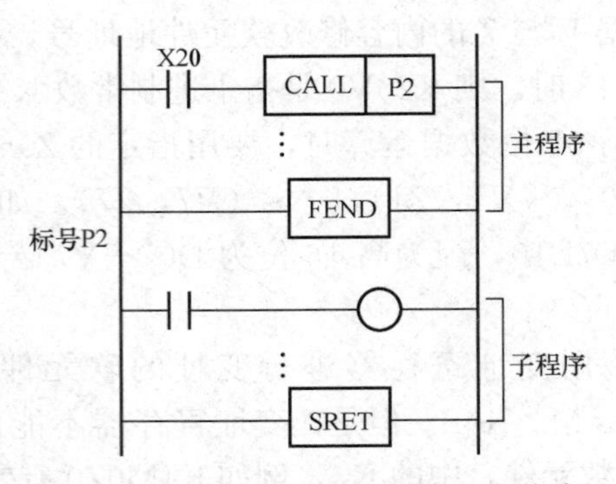

图 4-21 指针 P 用于子程序调用指令

2. 中断指针（I）

中断指针用于指定中断程序的起点。中断程序是从中断指针标号开始，到执行 IRET 指令时结束。中断指针有以下 3 种类型。

（1）输入中断用指针。输入中断用指针用于即时接收来自特定的输入地址号（X0～X5）的输入信号，它持续在线，不受 PLC 扫描周期的影响。该输入信号被触发产生时，执行该指针标识的中断子程序。

输入中断指针的地址编号为 I00□（X0）、I10□（X1）、I20□（X2）、I30□（X3）、I40□（X4）、I50□（X5），共 6 点，□为 1 时表示上升沿中断，为 0 时表示下降沿中断。只要将某中断指针地址编号标于程序中的某条语句前，相应中断发生后，程序即跳到该语句向下执行。例如，指针 I100，表示输入 X1 从 ON→OFF 变化时，执行标号 I100 以后的中断程序，并由 IRET 指令结束该中断程序。

（2）定时器中断用指针。程序每隔特定的循环时间（10～99ms），会执行以定时器中断用指针指定的中断子程序。定时器中断用指针的地址编号为 I6□□、I7□□、I8□□，共 3 点，□□为 10～99ms 的中断时间。例如，I720 表示每隔 20ms 执行一次标号 I720 后面的中断程序，并由 IRET 指令结束该中断程序。

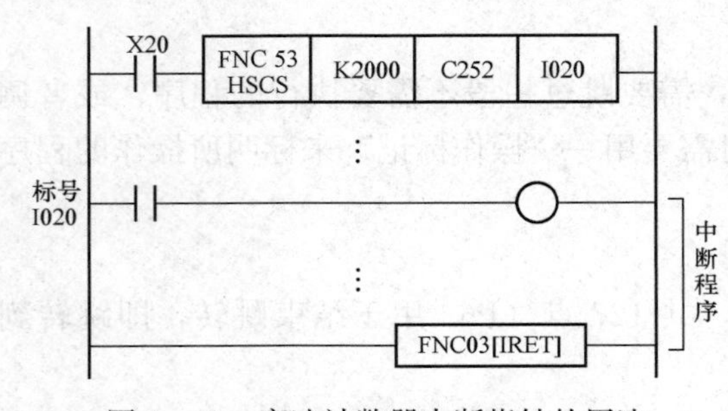

图 4-22 高速计数器中断指针的用法

（3）高速计数器中断用指针。根据 PLC 内部高速计数器的比较结果执行中断子程序时，使用此指针，其地址编号为 I010、I020、I030、I040、I050、I060，共 6 点。例如，图 4-22 表示当高速计数器 C252 的当前值为 2000 时，执行标号 I020 后面的中断程序。执行完中断程序后（即执行 IRET 指令后），返回到发生中断时的原程序位置。

4.4.9 常数（K、H）

K 表示其后数字为十进制整数，它主要用来指定定时器或计数器的设定值及应用功能指令操作数中的数值；H 表示其后数字为十六进制数，它主要用来表示应用功能指令的操作数值。例如 20 用十进制表示为 K20，用十六进制表示则为 H14。

4.4.10 指定位数元件（KNX、KNY、KNM、KNS）

KNX、KNY、KNM、KNS 的本质仍然是 X、Y、M、S 寄存器，它们的特点在于可以用 KN 来指定位数，位数$=4N$，$N=1\sim8$。如用 K4M 来存放乘法运算的结果，则只能得到乘积的低 16 位。

练 习 与 思 考 题

4-1 PLC 的性能指标有哪些？

4-2 FX 系列 PLC 型号命名格式中各符号代表什么？

4-3 FX_{1N}-24MR 是基本单元还是扩展单元？有多少个输入点？多少个输出点？属于什么输出类型？

4-4 FX 系列有哪几种编程元件？它们的作用分别是什么？

4-5 FX 系列 PLC 共有几种定时器？各是什么？它们的运行方式有什么不同？

4-6 计数器 C200～C234 的计数方向如何设定？

4-7 FX 系列 PLC 的编程元件中有哪些常数？

5 FX系列可编程控制器基本指令

PLC编程语言中，最常用的是梯形图和指令语句表。FX系列PLC有基本指令20条，步进指令2条。利用这些指令，就能完成一般的PLC控制系统编程要求。本章主要学习基本指令的用法。

5.1 概　述

PLC若干条指令组成的程序称为语句表程序或指令表程序，又叫指令助记符。每条语句表示一条指令，规定PLC中的CPU操作。梯形图程序均有与其相对应的指令表，如图5-1所示。

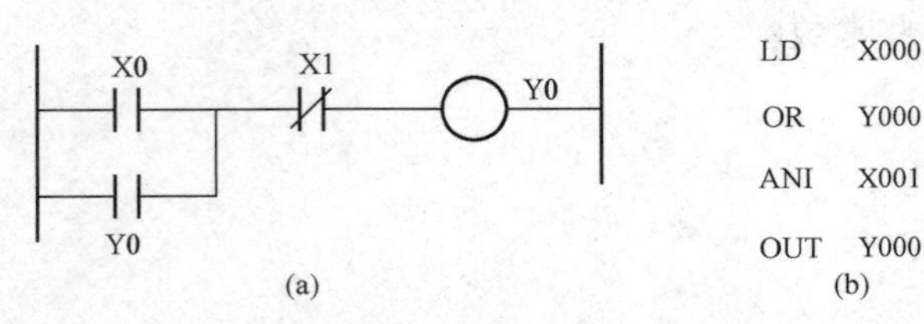

图5-1 PLC梯形图及对应的指令表程序
(a) 梯形图；(b) 指令表程序

从图5-1的指令表可见，PLC的助记符语言与计算机汇编语言中的指令有相似的表达形式，都是由操作码和操作数两部分组成。

操作码：用助记符表示，也称为指令，它表示CPU要完成的某种操作功能。

操作数：包括为执行某种操作所必需的信息。

PLC指令类似于计算机的汇编语言，但比汇编语言通俗易懂。配上带有LED指示器的简易编程器即可使用，在计算机上也可安装编程软件进行编辑，因此应用非常广泛。

5.2 基 本 指 令

PLC比较常用的编程方法如图5-1所示，利用梯形图或指令表。梯形图编程语言是在电气控制系统中常用的继电器、接触器逻辑控制基础上简化符号演变而来的，形象直观；而指令表就是由操作码和操作数组成的一条一条语句。梯形图和指令语句表一一对应，可以相互转换。因此，为了更好地学习各条指令的含义及使用方法，下面所有的语句表均配有相应的梯形图。

5.2.1 逻辑取及线圈驱动指令（LD、LDI、OUT）

LD：取指令，表示一个与输入母线相连的动合触点指令，即动合触点逻辑运算起始。

LDI：取反指令，表示一个与输入母线相连的动断触点指令，即动断触点逻辑运算起始。

OUT：线圈驱动指令，也叫输出指令。

图5-2给出了LD、LDI、OUT指令的梯形图及对应的指令表程序。

LD、LDI两条指令的目标元件是X、Y、M、S、T、C，用于将触点接到母线上。也可以与后面的ANB指令、ORB指令配合使用，在分支起点也可使用。

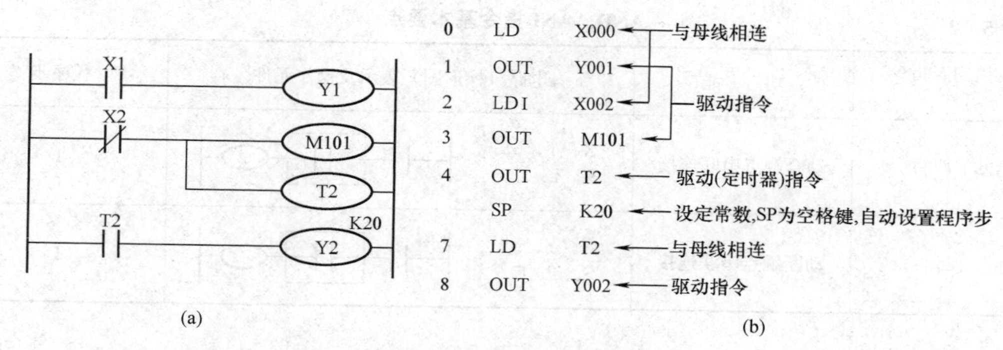

图 5-2 LD、LDI、OUT 指令的用法
(a) 梯形图；(b) 指令表

OUT 是驱动线圈的输出指令，它的目标元件是 Y、M、S、T、C，对输入继电器 X 不能使用。OUT 指令可以连续使用多次。

LD、LDI 是一个程序步指令，这里的一个程序步即是一个字。OUT 是多程序步指令，要视目标元件而定。

表 5-1 列出 LD、LDI、OUT 指令的功能、电路表示、操作元件及所占程序步数。

OUT 指令的目标元件是定时器 T 和计数器 C 时，必须设置常数 K，且程序步数根据所使用的定时器和计数器种类不同而有所不同。当选择的是定时器 T 时，无论是 1ms、10ms 还是 100ms 的定时器，其所占程序步数均为 3 步。当选择的是计数器 C 时，若为 16 位计数器，所占程序步数为 3 步；若为 32 位计数器，所占程序步数为 5 步。

表 5-1　　LD、LDI、OUT 指令基本要点

符号（语句表指令）、名称	功　能	电路（梯形图）表示及操作元件	程序步
LD（Load，取）	动合触点逻辑运算起始	X、Y、M S、T、C	1
LDI（Load Inverse，取反）	动断触点逻辑运算起始	X、Y、M S、T、C	1
OUT（输出）	线圈驱动	Y、M、S T、C	Y、M：1；特 M：2； T：3；C：3～5

5.2.2　单个接点串联指令（AND、ANI）

AND：与指令，用于单个动合触点的串联。

ANI：与非指令，用于单个动断触点的串联。

AND 与 ANI 都是一个程序步指令，串联触点的个数没有限制，可以多次重复使用。指令的目标元件为 X、Y、M、S、T、C。AND、ANI 指令的功能、电路表示、操作元件、所占程序步见表 5-2。图 5-3 给出了 AND、ANI 指令的梯形图实例及对应的指令表。

表 5-2　　**AND、ANI 指令基本要点**

符号（语句表指令）、名称	功　能	电路（梯形图）表示及操作元件	程序步
AND（与）	动合触点串联连接	X、Y、M S、T、C	1
ANI（与非）	动断触点串联连接	X、Y、M S、T、C	1

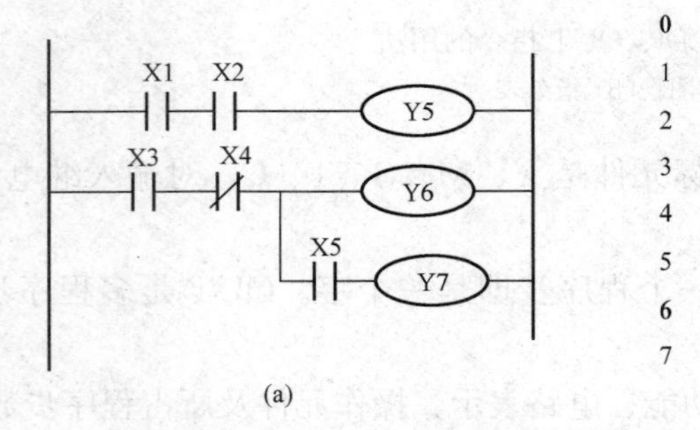

0	LD	X001
1	AND	X002←串联动合触点
2	OUT	Y005
3	LD	X003
4	ANI	X004←串联动断触点
5	OUT	Y006
6	AND	X005
7	OUT	Y007

(b)

图 5-3　AND、ANI 指令用法
(a) 梯形图；(b) 指令表

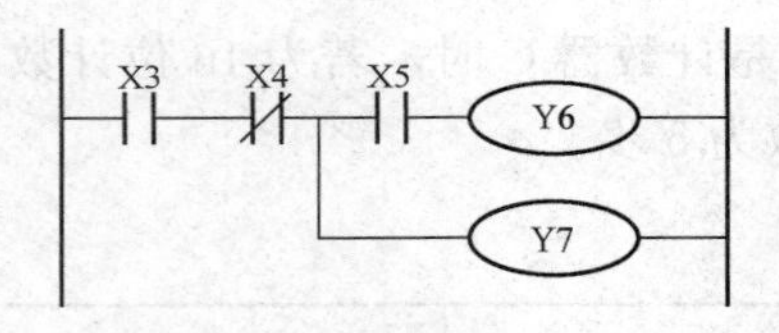

图 5-4　不推荐的形式

OUT 指令后，通过触点对其他线圈使用的 OUT 指令，称为纵接输出或连续输出，如图 5-3 中的 OUT Y007。这种连续输出如果顺序无误，可以多次重复。但是如果驱动顺序换成图 5-4 所示的形式，则必须用后述的 MPS 指令，这时程序步增多，因此不推荐使用图 5-4 所示的形式。

5.2.3　单个触点并联指令（OR、ORI）

OR：或指令，用于单个动合触点的并联。

ORI：或非指令，用于单个动断触点的并联。

OR、ORI 指令都是一个程序步指令，它们的目标元件是 X、Y、M、S、T、C。这两条指令都是并联一个触点。

需要两个以上触点串联连接电路块的并联连接时，要用后述的 ORB 指令。OR、ORI 指令的功能、电路表示、操作元件、所占程序步见表 5-3。

表 5-3　　**OR、ORI 指令基本要点**

符号（语句表指令）、名称	功　能	电路（梯形图）表示及操作元件	程序步
OR（或）	动合触点并联连接	X、Y、M S、T、C	1
ORI（或非）	动断触点并联连接	X、Y、M S、T、C	1

OR、ORI从该指令的当前步开始，对前面的LD、LDI指令并联连接，并联的次数无限制。OR、ORI指令的用法如图5－5所示。

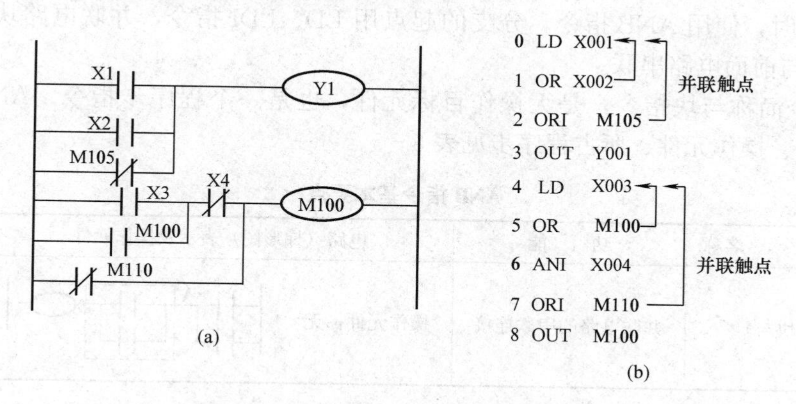

图5－5　OR、ORI指令的用法

（a）梯形图；（b）指令表

5.2.4　串联电路块的并联连接指令（ORB）

ORB：两个或两个以上的触点串联连接电路称为串联电路块，ORB有时也简称或块指令。串联电路块并联连接时，分支开始用LD、LDI指令，分支结束用ORB指令。

ORB指令与后述的ANB指令均为无目标元件指令，而两条无目标元件指令的步长都为一个程序步。ORB指令的功能、电路表示、操作元件、所占程序步见表5－4。ORB指令的用法如图5－6所示。

表5－4　ORB指令基本要点

符号（语句表指令）、名称	功　能	电路（梯形图）表示及操作元件	程序步
ORB（电路块或）	串联电路的并联连接	操作元件：无	1

ORB指令的使用方法有两种：一种是在要并联的每个串联电路块后加ORB指令，详见图5－6（b）；另一种是集中使用ORB指令，详见图5－6（c）。对于前者分散使用ORB指令时，并联电路块的个数没有限制，但对于后者集中使用ORB指令时，这种电路块并联的个数不能超过8个（即重复使用LD、LDI指令的次数限制在8次以下），所以不推荐用后者编程。

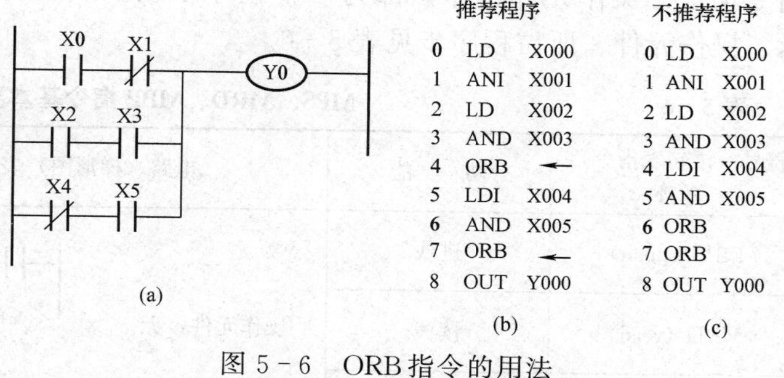

图5－6　ORB指令的用法

（a）梯形图；（b）指令表程序一；（c）指令表程序二

5.2.5 并联电路块的串联连接指令（ANB）

ANB：两个或两个以上触点并联的电路称为并联电路块，分支电路并联电路块与前面电路串联连接时，使用ANB指令。分支的起点用LD、LDI指令，并联电路块结束后，使用ANB指令与前面电路串联。

ANB指令简称与块指令，是无操作目标元件，也是一个程序步指令。ANB指令的功能、电路表示、操作元件、所占程序步见表5－5。

表5－5　**ANB指令基本要点**

符号（语句表指令）、名称	功　能	电路（梯形图）表示及操作元件	程序步
ANB（电路块与）	并联电路的串联连接	操作元件：无 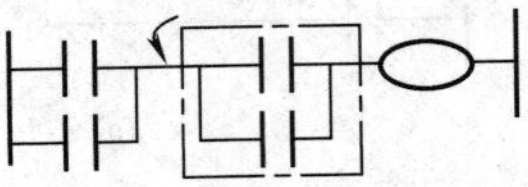	1

ANB指令的用法示例如图5－7、图5－8所示。

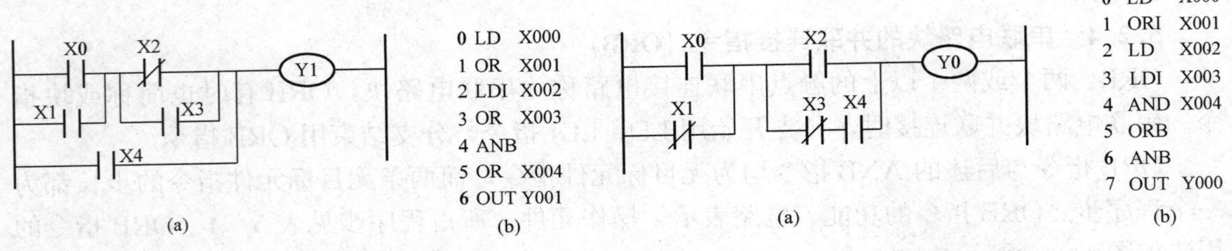

图5－7　ANB指令的用法一
（a）梯形图；（b）指令表

图5－8　ANB指令的用法二
（a）梯形图；（b）指令表

与ORB指令相似，ANB指令原则上可以无限制使用，但考虑到LD、LDI指令只能连续使用8次，因此ANB指令的使用次数也应限制在8次以内。

5.2.6 多重输出指令（MPS、MRD、MPP）

MPS（push）：进栈指令。

MRD（read）：读栈指令。

MPP（pop）：出栈指令。

这三条指令用于多重输出电路，可将连接触点的状态先存储，用于后面的电路。这三条指令均是无操作元件指令，都为一个程序步长。MPS、MRD、MPP指令的功能、电路表示、操作元件、所占程序步见表5－6。

表5－6　**MPS、MRD、MPP指令基本要点**

符号（语句表指令）、名称	功　能	电路（梯形图）表示及操作元件	程序步
MPS（push）	进栈	操作元件：无 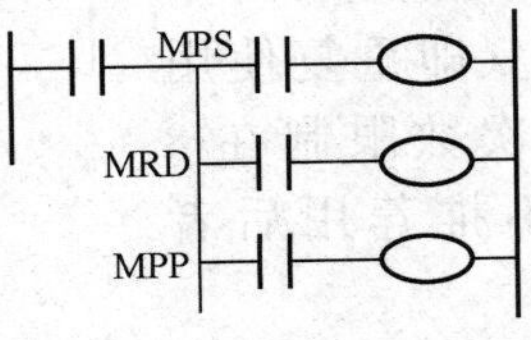	1
MRD（read）	读栈		1
MPP（pop）	出栈		1

FX系列PLC中有11个用来存储中间运算结果的存储区域，称为栈存储器。使用进栈指令MPS时，当时的运算结果压入栈的第一层，栈中原来的数据依次向下一层推移；使用出栈指令MPP时，各层的数据依次向上移动一层，最上一层数据被读出，同时该数据从堆栈内消失。MRD是最上层所存数据的读出专用指令。读出时，栈内数据不发生移动。

MPS和MPP指令必须成对使用，而且连续使用应少于11次。MPS、MRD、MPP指令的使用说明如图5-9～图5-12所示。

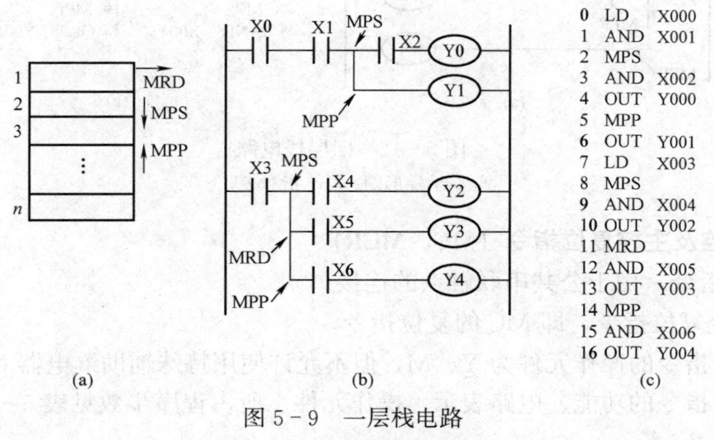

图5-9 一层栈电路

(a) 栈存储器；(b) 多重输出梯形图；(c) 指令表

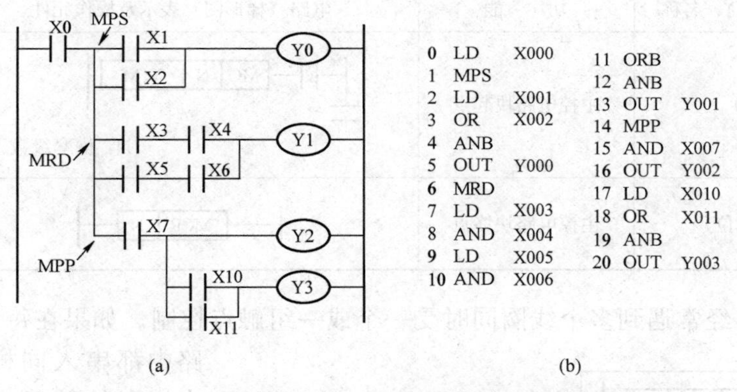

图5-10 一层栈与ANB、ORB指令的配合电路

(a) 梯形图；(b) 指令表

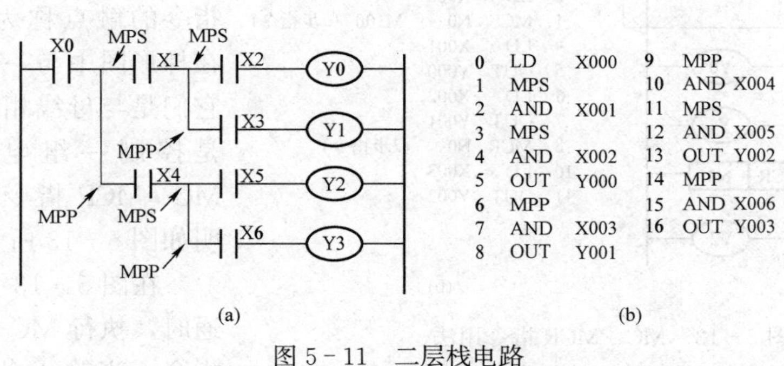

图5-11 二层栈电路

(a) 梯形图；(b) 指令表

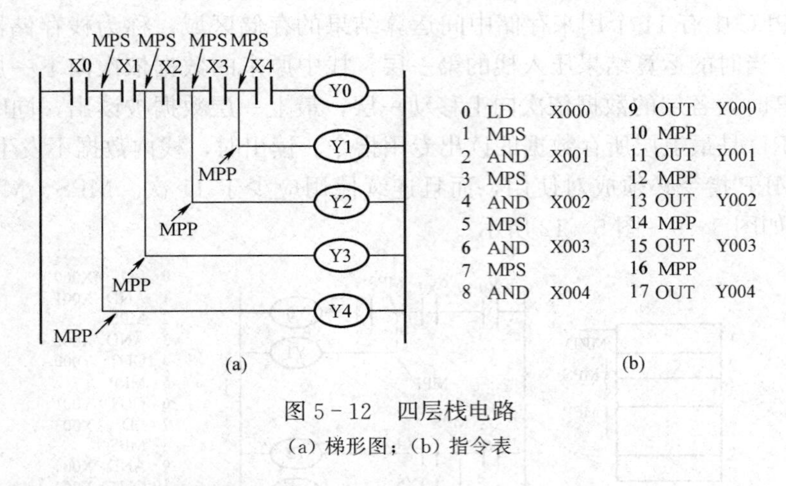

图 5－12　四层栈电路

（a）梯形图；（b）指令表

5.2.7　主控及主控复位指令（MC、MCR）

MC：主控指令，用于公共串联触点的连接。

MCR：主控复位指令，即 MC 的复位指令。

MC、MCR 指令的操作元件为 Y、M，但不允许使用特殊辅助继电器 M。

MC、MCR 指令的功能、电路表示、操作元件、所占程序步数见表 5－7。

表 5－7　　MC、MCR 指令基本要点

符号（语句表指令）、名称	功　能	电路（梯形图）表示及操作元件	程序步
MC（主控）	主控电路块起点	[MC N Y、M]　N：嵌套级数	3
MCR（主控复位）	主控电路块终点	[MCR N]	2

在编程时，经常遇到多个线圈同时受一个或一组触点控制。如果在每个线圈的控制电路中都串入同样的触点，将多占用存储单元，应用主控指令可以解决这一问题。使用主控指令的触点称为主控触点，它在梯形图中与一般的触点垂直。它们是与母线相连的动合触点，是控制一组电路的总开关。MC、MCR 指令用法的使用说明如图 5－13 所示。

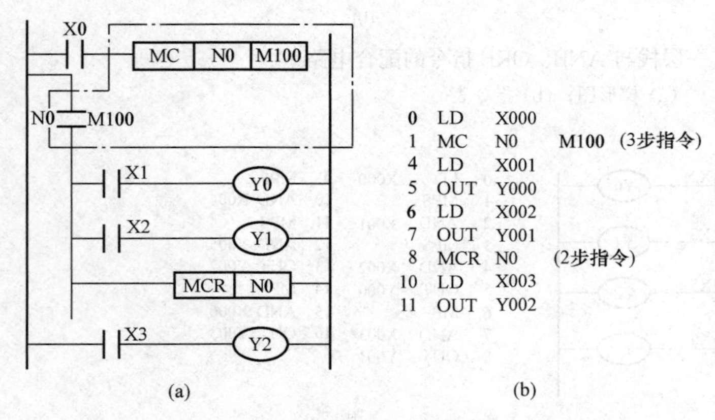

图 5－13　MC、MCR 指令用法

（a）梯形图；（b）指令表

在图 5－13 中，当 X000 接通时，执行 MC 与 MCR 之间的指令。当输入条件断开时，不执行MC与MCR之间的指令。在使用过程中，非积算定时器用OUT指令驱动的元件复位，积算定时器、计数器、用SET/RST指令驱动的元件保持当前的状态。与主控触点相连的触点必须用LD或LDI指令。使用MC指令后，母线移到主控触点的后面，MCR使母线回到原来的位置。MC、MCR必须成对使用。在MC指令内再使用MC指令时，嵌套级N的编号（0～7）顺次增大，返回时用MCR指令，从大的嵌套级开始解除，如图5-14所示的多重嵌套主控指令。

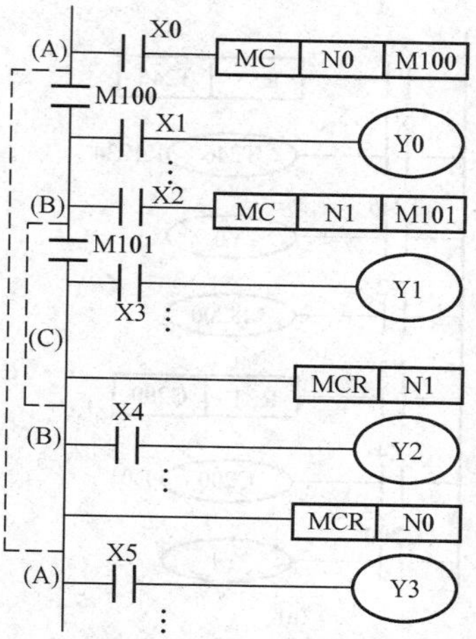

图5-14　多重嵌套主控指令

5.2.8　置位与复位指令（SET、RST）

SET：置位指令，使动作保持。

RST：复位指令，使操作保持复位。

SET指令的操作元件为Y、M、S，RST指令的操作元件为Y、M、S、T、C、D、V、Z。这两条指令是1～3个程序步。SET、RST指令的功能、电路表示、操作元件、所占程序步见表5-8。

表5-8　SET、RST指令基本要点

符号（语句表指令）、名称	功　能	电路（梯形图）表示及操作元件	程序步
SET（置位）	元件自动保持ON	SET　Y、M、S	Y、M：1；S、特M：2
RST（复位）	清除动作保持寄存器清零	RST　Y、M、S、T、C、D、V、Z	Y、M：1；T、C：2；D、V、Z、特D：3

SET、RST指令用法如图5-15所示。由波形图可知，当X0一接通，即使再变成断开，Y0也保持接通，X1接通后，即使再断开，Y0也保持断开。

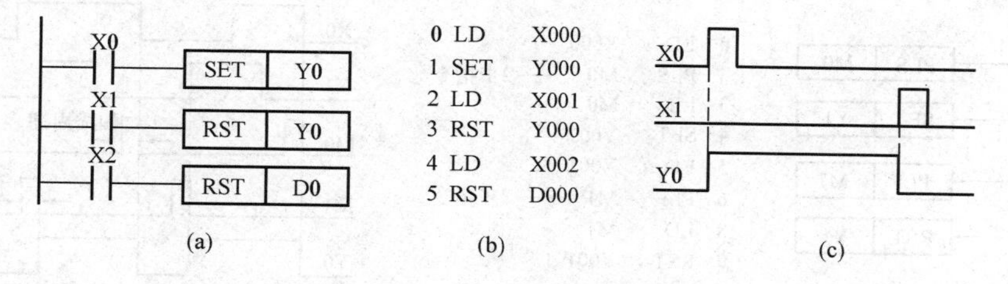

图5-15　SET、RST指令用法

(a)梯形图；(b)指令表；(c)波形图

用RST指令可以对定时器、计数器、数据寄存器、变址寄存器的内存清零。RST复位指令对计数器、定时器的用法如图5-16所示。当X0接通时，输出触点T246复位，定时器的当前值为0。输入X1接通期间，T246接收1ms时钟脉冲并计数，计到1234时Y0就动作。32位计数器C200根据M5200的开、关状态进行递加或递减计数，对X4触点的开关次数计数。输出触点的置位和复位取决于计数方向以及是否达到D1、D0中所存储的设定值。输入X3触通时，输出触点复位，计数器C200当前值清零。

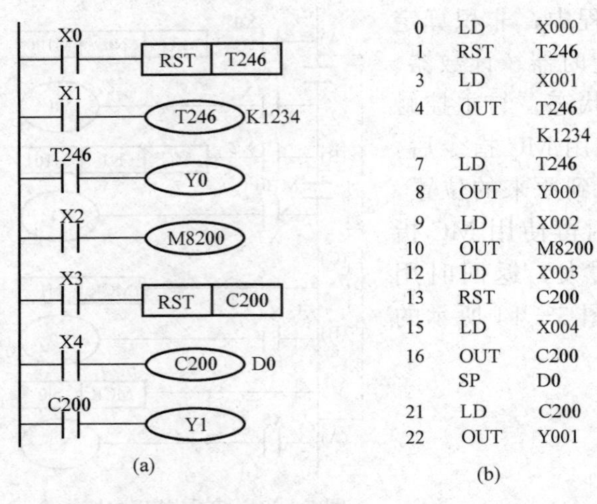

图 5－16 RST 复位指令对计数器、定时器的用法

（a）梯形图；（b）指令表

5.2.9 脉冲输出指令（PLS、PLF）

PLS：上升沿脉冲输出指令。

PLF：下降沿脉冲输出指令。

这两条指令都是 2 程序步，它们的操作元件为 Y、M，但特殊辅助继电器不能作操作元件。

PLS、PLF 指令的功能、电路表示、操作元件、所占程序步见表 5－9。

PLS、PLF 指令用法如图 5－17 所示。使用 PLS 指令，元件 Y、M 仅在驱动输入接通后的一个扫描周期内动作（置 1）。而使用 PLF 指令，元件 Y、M 仅在驱动输入断开后的一个扫描周期内动作。使用这两条指令时，要特别注意操作元件。例如，在驱动输入接通时，PLC 由运行—停机—运行，此时 PLS M0 动作，但 PLS M600（断电保持型辅助继电器）不动作。这是因为 M600 是特殊辅助继电器，即使在断电停机时其动作也能保持。

表 5－9　　PLS、PLF 指令基本要点

符号（语句表指令）、名称	功　能	电路（梯形图）表示及操作元件	程序步
PLS	上升沿脉冲输出	PLS Y、M	2
PLF	下降沿脉冲输出	PLF Y、M	2

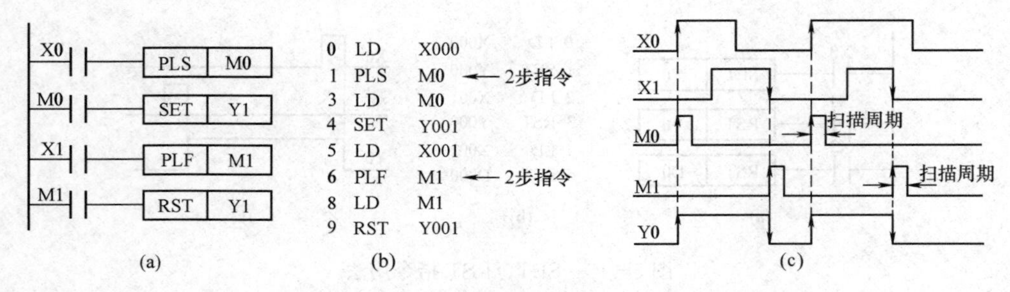

图 5－17 PLS、PLF 指令用法

（a）梯形图；（b）指令表；（c）波形图

5.2.10 空操作指令（NOP）

NOP 指令是一条无动作、无操作元件的一程序步指令。NOP 空操作指令使该步程序作空操作。

NOP 指令的功能、电路表示、操作元件、所占程序步见表 5－10。NOP 指令的用法如图 5－18 所示。用 NOP 指令替代已写入指令，可以改变电路。在程序中加入 NOP 指令，在改动或追加程序时可以减少步序号的改变。

表 5-10 **NOP 指令基本要点**

符号（语句表指令）、名称	功　能	电路（梯形图）表示及操作元件	程序步
NOP（空操作）	无动作	无元件 ├─[NOP]─┤	1

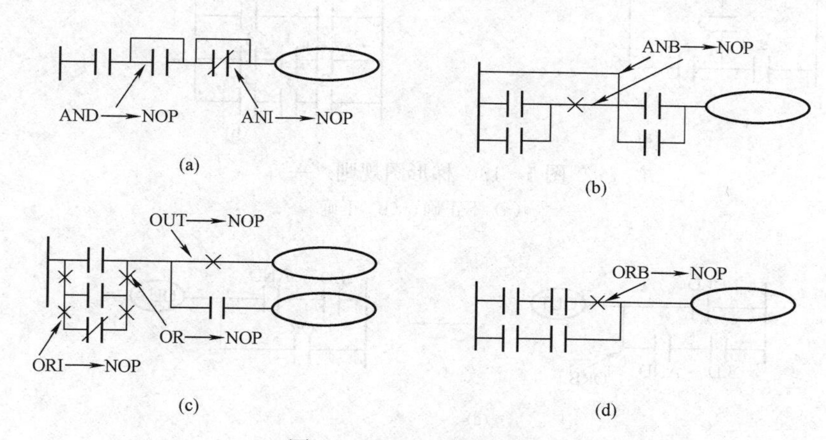

图 5-18 NOP 指令用法

(a) 触点短路；(b) 短路前面全部电路；(c) 电路删除；(d) 前面电路部分删除

5.2.11 程序结束指令（END）

END：程序结束指令，用于结束程序，是无元件编号的独立指令。该程序占 1 个程序步。END 指令的功能、电路表示、操作元件、所占程序步见表 5-11。

表 5-11 **END 指令基本要点**

符号（语句表指令）、名称	功　能	电路（梯形图）表示及操作元件	程序步
END（结束）	结束程序	无元件 ├─[END]─┤	1

PLC 按照输入处理、程序执行、输出处理循环扫描工作，若在程序中写入 END 指令，则 END 以后的程序步就不再执行，直接进行输出处理。在程序调试过程中，按段插入 END 指令，可以顺序扩大对各程序段动作的检查。采用 END 指令将程序划分为若干段，在确认处于前面电路块的动作正确无误之后，依次删去 END 指令。要注意的是在执行 END 指令时，也刷新监视时钟。

5.3 梯形图编程规则

5.3.1 梯形图设计规则

1. 水平不垂直

梯形图的触点应画在水平线上，不能画在垂直分支上，如图 5-19 所示。

2. 多上串右

有串联电路相并联时，应将触点最多的那个串联回路放在梯形图最上面。有并联电路相串联时，应将触点最多的并联回路放在梯形图的最左边。这种安排使得程序简洁、语句也少，如图 5-20 所示。

3. 线圈右边无触点

不能将触点画在线圈右边，只能在触点的右边接线圈，如图 5－21 所示。

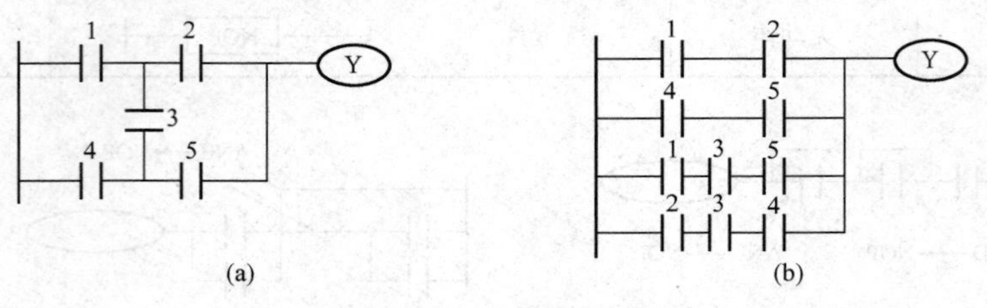

图 5－19　梯形图规则（一）

（a）不正确；（b）正确

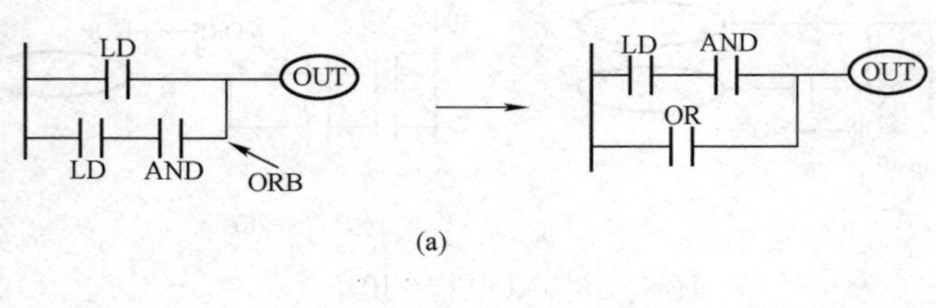

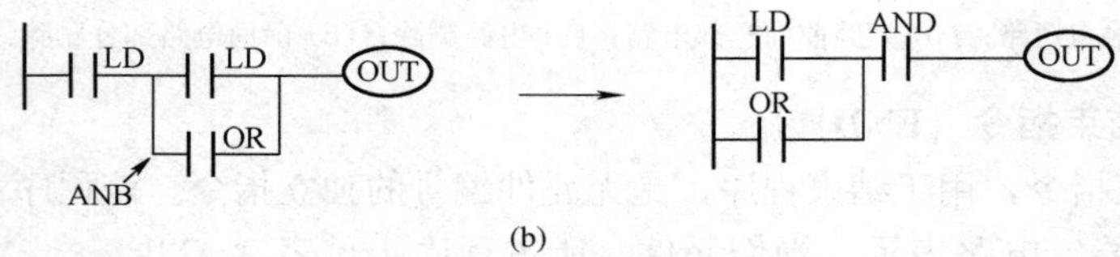

图 5－20　梯形图规则（二）

（a）串联多的电路尽量放在上部；（b）并联多的电路尽量靠近母线

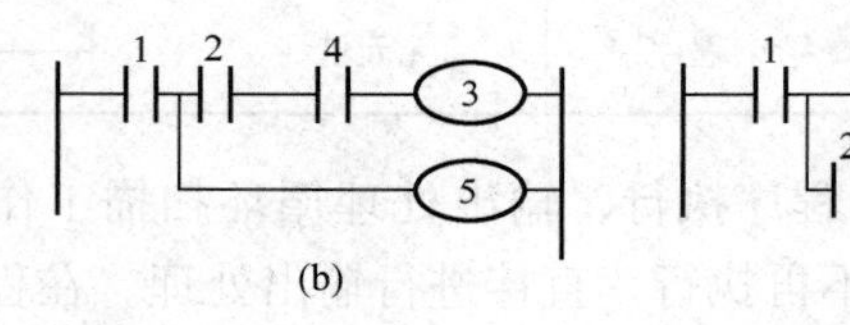

图 5－21　梯形图规则（三）

（a）不正确；（b）正确；（c）最佳

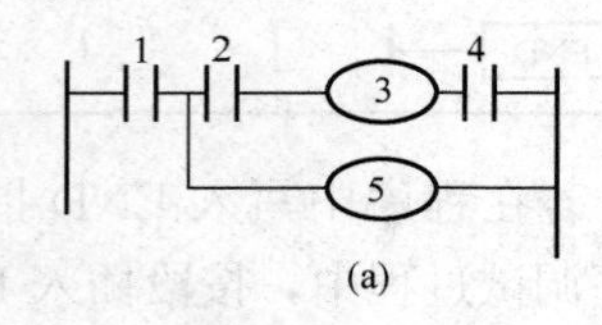

图 5－22　梯形图规则（四）

4. 双线圈输出不可用

如果在同一程序中同一元件的线圈使用两次或多次，则称为双线圈输出，这时前面的输出无效，只有最后一次才有效，如图 5－22 所示。一般不应出现双线圈输出。

5.3.2　输入信号的最高频率问题

输入信号的状态是在 PLC 输入处理时间内被检测的。如果输入信号的 ON 时间或 OFF 时间过窄，有可能检测不到。也就是说，PLC 输入信号的 ON 时间或 OFF 时间，必须比 PLC 的扫描周期长。若考虑输入滤波器的响应延迟为 10ms，扫描周期为 10ms，则输入的 ON 时间或 OFF 时间至少为 20ms。因此，要求输入脉冲的频率低于 1000Hz/(20＋

20)=25Hz。不过，与PLC后述的功能指令结合使用，可以处理较高频率的信号。

5.4 典型编程环节

PLC的应用程序往往是一些典型的控制环节和基本电路的组合。本节介绍一些基本环节的编程，这些环节常作为梯形图的基本单元出现在程序中。

1. 启动、保持、停止电路

启动、保持、停止电路是PLC编程中最基本的电路形式。在编程中利用编程元件自身的动合触点，使线圈持续保持通电即ON状态的功能称为自锁。图5-23所示的启动、保持和停止程序（简称启保停程序）就是典型的具有自锁功能的梯形图，X1为启动信号，X2为停止信号。

图5-23（a）为停止优先程序，即当X1和X2同时接通时，Y0断开。图5-23（b）为启动优先程序，即当X1和X2同时接通时，Y0接通。启保停程序也可以用置位（SET）和复位（RST）指令来实现。在实际应用中，启动信号和停止信号可能由多个触点组成的串、并联电路提供。

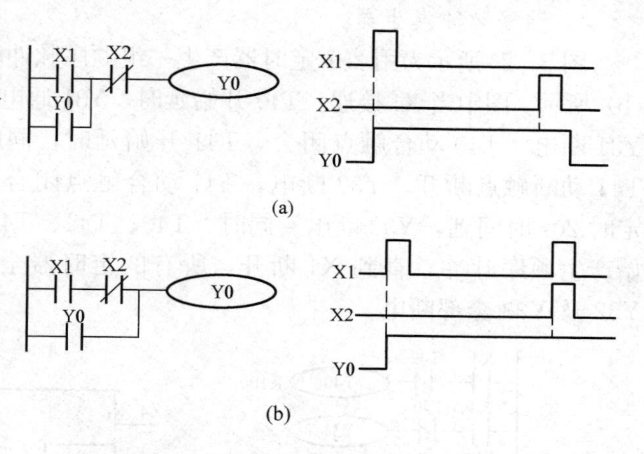

图5-23 启动、保持和停止程序与时序图

（a）停止优先；（b）启动优先

2. 单脉冲程序

单脉冲程序如图5-24所示，功能是从给定信号X0的上升沿开始产生一个脉宽一定的脉冲信号Y1。当X0接通时，M2线圈通电并自锁，M2动合触点闭合，T1开始定时、Y1线圈通电。定时时间2s到，T1动断触点断开，Y1线圈断电。无论输入X0接通的时间长短，输出Y1的脉宽都等于T1的定时时间2s。

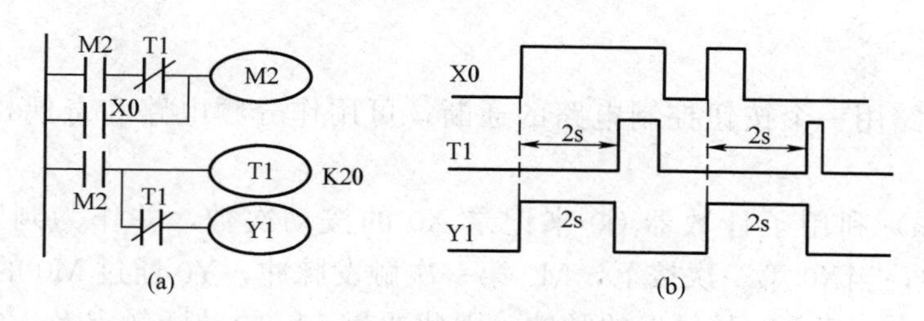

图5-24 单脉冲程序

（a）梯形图；（b）时序图

3. 周期可调的脉冲信号发生器

图5-25所示为采用定时器T0产生一个周期可调节连续脉冲的脉冲信号发生器。当X0动合触点闭合后，第一次扫描到T0动断触点，它是闭合的，则T0线圈通电。经过1s的延时，T0动断触点断开，下一个扫描周期中，当扫描到T0动断触点时，因为它已断开，T0

线圈断电。重复以上动作，T0 的动合触点连续闭合、断开，就产生了脉宽为一个扫描周期、脉冲周期为 1s 的连续脉冲。改变 T0 的设定值，就可改变脉冲周期。

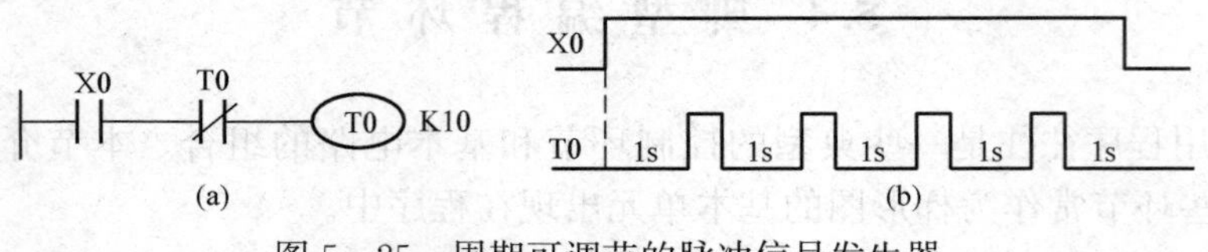

图 5-25 周期可调节的脉冲信号发生器

(a) 梯形图；(b) 动作时序图

4. 顺序脉冲发生器

图 5-26 所示为用 3 个定时器产生一组顺序脉冲的顺序脉冲发生器，脉冲波形如图 5-26 (b) 所示。图中当 X4 接通，T40 开始延时，Y31 通电；定时 10s 时间到，T40 动断触点断开，Y31 断电，T40 动合触点闭合，T41 开始延时，同时 Y32 通电；当 T41 定时 15s 时间到，T41 动断触点断开，Y32 断电，T41 动合触点闭合，T42 开始延时，同时 Y33 通电；T42 定时 20s 时间到，Y33 断电。同时，T40、T41、T42 相继断电。如果 X4 仍接通，则重新开始产生顺序脉冲，直到 X4 断开，所有的定时器全部断电，定时器触点复位，输出 Y31、Y32 及 Y33 全部断电。

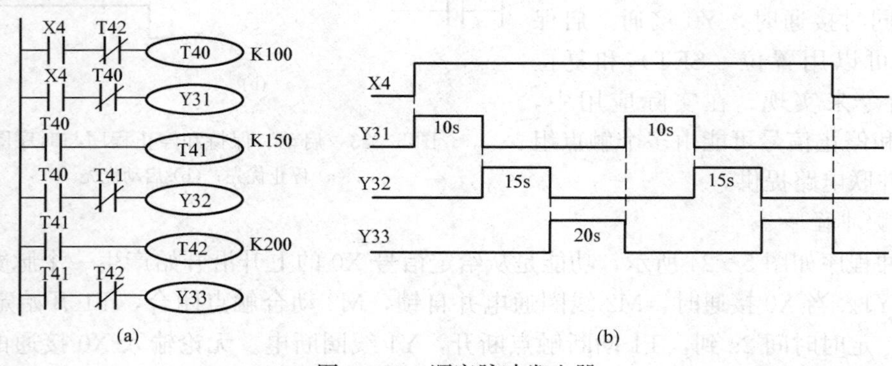

图 5-26 顺序脉冲发生器

(a) 梯形图；(b) 动作时序图

5. 按通按断电路

按通按断电路用一个按钮控制电路的通断，可用作分频电路和奇偶校验电路等，如图 5-27所示。

图 5-27 (a) 利用了计数器 C0 来记录 X0 的按动次数，并作为判断通断的条件；图 5-27 (c) 中，当X0 第一次按下，M0 第一次触发脉冲，Y0 通过 M0 的动合触点及 Y0 的动断触点导通，由于 M0 是触发的脉冲，因此要靠 M0 的动断触点及 Y0 的动合触点来维持置位状态；当 X0 第二次按下，M0 第二次触发脉冲，M0 动断触点断开即断开了 Y0 的自锁条件，Y0 复位并保持。

定时器的延时时间都有一个最大值，例如 100ms 的定时器最大延时时间为 3276.7s。若控制过程中所需要的延时时间大于选定定时器的最大定时值，则需要对定时器进行延时扩展，可采用多个定时器串级使用实现。定时器串级使用时，总的定时时间为各定时器定时时间之和。

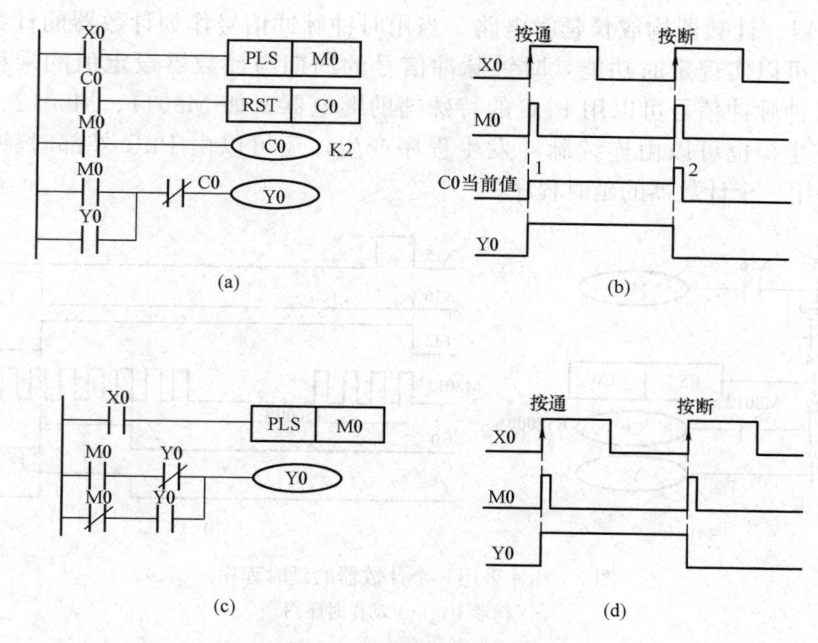

图 5－27　按通按断电路

(a) 梯形图（一）；(b) 时序图（一）；(c) 梯形图（二）；(d) 时序图（二）

6. 长延时电路

一般 PLC 定时器的最长定时时间不超过 1h，但在一些实际应用中，往往需要几个小时甚至几天或更长的定时控制，仅用一个定时器不能完成任务，需要对定时器进行扩展构成长延时电路。扩展的方法通常有两种：一是用多个定时器实现；还可以用定时器与计数器组合实现。

(1) 多定时器构成的长延时电路。图 5－28 所示为定时时间为 1h 的梯形图及时序图，辅助继电器 M1 用于定时启停控制，采用两个 0.1s 的定时器 T14 和 T15 串级使用。当 T14 开始定时后，经 1800s 延时，T14 的动合触点闭合，使 T15 再开始定时，又经 1800s 的延时，T15 的动合触点闭合，Y0 线圈接通。从 X14 接通，到 Y0 输出，其延时时间为 1800s＋1800s＝3600s＝1h。

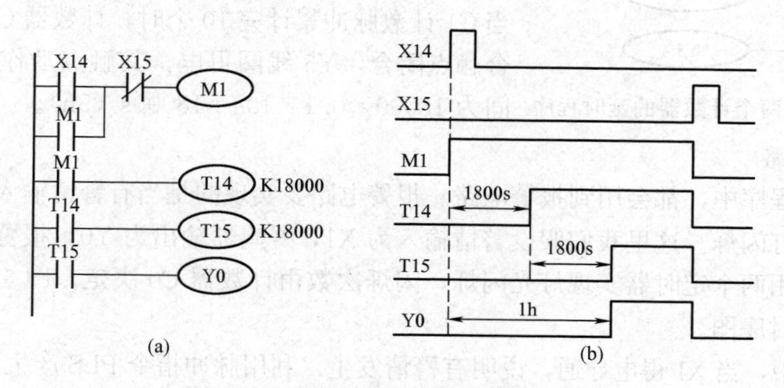

图 5－28　多定时器串级的长延时程序

(a) 梯形图；(b) 时序图

（2）定时器、计数器构成长延时电路。当用时钟脉冲信号作为计数器的计数输入信号时，计数器就可以实现定时功能，时钟脉冲信号的周期与计数器设定值的乘积就是定时时间。其中时钟脉冲信号可以用PLC的特殊辅助继电器（如M8011、M8012、M8013和M8014等）产生，也可以由连续脉冲发生程序产生，还可以由PLC外部时钟电路产生。图5-29是采用一个计数器的延时程序。

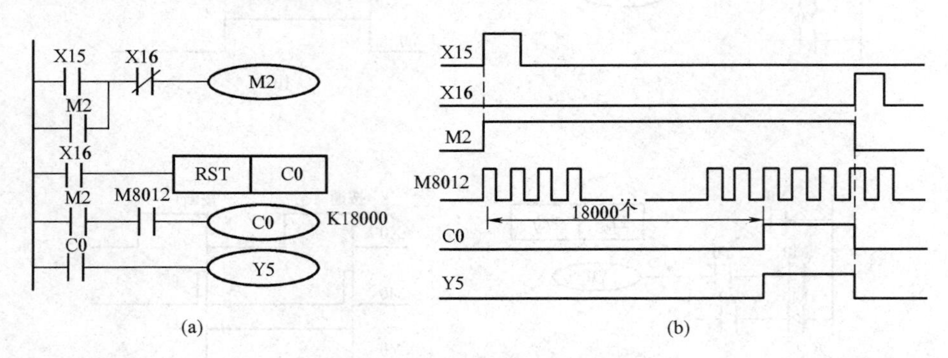

图5-29　采用一个计数器的延时程序

(a) 梯形图；(b) 动作时序图

图5-29中M8012产生周期为0.1s的脉冲信号，当X15闭合时，M2得电并自锁，M8012时钟脉冲加到C0的计数输入端。当C0累计到18000个脉冲时，计数器动作，其动合触点闭合，Y5线圈接通。从X15闭合到Y5动作的延时时间为1800s。

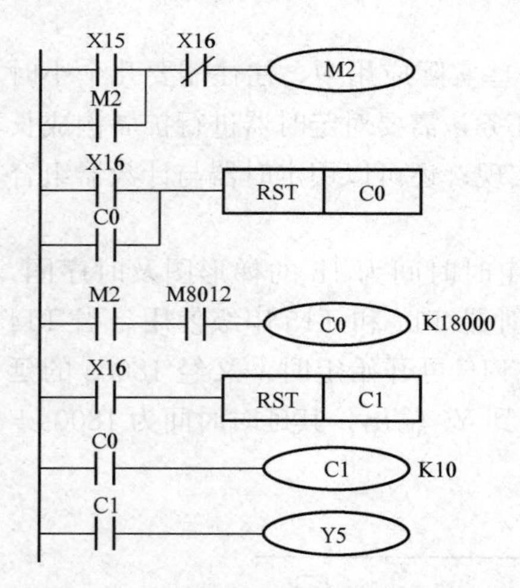

图5-30　应用两个计数器的延时程序

图5-30为应用两个计数器的延时程序。图中C0构成一个30min（1800s）的定时器，由于程序中C0的复位输入端并联了一个C0的动合触点，当C0累计到18000个脉冲即30min时，计数器C0动作，其动合触点闭合，C0复位，C0计数器处于动作态。一个PLC扫描周期后又重新开始计数，使C0输出周期为30min的时钟脉冲。C0的另一个动合触点作为C1的计数输入，当C0动合触点接通一次，C1输入一个计数脉冲，当C1计数脉冲累计完10个时，计数器C1动作，C1动合触点闭合，Y5线圈得电，其触点动作。这样延时时间为18000×0.1×10s=18000s（5h）。

7. 报警电路

在很多的程序中，都会用到报警电路。报警电路要实现的是当有警情输入时，蜂鸣器叫鸣，同时报警灯闪烁。这里我们假设警情输入为X1，蜂鸣器输出为Y0，报警灯输出为Y1。设计思路为利用两个定时器实现灯光闪烁，闪烁次数由计数器C0决定。图5-31为报警电路的梯形图及时序图。

在梯形图中，当X1得电导通，说明有警情发生，利用脉冲指令PLS产生一个脉冲信号，使输出继电器Y1线圈得电并自锁，Y1产生的输出信号使蜂鸣器鸣叫。停止信号是计数器的动断触点，当报警打闪烁15次后，计数器的动断触点断开使Y1线圈失电，Y1的触点复位，报

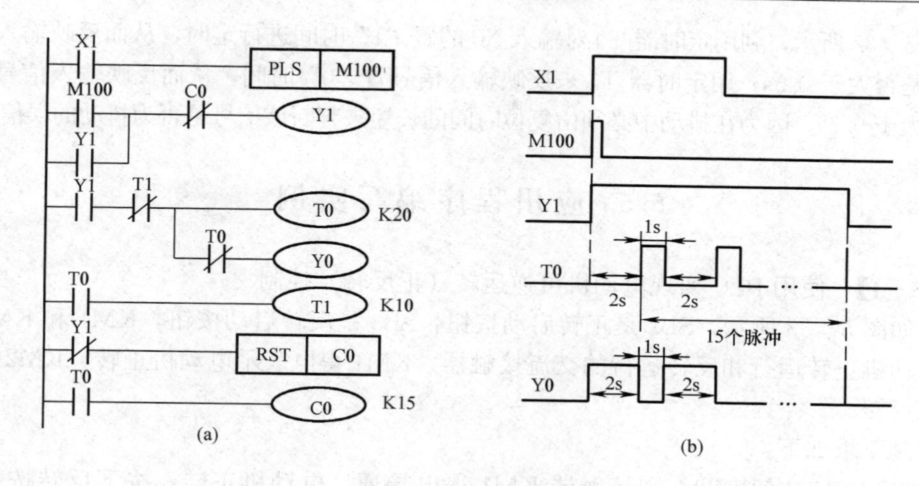

图 5－31　报警电路的梯形图及时序图

(a) 梯形图；(b) 时序图

警电路停止报警。报警灯在蜂鸣器鸣叫的同时闪烁，所以，采用 Y1 的动合触点控制报警灯闪烁。采用定时器 T0 控制报警灯亮的时间，定时器 T1 控制报警灯熄灭时间。采用计数器 C0 进行闪烁次数的控制，用 T0 的动合触点作为计数输入，当闪烁达到设定值 15 次时，C0 动断触点断开，Y1 复位，从而使得 T0、T1 及 Y0 均复位，C0 同时也复位，为下一次工作做准备。

8. 消抖动电路

许多控制系统的输入信号由安装在现场的行程开关、压力继电器、微动开关等提供。当输入信号发生抖动时，对继电—接触器控制系统，由于系统的电磁惯性一般不会导致误动作；在 PLC 控制下，CPU 的扫描周期仅几十毫秒，输入抖动的信号将进入 PLC，极易出错。图 5－32 为一个消除输入信号抖动的电路（简称消抖电路），保证只有当输入信号脉冲 X0 的宽度≥0.5s 时才有效。

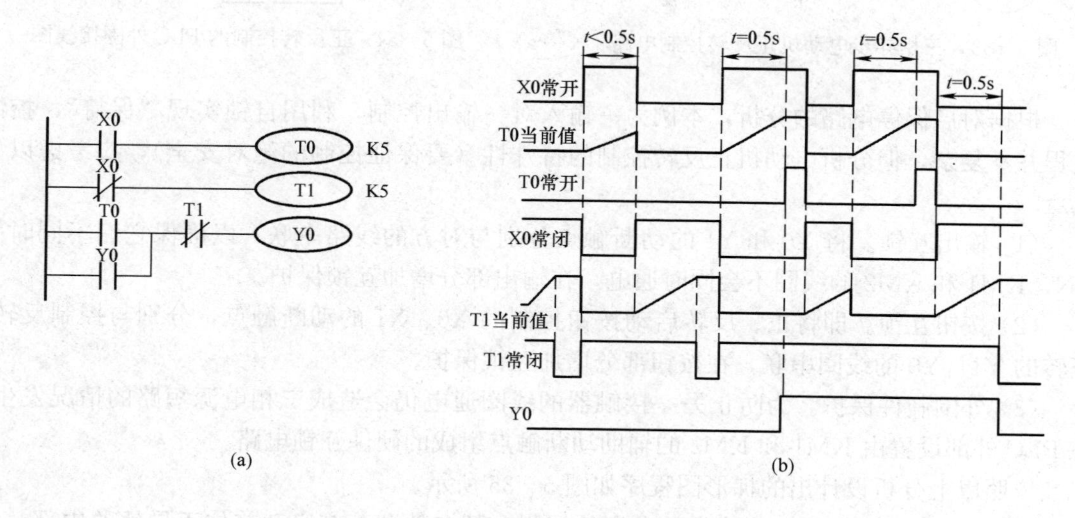

图 5－32　消除输入信号抖动电路

(a) 梯形图；(b) 时序图

如图5－32所示，利用定时器T0对输入X0的置“1”时间进行定时，从而反映输入信号置“1”时间是否大于0.5s；用定时器T1来反映输入信号置“0”时间，从而反映输入信号置“0”时间是否大于0.5s。因为在抖动中必须由复位时间的长短来判断该信号是否为抖动的误信号。

5.5　应用程序编写实例

【例5－1】　使用PLC实现电动机可逆运转（正反转）控制。

解　如图5－33所示，SB2是正转启动按钮，SB3是反转启动按钮，KM1和KM2分别是控制电动机正转运行和反转运行的交流接触器，KM1得电表示电动机正转，KM2得电表示电动机反转。

其控制要求如下：

（1）按下正转按钮SB2，则接触器KM1得电导通，电动机正转；按下反转按钮SB3，则接触器KM2得电导通，电动机反转。

（2）在任何状态下，按下停止按钮SB1，电动机停止运行。

为设计本控制系统的梯形图，先安排输入、输出接口（I/O）地址。正转按钮SB2、反转按钮SB3及停止按钮SB1分别接于X0、X1、X2；接触器KM1、KM2分别与输出端Y0、Y1相接，如图5－34所示。

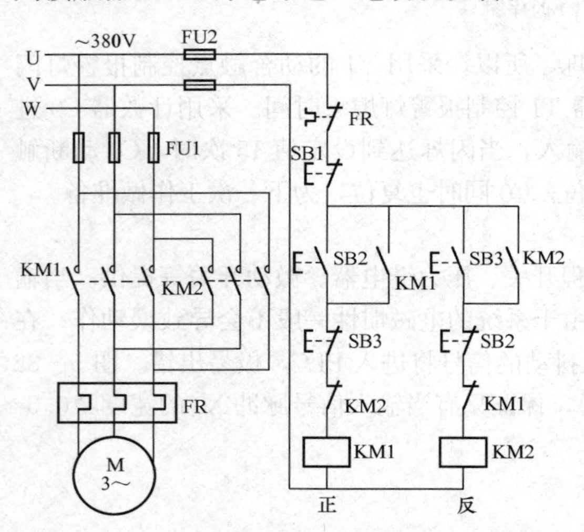

图5－33　三相异步电动机正反转控制电路

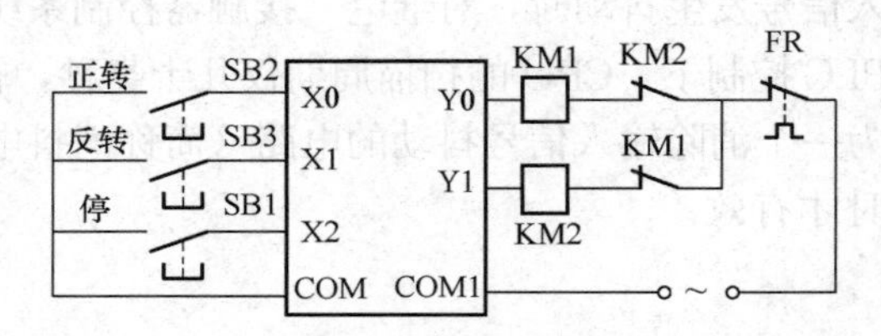

图5－34　正反转控制的PLC外围接线图

根据对启保停电路的分析，本例为一输入对一输出控制，利用自锁实现“保持”，控制过程并不复杂，但分析电动机正反转控制的特殊性（要保证控制的绝对安全），应考虑以下几点。

（1）输出互锁。将Y0和Y1的动断触点分别与对方的线路串联，以确保它们不同时为ON，KM1和KM2的线圈不会同时通电，在输出部分增加互锁保护。

（2）按钮互锁。即将正、反转启动按钮控制的X0、X1的动断触点，分别与控制反转、正转的Y1、Y0的线圈串联，在按钮部分增加互锁保护。

（3）外围硬件保护。为防止另一接触器的线圈通电仍会造成三相电源短路的情况发生，在PLC外部设置由KM1和KM2的辅助动断触点组成的硬件互锁电路。

依照以上分析设计出的梯形图程序如图5－35所示。

【例5－2】　使用PLC完成自动台车的控制。某自动台车在启动前位于导轨的中部，示意图如图5－36所示。

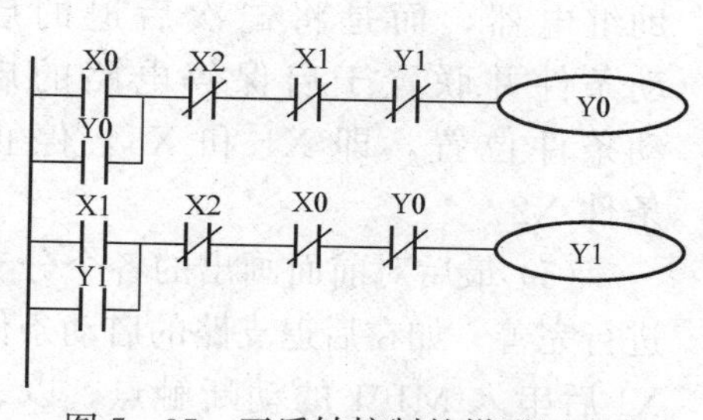

图 5－35 正反转控制的梯形图程序

SB(X0)
启动
前进(Y1)
后退(Y2)
M
SQ2(X2)
SQ1(X1)
SQ3(X3)

图 5－36 自动台车示意图

解 其一个工作周期的控制要求如下：

（1）按下启动按钮 SB，台车的电动机 M 正转，台车前进，碰到限位开关 SQ1 后，台车的电动机 M 反转，台车后退。

（2）台车后退碰到限位开关 SQ2 后，台车的电动机 M 停止，台车停车，停 5s，第二次前进，碰到限位开关 SQ3 后，再次后退。

（3）当后退再次碰到限位开关 SQ2 时，台车停止。

为设计本控制系统的梯形图，先安排 I/O 地址及机内元件。台车由电动机 M 驱动，正转（前进）由 PLC 的输出点 Y1 控制，反转（后退）由 Y2 控制。为解决延时 5s，选用定时器 T0。将启动按钮 SB 及限位开关 SQ1、SQ2、SQ3 分别接于 X0、X1、X2、X3。I/O 地址分配见表 5－12。

表 5－12 **I/O 地址分配表**

输入				输出	
启动按钮 SB	X0	限位开关 SQ1	X1	电动机 M 正转	Y1
限位开关 SQ2	X2	限位开关 SQ3	X3	电动机 M 反转	Y2

根据对启保停电路的分析，梯形图设计的根本目的是找出符合控制要求、以输出为对象的工作条件，本例的输出是代表电动机前进及后退的两个接触器。分析电动机的前进与后退的条件，得出以下几点。

（1）第一次前进。从启动按钮 SB（X0）按下开始至碰到 SQ1（X1）为止。

（2）第二次前进。由 SQ2（X2）接通引起的定时器 T0 延时时间到开始至 SQ3（X3）被接通为止。

（3）第一次后退。从 SQ1（X1）接通时起至 SQ2（X2）被接通止。

（4）第二次后退。从 SQ3（X3）接通时起至 SQ2（X2）被接通止。

梯形图设计可以这样考虑：

（1）画第一次前进的支路。依照启保停电路的基本模式，以启动按钮 X0 为启动条件，限位开关 X1 的动断触点为停止条件，选用辅助继电器 M100 代表第一次前进的中间变量。

（2）画第二次前进的支路。依照启保停电路的基本模式，启动信号是定时器 T0 定时时间到，停止条件是 X3 的动断触点动作。选用辅助继电器 M101 代表第二次前进的中间变量。为了得到 T0 的定时时间到条件，还要将定时器工作条件相关的梯形图画出。

（3）画总的前进梯形图支路。综合中间继电器 M100、M101，得到总的前进梯形图。

（4）画后退梯形图支路。由画二次前进梯形图的经验，后退梯形图中没有使用辅

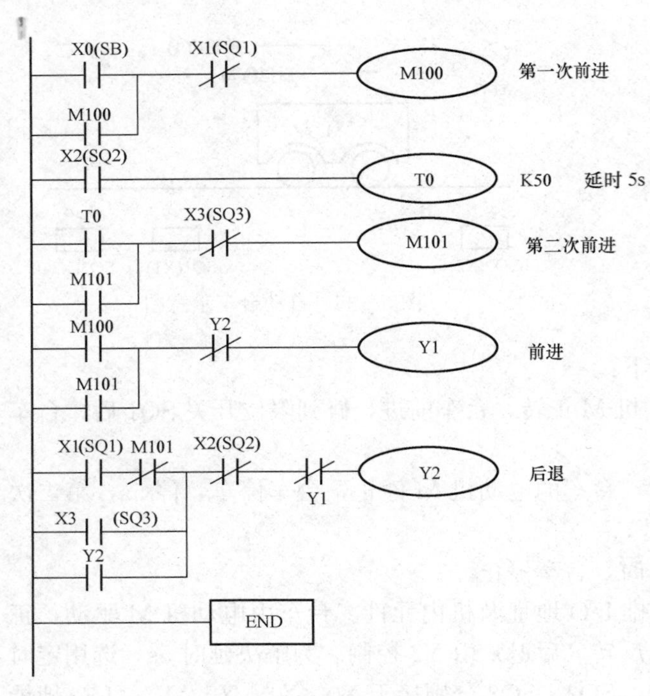

图 5-37　自动台车控制梯形图

助继电器，而是将二次后退的启动条件并联置于启保停电路的启动条件位置，即 X1 和 X3，停止条件 X2。

（5）最后对前面画出的各个分支进行完善。如在后退支路的启动条件 X1 后串入 M101 的动断触点，以表示 X1 条件在第二次前进时无效。针对 Y1、Y2 不能同时工作，在它们的支路中加入互锁触点等。

依照以上步骤设计出的梯形图如图 5-37 所示。

【例 5-3】 使用 PLC 完成交通信号灯的控制。十字路口交通信号灯布置如图 5-38 所示。其一个工作周期的控制要求如下：

（1）信号灯受启动开关控制。当启动开关接通后，信号灯系统开始工作；当启动开关断开时，所有信号灯都熄灭。

（2）南北绿灯和东西绿灯不能同时亮。如果同时亮应关闭信号灯系统，并立即报警。

（3）东西南北红黄绿灯亮灯顺序为：启动开关按下后，南北方向绿灯亮 30s，闪 2s 灭；黄灯亮 2s；红灯亮 34s；绿灯再亮 30s……如此循环；对应南北方向绿黄灯亮时，东西方向红灯亮 34s，接着绿灯亮 30s 后，闪 2s 灭；黄灯亮 2s 后，红灯又亮……如此循环。

解　根据控制要求，先画出交通灯的工作状态波形图，如图 5-39 所示。

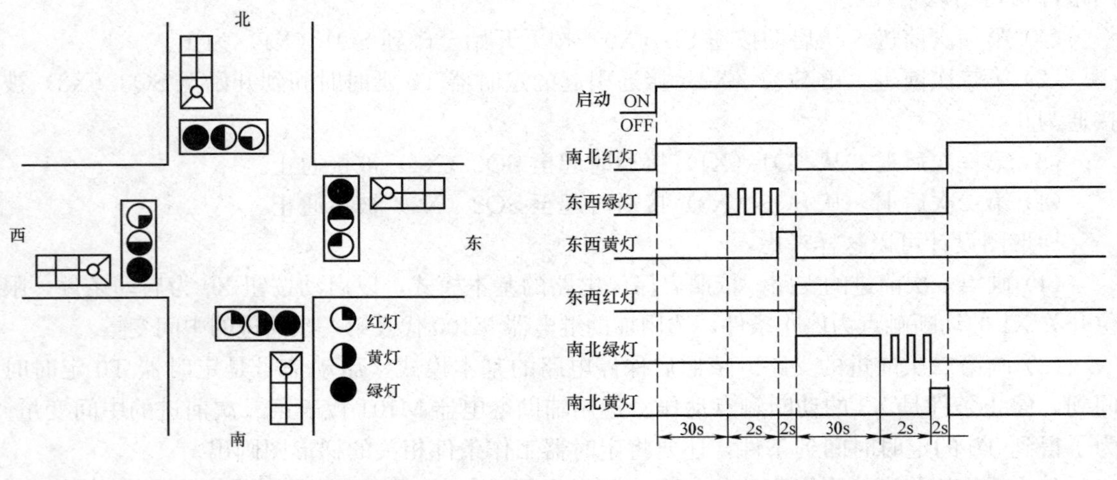

图 5-38　十字路口交通信号灯布置　　　　图 5-39　交通灯工作状态波形图

根据控制任务要求及波形图，分配I/O地址，见表5-13。

表5-13　　**I/O地址分配表**

输　入		输　出							
启动	X0	南北红灯	Y0	南北绿灯	Y2	东西黄灯	Y11	警灯	Y3
		南北黄灯	Y1	东西红灯	Y10	东西绿灯	Y12	—	

根据控制过程可画出如图5-40所示的交通灯控制系统梯形图。

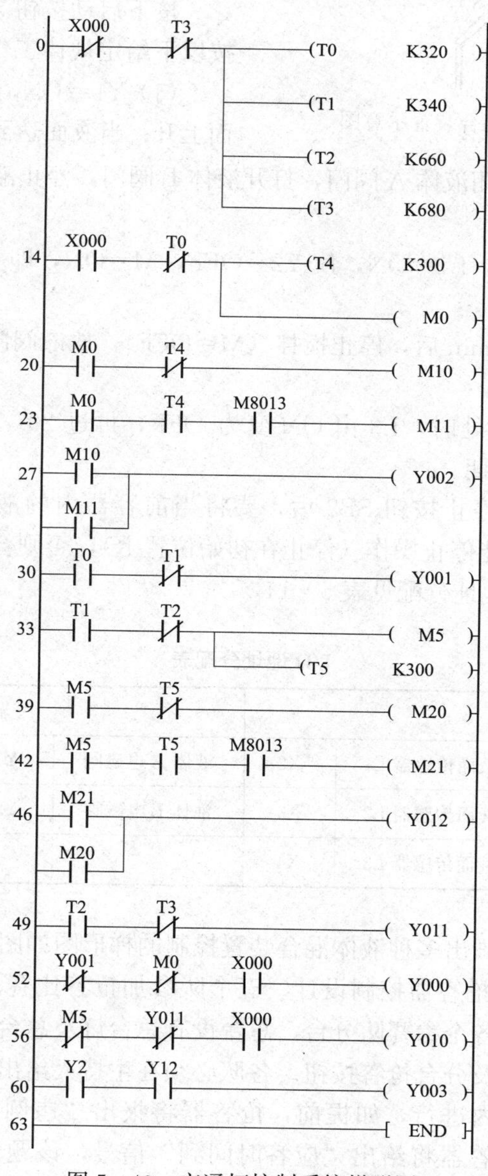

图5-40　交通灯控制系统梯形图

【例5-4】 多种液体混合装置的控制系统。多种液体混合装置示意图如图5-41所示。适合于饮料的生产、酒厂的配液、农药厂的配比等。图中L1、L2、L3为液面传感器，液面

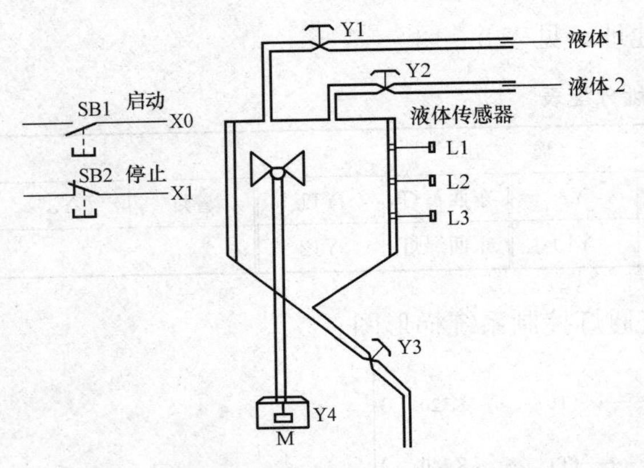

图 5-41 多种液体混合装置示意图

淹没时接通，两种液体的输入和混合液体放液阀由电磁阀 Y1、Y2、Y3 控制，M 为搅拌电动机。

解 其一个工作周期的控制要求如下：

当装置投入运行时，液体 A、液体 B 阀门关闭（Y1＝Y2＝OFF），放液阀门打开 20s 将容器放空后关闭。

按下启动按钮 SB1，液体混合装置开始按以下给定规律工作：

（1）Y1＝ON，液体 A 将流入容器，液面上升；当液面达到 L2 处时，L2＝ON，使 Y1＝OFF，Y2＝ON，即关闭液体 A 阀门，打开液体 B 阀门，停止液体 A 流入，液体 B 开始流入，液面上升。

（2）当液面达到 L1 时，L1＝ON，使 Y2＝OFF，M＝ON，即关闭液体 B 阀门，液体停止流入，开始搅拌。

（3）搅拌电动机工作 1min 后，停止搅拌（M＝OFF），放液阀门打开（Y3＝ON），开始放液体，液面下降。

（4）当液面下降到 L3 处时，L3 由 ON 变为 OFF，再过 20s，容器放空，放液体阀门 Y3 关闭，开始下一循环周期。

在任何条件下，按下停止按钮 SB2 后，要将当前容器内的液体混合工作处理完毕后（当前周期循环结束），才能停止操作（停止在初始位置上），否则会造成浪费。

根据控制要求，I/O 地址分配见表 5-14。

表 5-14 **I/O 地址分配表**

输入				输出			
启动按钮	X0	液面传感器 L1	X2	液体 A 电磁阀	Y1	放液电磁阀	Y3
停止按钮	X1	液面传感器 L2	X3	液体 B 电磁阀	Y2	搅拌电动机	Y4
		液面传感器 L3	X4				

根据控制过程，可以画出多种液体混合装置控制的梯形图如图 5-42 所示。

【例 5-5】 完成五组抢答器控制设计。五个队参加抢答比赛。比赛规则及使用的设备如下：设有主持人总台及各个参赛队分台，总台设有总台灯及总台音响、总台开始及总台复位按钮，分台设有分台灯及分台抢答按钮。各队必须在主持人给出题目，说了“开始”并同时按了开始按钮后的 10s 内进行，如提前，抢答器将报出“违例”信号（违例扣分）。10s 时间到，还没人抢答，抢答器将给出“应答时间到”信号，该题作废。在有人抢答的情况下，抢得的队必须在 30s 内完成答题。如 30s 内没完成，则作答题超时处理。灯光及音响信号的安排如下：音响及某台灯——正常抢答；音响及某台灯加总台灯——违例；音响加总台灯——没人抢答及答题超时。

准备。

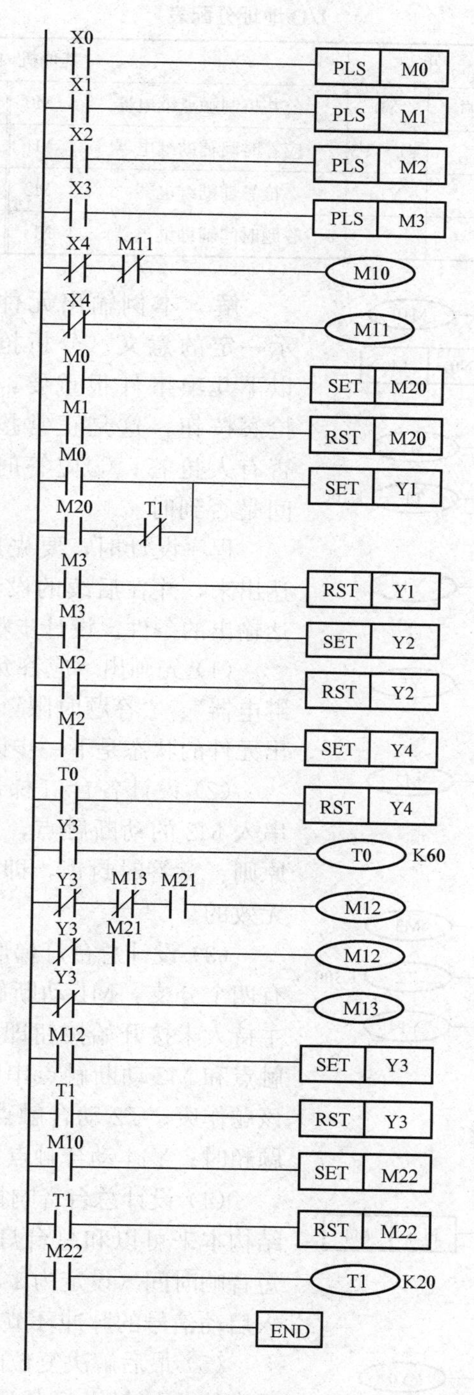

图 5－42　多种液体混合装置控制的梯形图

在一个题目回答后，主持人按下复位按钮，抢答器恢复到原始状态，为第二轮抢答做准备。

根据控制要求，分配 I/O 地址见表 5－15。

表 5－15　　I/O 地址分配表

输　入		输　出		其他机内元件			
总台复位按钮	X0	总台音响	Y0	公共控制触点继电器	M0	应答时限 10s	T1
分台按钮	X1～X5	各台灯	Y1～Y5	应答时间辅助继电器	M1	答题时限 30s	T2
总台开始按钮	X10	总台灯	Y14	抢答辅助继电器	M2	音响时限 1s	T3
				答题时间辅助继电器	M3	音响启动信号继电器	M4

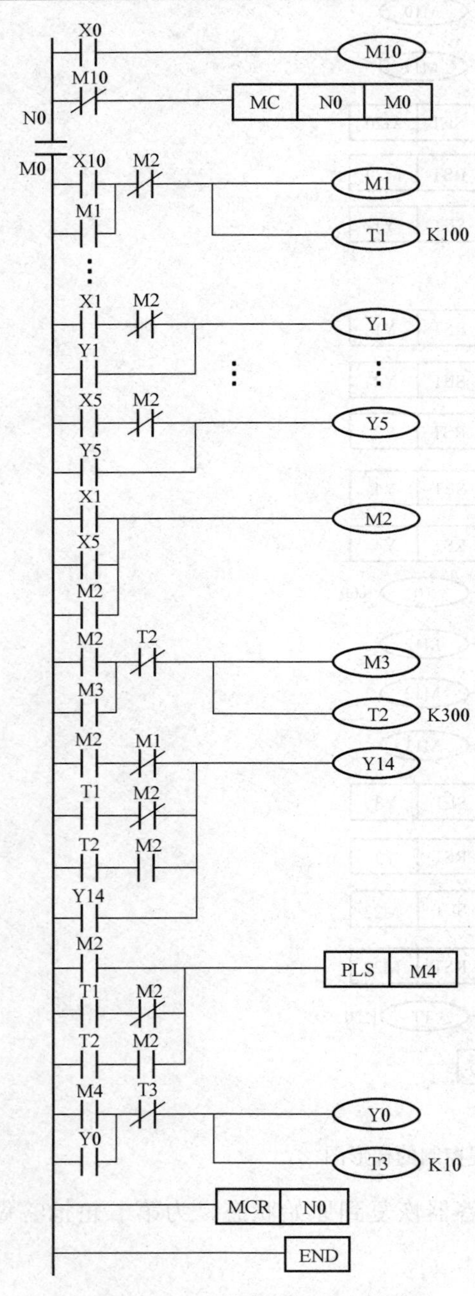

图 5－43　五组抢答器控制的梯形图

解　本例输出元件较多，且需相互配合表示一定的意义。分析抢答器的控制要求，发现以下几项事件很重要：①主持人是否按下开始抢答按钮，这是正常抢答和违例的界线；②是否有人抢答；③应答时间是否到时；④答题时间是否到时。

程序设计时，要先用机内元件将上述事件表达出来，并在后续的设计中用这些元件的状态表达输出的条件。设计步骤如下：

（1）先画出“应答允许”、“应答时限”、“抢答继电器”、“答题时限”等支路，这些支路中的输出元件的状态是下一步设计的基础。

（2）设计各台灯梯形图。各台灯启动条件中串入 M2 的动断触点，体现了抢答器的一个基本原则：竞答时封锁，即在已有人抢答之后按钮是无效的。

（3）设计总台灯梯形图，总台灯的工作条件含有四个分支：M1 动断触点和 M2 动合触点串联：主持人未按开始按钮即有人抢答，违例；T1 动合触点和 M2 动断触点串联：应答时间到无人抢答，该题作废；T2 动合触点和 M2 动合触点串联：答题超时；Y14 动合触点：自保触点。

（4）设计总台音响梯形图。总台音响梯形图的结构本来可以和总台灯梯形图是一样的，为了缩短音响时间（设定为 1s），在音响的输出条件中加入启动信号的脉冲环节。

（5）最后解决复位问题。考虑到主控触点指令具有使主控触点后的所有启—保—停电路输出终止的作用，将主控触点 M0 及相关电路加在已设计好的梯形图前面。

根据控制过程可以画出五组抢答器控制的梯形图如图 5－43 所示。

练习与思考题

5-1　FX系列共有几条基本指令？各条的含义是什么？

5-2　试说明MC、MCR指令的含义和使用方法。

5-3　写出图5-44所示梯形图的指令表程序。

5-4　写出图5-45所示梯形图的指令表程序。

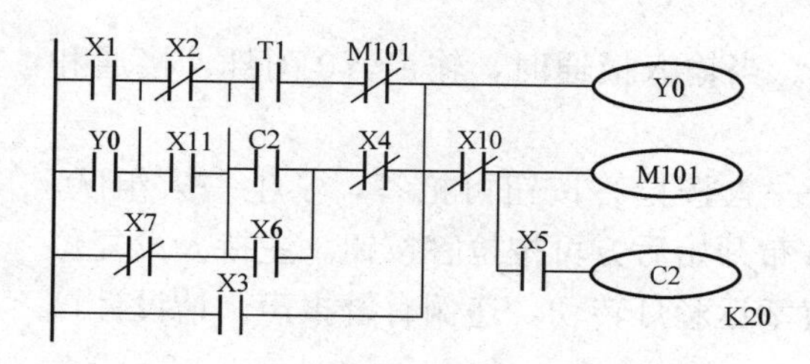

图5-44　题5-3图

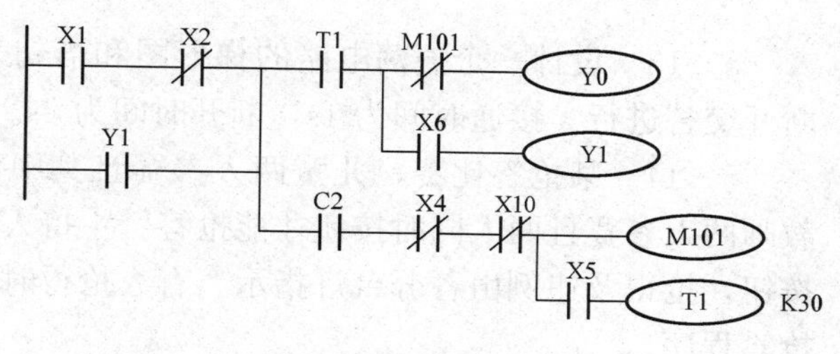

图5-45　题5-4图

5-5　画出图5-46的指令表程序对应的梯形图。

5-6　画出图5-47的指令表程序对应的梯形图。

5-7　画出图5-48中M100和Y0的波形。

5-8　设计出梯形图，满足图5-49的波形图，并写出指令表。

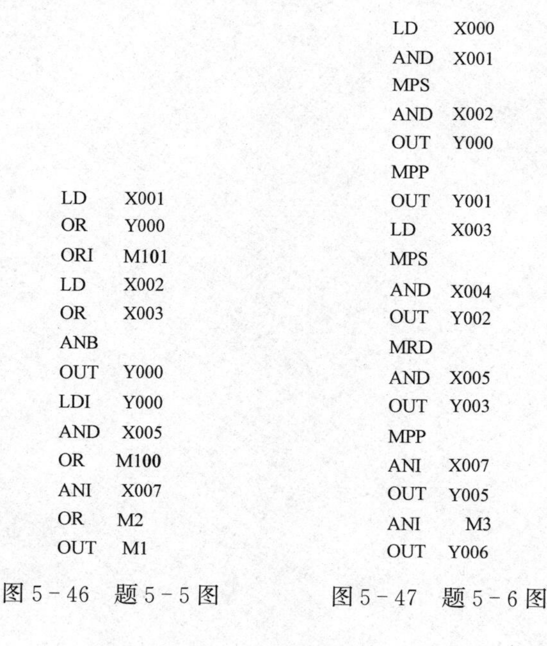

```
LD    X001
OR    Y000
ORI   M101
LD    X002
OR    X003
ANB
OUT   Y000
LDI   Y000
AND   X005
OR    M100
ANI   X007
OR    M2
OUT   M1
```

图5-46　题5-5图

```
LD    X000
AND   X001
MPS
AND   X002
OUT   Y000
MPP
OUT   Y001
LD    X003
MPS
AND   X004
OUT   Y002
MRD
AND   X005
OUT   Y003
MPP
ANI   X007
OUT   Y005
ANI   M3
OUT   Y006
```

图5-47　题5-6图

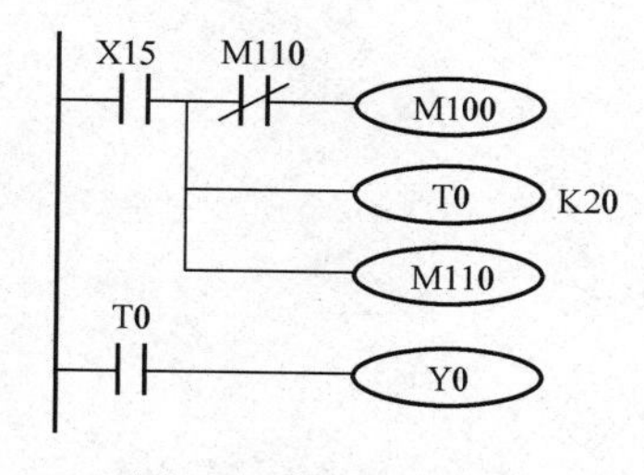

图5-48　题5-7图

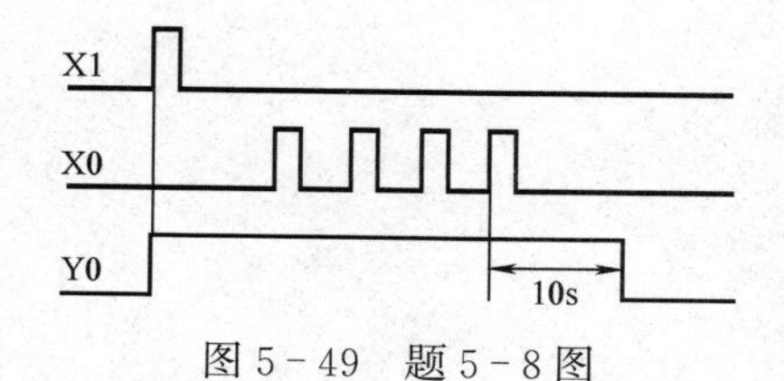

图5-49　题5-8图

5-9　改画图5-50中的梯形图，使对应的指令表程序最短。

5-10　指出图5-51中的错误。

5-11　可编程控制器梯形图编制规则的主要内容是什么？

5-12　试设计一个3h 15min的长延时电路程序。

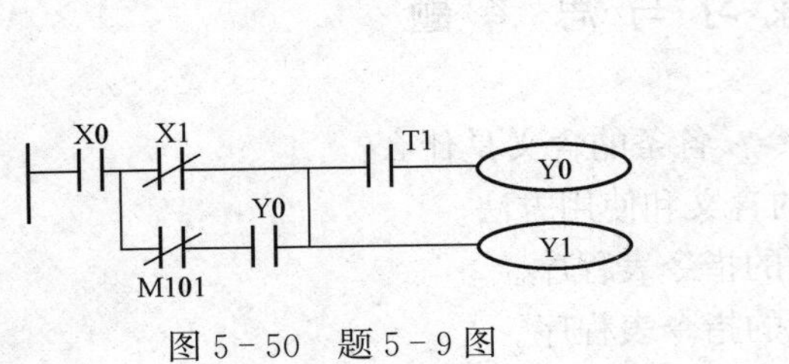

图 5-50 题 5-9 图

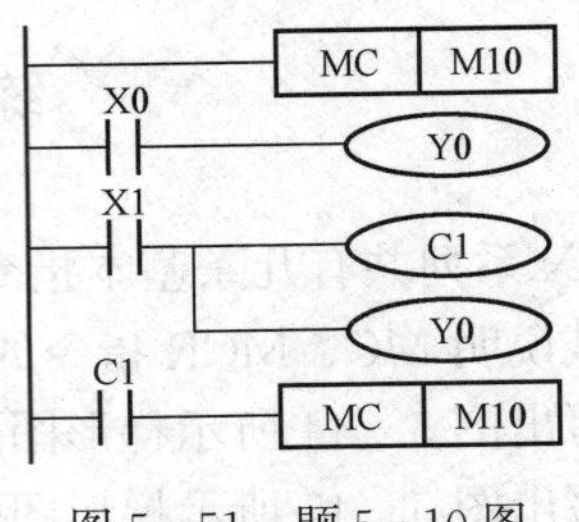

图 5-51 题 5-10 图

5-13 设计一个振荡电路的梯形图和语句表。当输入接通时，输出 Y0 闪烁，接通和断开交替进行。接通时间为 1s，断开时间为 2s。

5-14 某抢答比赛，儿童两人参赛且其中任一人按抢答按钮可抢答，学生一人组队，教师两人参赛且两人同时按钮才能抢答。主持人宣布开始后方可按抢答按钮。主持人设复位按钮，抢得及违例由各分台灯指示。有人抢得时有幸运彩灯转动，违例有警报声。请设计该抢答程序。

6 步进指令

如果一个控制系统可以分解为几个独立的控制动作，且这些动作必须严格按照一定的先后次序执行才能保证生产过程的正常运行，这样的控制系统称为顺序控制系统，也称为步进控制系统。如十字路口交通灯的控制、自动运料小车的控制就属于步进控制系统的范畴。虽然采用梯形图或指令表方式来编程已为广大电气技术人员所接受，但是步进控制程序的编写难度将大大增加。由于各个元件之间的联锁、互动关系极其复杂，画出的梯形图往往达到数百行，通常要由熟练的电气工程师凭借经验才能完成。另外，如果不在梯形图上加注释，程序的可读性也很差。

为了解决这一问题，三菱 PLC 引入了顺序功能图（Sequential Function Chart，SFC）。借助这一先进的编程方法，初学者也能方便地编写出复杂的顺序控制程序，有效解决了经验设计法所存在的问题，在提高设计效率的同时方便了程序的调试、修改和阅读。三菱可编程控制器的基本指令除了第 5 章介绍的基本逻辑指令，还包括 2 条简单的步进顺控指令：STL 和 RET。运用步进顺控指令和大量的状态元件，就可以方便地编写出功能复杂的步进顺控程序。

6.1 顺序功能图

顺序功能图（SFC）又称为状态转移图或功能流程图，它是专用于工业顺序控制程序设计的一种功能说明性语言，可完整地描述控制系统的工作过程、功能和特性，是设计顺序控制程序的有力工具。顺序功能图并不涉及所描述的控制功能的具体技术，而是一种通用的技术语言，可以供进一步设计和不同专业人员之间进行技术交流用。不同品牌的 PLC 所提供的 SFC 语言均符合 IEC 标准，编制的程序易于相互转换。

6.1.1 顺序功能图的组成

顺序功能图主要由步、转换、转换条件和动作组成。

1. 步

顺序控制设计法的基本思想是将系统的一个工作周期划分为若干个顺序相连的阶段，这些阶段称为步（STEP），并用状态元件 S 来表示各步。下面通过一个具体的例子来说明。某组合机床动力头进给运动如图 6-1 所示，动力头有 3 种运动方式：向右快速进给（简称快进）、工作进给（简称工进）、快速退回（简称快退）。动力头的运动由 3 个电磁阀来来控制，分别接在 PLC 的 Y0，Y1，Y2 端口。快进时 Y0，Y1 接通，工进时只有 Y1 接通，快退时只有 Y2 接通。系统在左、中、右 3 个位置分别设置了限位开关 SQ1、SQ2、SQ3，分别接在 PLC 的 X1、X2、X3 端口。初始状态时动力头停在左边，X1 为"ON"状态，按下

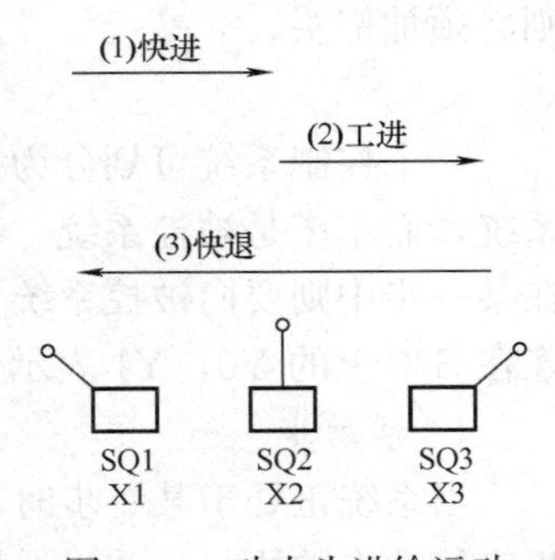

图 6-1 动力头进给运动

启动按钮X0后，动力头快进，碰到限位开关X2后变为工进，碰到X3后，快退，返回初始位置碰到X1后停止运动。系统时序图如图6-2所示。显然，动力头一个工作周期可以分为快进、工进和快退3步，用S20、S21、S22来表示；另外在按下启动按钮之前，系统处于初始步，用S0表示。采用PLC的特殊辅助继电器M8002提供的初始脉冲作为进入初始步的条件。M8002在PLC上电启动后的第一个扫描周期内保持接通，常用于程序的初始设定或初始状态的复位。系统的顺序控制功能如图6-3所示，图中的矩形方框表示步，框内是状态元件的编号，作为步的编号，如S20。初始步用双线框表示，如图中的S0，每一个顺序控制功能图至少应有一个初始步，初始步可以没有具体要完成的动作。

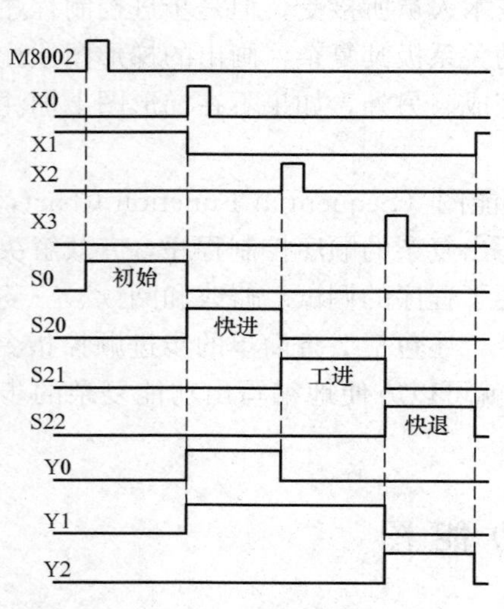

图6-2 系统时序

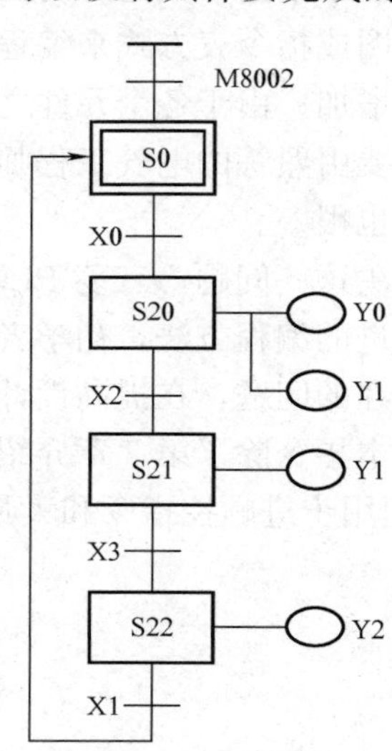

图6-3 系统顺序控制功能

FX系列PLC状态元件为S0～S999，共有1000个，其中S0～S9共10个为初始状态器，是顺序功能图中的起始状态；S10～S19共10个点，为返回原点状态；S20～S499共480个为通用型状态器；S500～S899共400个点，为掉电保持状态器；S900～S999共100个点，为报警用状态器。各状态元件为软元件，其动合触点和动断触点在程序中可自由使用，次数不受限制。

2. 转换、转换条件

步与步之间的垂直连线表示转换，线上为编程元件的动合触点或动断触点，表示从上一步转入下一步的条件，条件满足PLC才执行下一步的操作。正常顺序时可以省略箭头，否则必须加箭头。

3. 动作

一个控制系统可划分为被控系统和施控系统。例如在数控车床系统中，数控装置是施控系统，而车床是被控系统。对于被控系统，在某一步中要完成某些“动作”；对于施控系统，在某一步中则要向被控系统发出某些“命令”。这里的动作或命令统称为动作。图6-3中，连在S20上的Y0，Y1表示这一步的动作就是Y0，Y1线圈输出为“ON”。

4. 活动步

当系统正处于某一步时，该步处于活动状态，称该步为“活动步”。步处于活动状态时，相应的动作被执行。若为保持型动作则该步不活动时继续执行该动作，若为非保持型动作则该步不活动时，动作也停止执行。

6.1.2 顺序功能图的基本结构

根据步与步之间进展的不同情况，顺序功能图有以下几种结构。

1. 单序列

单序列由一系列相继激活的步组成，每一步的后面仅接一个转换，每一个转换的后面只有一个步，如图 6-4 所示。

2. 选择序列

一个活动步之后，紧接着有几个后续步可供选择的结构形式称为选择序列，其有向连线的水平部分用单线表示，如图 6-5 所示。选择序列的开始称为分支，各个分支都有各自的转换条件，转换条件只能标在水平连线之下。在图 6-5 中，如果 S20 是活动的，并且转换条件 X1 满足，则状态由 S20 过渡到 S21；如果 S20 是活动的，并且转换条件 X4 满足，则状态由 S20 过渡到 S23。在某一时刻只允许选择一个序列。

选择序列的结束称为合并。在图 6-5 中，如果 S22 是活动步，并且转换条件 X3 满足，则状态由 S22 过渡到 S27；如果 S24 是活动步，并且转换条件 X6 满足，则状态由 S24 过渡到 S27。

3. 并行序列

当转换的实现导致几个序列同时激活时，这些序列称为并行序列，如图 6-6 所示。若 S20 是活动步，并且转换条件 X1 满足，则 S21、S23、S25 同时变为活动步，同时 S20 变为不活动步。为了强调转换的同步实现，其有向连线的水平部分用双线表示。步 S21、S23、S25 被同时激活后，每个序列中活动步的进展将是独立的。并行序列开始时，在表示同步的水平双线之上，只允许有一个转换符号。

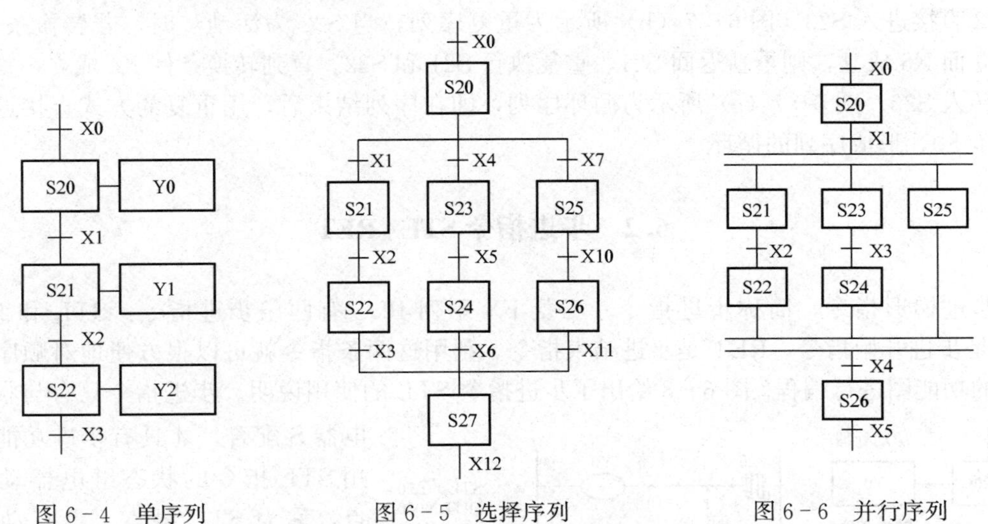

图 6-4 单序列　　图 6-5 选择序列　　图 6-6 并行序列

并行序列的结束也称为合并，合并时在表示同步的水平双线之下，只允许有一个转换符号。在图 6-6 中，当直接连在双线上的所有前级步 S22、S24、S25 都处于活动状态，并且转换条件 X4 满足时，才会发生从 S22、S24、S25 到 S26 的进展，此时 S22、S24、S25 同时变为不活动步，而 S26 变为活动步。当 PLC 控制系统中有几个独立部分同时工作时，适合采用并行序列进行编程。

4. 跳步、重复和循环序列

在实际系统中经常使用跳步、重复和循环序列，如图 6－7 所示。这些序列实际上都是选择序列的特殊形式。

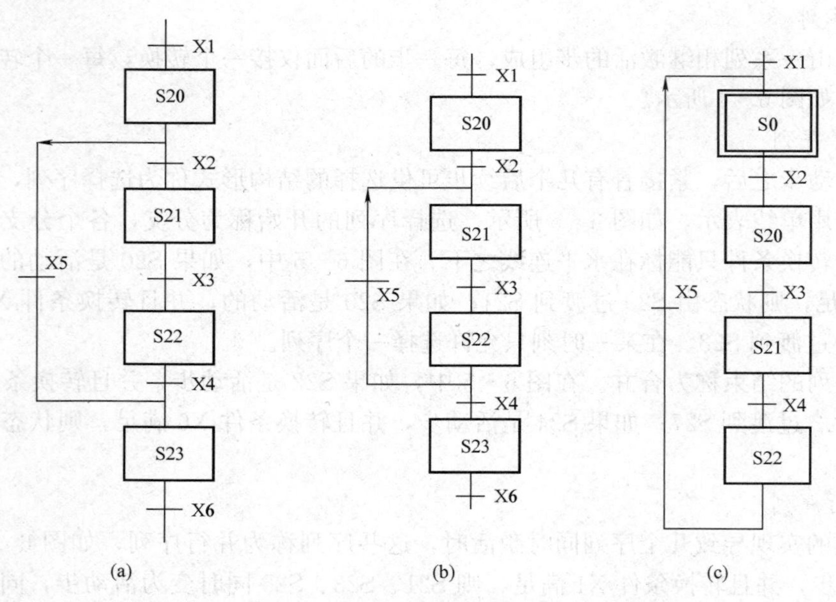

图 6－7 跳步、重复和循环序列
(a) 跳步序列；(b) 重复序列；(c) 循环序列

图 6－7（a）所示为跳步序列，当 S20 为活动步时，若转换条件 X5 成立，则跳过 S21 和 S22 直接进入 S23。图 6－7（b）所示为重复序列，当 S22 为活动步时，若转换条件 X4 不成立而 X5 成立，则重新返回 S21，重复执行 S21 和 S22。直到转换条件 X4 成立，重复结束，转入 S23。图 6－7（c）所示为循环序列，即在序列结束后，用重复的方式直接返回到初始步 S0，形成序列的循环。

6.2 步进指令 STL/ RET

步进梯形指令，简称步进指令。三菱 FX 系列 PLC 有两条步进指令：STL 和 RET，STL 是步进开始指令，RET 是步进结束指令。利用这两条指令就可以很方便地对顺序控制系统的功能图进行编程。图 6－8 给出了步进指令 STL 的使用说明。步进指令只有与状态继电器 S 配合，才具有步进功能。使用 STL 指令的状态继电器动合触点，称为 STL 触点，没有动断的 STL 触点。顺序功能图与梯形图有严格的对应关系，每个状态器有三个功能：驱动有关负载、指定转换条件和指定转换目标。

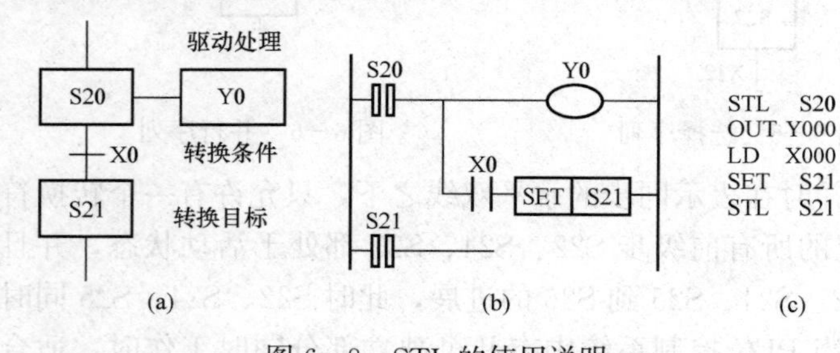

图 6－8 STL 的使用说明
(a) 顺序功能图；(b) 梯形图；(c) 指令表

STL 触点与左母线连接，与

STL 相连的起始触点要使用 LD 或 LDI 指令。使用 STL 指令使新的状态置位，前一状态自动复位。STL 触点接通后，与此相连的电路被执行，当 STL 触点断开时，与此相连的电路停止执行。

在图 6－8 中，当 S20 为活动步时，S20 的 STL 触点接通，负载 Y0 接通。当转换条件 X0 成立时，下一步 S21 将被置位，同时 PLC 自动将 S20 断开（复位），Y0 也断开。注意同一状态继电器的 STL 触点只能使用一次（并行序列的合并除外）。梯形图中同一元件的线圈可以被不同的 STL 触点驱动，即使用 STL 指令时，允许双线圈输出。使用 STL 指令后，LD 指令移至 STL 触点的右侧，一直到出现下一条 STL 指令或者出现 RET 指令为止。RET 指令在一系列的 STL 指令最后编写，执行 RET 指令意味着步进梯形图的结束，使用 LD 指令返回母线。RET 指令可多次使用。若在 STL 指令的最后没有编写 RET 指令，则程序会出错，PLC 不能运行。RET 指令使用说明如图 6－9 所示。

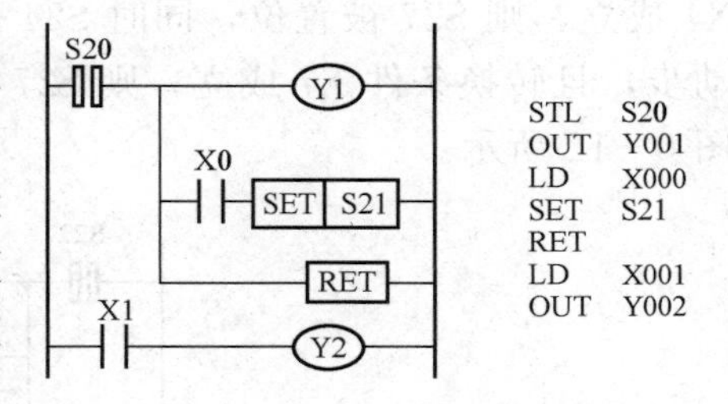

图 6－9 RET 指令使用说明

6.3 顺序功能图的编程

顺序功能图的编程就是将顺序功能图转换成梯形图，再写出指令表。下面通过 3 个例子来说明单序列、选择序列、并行序列的编程方法。

6.3.1 单序列顺序功能图的编程

图 6－10 给出了单序列顺序功能图转换为梯形图和指令表的编程方法。PLC 由停止→启动运行切换瞬间使 M8002 接通，初始状态器 S0 置 1，编程时必须将初始状态器放在其他状态之前。倒数第三行语句“SET S0”可用“OUT S0”来代替。

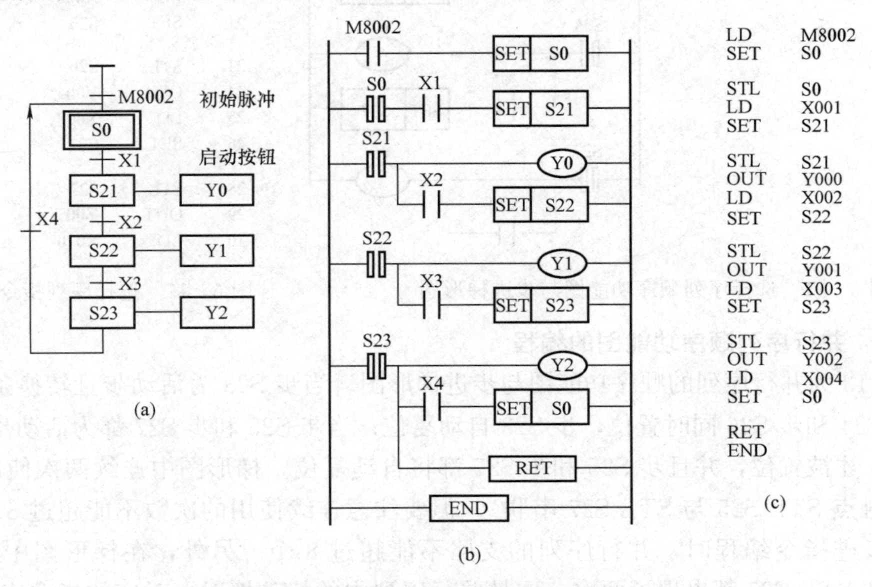

图 6－10 单序列顺序功能图的编程方法

(a) 顺序功能图；(b) 梯形图；(c) 指令表

6.3.2　选择序列顺序功能图的编程

图 6－11 为选择序列顺序功能图与步进梯形图。功能图中 X2 和 X5 为选择条件，当步 S22 为活动步时，且转换条件 X2 成立，则步 S23 被置位，将执行步 S23 起始的步进过程，同时步 S22 将自动复位；当步 S22 为活动步时，且转换条件 X5 成立，则步 S25 被置位，将执行步 S25 起始的步进过程，同时步 S22 将自动复位。步 S27 由步 S24 或步 S26 及相应的转换条件进行置位。如果程序执行的是左边分支，当 S24 为活动步，且转换条件 X4 成立，则 S27 被置位，同时 S24 被复位。如果程序执行的是右边分支，当 S26 为活动步，且转换条件 X7 成立，则 S27 被置位，同时 S24 被复位。对应的指令程序清单如图 6－12 所示。

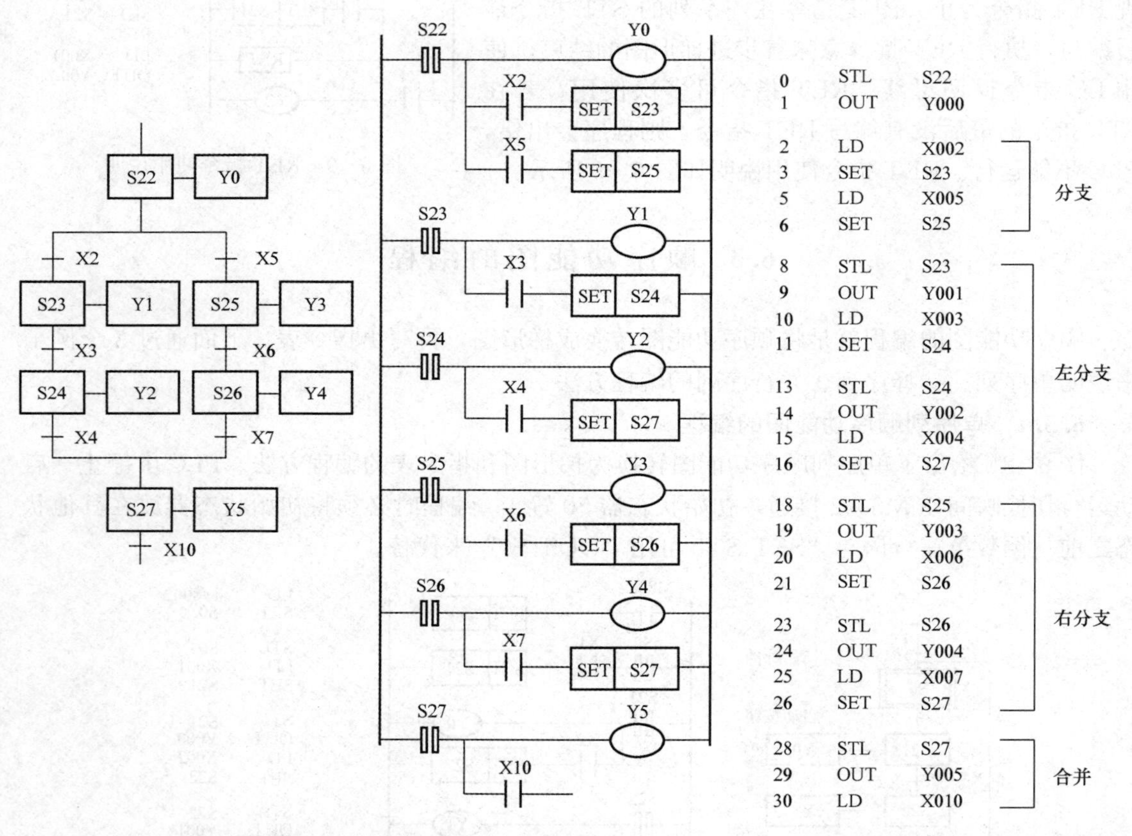

图 6－11　选择序列顺序功能图与步进梯形图　　　图 6－12　选择序列指令程序清单

6.3.3　并行序列顺序功能图的编程

图 6－13 为并行序列的顺序功能图与步进梯形图。当步 S23 为活动步且转换条件 X1 接通，则步 S24 和步 S26 同时置位，步 S23 自动复位；当步 S25 和步 S27 都为活动步且 X4 接通，步 S28 才被置位，并且步 S25 和步 S27 都将自动复位。梯形图中连续两次使用 STL 指令（步进触点 STL S25 与 STL S27 串联），但要注意连续使用的次数不能超过 8 次，也就是说采用步进指令编程时，并行序列的支路不能超过 8 个。另外，在梯形图中步进触点 STL S25 和 STL S27 都出现了两次，这是并行序列中的特殊情况。对应的指令表程序清单如图 6－14 所示。

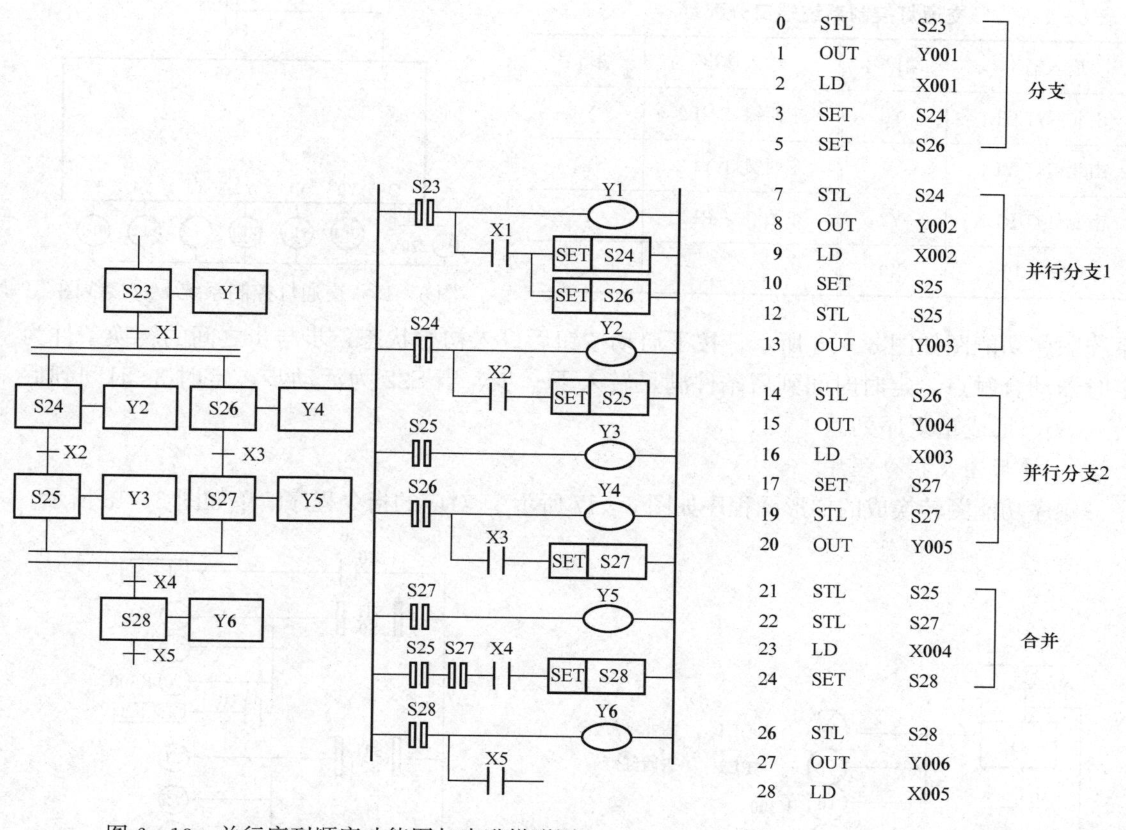

0	STL	S23	分支
1	OUT	Y001	
2	LD	X001	
3	SET	S24	
5	SET	S26	
7	STL	S24	并行分支1
8	OUT	Y002	
9	LD	X002	
10	SET	S25	
12	STL	S25	
13	OUT	Y003	
14	STL	S26	并行分支2
15	OUT	Y004	
16	LD	X003	
17	SET	S27	
19	STL	S27	
20	OUT	Y005	
21	STL	S25	合并
22	STL	S27	
23	LD	X004	
24	SET	S28	
26	STL	S28	
27	OUT	Y006	
28	LD	X005	

图 6－13　并行序列顺序功能图与步进梯形图

图 6－14　并行序列指令表程序清单

6.4　步进指令的应用

6.4.1　交通灯控制

1. 控制要求

在路口的南北方向、东西方向各设置 3 个信号灯：红灯、黄灯、绿灯。系统设有一个启动按钮，上电后按下启动按钮，交通灯系统开始工作。首先南北方向绿灯亮，东西方向红灯亮，并持续 30s。30s 后，南北方向黄灯亮，3s 后南北方向红灯亮，东西方向绿灯亮，并持续 30s。30s 后，东西黄灯亮，3s 后东西红灯亮，南北绿灯亮。按此规律周而复始地运行。

2. 系统端口分配及接线

该交通灯控制系统设置一个启动按钮，需要占用 1 个输入端口和 6 输出端口。端口分配见表 6－1，系统 I/O 接线图如图 6－15 所示。实际上，每个方向均有 3 个信号灯，为了节省端口将同一方向上的两个信号灯串联起来。如图中的 GL1 表示南北方向的两个绿灯串联。系统的启动按钮 PB_{ON} 可以省略，用 PLC 启动时的初始脉冲 M8002 代替，这样系统在停电后重新启动时可直接进入运行状态。

3. 系统顺序功能图

经分析发现系统红、黄、绿灯呈现的状态只有四种，分别用 S0、S20、S21、S22 表示，

表 6-1 交通灯控制系统端口分配

输入输出	端口号	输入输出	端口号
南北绿灯 GL1	Y0	东西绿灯 GL2	Y3
南北黄灯 YL1	Y1	东西黄灯 YL2	Y4
南北红灯 RL1	Y2	东西红灯 RL2	Y5
启动按钮 PB_{ON}	X0		

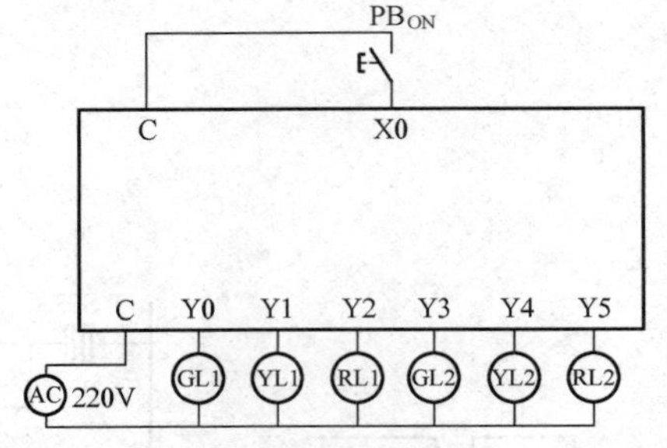

图 6-15 交通灯控制系统 I/O 接线图

系统顺序功能图如图 6-16 所示。按下启动按钮后进入初始状态，步与步之间的转换条件为定时器动合触点，定时时间到后条件满足转入下一步。当 S22 为活动步，定时 3s 时间到后转入 S0，形成重复序列。

4. 梯形图及指令程序

顺序功能图转换成的梯形图程序如图 6-17 所示，对应的指令程序清单如图 6-18 所示。

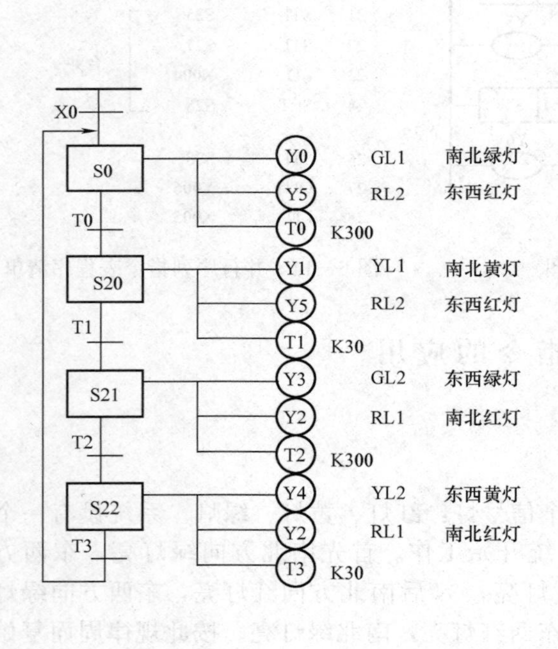

图 6-16 交通灯控制系统顺序功能图

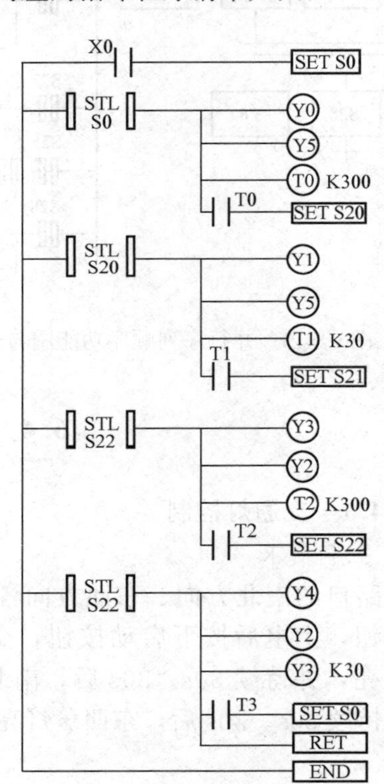

图 6-17 交通灯控制系统梯形图程序

6.4.2 洗车过程控制

1. 控制要求

洗车要经过泡沫清洗、清水洗净和风干三个步骤。洗车过程示意图如图 6-19 所示。系统具有自动和手动两种工作方式，在硬件上设置一切换开关 COS。设置有启动按钮（START）和停止按钮（STOP），启动按钮具有自锁功能。任何时候按下 STOP，则所有输出复位，停止洗车。

0	LD	X000		21	STL	S21	
1	SET	S0		22	OUT	Y003	
3	STL	S0		23	OUT	Y002	
4	OUT	Y000		24	OUT	T2	K300
5	OUT	Y005		27	LD	T2	
6	OUT	T0	K300	28	SET	S22	
9	LD	T0		30	STL	S22	
10	SET	S20		31	OUT	Y004	
12	STL	S20		32	OUT	Y002	
13	OUT	Y001		33	OUT	T3	K30
14	OUT	Y005		36	LD	T3	
15	OUT	T1	K30	37	SET	S0	
18	LD	T1		39	RET		
19	SET	S21		40	END		

图 6-18 交通灯控制系统指令程序清单

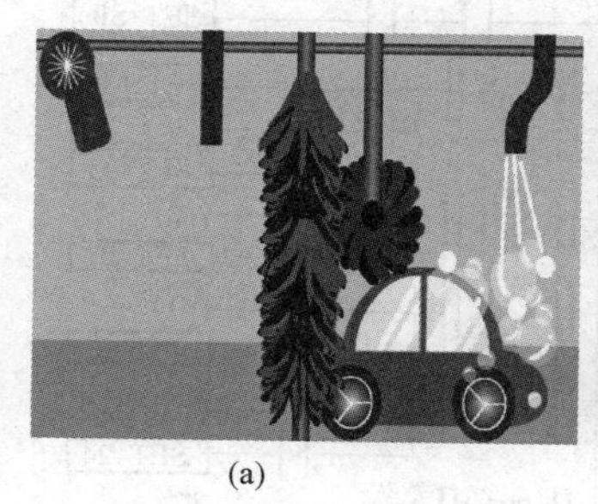

(a)

(b)

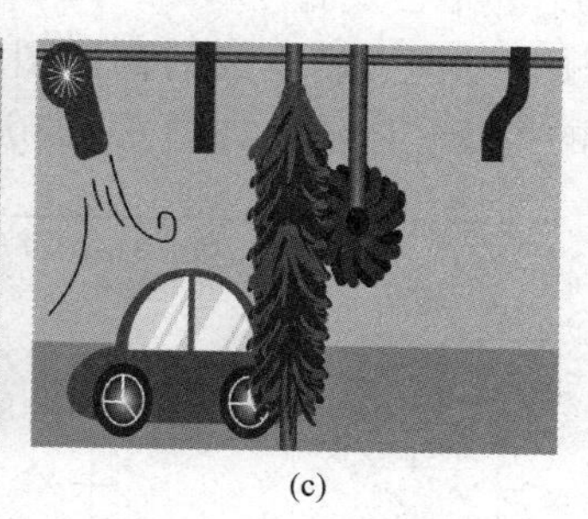

(c)

图 6-19 洗车过程示意图

(a) 泡沫清洗；(b) 清水洗净；(c) 风干

若切换开关 COS 处于手动状态，当按 START 启动后，将按下列程序动作：

(1) 执行泡沫清洗（用电动机 MC1 驱动）。

(2) 按下按钮 PB1 执行清水洗净（用电动机 MC2 驱动）。

(3) 按下按钮 PB2 执行风干（用电动机 MC3 驱动）。

(4) 按下按钮 PB3 结束洗车。

若切换开关 COS 处于自动状态，当按 START 启动后，将自动依据程序设定的时间逐步执行。其中泡沫清洗 10s，清水洗净 20s，风干 5s，结束后回到待洗状态。

2. 系统端口分配及接线

洗车控制系统的端口分配见表 6-2，系统 I/O 接线如图 6-20 所示。

表 6-2　洗车控制系统端口分配

输入元件	地址编号	输出元件	地址编号
停止按钮 STOP	X0	泡沫清洗用电动机 MC1	Y0
启动按钮 START	X1	清水洗净用电动机 MC2	Y1
自动/手动切换开关 COS	X2	风干用电动机 MC3	Y2
“清水洗净”按钮 PB1	X3		
“风干”按钮 PB2	X4		
“结束洗车”按钮 PB3	X5		

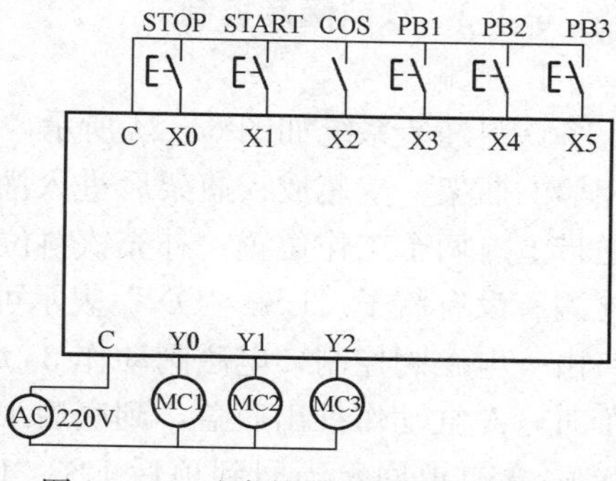

图 6-20 洗车控制系统 I/O 接线图

3. 系统顺序功能图

根据控制要求，手动方式和自动方式只能选择其中一种来执行，因此该顺序控制系统属于选择序列类型。系统的顺序功能如图 6－21 所示。按下启动按钮 START 后，进入 S0 状态。辅助继电器 M0 用于防止启动按钮按下后弹不起来，当进入 S0 状态后，M0 被置位，启动按钮处于何种状态不再起作用。按照要求按下停止按钮后，所有的输出要复位并回到系统最初的状态，因此需要对所有的状态继电器和 M0 复位。这里使用了一条特殊功能指令“ZRST S0 S33”，ZRST 为区间复位指令，意思是将从 S0 到 S33 的所有状态继电器复位。程序执行完手动流程或自动流程后进入 S24，下一步应该进入系统最初的状态（S0 前的状态），S24 的动作是对 M0 复位，同时用“RST S24”指令清除自身。

4. 梯形图及指令程序

顺序功能图转换成的梯形图程序如图 6－22 所示，对应的指令程序清单如图 6－23 所示。

X1
M0
防止 START
弹不起来
X0
STOP 的动作
S0
SET M0
ZRST S0 S33
RST M0
X2
X2
S21
Y0
S31
Y0
T0
T0
K100
X3
手动流程
自动流程
S22
Y1
S32
Y1
X4
T1
T1
K200
S23
Y2
S33
Y2
X5
T2
T2
K50
S24
RST M0
允许再次启动
另一种结束方式：
清除本身
RST S24
RET

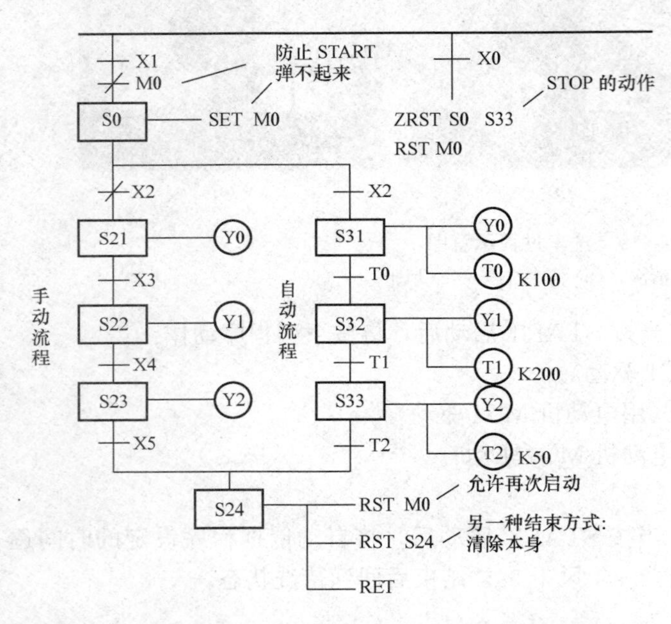

图 6－21 洗车控制系统顺序功能图

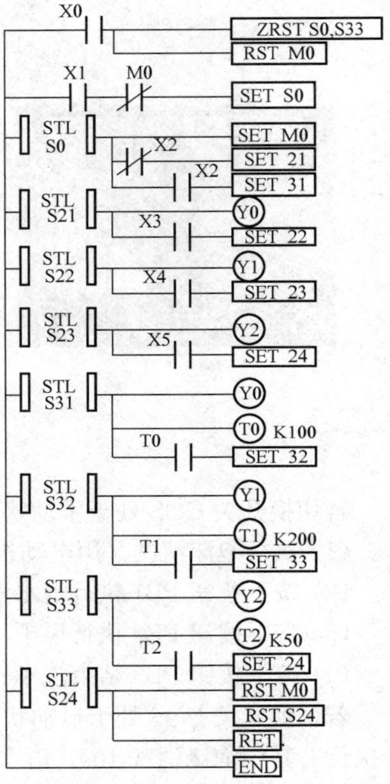

X0
ZRST S0,S33
RST M0
X1
M0
SET S0
STL S0
SET M0
X2
SET 21
X2
SET 31
STL S21
Y0
X3
SET 22
STL S22
Y1
X4
SET 23
STL S23
Y2
X5
SET 24
STL S31
Y0
T0
K100
T0
SET 32
STL S32
Y1
T1
K200
T1
SET 33
STL S33
Y2
T2
K50
T2
SET 24
STL S24
RST M0
RST S24
RET
END

图 6－22 洗车控制系统梯形图程序

6.4.3 饮料灌装控制

1. 控制要求

饮料灌装系统如图 6－24 所示。输送带由电动机 M0 驱动，输送带上固定有若干个距离相等的瓶架，空瓶放入瓶架后进入灌装环节。当有瓶架碰到 LS4 时，输送带停止运行。输送带上有两个工作位置：补充饮料位置和封盖位置，各有一个位置检测开关 LS0 和 LS1 来检测有没有瓶子。LS0“ON”表示可以补充饮料，LS1“ON”表示可以密封盖子。饮料出口由一电磁阀控制，电磁阀动作 3s 后关闭。封盖由两个气缸 A、B 控制，当封盖位置有瓶子时，A 缸动作推出瓶盖，到底后 LS2“ON”，B 缸执行压接动作，1s 后 B 缸打开，再过 1s 后 A 缸退回，当回到顶后 LS3“ON”，封盖动作结束。饮料的补充和封盖可同时进行，空瓶的补充和最后的包装假定由人工或机器来完成，这里暂不考虑。系统设置有 START 按钮和 STOP 按钮，可随时启动和停止。

步	指令	操作数	
0	LD	X000	
1	ZRST	S0	S33
6	RST	M0	
7	LD	X001	
8	ANI	M0	
9	SET	S0	
11	STL	S0	
12	SET	M0	
13	LDI	X002	
14	SET	S21	
16	LD	X002	
17	SET	S31	
19	STL	S21	
20	OUT	Y000	
21	LD	X003	
22	SET	S22	
24	STL	S22	
25	OUT	Y001	
26	LD	X004	
27	SET	S23	
29	STL	S23	
30	OUT	Y002	
31	LD	X005	
32	SET	S24	
34	STL	S31	
35	OUT	Y000	
36	OUT	T0	K100
39	LD	T0	
40	SET	S32	
42	STL	S32	
43	OUT	Y001	
44	OUT	T1	K200
47	LD	T1	
48	SET	S33	
50	STL	S33	
51	OUT	Y002	
52	OUT	T2	K50
55	LD	T2	
56	SET	S24	
58	STL	S24	
59	RST	M0	
60	RST	S24	
62	RET		
63	END		

图 6-23　洗车控制系统指令程序清单

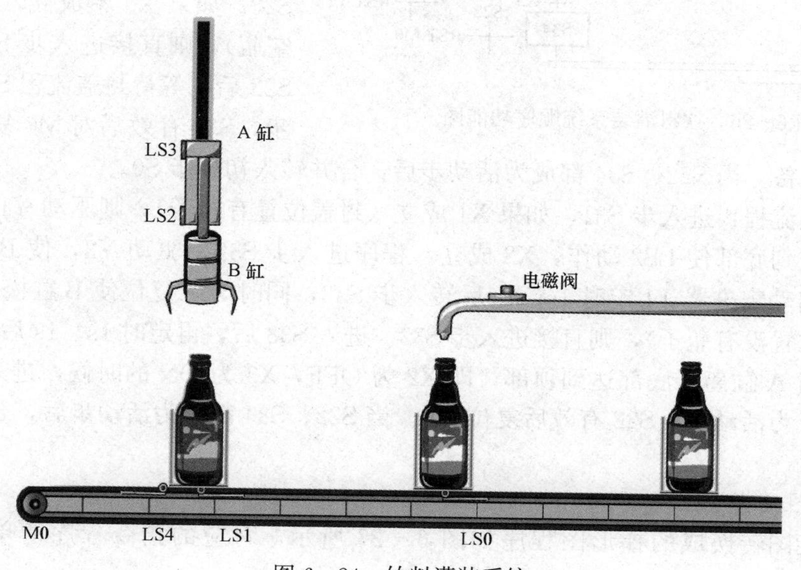

图 6-24　饮料灌装系统

2. 系统端口分配及接线

饮料灌装系统的端口分配见表 6-3，系统接线如图 6-25 所示。

表 6-3 饮料灌装系统端口分配

输入元件	地址编号	输出元件	地址编号
启动按钮 START	X5	输送带驱动电机	Y0
停止按钮 STOP	X6	A 缸	Y1
饮料补充位置检测 LS0	X0	B 缸	Y2
封盖位置检测 LS1	X1	饮料补充电磁阀	Y3
A 缸底部位置检测 LS2	X2		
A 缸顶部位置检测 LS3	X3		
瓶架到位检测 LS4	X4		

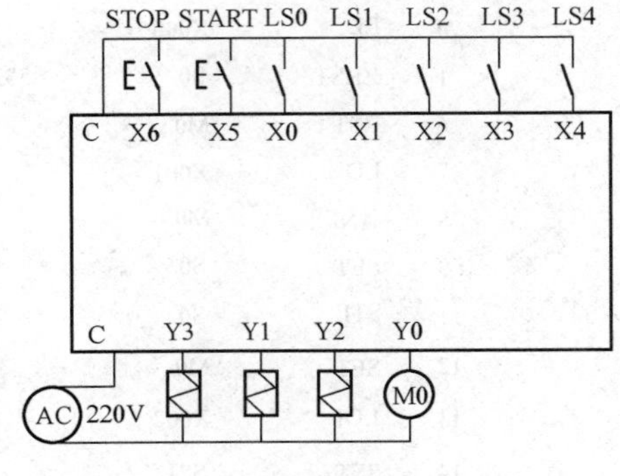

图 6-25 饮料灌装系统接线

3. 系统顺序功能图

系统顺序功能如图 6-26 所示。系统上电，按下 START 按钮，进入步 S0，驱动 Y0，启动输送带。瓶架到位后，X4 由 OFF 变为 ON，产生的脉冲信号使 M1 导通并维持一个周期。条件 M1 成立，进入并行序列，左边为饮料补充流程，右边是封盖流程，饮料补充和封盖同时进行。

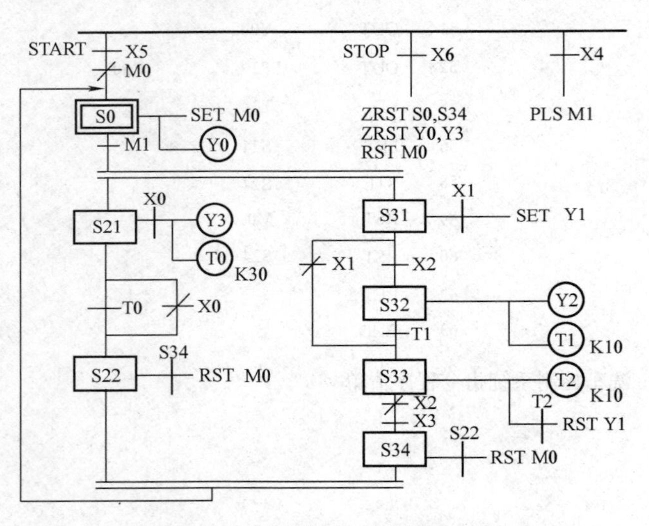

图 6-26 饮料灌装系统顺序功能图

分析饮料补充流程：进入步 S21，如果 X0 成立（饮料补充位置有空瓶），则启动电磁阀 Y3，并启动定时器 T0 定时 3s，3s 后进入步 S22。如果 X0 不成立（该位置没有空瓶），则直接进入步 S22。进入步 S22 后，等待封盖流程 S34 成为活动步，S34 有效后对 M0 复位，为下一次循环做好准备。当 S22、S34 都成为活动步后，合并转入初始步 S0。

分析封盖流程：进入步 S31，如果 X1 成立（封盖位置有瓶子），则驱动 Y1，使 A 缸推出，A 缸推进到底部使 LS2 动作，X2 成立，程序进入步 S32，驱动 Y2，使 B 缸执行压接动作，同时启动定进器 T1 定时 1s，1s 后转入步 S33，同时 S32 复位使 B 缸松开。如果 X1 不成立（该位置没有瓶子），则直接进入步 S33。进入 S33 后，再定时 1s，1s 后复位 Y1，使 A 缺退回。当 A 缸离开底部达到顶部，即 X2 为 OFF，X3 为 ON 的时候，进入步 S34。接着等待 S22 成为活动步，S22 有效后复位 M0。当 S22、S34 都成为活动步后，合并转入初始步 S0。

4. 梯形图及指令程序

顺序功能图转换成的梯形图程序如图 6-27 所示，对应的指令程序清单如图 6-28 所示。

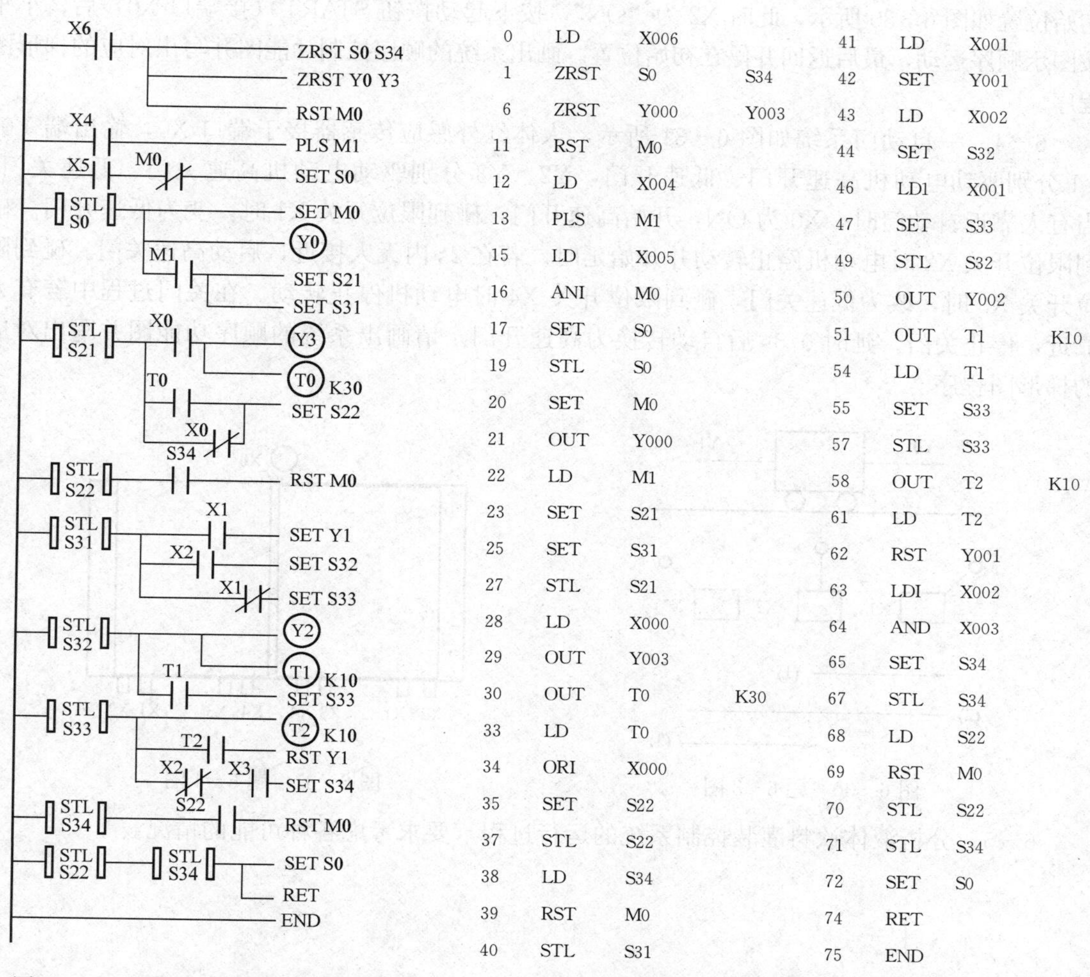

0	LD	X006	
1	ZRST	S0	S34
6	ZRST	Y000	Y003
11	RST	M0	
12	LD	X004	
13	PLS	M1	
15	LD	X005	
16	ANI	M0	
17	SET	S0	
19	STL	S0	
20	SET	M0	
21	OUT	Y000	
22	LD	M1	
23	SET	S21	
25	SET	S31	
27	STL	S21	
28	LD	X000	
29	OUT	Y003	
30	OUT	T0	K30
33	LD	T0	
34	ORI	X000	
35	SET	S22	
37	STL	S22	
38	LD	S34	
39	RST	M0	
40	STL	S31	
41	LD	X001	
42	SET	Y001	
43	LD	X002	
44	SET	S32	
46	LDI	X001	
47	SET	S33	
49	STL	S32	
50	OUT	Y002	
51	OUT	T1	K10
54	LD	T1	
55	SET	S33	
57	STL	S33	
58	OUT	T2	K10
61	LD	T2	
62	RST	Y001	
63	LDI	X002	
64	AND	X003	
65	SET	S34	
67	STL	S34	
68	LD	S22	
69	RST	M0	
70	STL	S22	
71	STL	S34	
72	SET	S0	
74	RET		
75	END		

图 6－27　饮料灌装系统梯形图程序

图 6－28　饮料灌装控制系统指令程序清单

练 习 与 思 考 题

6－1　写出图 6－29 所示顺序功能图对应的梯形图程序。

6－2　某输送带运输系统有 3 台电动机 Y1、Y2、Y3，按下启动按钮 X0 后按 Y1－Y2－Y3 的顺序依次启动，间隔时间为 10s，按下停止按钮 X1 后按 Y3－Y2－Y1 的顺序依次停车，间隔时间为 5s。请画出系统的顺序功能图，并写出对应的梯形图程序。

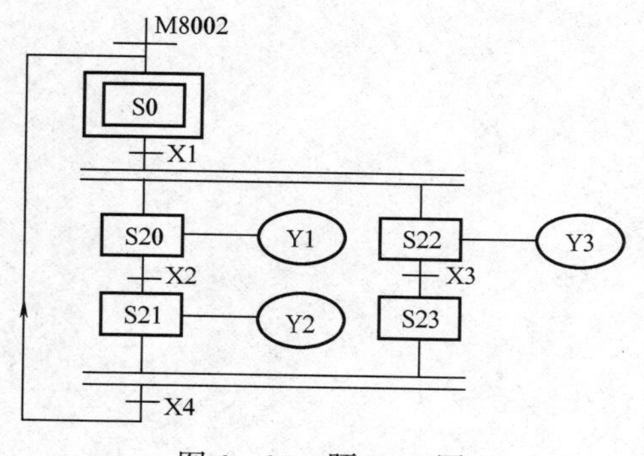

图 6－29　题 6－1 图

6－3　一小车运动控制系统设有 3 个限位开关，分别接于 PLC 的 X1，X2，X3 端口，输出 Y0 接通时小车向左行驶，Y1 接通时向右行驶。小车初始位置如图 6－30 所示，此时 X2 为“ON”，按下起动按钮 START（接端口 X0）后，小车按图示顺序运动，最后返回并停在初始位置。画出系统的顺序控制功能图并写出对应的梯形图程序。

6－4　一自动门系统如图 6－31 所示，人体红外感应传感器接于端口 X0，输出端 Y0，Y1 分别驱动电动机高速开门、低速开门，Y2、Y3 分别驱动电动机高速关门、低速关门。当有人靠近自动门时，X0 为 ON，开始高速开门，碰到限位开关 X1 时，变为低速开门。碰到限位开关 X2 时电动机停止转动并开始延时。若在 2s 内无人接近，启动高速关门。碰到限位开关 X3 时，改为低速关门，碰到限位开关 X4 时电动机停止转动。在关门过程中若有人靠近，停止关门，延时 0.5s 后自动转换为高速开门。请画出系统的顺序功能图并写出对应的梯形图程序。

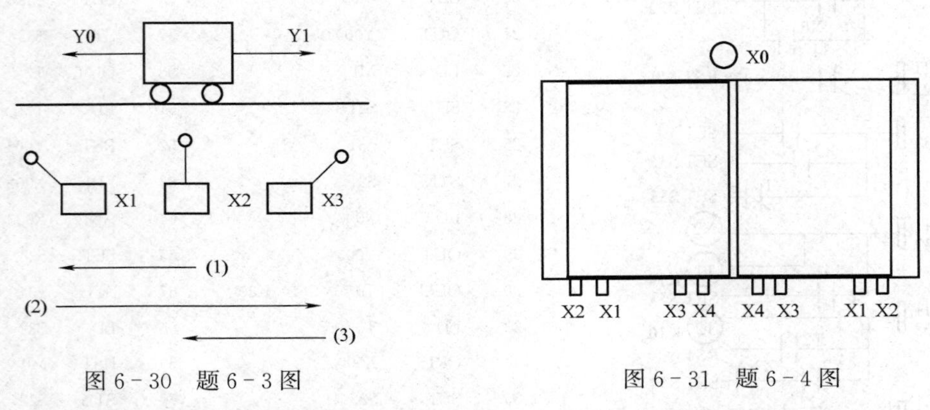

图 6－30　题 6－3 图　　　　图 6－31　题 6－4 图

6－5　分析液体饮料灌装控制系统的运行过程，要求考虑各种可能的情况。

7 功 能 指 令

早期的PLC大多用于开关量控制，基本指令和步进指令已经能满足控制要求。为了适应控制系统的其他特殊要求（如模拟量控制、数据通信等），从20世纪80年代开始，PLC制造商逐步在小型PLC中加入一些功能指令，也称为应用指令。功能指令实际上就是一个个功能不同的子程序，功能指令的出现大大拓宽了PLC的应用范围，也给用户编写程序带来了极大的方便。随着芯片技术的发展，小型PLC的运算速度、存储量不断增加，其指令的功能越来越强，大大提高了PLC的应用价值。

7.1 功 能 指 令 概 述

7.1.1 功能指令的表示格式

PLC采用计算机通用的助记符形式来表示功能指令，一般用指令的英文名称或其缩写作为助记符。FX系列PLC功能指令表示格式如图7-1所示，采用功能框的形式表示。功能框的第一部分为操作码，用来表示该指令做什么，MEAN表示求取平均值。功能指令除了具有助记符外，还具有指定的功能号。FX系列PLC的功能指令编号为FNC00～FNC249。如指令MEAN的功能号为FNC45，在使用掌上型简易编程器时需先按一下FNC键，再输入功能指令的编号45，才能输入MEAN指令。使用HELP键可以显示出功能指令助记符和编号的一览表。如果在计算机上采用编程软件编程可直接键入助记符MEAN。

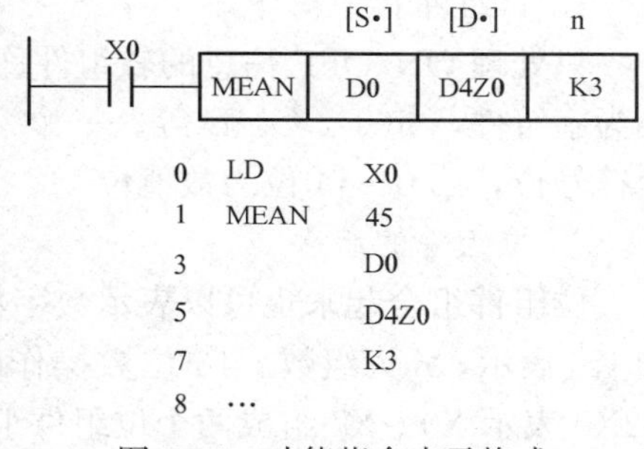

图7-1 功能指令表示格式

操作码（助记符和功能号）之后为操作数部分，有少数的功能指令只需指定功能号，而大多数功能指令在指定功能号的同时还需指定操作组件，操作组件由1～4个操作数组成。操作数部分依次由源操作数、目标操作数和数据个数三部分组成。如图7-1所示的计算平均值的指令，它有3个操作数，[S]表示源（Source）操作数，[D]表示目标（Destination）操作数，如果可以使用变址功能，则表示为[S·]和[D·]。当源操作数或目标操作数不止一个时，用[S1·]、[S2·]、[D1·]、[D2·]表示。用n和m表示其他操作数，常用来表示常数或者作为源操作数和目标操作数的补充说明。当表示常数时可采用十进制（K）或十六进制（H）的形式，如"K3"表示十进制常数3。当这样的操作数较多时，用n1，n2和m1，m2等来表示。

图7-1中的D0为源操作数的首组件，K3表示有3个数，用来对源操作数进行补充说明，表示源操作数为D0，D1，D2。目标操作数为D4Z0（Z0为变址寄存器），为计算结果存放的数据寄存器的地址。整条指令的功能为：当X0接通时，执行[(D0)+(D1)+(D2)]/3→(D4Z0)，如果Z0的内容为10，则运算结果送到D14中。

7.1.2 功能指令的执行方式

功能指令有连续执行和脉冲执行两种类型。如图 7－2 所示，指令助记符 MOV 后的（P）符号表示脉冲执行，即该指令的执行仅在 X0 由 OFF 转为 ON 时有效，不需要在每个扫描周期都执行。如果 MOV 后没有（P）则表示连续执行，即当 X0 为 ON 状态时该指令在每个扫描周期都被重复执行。

7.1.3 功能指令的数据长度

功能指令可处理 16 位或 32 位数据。处理 32 位数据的指令是在助记符前加“D”标志，没有“D”时表示处理 16 位数据。使用情况如图 7－3 所示。当处理 32 位数据时，为了避免出现错误，建议使用首地址为偶数的操作数。

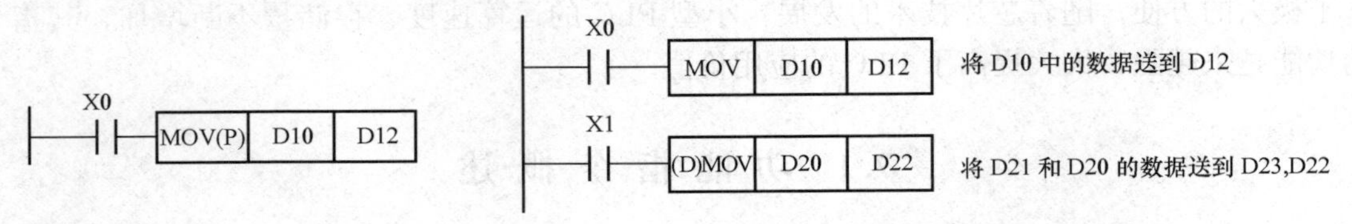

图 7－2 功能指令的执行方式　　图 7－3 功能指令的数据长度

注意：32 位计数器（C200～C255）不能作为 16 位指令的操作数。

7.1.4 功能指令的数据格式

1. 位组件和字符件

只处理 ON/OFF 信息的软组件称为位组件，如 X、Y、M、S 等。处理数字数据的组件称为字符件，如 T、C、D 等。一个字符件由 16 位的存储单元组成，其最高位（第 15 位）为符号位，第 0～14 位为数值位。

2. 位组件的组合

位组件组合起来也可以表示数字数据。4 个位组件作为 1 组，通常在起始的软组件号前加 Kn 表示，n 为组数。16 位数操作时可取 K1～K4，32 位数操作时可取 K1～K8。例如 K2X0 表示 X0～X7 组成两个位组件组（K2 表示两个单元），它是一个 8 位数据，X0 为最低位。将 16 位数据传送到不足 16 位的位组件组合（n＜4）时，多出的高位数据不传送；将 32 位数据传送到不足 32 位的位组件组合（n＜8）时，多出的高位数据也不传送。在做 16 位数据操作时，参与操作的位组件不足 16 位时，高位的不足部分均做 0 处理，这意味着只能处理正数（符号位为 0），在处理 32 位数据时的情况类似。被组合的位组件可以是任意的，但是为了避免混乱，建议采用编号以 0 结尾的组件作为首位组件，如 X0、X10、X20 等。

7.1.5 变址寄存器

变址寄存器在传送比较指令中用来修改操作对象的组件号，其操作方式与普通数据寄存器一样。在循环程序中常使用到变址寄存器。对于 32 位指令，V 为高 16 位，Z 为低 16 位。在 32 位指令中使用变址指令只需指定 Z，这时 Z 就能代表 V 和 Z。在 32 位指令中，V、Z 自动组对使用。需要注意，FX0N 和 FX0S 系列 PLC 只有两个变址寄存器 V 和 Z，FX2N 有 16 个变址寄存器 V0～V7 和 Z0～Z7。

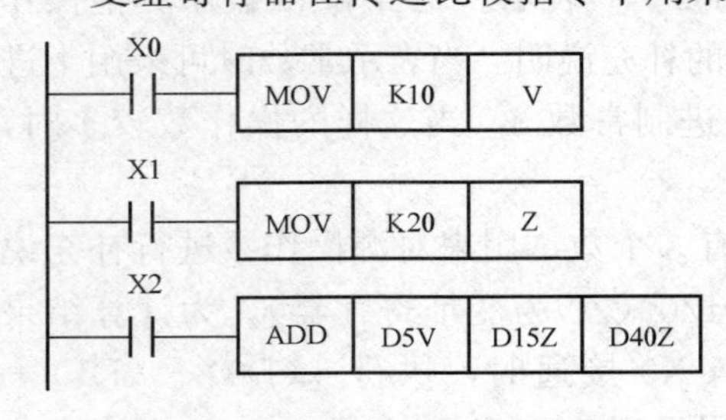

图 7－4 变址寄存器使用举例

变址寄存器使用举例如图 7－4 所示，当 X0、

X1、X2 接通时，常数 10 被送到 V，常数 20 被送到 Z，ADD 指令完成加法运算：(D5V)＋(D15Z)→(D40Z)，即 (D15)＋(D35)→(D60)。

7.2　FX 系列 PLC 功能指令介绍

7.2.1　程序流控制指令（FNC00～FNC09）

程序流控制指令（FNC00～FNC09）包括条件跳转（CJ）、子程序调用（CALL）、子程序返回（SRET）、中断返回（IRET）、中断允许（EI）、中断禁止（DI）、主程序结束（FEND）、监控定时器刷新（WDT）、循环开始（FOR）和循环结束（NEXT）。

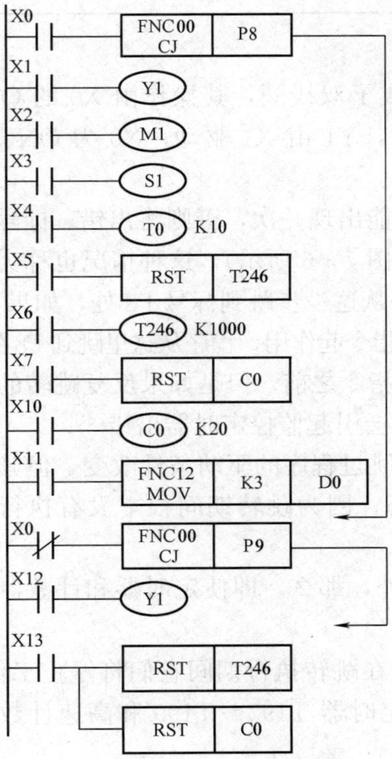

1. 条件跳转指令

条件跳转指令（Conditional Jump，CJ）的基本形式见表 7-1。

表 7-1　条件跳转指令的基本形式

条件跳转	内容
条件跳转 CJ　FNC00 (P)　(16)	操作元件：指针 P0～P63（FX1S 系列） 指针 P0～P127（FX1N，FX2N，FX2NC 系列） 允许用变址寄存器修改 P63 是 END 所在步序，不能对 P63 进行编程
	程序步数：CJ 和 CJ（P）　3 步 标号 PXX　1 步

图 7-5　条件跳转指令使用举例

CJ 和 CJ（P）指令用于跳过顺序程序中的某一部分，可以减少扫描时间和使用双线圈。条件跳转指令使用举例如图 7-5 所示，当 X0 为 ON 时，程序从第 1 步跳到标号 P8；如果 X0 为 OFF，不执行跳转，程序按原顺序向下执行。表 7-2 列出了跳转对状态元件的影响情况。例如跳转指令 CJ P8 执行前，X1、X2、X3 为 OFF，Y1、M1、S1 为 OFF；跳转指令执行后，即使 X1、X2、X3 的状态变成了 ON，但 Y1、M1、S1 仍然保持为 OFF，因为跳转期间没有执行这段程序。

表 7-2　跳转对状态元件的影响

组件类型	跳转前触点状态	跳转后触点状态	跳转后线圈动作
Y，M，S	X1，X2，X3 为 OFF	X1，X2，X3 为 ON	Y1，M1，S1 为 OFF
	X1，X2，X3 为 ON	X1，X2，X3 为 OFF	Y1，M1，S1 为 ON
10ms 100ms 定时器	X4 为 OFF	X4 为 ON	定时器不动作
	X4 为 ON	X4 为 OFF	定时器停止 X0“OFF”后继续
1ms 定时器	X5 为 OFF X6 为 OFF	X6 为 ON	定时器不动作
	X5 为 OFF X6 为 ON	X6 为 OFF	X0“OFF”后触点动作

续表

组件类型	跳转前触点状态	跳转后触点状态	跳转后线圈动作
计数器	X7 OFF X10 OFF	X10 ON	计数器不动作
	X7 OFF X10 ON	X10 OFF	计数器停止，X0“OFF”后继续
功能指令	X11 OFF	X11 ON	除 FNC52～FNC59 之外的其他功能指令不执行
	X11 ON	X11 OFF	

条件跳转指令使用时需注意：

（1）跳转指令可实现双线圈输出。图 7－5 中，Y1 成了双线圈，其操作由 X0 的 ON/OFF 状态决定，即 X0 为 OFF 时，Y1 由 X1 驱动；X0 为 ON 时，Y1 由 X12 驱动。

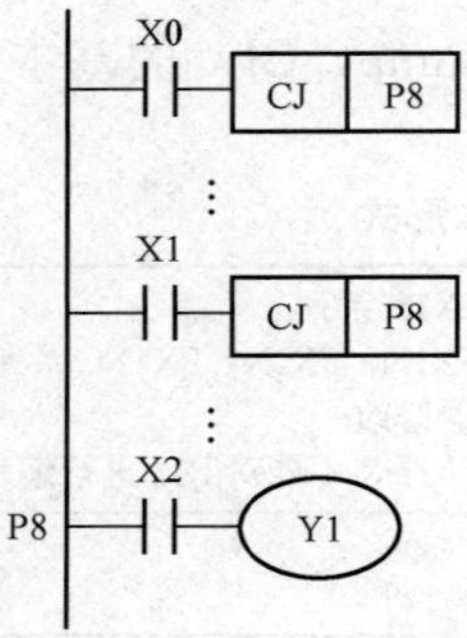

（2）同一标号在一个程序中只能出现一次，否则将出错。标号不能重复使用，但能被多次引用（如图 7－6 所示），这种情况也称为双重跳转。如果 X0 为 ON，则程序将从这一步跳到标号 P8 处，如果 X0 为 OFF，X1 为 ON，则第二条跳转指令起作用，程序从这里跳到 P8 处。

图 7－6 标号重复引用举例

（3）标号可以出现在相应跳转指令之前，但是如果反复跳转的时间超过监控定时器的设定时间，就会引起监控定时器出错。

（4）在跳转执行期间，即使被跳过程序的驱动条件改变，但其线圈（或结果）仍保持跳转前的状态，因为跳转期间根本没有执行这段程序。

（5）若积算型定时器和计数器的 RST 指令在跳转区外，那么，即使定时器和计数器的线圈被跳转，对它们的复位仍然有效。

（6）如果在跳转开始时定时器和计数器已在工作，则在跳转执行期间它们将停止工作，等到跳转条件不满足后又继续工作。但对于正在工作的定时器 T192～T199 和高速计数器 C235～C255，不管有无跳转仍继续工作。

（7）跳转指令前的执行条件若为 M8000 时，则称为无条件跳转，因为 PLC 运行时 M8000 总为 ON。

（8）跳转指令与主控指令的关系。如果从主令控制区的外部跳入其内部，那么，不管它的主控触点是否触发，都当成接通来执行主令控制区内的程序。如果跳转指令在主令控制区内，则在主控触点没有接通时不执行跳转。

（9）跳转指令可用于自动/手动程序的切换，其使用举例如图 7－7 所示，当自动/手动开关 X1 为 ON 时，将跳过自动程序，执行手动程序；反之，将跳过手动程序，执行自动程序。

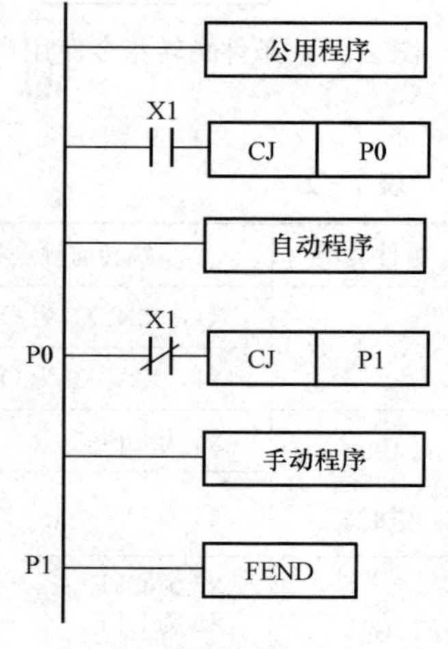

图 7－7 自动/手动程序使用举例

2. 子程序调用与子程序返回指令

子程序相关指令的基本形式见表 7－3。子程序是为一些特定的控制目的而编写的相对独立的模块，供主程序调用。

表 7-3 子程序调用与返回指令

子程序调用 CALL FNC01 (P) (16)	操作元件：指针 P0～P62（FN1S 系列） 指针 P0～P62，P64～P127（FN1N，FN2N，FN2NC 系列）允许用变址寄存器修改 步 数：CALL 和 CALL（P） 3 步 标号 PXX 1 步 嵌 套：5 级
子程序返回 SRET FNC02 (P)	操作元件：无 步 数：1 步

子程序调用指令 CALL 的操作数不包含 P63，因为 P63 是 END 所在行的指针。子程序可以嵌套使用，最多嵌套 5 级。子程序返回指令 SRET（Sub Routine Return）无操作数。

图 7-8 为子程序调用程序。当 X0 为 ON 时，CALL 指令使程序跳转到 P10 处执行子程序，执行完 SRET 指令后返回到 104 步。所有的标号应写在 FEND（主程序结束）指令之后，同一标号只能出现一次，且不能与 CJ 指令中用过的标号重复，但不同位置的 CALL 指令可以调用同一标号。

图 7-9 为子程序嵌套调用程序。当 X1 由 OFF 变为 ON 时，CALL（P）P11 被执行一次，调用子程序 1；如果驱动条件成立，则嵌套调用子程序 2。执行完子程序 2 对应的 SRET 指令后返回到子程序 1 中 CALL P12 指令的后面继续执行，当执行完子程序 1 对应的 SRET 指令后返回到主程序 CALL（P）P11 指令的后面。

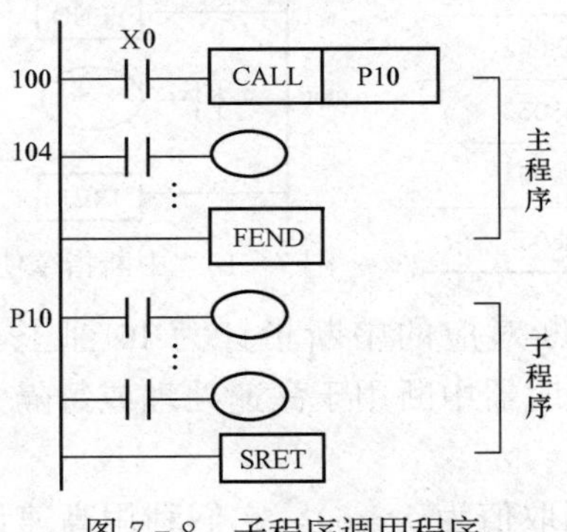

图 7-8 子程序调用程序

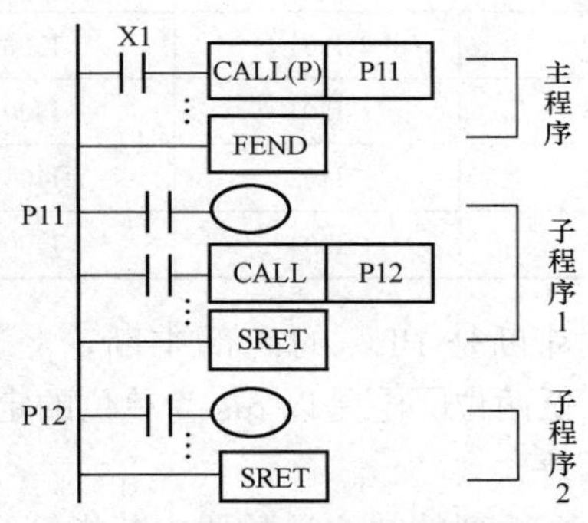

图 7-9 子程序的嵌套调用程序

3. 中断指令

PLC 与外部设备进行数据传送时，慢速的外设远远跟不上高速 CPU 的节拍。为此可采用中断方式来匹配两者之间的传送速度，提高 CPU 的工作效率。平时 CPU 执行主程序，当外设需要数据传送时向 CPU 发出中断请求。在允许中断的情况下，CPU 将回应外设中断请求、保护现场、跳出主程序、执行中断服务程序。在遇到中断返回指令后，回到断点处继续执行主程序。

FX 系列 PLC 中断（Interruption）指令基本形式见表 7-4。

表 7-4 中断指令基本形式

中断返回 IRET FNC03	操作元件：无 步 数：1 步
允许中断 EI FNC04	操作元件：无 步 数：1 步
禁止中断 DI FNC05	操作元件：无 步 数：1 步

中断指令包括中断返回指令（Interruption Return，IRET）、允许中断指令（Enable Interruption，EI）、禁止中断指令（Disable Interruption，DI），以上三条指令均无操作数，

分别占一个程序步。

FX 系列 PLC 有两类中断：外部中断（6 个）和定时中断（3 个），通过中断指针（相当于标号）来定位中断服务程序。FX2N 系列除此之外还有计数器中断（6 个）。

6 个外部中断信号从 X0～X5 输入端子送入，可用于外部触发事件的处理，对应的中断指针为 I□0□：第一个□取值为 0～5；第二个□取值为 0 或者 1，0 表示下降沿中断，1 表示上升沿中断。6 个外部中断的中断指针见表 7-5。中断产生后，主程序能否转入中断服务程序，还取决于中断禁止继电器 M805□（□取值为 0～5）的状态，该特殊辅助继电器为 ON 时禁止执行相应的中断。PLC 通常处于禁止中断状态，指令 EI 和 DI 之间的程序段为允许中断的区间，当程序执行到该区间时，如果中断源产生中断，则 CPU 会响应中断。如图 7-10所示，在中断允许范围内，如果外部中断源 X0 有一个下降沿，同时 M8050 为 OFF（即 X10 为 OFF）时，程序将转入标号为 I000 的中断服务程序。执行到中断服务程序中的 IRET 指令时，返回原中断点，继续执行原来的程序。

表 7-5 外部中断指针列表

外部中断输入端口	中断指针		中断禁止继电器
	上升沿中断	下降沿中断	
X0	I001	I000	M8050
X1	I101	I100	M8051
X2	I201	I200	M8052
X3	I301	I300	M8053
X4	I401	I400	M8054
X5	I501	I500	M8055

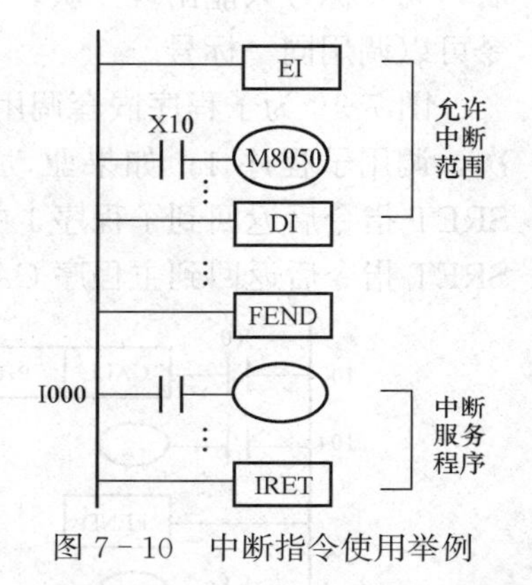

图 7-10 中断指令使用举例

定时中断是 PLC 的内部中断，3 个定时器中断对应的中断指针为 I6□□、I7□□、I8□□，低两位□□是以 ms 为单位的定时时间，定时器中断用于高速处理或每隔一定时间执行的程序。

FX2N 系列的 6 个计数器中断指针为 I0□0（□取值为 1～6），它们利用高速计数器的当前值产生中断，与 HSCS（高速计数器比较置位）指令配合使用。3 个定时器中断及 6 个计数器中断的中断指针见表 7-6。

表 7-6 定时器、计数器中断指针列表

中断名称	中断指针		禁止中断继电器
定时器中断 1	I6□□	□□取值：00～99（ms）	M8056
定时器中断 2	I7□□		M8057
定时器中断 3	I8□□		M8058
计数器中断 1	I010	只适用于 FX2N 系列	M8059
计数器中断 2	I020		
计数器中断 3	I030		
计数器中断 4	I040		

续表

中断名称	中 断 指 针		禁止中断继电器
计数器中断 5	I050	只适用于 FX2N 系列	M8059
计数器中断 6	I060		

使用中断指令时应注意的问题：

(1) 中断的优先级。如果有多个中断信号依次发生，按发生的先后为序，发生越早的优先级越高。若同时发生多个中断，则中断指针号越小优先级越高。

(2) 不需要中断禁止时，可只用 EI 指令，不必使用 DI 指令。

(3) 执行一个中断服务程序时，其他中断被禁止。如果在中断服务程序中输入 EI 和 DI，可实现二级中断嵌套。

(4) 如果中断信号在禁止中断区间出现，该中断信号被储存，并在 EI 指令之后响应该中断。

(5) 中断请求信号的宽度（即持续时间）应达到一定的值，宽度不够的请求信号可能得不到正确响应。

4. 主程序结束指令

主程序结束指令（First End，FEND）的基本形式见表 7-7。FEND 表示主程序结束，当执行到 FEND 指令时，CPU 将进行输入/输出处理、监控定时器刷新，完成后返回第 0 步。

表 7-7 主程序结束指令的基本形式

主程序结束 FEND FNC06	操作元件：无 步 数：1 步

使用 FEND 指令时应注意的问题：

(1) 子程序（包括中断服务程序）应放在 FEND 和 END 之间。CALL 指令调用的子程序必须用 SRET 指令结束，中断服务程序必须以 IRET 指令结束。

(2) 当程序中没有子程序或中断服务程序时，可以没有 FEND 指令。但程序的最后必须用 END 指令结尾。

5. 监控定时器指令

监控定时器（Watch Dog Timer，WDT）指令又称看门狗指令。WDT 指令用于监控定时器的刷新，在执行 FEND 或 END 指令时，监控定时器将被刷新（复位）。FX 系列 PLC 的监控时钟缺省值为 100ms，可用 D8000 来设定，最大为 200ms。PLC 正常工作时扫描周期（从 0 步到 FEND 或 END 指令的执行时间）小于该定时时间。如果由于某种原因（如强烈干扰使程序跑飞、进入循环语句等）使扫描时间大于设定时间，监控定时器将不能被及时复位，PLC 的出错指示灯点亮并停止工作。为了防止此类情况发生，可在程序合适的地方插入 WDT 指令来刷新监控定时器，使用户程序可以继续执行到 FEND 或 END。如图 7-11 所示，若要执行一个扫描时间为 140ms 的程序，可以将程序分解为两段 70ms 的程序，在这两段程序之间插入 WDT 指令即可。

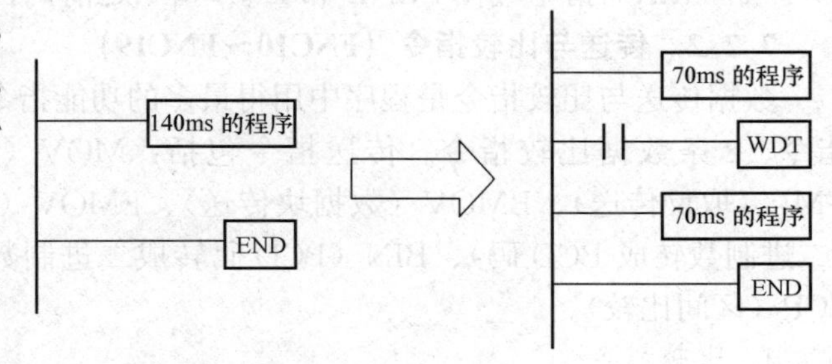

图 7-11 WDT 指令使用举例

WDT 指令使用注意问题：

(1) 在后续的 FOR～NEXT 循环中，执行时间可能超过监控时间，可以将 WDT 指令插入到循环程序中。

（2）可以通过修改 D8000 的数据来改变监控时钟刷新时间，但最大值为 200ms。

（3）条件跳转指令 CJ 如果在它对应的标号之后（即程序往回跳），连续反复的跳转可能使程序执行时间超过监控定时器的定时时间，为此可在 CJ 指令和对应的标号之间插入 WDT 指令。

6. 循环指令

循环指令共有两条，即 FOR 和 NEXT，其基本形式见表 7－8。

表 7－8　　循环指令基本形式

循环区起点 FOR FNC08 （16）	操作元件：K、H | KnX | KnY | KnM | KnS | T | C | D | V、Z 步　　数：3 步 嵌　　套：5 层
循环区终点 NEXT FNC09	操作元件：无 步　　数：1 步

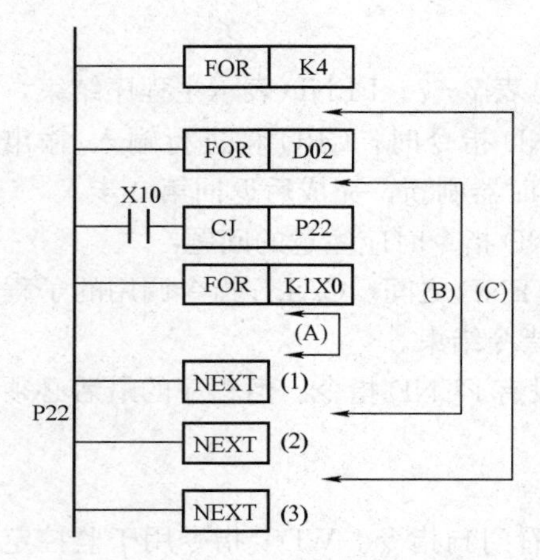

图 7－12　循环指令使用举例

FOR 指令用来表示循环区的起点，它的操作组件用来表示循环的次数，可以取任意的数据格式。循环次数 N 取值范围为［1，32767］，N 如果在－32767～0 之间，当作 $N=1$ 处理。NEXT 指令用来表示循环区的终点，无操作数。循环指令可以反复执行某一段程序，只要这一段程序放在 FOR～NEXT 之间，待执行完指定的循环次数后，才执行 NEXT 后面的指令。循环程序可以使程序显得简明精炼。

循环指令可以嵌套，图 7－12 所示为一个三重嵌套循环指令使用举例。假定 D02 中的数是 6，K1X0 中的值为 7，X10 为 OFF，分析可知：程序段（C）将被执行 4 次，程序段（B）被执行 24 次，程序段（A）被执行 168 次。如果 X10 为 ON，将不执行循环体（A）。

循环指令使用时需注意的问题：

（1）FOR 和 NEXT 指令必须成对使用，NEXT 指令必须在 FOR 指令之后。

（2）循环指令可嵌套，但最多不得超过 5 层。

（3）在循环中可利用 CJ 指令在循环结束前跳出循环体。

（4）NEXT 指令应在 FEND 和 END 指令之前，否则会出错。

7.2.2　传送与比较指令（FNC10～FNC19）

数据传送与比较指令是程序中用得最多的功能指令。FX 系列 PLC 设置了 8 条数据传送指令、2 条数据比较指令。传送指令包括：MOV（传送）、SMOV（BCD 码移位传送）、CML（取反传送）、BMOV（数据块传送）、FMOV（多点传送）、XCH（数据交换）、BCD（二进制数转成 BCD 码）、BIN（BCD 码转成二进制数）。比较指令包括：CMP（比较）和 ZCP（区间比较）。

1. 比较指令

比较指令（Compare，CMP）的基本形式见表 7－9。

表 7-9　　比较指令基本形式

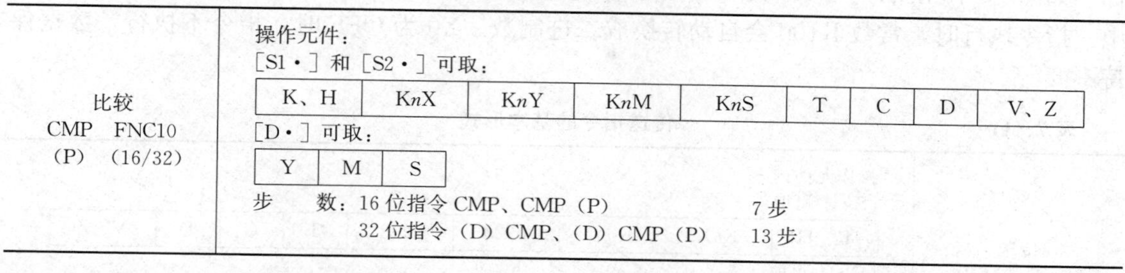

比较 CMP　FNC10 (P)　(16/32)	操作元件： [S1・] 和 [S2・] 可取：K、H，KnX，KnY，KnM，KnS，T，C，D，V、Z [D・] 可取：Y，M，S 步　数：16 位指令 CMP、CMP (P)　7 步 32 位指令 (D) CMP、(D) CMP (P)　13 步

比较指令比较源操作数 [S1・] 和 [S2・]，并将比较的结果送到目标操作数 [D・] 中。图 7-13 中的比较指令将十进制常数 100 与计数器 C20 的当前值比较，比较结果送到 M0～M2。X0 为 OFF 时不进行比较，M0～M2 的状态保持不变。X0 为 ON 时进行比较，如果比较的结果为 [S1・]>[S2・]，则 M0 为 ON；若 [S1・]=[S2・]，则 M1 为 ON；若 [S1・]<[S2・]，则 M2 为 ON。

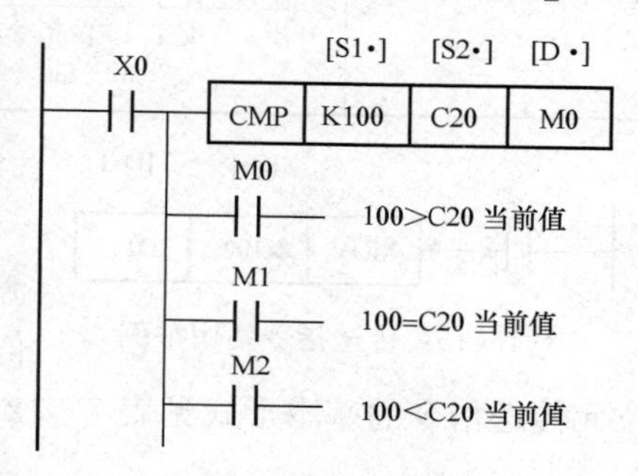

图 7-13　比较指令使用举例

使用比较指令应注意的问题：

(1) CMP 指令有 3 个操作数，如果只指定了 1 个或 2 个操作数，就会出错。

(2) 操作组件不可超出表 7-9 所列的范围，否则出错。例如将 X、D、T、C 作为目标操作元件就会出错。

(3) 源操作数作代数比较，所有源数据都作为二进制数值处理。

2. 区间比较指令

区间比较指令（Zone Compare，ZCP）的基本形式见表 7-10。

表 7-10　　区间比较指令的基本形式

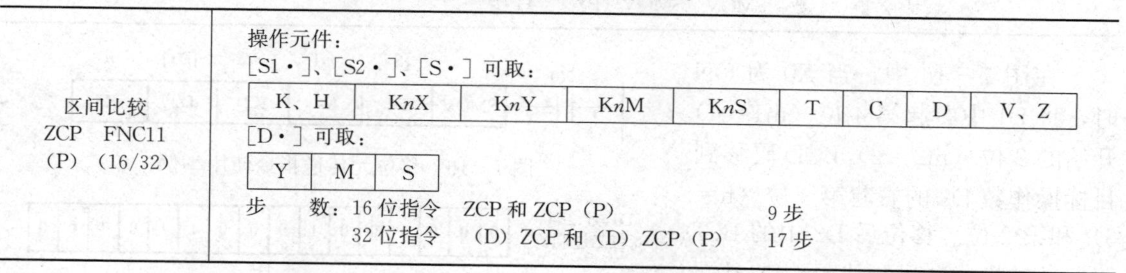

区间比较 ZCP　FNC11 (P)　(16/32)	操作元件： [S1・]、[S2・]、[S・] 可取：K、H，KnX，KnY，KnM，KnS，T，C，D，V、Z [D・] 可取：Y，M，S 步　数：16 位指令　ZCP 和 ZCP (P)　9 步 32 位指令　(D) ZCP 和 (D) ZCP (P)　17 步

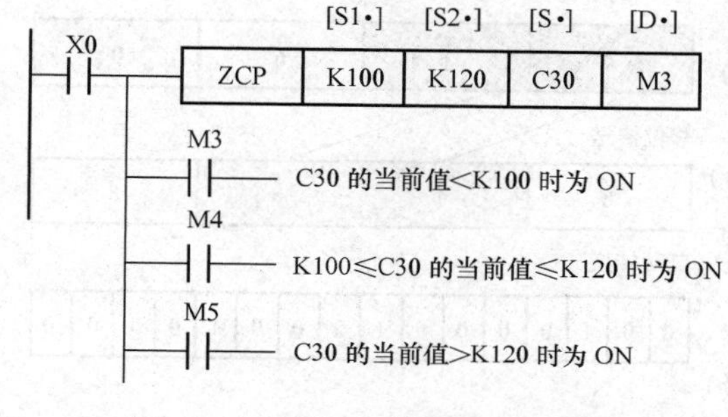

图 7-14　区间比较指令使用举例

图 7-14 中，当 X0 为 ON 时执行 ZCP 指令，将 C30 的当前值与常数 100 和 120 相比较，比较结果送 M3～M5。源数据 [S1・] 不能大于源数据 [S2・]，否则运算时按 [S2・] 取 [S1・] 的值对待。

3. 传送指令

传送指令 MOV 的基本形式见表 7-11，该指令的功能是将源操作数传送到指定的目标。如图 7－15 所示，当 X0 为 ON 时，将［S］中的数据 K100 传送到目标操作组件 D10 中。指令执行时，常数 K100 会自动转换成二进制数。X0 为 OFF 时，指令不执行，数据保持不变。

表 7－11　　传送指令的基本形式

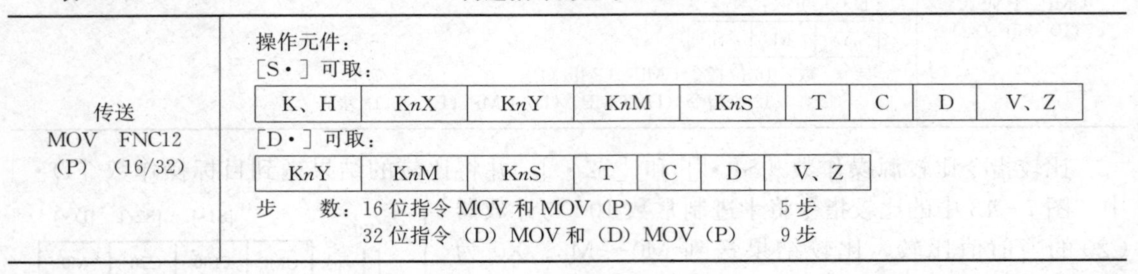

传送 MOV　FNC12 （P）（16/32）	操作元件：

［S·］可取：

K、H	KnX	KnY	KnM	KnS	T	C	D	V、Z

［D·］可取：

KnY	KnM	KnS	T	C	D	V、Z

步　　数：16 位指令 MOV 和 MOV（P）　　5 步
　　　　　32 位指令（D）MOV 和（D）MOV（P）　　9 步

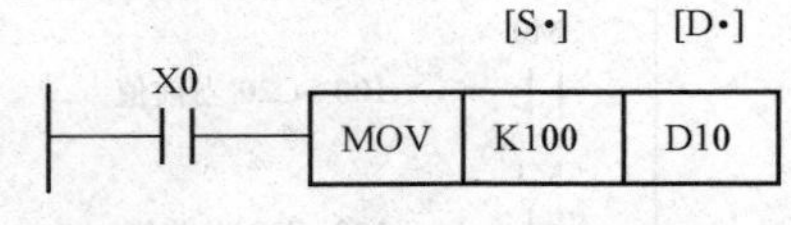

图 7－15　传送指令使用举例

4. 移位元传送指令

移位元传送指令（Shift Move，SMOV）的功能是将源数据（二进制）自动转换成 BCD 码，再进行移位传送，传送后的目标操作组件的 BCD 码自动转换成二进制。移位元传送指令的基本形式见表 7－12。

表 7－12　　移位元传送指令基本形式

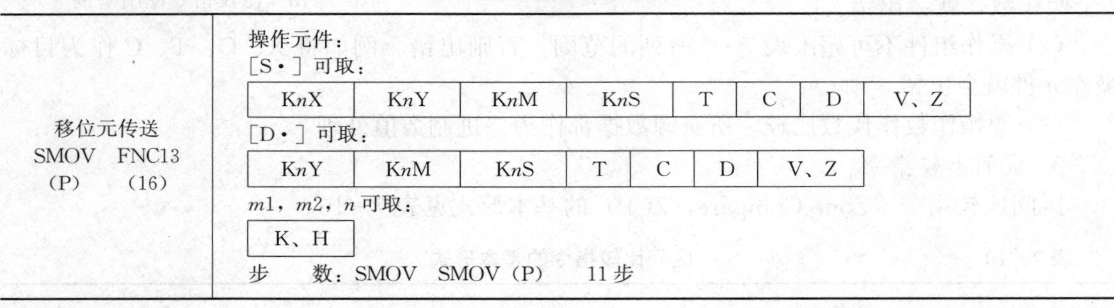

移位元传送 SMOV　FNC13 （P）　（16）	操作元件：

［S·］可取：

KnX	KnY	KnM	KnS	T	C	D	V、Z

［D·］可取：

KnY	KnM	KnS	T	C	D	V、Z

$m1$，$m2$，n 可取：

K、H

步　　数：SMOV　SMOV（P）　11 步

在图 7－16 中，当 X0 为 ON 时，将 D1 中右起第 4 位（m1＝4）开始的 2 位（m2＝2）BCD 码移到目标操作数 D2 的右起第 3 位（n＝3）和第 2 位。移位后 D2 中的 BCD 码自动转换成二进制代码。D2 中的第 1 位和第 4 位不受移位元指令的影响。设 D1 中的数为 H1234，D2 中的数为 H1F52，具体的处理过程如图 7－17 所示。

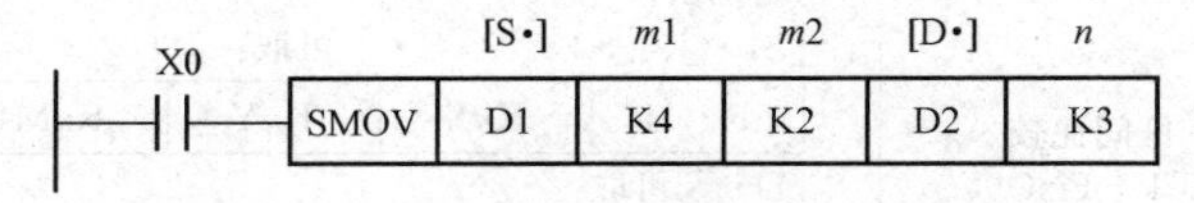

图 7－16　移位元传送指令使用举例

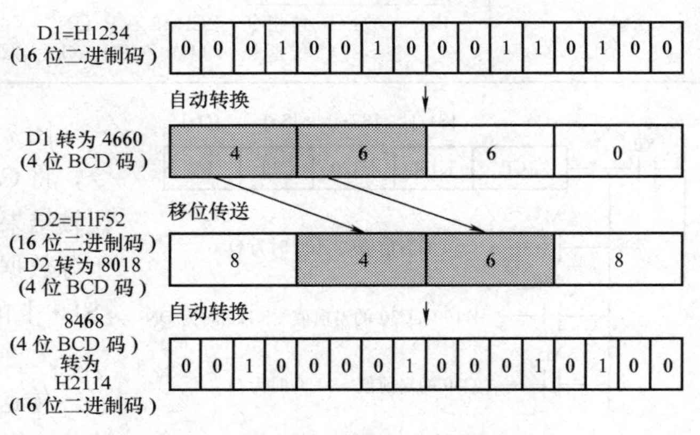

图 7－17　移位元传送指令的执行过程

注意 BCD 码的值不能超过 9999，否则计算会出错。

5. 取反传送指令

取反传送指令（Complement，

CML）基本形式见表 7－13。CML 指令将源操作数中的数据逐位取反后传送到目标操作数。若源操作数为十进制常数，该数据会自动转换为二进制数。CML 用于反逻辑输出非常方便。如图 7－18 所示，当 X0 为 ON 时，CML 指令将 D0 低 4 位取反后传送到 Y3～Y0。

表 7－13　　取反传送指令基本形式

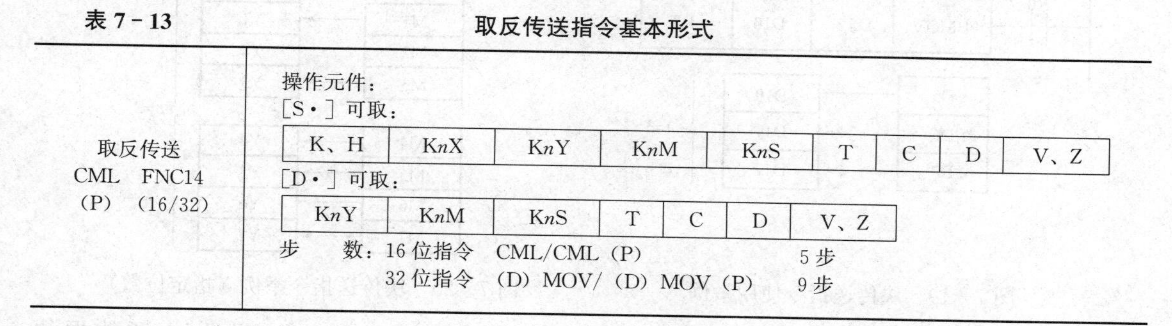

取反传送 CML　FNC14 （P）　（16/32）	操作元件： ［S·］可取：K、H ｜ KnX ｜ KnY ｜ KnM ｜ KnS ｜ T ｜ C ｜ D ｜ V、Z ［D·］可取：KnY ｜ KnM ｜ KnS ｜ T ｜ C ｜ D ｜ V、Z 步　数：16 位指令　CML/CML（P）　5 步 32 位指令　（D）MOV/（D）MOV（P）　9 步

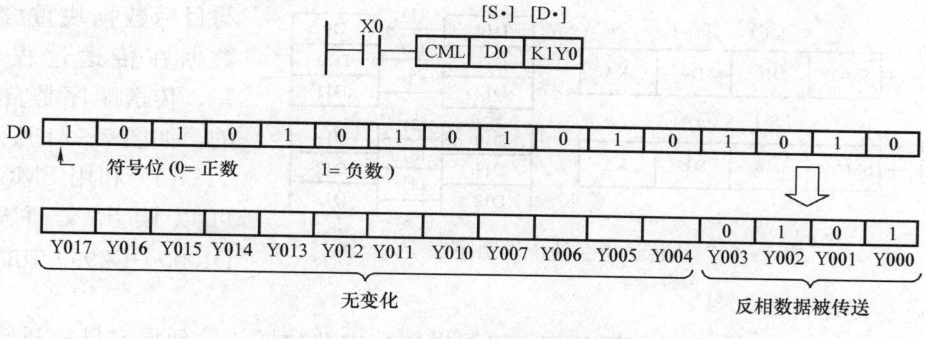

图 7－18　取反传送指令使用举例

6. 块传送指令

块传送指令（Block Move，BMOV）将源操作数指定的元件开始的 n 个数据组成的数据块传送到指定的目标元件。BMOV 指令的基本形式见表 7－14。块传送指令的使用如图 7－19 所示。

块传送指令使用时需注意的问题。

（1）如果元件号超出允许的范围，数据仅仅传送到允许的范围。

（2）如果用到需要指定位数的位元件，则源操作数和目标操作数的指定位数必须相同，如图 7－20 所示。

表 7－14　　块传送指令基本形式

块传送 BMOV　FNC15 （P）　（16）	操作元件： ［S·］可取：KnX ｜ KnY ｜ KnM ｜ KnS ｜ T ｜ C ｜ D ｜ V、Z ［D·］可取：KnY ｜ KnM ｜ KnS ｜ T ｜ C ｜ D ｜ V、Z n 可取：K、H 步　数：BMOV、BMOV（P）　7 步

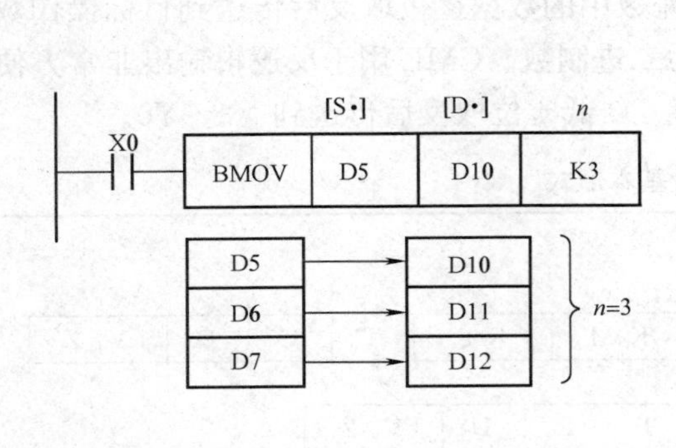

图 7－19　块传送指令使用举例

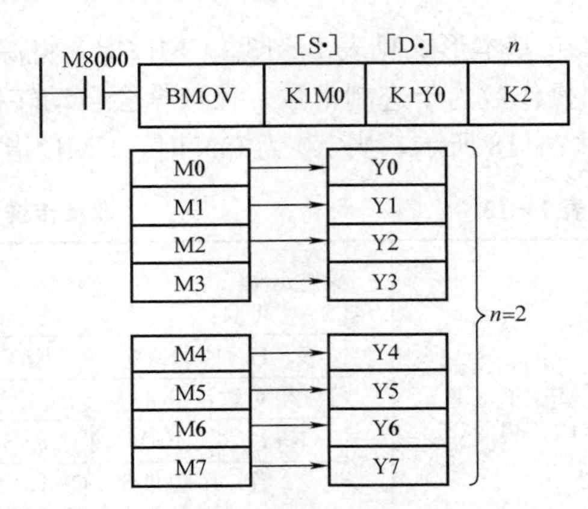

图 7－20　块传送指令举例（指定位数）

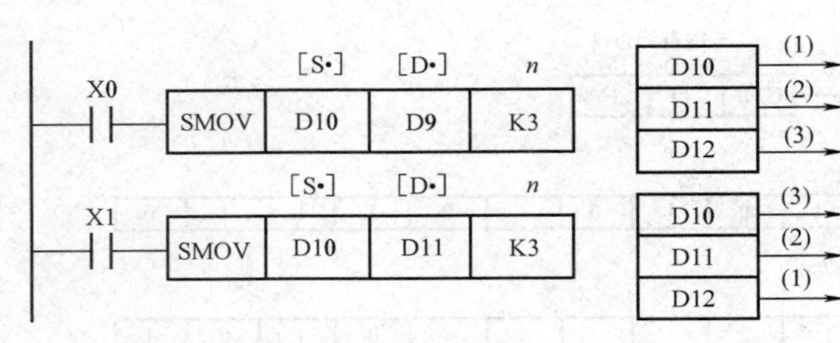

图 7－21　块传送指令的传送顺序

（3）为防止源数据块与目标数据块重叠时，源数据在传送过程中被改写，传送顺序是自动决定的，如图 7－21 所示。

（4）利用 BMOV 指令可以读出文件寄存器 D1000～D2999 中的数据。

7. 多点传送指令

多点传送指令（Fill Move，FMOV）将源操作数中的数据传送到指定目标开始的 n 个元件中，传送后 n 个元件中的数据完全相同。FMOV 指令的基本形式见表 7－15。指令的使用如图 7－22 所示，当 X0 为 ON 时，FMOV 指令将常数 0 传送到 D0～D9 这 10 个（$n=10$）数据寄存器中。

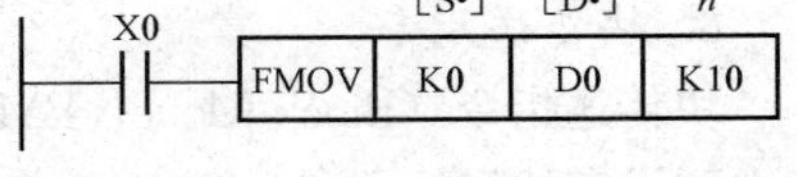

图 7－22　多点传送指令举例

表 7－15　　多点传送指令基本形式

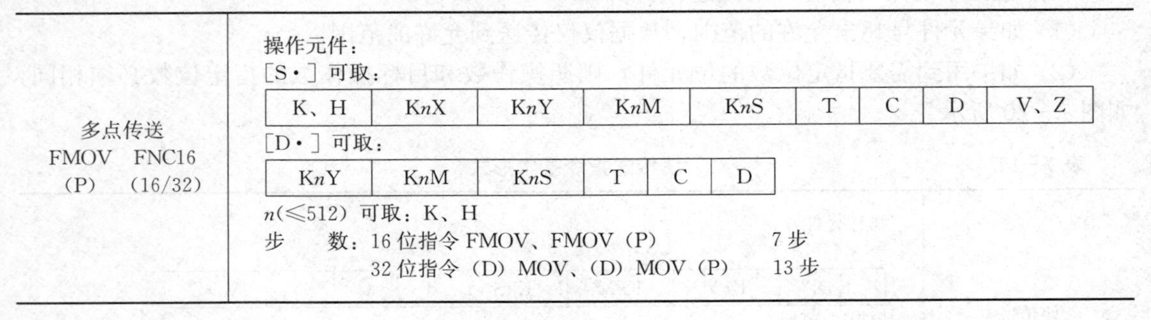

多点传送 FMOV　FNC16 （P）　（16/32）	操作元件： [S·] 可取： K、H　KnX　KnY　KnM　KnS　T　C　D　V、Z [D·] 可取： KnY　KnM　KnS　T　C　D n(≤512) 可取：K、H 步　　数：16 位指令 FMOV、FMOV（P）　　7 步 　　　　　32 位指令（D）MOV、（D）MOV（P）　　13 步

8. 数据交换指令

数据交换指令（Exchange，XCH）是将数据在指定的目标元件之间交换。XCH 指令的基本形式见表 7－16。数据交换指令一般采用脉冲执行方式，否则在每一个扫描周期都要交换一次。如图 7－23 所示，当 X0 由 OFF 变为 ON 时，XCH 指令执行一次，将 D0 和 D12 中的数据相互交换。

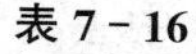

表 7 - 16 数据交换指令基本形式

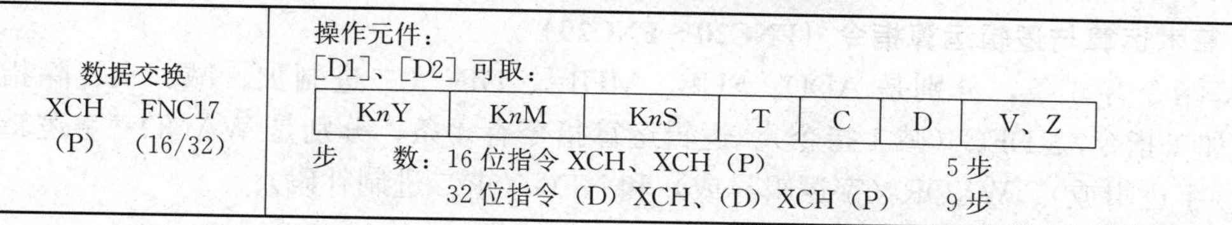

数据交换 XCH FNC17 (P) (16/32)	操作元件： [D1]、[D2] 可取： KnY | KnM | KnS | T | C | D | V、Z 步 数：16 位指令 XCH、XCH（P） 5 步 32 位指令（D）XCH、（D）XCH（P） 9 步

9. BCD 变换指令

BCD 变换指令（Binary Code to Decimal，BCD）功能是将源操作元件中的二进制数转换成 BCD 码后送到目标元件中去。BCD 变换指令基本形式见表 7 - 17。如图 7 - 24 所示，当 X0 为 ON 时，源操作数 D12 中的二进制数转换成 BCD 码送到目标元件 Y7～Y0 中去。

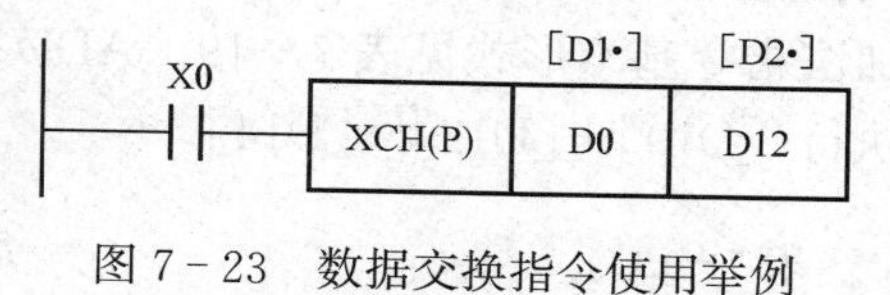

图 7 - 23 数据交换指令使用举例

表 7 - 17 BCD 变换指令基本形式

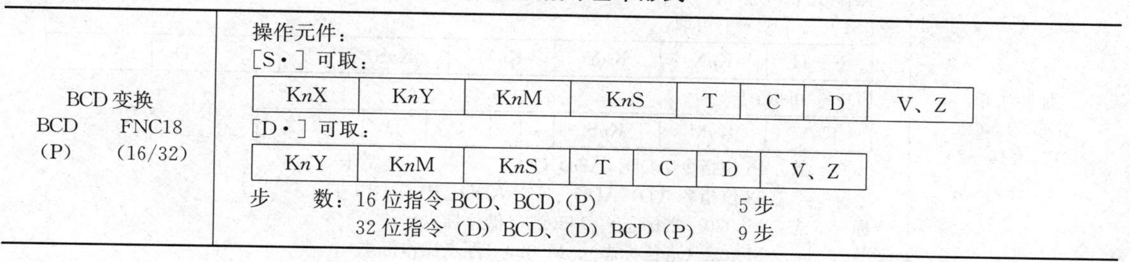

BCD 变换 BCD FNC18 (P) (16/32)	操作元件： [S·] 可取： KnX | KnY | KnM | KnS | T | C | D | V、Z [D·] 可取： KnY | KnM | KnS | T | C | D | V、Z 步 数：16 位指令 BCD、BCD（P） 5 步 32 位指令（D）BCD、（D）BCD（P） 9 步

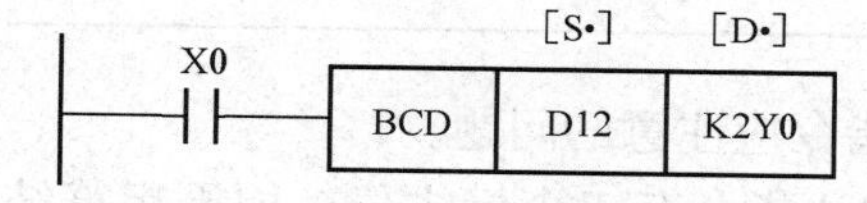

图 7 - 24 BCD 变换指令使用举例

16 位指令 BCD/BCD（P）执行的变换结果超出 0～9999 的范围就会出错。

32 位指令（D）BCD/(D) BCD（P）执行的变换结果超出 0～99999999 的范围就会出错。

可用 BCD 码指令将 PLC 中的二进制数变换成 BCD 码输出以驱动 7 段显示。

10. BIN 变换指令

BIN 变换指令（Binary，BIN）功能是将源操作元件中的 BCD 码转换成二进制数后送到目标元件中去。BIN 变换指令的基本形式见表 7 - 18。

表 7 - 18 BIN 变换指令基本形式

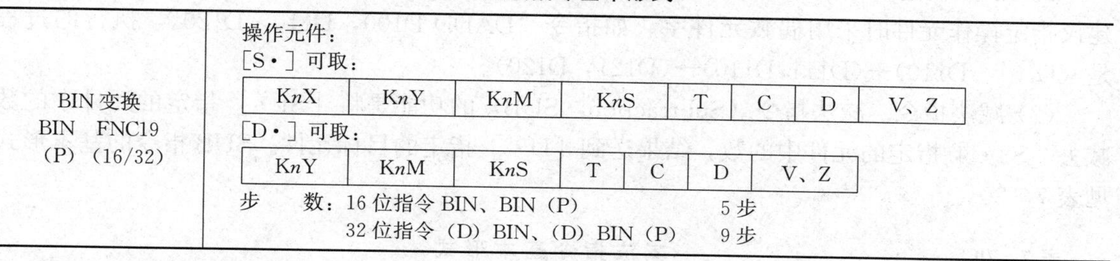

BIN 变换 BIN FNC19 (P) (16/32)	操作元件： [S·] 可取： KnX | KnY | KnM | KnS | T | C | D | V、Z [D·] 可取： KnY | KnM | KnS | T | C | D | V、Z 步 数：16 位指令 BIN、BIN（P） 5 步 32 位指令（D）BIN、（D）BIN（P） 9 步

如果源操作元件中的数据不是 BCD 码，将会出错。常数 K 会自动地转换为二进制，因此不能作为本指令的操作元件。BCD 码的范围为 0～9999（16 位指令）或 0～99999999（32 位指令）。如图 7 - 25 所示，

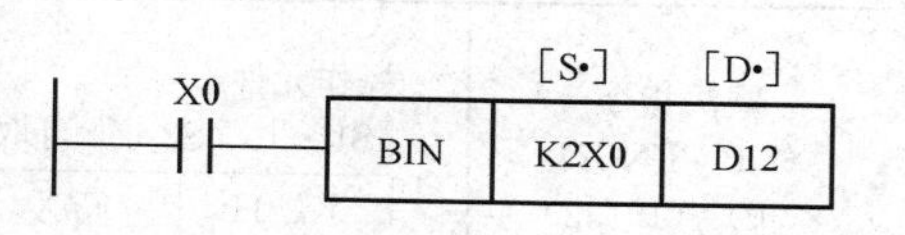

图 7 - 25 BIN 变换指令使用举例

当 X0 为 ON 时，源操作数 K2X0 中的二进制数转换成 BCD 码送到目标元件 D12 中去。

7.2.3 算术运算与逻辑运算指令（FNC20～FNC29）

算术运算指令有 6 条，分别是 ADD、SUB、MUL 、DIV（二进制加、减、乘、除指令）、INC（加 1 指令）、DEC（减 1 指令）。逻辑运算指令有 4 条，分别是 WAND（字逻辑与）、WOR（字逻辑或）、WXOR（字逻辑异或）和 NEG（求二进制补码）。

1. 算术运算指令

（1）加法指令。加法指令（Addition，ADD）将源操作元件中的二进制数相加，结果送到指定的目标元件。每个数据的最高位为符号位（0 为正、1 为负），加法运算为代数运算。加法指令基本形式见表 7－19。ADD 指令的梯形图格式如图 7－26 所示，当 X0 为 ON 时，执行 [D10]＋[D12]→[D14]。

表 7－19 加法指令基本形式

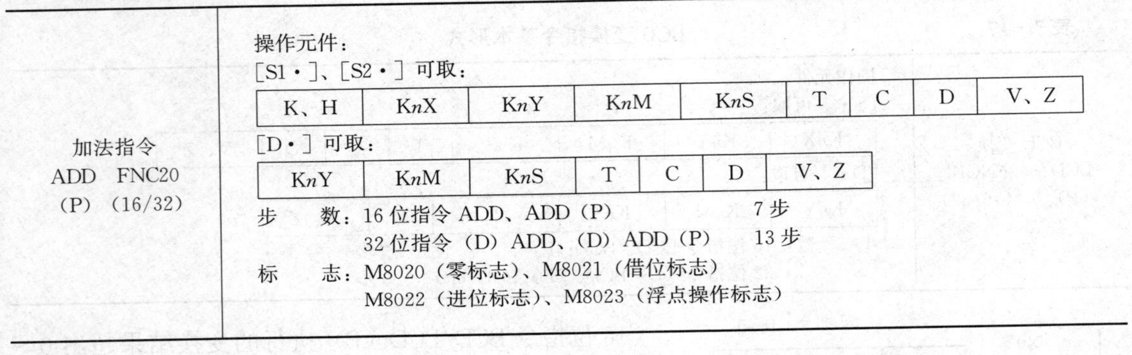

加法指令 ADD FNC20 (P) (16/32)

操作元件：

[S1・]、[S2・] 可取：

K、H	KnX	KnY	KnM	KnS	T	C	D	V、Z

[D・] 可取：

KnY	KnM	KnS	T	C	D	V、Z

步 数：16 位指令 ADD、ADD（P） 7 步
32 位指令（D）ADD、（D）ADD（P） 13 步

标 志：M8020（零标志）、M8021（借位标志）
M8022（进位标志）、M8023（浮点操作标志）

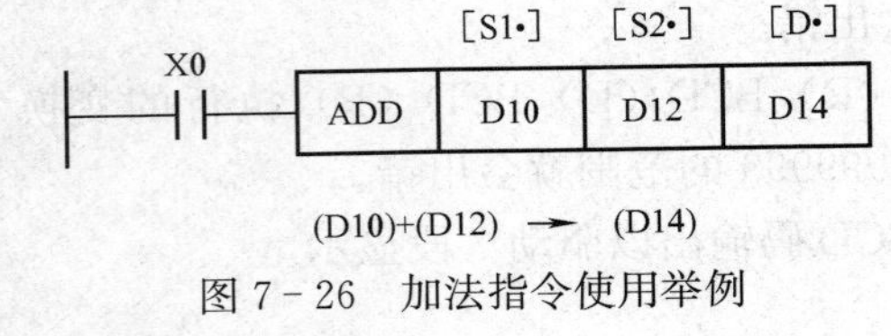

图 7－26 加法指令使用举例

使用加法指令应注意的问题。

1）ADD 加法指令有 4 个标志位。如果运算结果为 0，则零标志 M8020 置 1。如果运算结果超过 32767（16 位运算）或 2147473647（32 位运算），则进位标志 M8022 置 1。如果运算结果小于－32767（16 位运算）或－2147483647（32 位运算），则借位标志 M8021 置 1。M8023 置 1 后，将执行浮点加法运算，此时要采用双字节形式。

2）在 32 位运算中用到字编程元件时，被指定的字编程元件为低位字，为了避免错误，建议指定操作元件时采用偶数元件字。如指令"DADD D100，D110，D120"，执行的过程是（D101，D110）＋(D111，D110)→(D121，D120)。

（2）减法指令。减法指令（Subtraction，SUB）的功能是将 [S1・] 指定的元件中的数减去 [S2・] 指定的元件中的数，结果送到 [D・] 指定的目标元件。SUB 指令的基本形式见表 7－20。

表 7－20 减法指令基本形式

减法指令 SUB FNC21 (P) (16/32)

操作元件：

[S1・]、[S2・] 可取：

K、H	KnX	KnY	KnM	KnS	T	C	D	V、Z

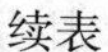
续表

 减法指令 SUB FNC21 （P）（16/32）	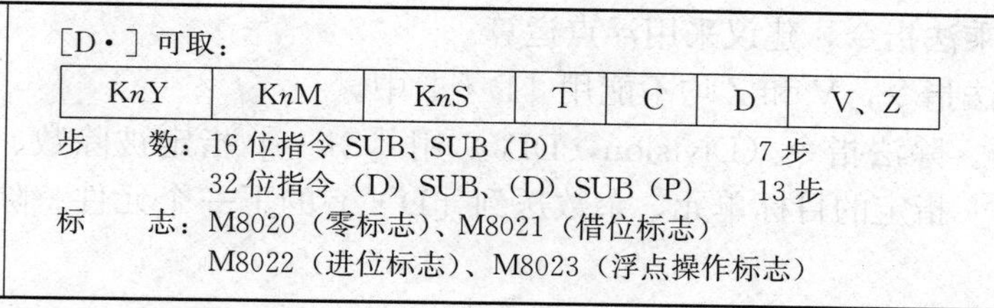 [D·] 可取： KnY | KnM | KnS | T | C | D | V、Z 步 数：16 位指令 SUB、SUB（P） 7 步 32 位指令（D）SUB、（D）SUB（P） 13 步 标 志：M8020（零标志）、M8021（借位标志） M8022（进位标志）、M8023（浮点操作标志）

SUB 指令的使用如图 7-27 所示，当 X0 为 ON 时，执行（D10）−（D12）→（D14）；当 X1 由 OFF 变为 ON 时，执行（D1，D0）−1→（D1，D0）。

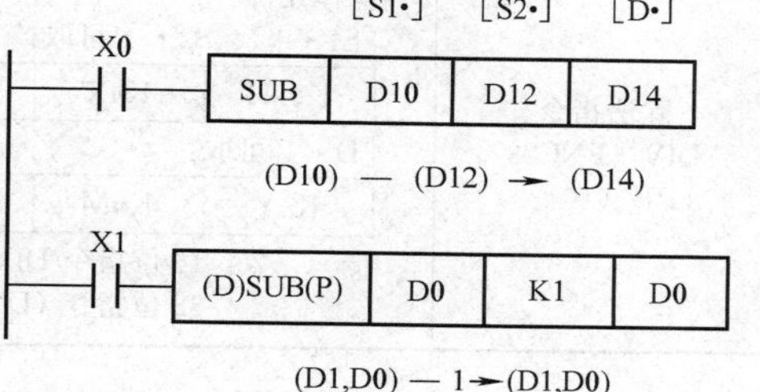

图 7-27 减法指令使用举例

当采用脉冲执行方式来进行加 1、减 1 运算时与后续的 INC（加 1）、DEC（减 1）指令的功能相似，不同之处在于 INC 和 DEC 指令不影响零标志、借位标志和进位标志。

（3）乘法指令。乘法指令（Multiplication，MUL）基本形式见表 7-21。

表 7-21 乘法指令基本形式

乘法指令 MUL FNC22 （P）（16/32）	操作元件： [S1·]、[S2·] 可取： K、H | KnX | KnY | KnM | KnS | T | C | D | V、Z [D·] 可取： KnY | KnM | KnS | T | C | D | Z（只用于 16 位） 步 数：16 位指令 MUL 和 MUL（P） 7 步 32 位指令（D）MUL 和（D）MUL（P） 13 步

1）16 位乘法运算。16 位乘法指令将源元件中的二进制数相乘，结果（32 位）送到指定的目标元件。如图 7-28 所示，当 X0 为 ON 时，执行（D0）×（D1）→（D5，D4），即乘积的低位字送 D4，高位字送 D5。注意数据的最高位是符号位，0 为正，1 为负。

对于 16 位乘法指令，V 不能用于 [D·] 中。

目标位元件（如 KnM）可用 K1～K8 来指定位数。如果用 K4 来指定位数，只能得到乘积的低 16 位。

2）32 位乘法运算。在 32 位乘法运算中，如果用位元件作目标，则乘积只能得到低 32 位，高 32 位丢失。在这种情况下，应先将数据移入字元件后再进行计算。在图 7-29 中，当 X1 为 ON 时，执行（D1，D0）×（D3，D2）→（D7，D6；D5，D4）。

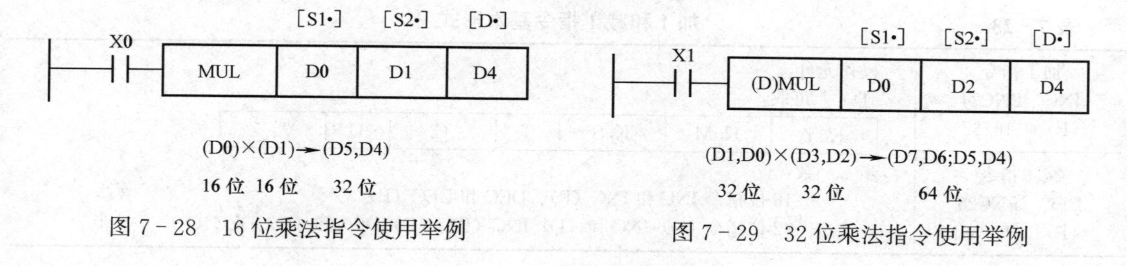

图 7-28 16 位乘法指令使用举例

图 7-29 32 位乘法指令使用举例

用字元件时，不可能监视64位数据，可通过监视高32位和低32位来获得64位的运算结果。对于32位乘法指令，建议采用浮点运算。

对于32位乘法指令，V和Z均不能用［D·］中。

（4）除法指令。除法指令（Division，DIV）用［S1·］指定被除数、［S2·］指定除数、商送到［D·］指定的目标单元，余数送到［D·］的下一个元件。除法指令基本形式见表7-22。

表7-22　除法指令基本形式

指令	操作元件及步数
除法指令 DIV　FNC23 (P)　(16/32)	操作元件： ［S1·］、［S2·］可取： K、H　KnX　KnY　KnM　KnS　T　C　D　V、Z ［D·］可取： KnY　KnM　KnS　T　C　D　Z（只用于16位） 步　　数：16位指令 DIV、DIV（P）　　7步 32位指令（D）DIV、（D）DIV（P）　　13步

16位除法指令使用举例如图7-30所示，当X0为ON时，执行（D0）÷（D2），商送到（D4），余数送到（D5）。

32位除法运算使用举例如图7-31所示，当X1为ON时，执行（D1，D0）÷（D3，D2），商送到（D5，D4），余数送到（D7，D6）。

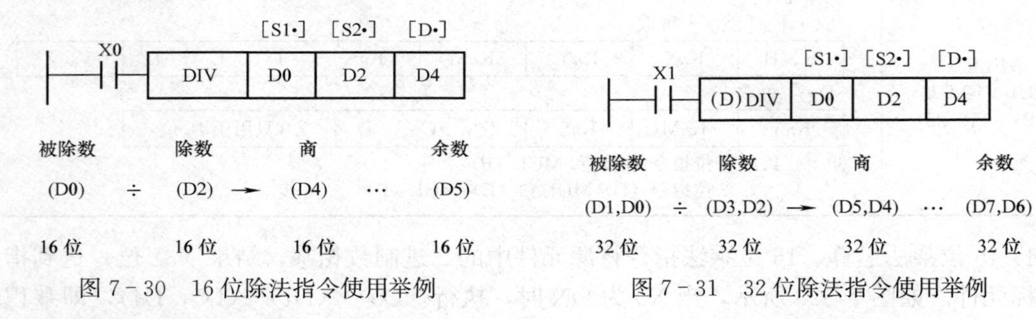

图7-30　16位除法指令使用举例　　　图7-31　32位除法指令使用举例

使用除法指令应注意的问题：

1）若除数为0则发生运算错误，不执行该指令。

2）若位元件被指定为目标元件，无法得到余数。

3）商数和余数的最高位为符号位，0为正，1为负。当被除数或除数中的一方为负数时，商则为负数，当被除数为负时则余数为负。

（5）加1和减1指令。加1指令（Increment，INC）和减1指令（Decrement，DEC）基本形式见表7-23。

表7-23　加1和减1指令基本形式

指令	操作元件及步数
加1指令 INC　FNC24 (P)　(16/32)	操作元件： ［D·］可取： KnY　KnM　KnS　T　C　D　V、Z
减1指令 DEC　FNC25 (P)　(16/32)	步　　数： 16位指令 INC和INC（P）、DEC和DEC（P）　　3步 32位指令（D）INC和（D）INC（P）、（D）DEC和（D）DEC（P）　　5步

如图 7－32 所示，当 X0 由 OFF→ON 变化时，D10 中的数自动增加 1，当 X1 由 OFF→ON 变化时，D11 中的数自动减 1。如果使用连续指令，则每个扫描周期加 1 或减 1。

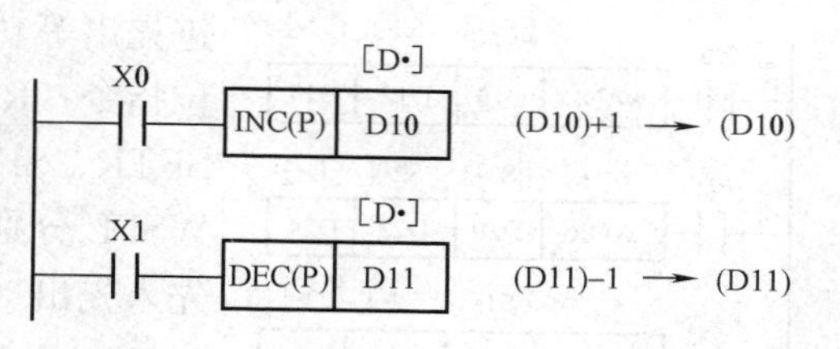

图 7－32 加 1 和减 1 指令使用举例

在 16 位运算中，＋32767 再加 1 就变为－32768，－32768 再减 1 就变为＋32767，但标志不置位。

在 32 位运算中，＋2147483647 再加 1 就变为－2147483648，－2147483648 再减 1 就变为＋2147483647，标志也不置位。

2. 逻辑运算指令

字逻辑与指令 WAND、字逻辑或指令 WOR、字逻辑异或指令 WXOR 的基本形式见表 7－24。

表 7－24　逻辑运算指令列表

<table>
<tr><td>字逻辑与指令
WAND FNC26
(P) (16/32)</td><td rowspan="3">操作元件：
[S1·]、[S2·] 可取：
<table><tr><td>K、H</td><td>KnX</td><td>KnY</td><td>KnM</td><td>KnS</td><td>T</td><td>C</td><td>D</td><td>V、Z</td></tr></table>
[D·] 可取：
<table><tr><td>KnY</td><td>KnM</td><td>KnS</td><td>T</td><td>C</td><td>D</td><td>V、Z</td></tr></table>
步　数：
<table>
<tr><td>16 位指令：7 步</td><td>32 位指令：13 步</td></tr>
<tr><td>WAND
WAND (P)</td><td>(D) AND
(D) AND (P)</td></tr>
<tr><td>WOR
WOR (P)</td><td>(D) OR
(D) OR (P)</td></tr>
<tr><td>WXOR
WXOR (P)</td><td>(D) XOR
(D) XOR (P)</td></tr>
</table>
注意：16 位指令前加有“W”，32 位指令前没有“W”</td></tr>
<tr><td>字逻辑或指令
WOR FNC27
(P) (16/32)</td></tr>
<tr><td>字逻辑异或指令
WXOR FNC28
(P) (16/32)</td></tr>
</table>

求补指令（Negation，NEG）只有目标操作元件，将［D·］指定的数取反后加再加 1，结果存于同一元件，求补指令实际上是绝对值不变的变号操作。求补指令的基本形式见表 7－25。

表 7－25　求补指令基本形式

<table>
<tr><td>求补指令
NEG FNC29
(P) (16/32)</td><td>操作元件：
[D·] 可取：
<table><tr><td>KnY</td><td>KnM</td><td>KnS</td><td>T</td><td>C</td><td>D</td><td>V、Z</td></tr></table>
步　数：16 位指令 NEG、NEG (P)　3 步
32 位指令 (D) NEG、(D) NEG (P)　5 步</td></tr>
</table>

逻辑运算指令使用举例如图 7－33 所示，注意字逻辑异或指令 WXOR 与求反指令 CML 组合使用可实现“异或非”运算。

7.2.4 循环移位与移位指令（FNC30～FNC39）

FX 系列 PLC 设置了 10 条循环移位与移位指令，可以实现数据的循环移位、移位及先

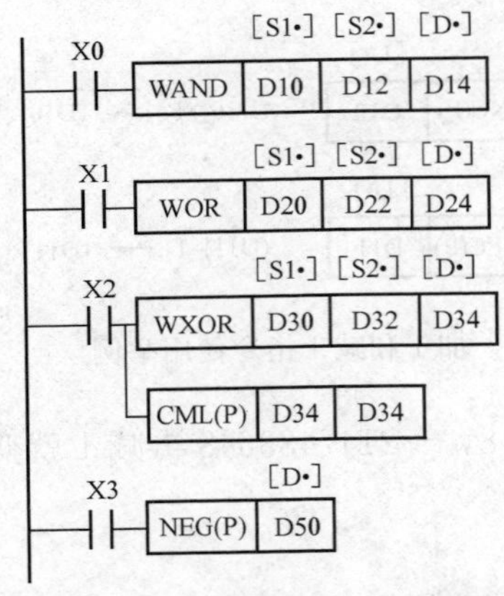

图 7-33　逻辑运算指令使用举例

进先出等功能。ROR、ROL 分别是右循环移位、左循环移位指令；RCR、RCL 分别是带进位的右循环、左循环指令；SFTR、SFTL 分别是移位寄存器右移、左移指令；WSFR、WSFL 分别是字右移、字左移指令；SFWR、SFRD 分别是先入先出（FIFO）写入和先入先出读出指令。

1. 循环移位指令

右循环移位指令（Rotation Right，ROR）和左循环移位指令（Rotation Left，ROL）的基本形式见表 7-26。执行这两条指令时，各位数据向右（或向左）循环移动 n 位，最后一次移出的那一个同时存入进位标志 M8022 中。循环移位指令的使用举例如图 7-34 所示。

表 7-26　　　　循环移位指令基本形式

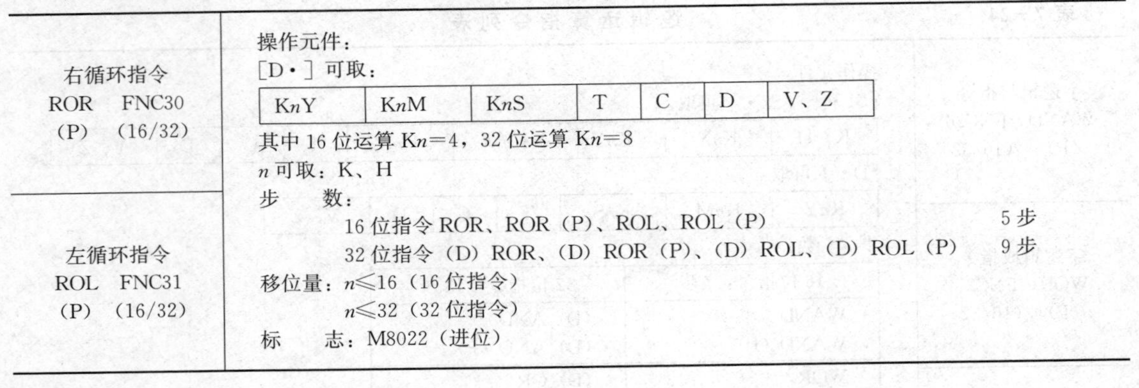

右循环指令 ROR　FNC30 (P)　(16/32)	操作元件： [D·] 可取： KnY | KnM | KnS | T | C | D | V、Z 其中 16 位运算 Kn=4，32 位运算 Kn=8 n 可取：K、H 步　数： 16 位指令 ROR、ROR (P)、ROL、ROL (P)　5 步 32 位指令 (D) ROR、(D) ROR (P)、(D) ROL、(D) ROL (P)　9 步 移位量：$n \leqslant 16$（16 位指令） $n \leqslant 32$（32 位指令） 标　志：M8022（进位）
左循环指令 ROL　FNC31 (P)　(16/32)	

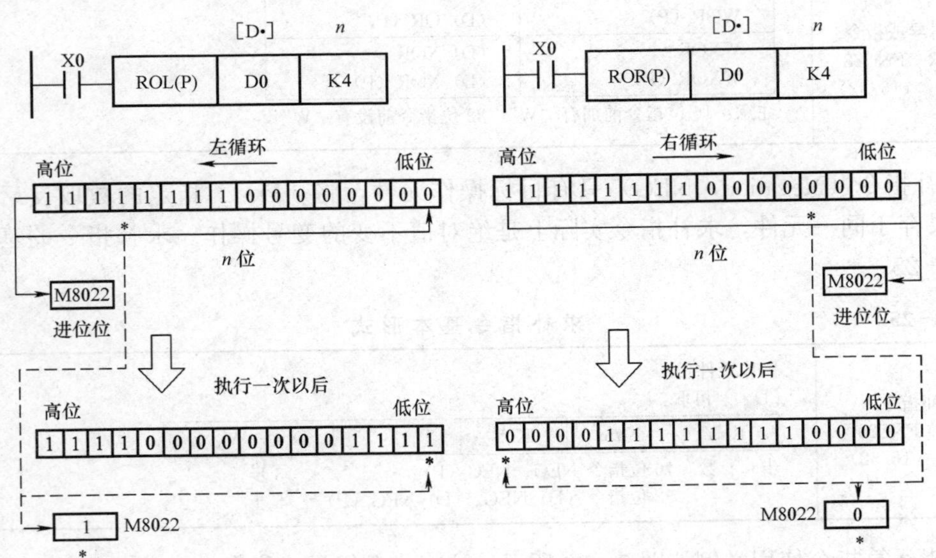

图 7-34　循环移位指令使用举例

2. 带进位的循环移位指令

带进位的右循环移位指令（Rotation Right With Carry，RRC）和带进位的左循环移位

指令（Rotation Left With Carry，RLC）的基本形式见表 7－27。执行这两条指令时，各位数据连同进位标志 M8022 向右（或向左）循环移动 n 位。带进位循环移位指令使用举例如图 7－35 所示。

表 7－27　带进位的循环移位指令基本形式

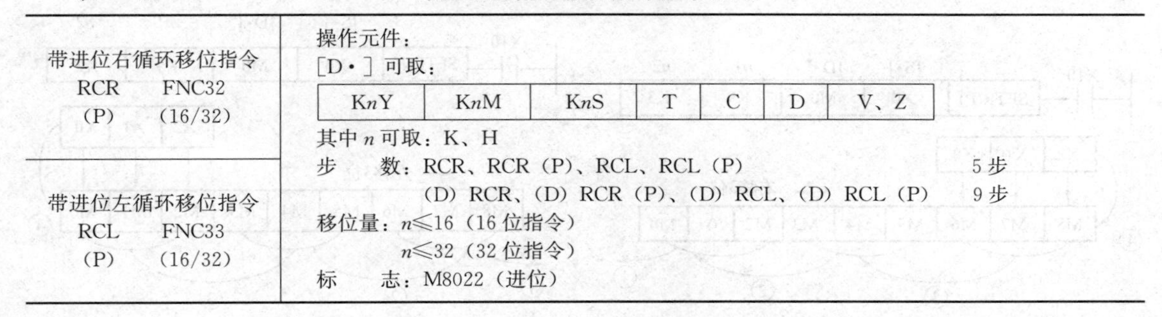

带进位右循环移位指令 RCR　FNC32 （P）　（16/32）	操作元件： ［D·］可取：KnY、KnM、KnS、T、C、D、V、Z 其中 n 可取：K、H 步　数：RCR、RCR（P）、RCL、RCL（P）　5 步 （D）RCR、（D）RCR（P）、（D）RCL、（D）RCL（P）　9 步 移位量：$n \leqslant 16$（16 位指令） $n \leqslant 32$（32 位指令） 标　志：M8022（进位）
带进位左循环移位指令 RCL　FNC33 （P）　（16/32）	

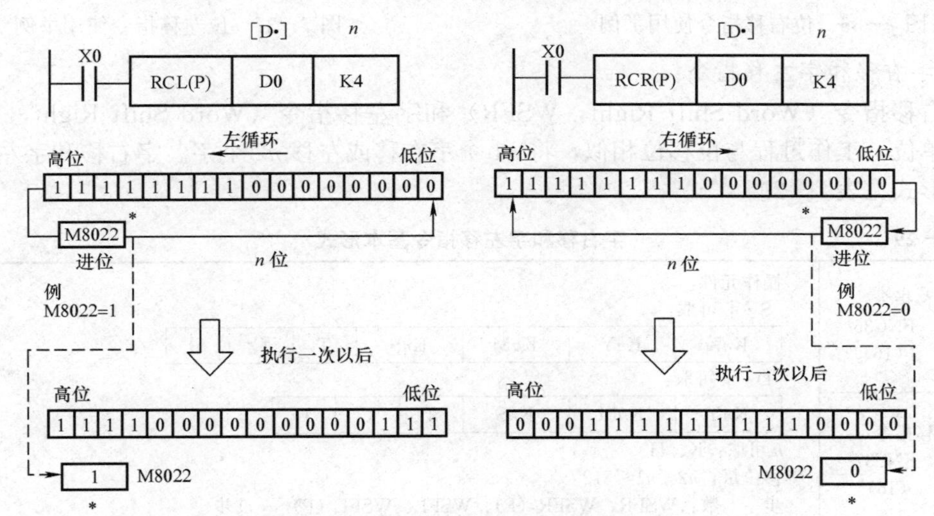

图 7－35　带进位循环移位指令使用举例

3. 位右移和位左移指令

位右移指令（Shift Right，SFTR）和位左移指令（Shift Left，SFTL）的功能是使位元件中的状态成组地向右（或向左）移动。$n1$ 指定位元件的长度，$n2$ 指定移位位数，对于 FX2N 系列，$n2 \leqslant n1 \leqslant 1024$。位右移和位左移指令基本形式见表 7－28。

表 7－28　位右移和位左移指令基本形式

右移位指令 SFTR　FNC34 （P）　（16）	操作元件： ［S·］可取：X、Y、M、S ［D·］可取：Y、M、S $n1$、$n2$ 可取：K、H 移位量：$n2 \leqslant n1 \leqslant 1024$（FX2N 系列） $n2 \leqslant n1 \leqslant 512$（FX0、FX0N 系列） 步　数：SFTR、SFTR（P）、SFTL、SFTL（P）　9 步
左移位指令 SFTL　FNC35 （P）　（16）	

在图 7－36 中，当 X10 由 OFF 变 ON 时，位右移指令按以下顺序移位：①M2～M0 中的数溢出；②M5～M3→M2～M0；③M8～M6→M5～M3；④X2～X0→M8～M6。

在图 7－37 中，当 X10 由 OFF 变 ON 时，位左移指令按以下顺序移位：①M8～M6 中的数溢出；②M5～M3→M8～M6；③M2～M0→M5～M3；④X2～X0→M2～M0。

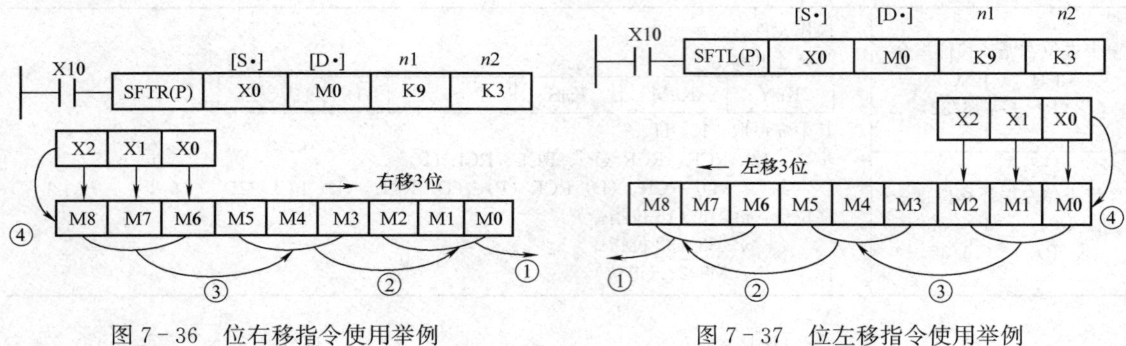

图 7－36 位右移指令使用举例　　图 7－37 位左移指令使用举例

4. 字右移和字左移指令

字右移指令（Word Shift Right，WSFR）和字左移指令（Word Shift Right，WSFL）以字为单位，工作过程与位移位相似，将 $n1$ 个字右移或左移 $n2$ 个字。字右移和字左移指令的基本形式见表 7－29。

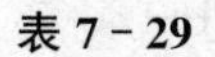

表 7－29　字右移和字左移指令基本形式

<table>
<tr><td>字右移指令
WSFR　FNC36
（P）　（16）</td><td rowspan="2">操作元件：
［S·］可取：
KnX | KnY | KnM | KnS | T | C | D
［D·］可取：
KnY | KnM | KnS | T | C | D
n 可取：K、H
移位量：n2≤n1≤512
步　　数：WSFR、WSFR（P）、WSFL、WSFL（P）　9 步</td></tr>
<tr><td>字左移指令
WSFL　FNC37
（P）　（16）</td></tr>
</table>

在图 7－38 中，当 X0 由 OFF 变 ON 时，按以下顺序移位：①D2～D0 中的数溢出；②D5～D3→D2～D0；③D8～D6→D5～D3；④T2～T0→D8～D6。

在图 7－39 中，当 X10 由 OFF 变 ON 时，按以下顺序移位：①D8～D6 中的数溢出；②D5～D3→D8～D6；③D2～D0→D5～D3；④T2～T0→D2～D0。

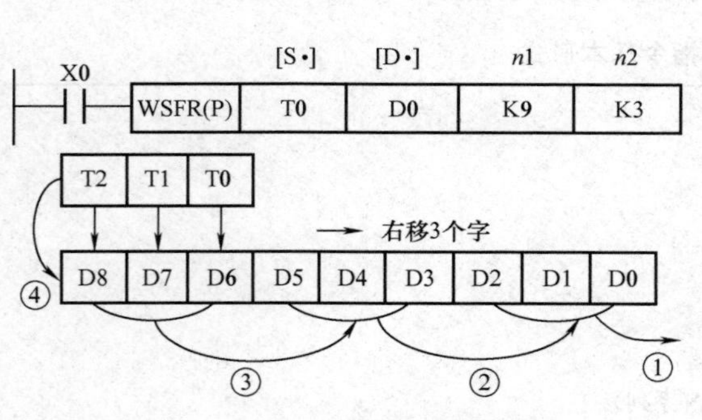

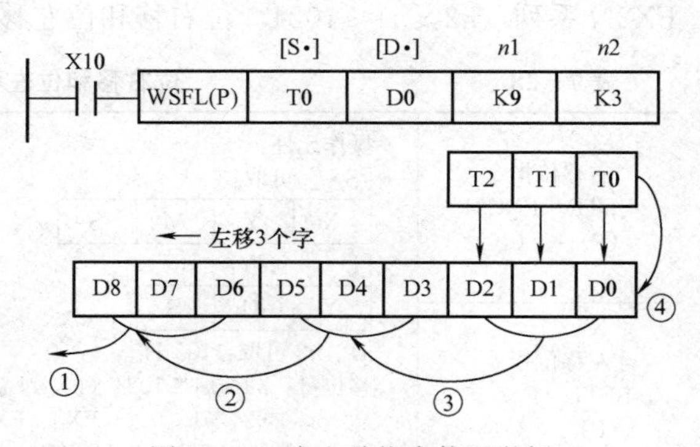

图 7－38 字右移指令使用举例　　图 7－39 字左移指令使用举例

5．先入先出写入与读出指令

先入先出（First In First Out，FIFO）和写入指令（Shift Register Write，SFWR）基本形式见表7－30。读出指令（Shift Register Read，SFRD）基本形式见表7－31。

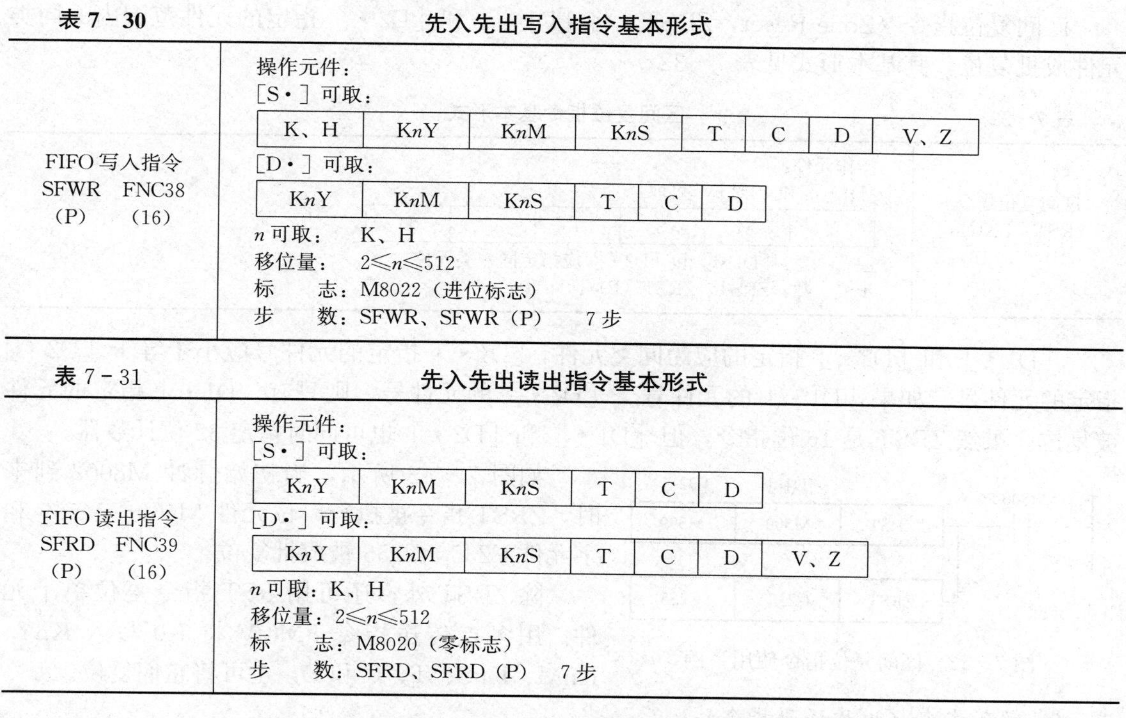

表7－30　先入先出写入指令基本形式

FIFO写入指令 SFWR　FNC38 （P）　（16）	操作元件： ［S·］可取： K、H ｜ K*n*Y ｜ K*n*M ｜ K*n*S ｜ T ｜ C ｜ D ｜ V、Z ［D·］可取： K*n*Y ｜ K*n*M ｜ K*n*S ｜ T ｜ C ｜ D *n*可取：　K、H 移位量：　2≤*n*≤512 标　　志：M8022（进位标志） 步　　数：SFWR、SFWR（P）　7步

表7－31　先入先出读出指令基本形式

FIFO读出指令 SFRD　FNC39 （P）　（16）	操作元件： ［S·］可取： K*n*Y ｜ K*n*M ｜ K*n*S ｜ T ｜ C ｜ D ［D·］可取： K*n*Y ｜ K*n*M ｜ K*n*S ｜ T ｜ C ｜ D ｜ V、Z *n*可取：K、H 移位量：2≤*n*≤512 标　　志：M8020（零标志） 步　　数：SFRD、SFRD（P）　7步

在图7－40中，当X10由OFF变ON时，源操作数D0中的数据写入D2，指针D1变为1（指针D1必须先清零）。当X10再次由OFF变ON时，D0中的数据写入D3，D1中的数据变为2，以此类推，源操作数D0中的数依次写入数据寄存器。很显然，数据从最右边的寄存器D2开始顺序存入，源数据写入的次数存放在D1中，所以D1叫指针。当D1的内容达到$n-1$后，上述操作不再执行，进位标志M8022置1。

在图7－41中，当X0由OFF变ON时，D2中的数据送到D20，同时指针D1的值减1，D3～D9的数据向右移一个字，数据总是从D2读出，指针D1为零时，不再执行上述操作且M8020置1。执行本指令过程中，D9的数据保持不变。

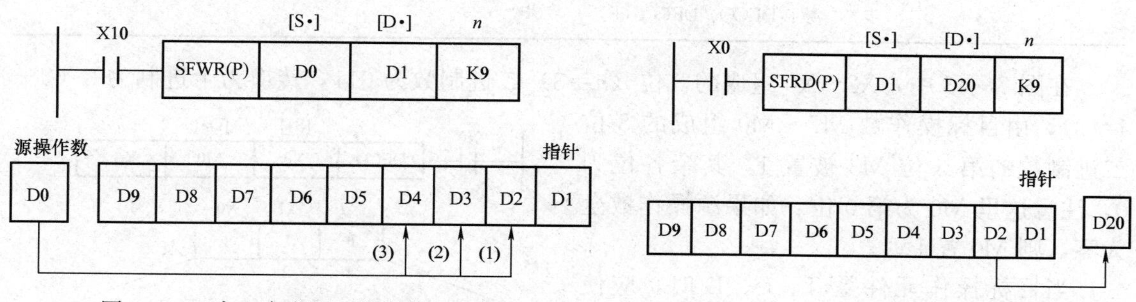

图7－40　先入先出写入指令使用举例　　图7－41　先入先出读出指令使用举例

7.2.5　数据处理指令（FNC40～FNC49）

数据处理指令包括区间复位指令ZRST、解码指令DECO、编码指令ENCO、ON位数统计指令 SUM、ON 位判别指令 BON、平均值指令 MEAN、报警器置位指令 ANS、报警器复位指令 ANR、二进制平方根指令 SQR、浮点数操作指令 FLT。

1．区间复位指令（也称成批复位指令）

区间复位指令（Zone Reset，ZRST）将［D1·］和［D2·］指定的元件范围内的同类元件成批复位，其基本形式见表 7-32。

表 7-32 区间复位指令基本形式

区间复位指令	操作元件
区间复位指令 ZRST FNC40 (P) (16)	操作元件： ［D1·］和［D2·］可取： Y M S T C D 注 意：［D1·］和［D2·］应指定同一类元件 步 数：ZRST、ZRST（P） 5 步

［D1·］和［D2·］指定的应为同类元件，［D1·］指定的元件号应小于等于［D2·］指定的元件号。如果［D1·］的元件号＞［D2·］的元件号，则只有［D1·］指定的元件被复位。虽然 ZRST 是 16 位指令，但［D1·］和［D2·］也可同时指定 32 位计数器。

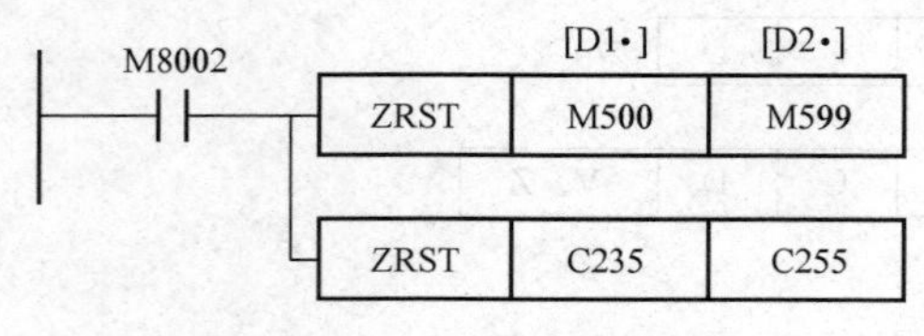

图 7-42 区间复位指令使用举例

如图 7-42 所示，当初始脉冲 M8002 到来时，ZRST 指令被执行，位元件 M500～M599 和字元件 C235～C255 被成批复位。

除 ZRST 外，还可用 RST 指令复位单个元件。用多点传送指令 FMOV 将 K0 写入 KnY、KnM、KnS、T、C 和 D，也可将它们复位。

2．解码指令（也称译码指令）

解码指令（Decode，DECO）基本形式见表 7-33。

表 7-33 解码指令基本形式

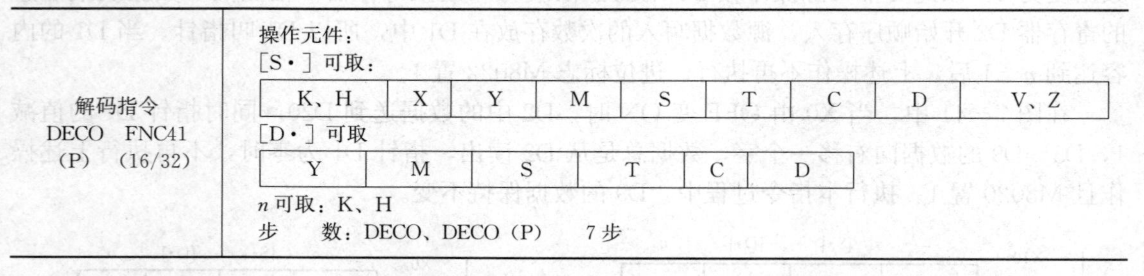

解码指令 DECO FNC41 (P) (16/32)	操作元件： ［S·］可取： K、H X Y M S T C D V、Z ［D·］可取 Y M S T C D *n* 可取：K、H 步 数：DECO、DECO（P） 7 步

在图 7-43 中，X2～X0 组成的 3 位（$n=3$）二进制数为 011，转换为十进制为 3（2＋1＝3），由目标操作数 M7～M0 组成的 8 位二进制数的第 3 位 M3 被置 1，其余各位为 0，注意这里 M0 为第 0 位。如果源操作数全为零，则 M0 置 1 。

当目标操作元件是 T、C、D 时，应使 $n\leqslant4$，目标元件的每一位都受控；当目标元件是 Y、M、S 时，应使 $n\leqslant8$。$n=0$ 时，不进行处理。

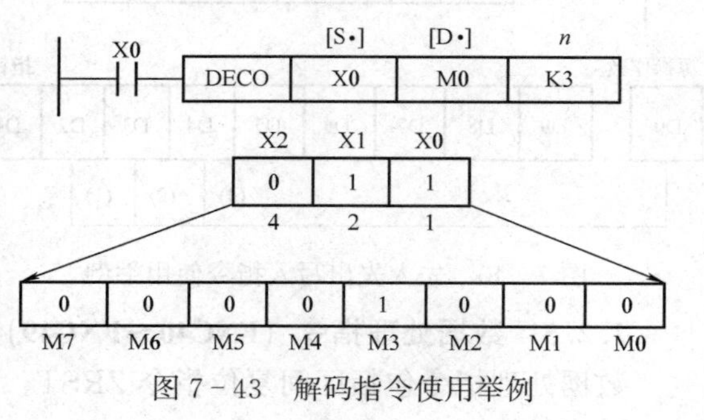

图 7-43 解码指令使用举例

借助解码指令可以用数据寄存器中的数值来控制位元件的 ON/OFF。

3. 编码指令

编码指令（Encode，ENCO）基本形式见表 7 - 34。

表 7 - 34 **编码指令基本形式**

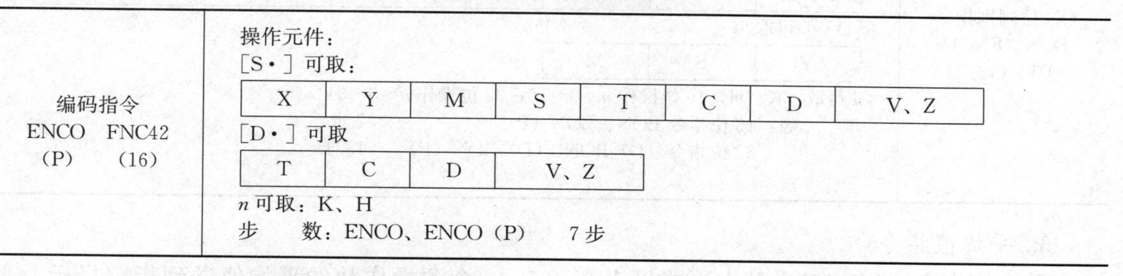

编码指令 ENCO FNC42 （P） （16）	操作元件： [S·] 可取：X、Y、M、S、T、C、D、V、Z [D·] 可取：T、C、D、V、Z n 可取：K、H 步　　数：ENCO、ENCO（P）　7 步

在图 7 - 44 中，源操作数中的 M3 为 1，将 3 转换成二进制 011，存入 D10 的低 3 位。如果源操作数中为 1 的位不止 1 个，则只有最高位的 1 有效。若指定源中的所有位均为 0，则出错。

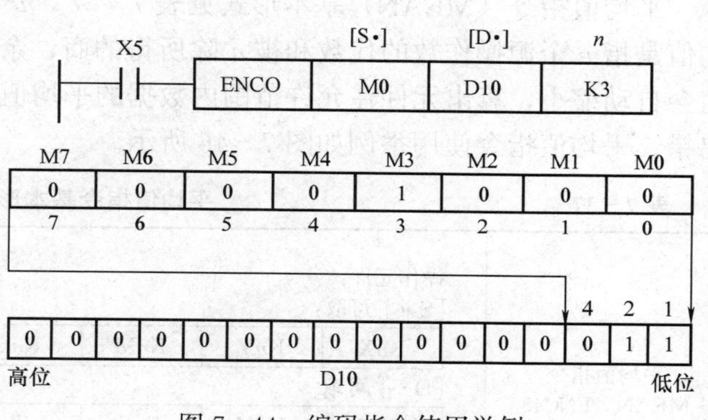

图 7 - 44　编码指令使用举例

4. ON 位数统计指令

ON 位数统计指令 SUM 用来统计指定元件中 1 的个数，其基本形式见表 7 - 35。

表 7 - 35 **ON 位数统计指令基本形式**

ON 位数统计指令 SUM FNC43 （P） （16/32）	操作元件： [S·] 可取：K、H、KnX、KnY、KnM、KnS、T、C、D、V、Z [D·] 可取：KnY、KnM、KnS、T、C、D、V、Z 步　　数：16 位指令 SUM、SUM（P）　5 步 　　　　　32 位指令（D）SUM、（D）SUM（P）　9 步 标　　志：M8020（零标志）

图 7 - 45 中，当 X0 为 ON 时，统计源操作数 D0 中为 ON 的位的个数，并将其送入目标操作数 D2。若 D0 的各位均为 0，则零标志 M8020 置 1。

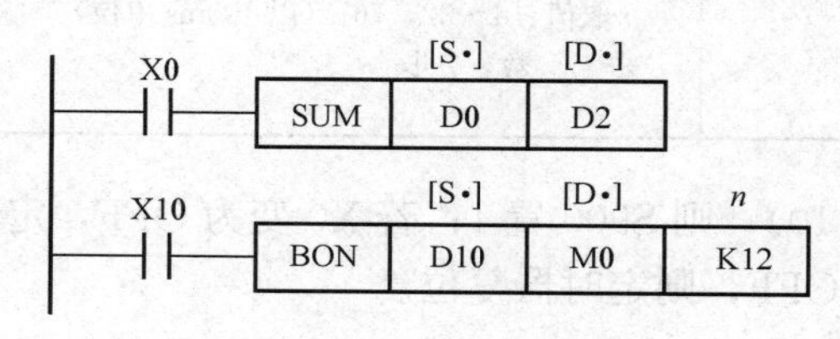

图 7 - 45　ON 位数统计与 ON 位判别指令使用举例

5. ON 位判别指令

ON 位判别指令（Bit On Check，BON）的基本形式见表 7 - 36。BON 指令用来检测指定元件中的指定位是否为 1。

在图 7 - 45 中，当 X10 为 ON 时，如果源操作数 D10 的第 12 位（n=12）为 ON，则目标操作数 M0 置 1。当 X0 变为 OFF 后，M0 仍保持不变。

表 7-36　　**ON 位判别指令**

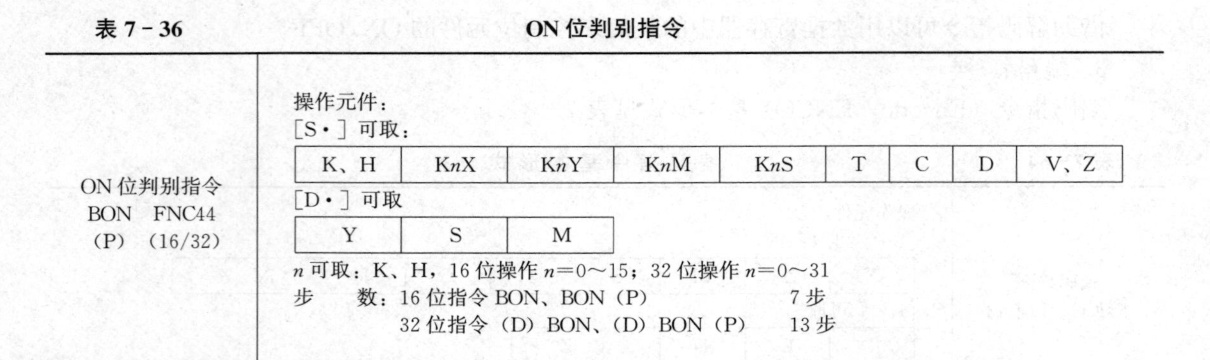

指令	说明
ON 位判别指令 BON　FNC44 （P）（16/32）	操作元件： [S·] 可取： K、H / KnX / KnY / KnM / KnS / T / C / D / V、Z [D·] 可取 Y / S / M n 可取：K、H，16 位操作 n=0～15；32 位操作 n=0～31 步　数：16 位指令 BON、BON（P）　7 步 32 位指令（D）BON、（D）BON（P）　13 步

6. 平均值指令

平均值指令（MEAN）基本形式见表 7-37。n 个源操作数的平均值送到指定目标，平均值是指 n 个源操作数的代数和被 n 除所得的商，余数略去。若元件超出指定的范围，n 的值会自动缩小，算出元件在允许范围内数据的平均值。若指定的 n 值超出 1～64 的范围，则出错。平均值指令使用举例如图 7-46 所示。

表 7-37　　**平均值指令基本形式**

指令	说明
平均值指令 MEAN　FNC45 （P）（16/32）	操作元件： [S·] 可取： KnX / KnY / KnM / KnS / T / C / D [D·] 可取 KnY / KnM / KnS / T / C / D / V、Z n 可取：K、H，n=1～64 步　数：16 位指令 MEAN、MEAN（P）　7 步 32 位指令（D）MEAN、（D）MEAN（P）　13 步

7. 报警器置位指令

报警器置位指令（Annunciator Set，ANS）基本形式见表 7-38，ANS 常用来驱动报警器。

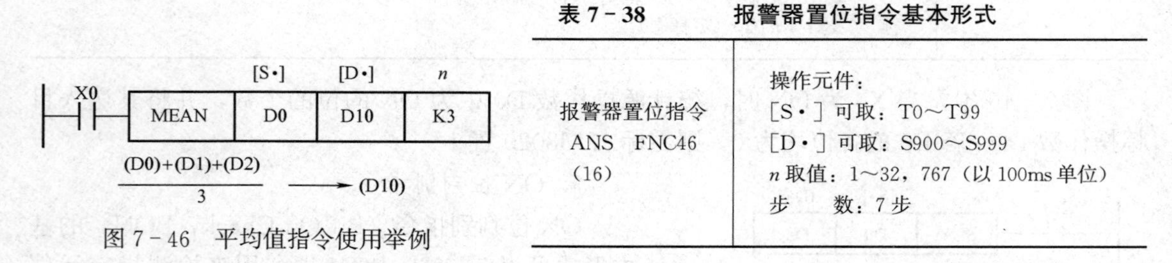

图 7-46　平均值指令使用举例

表 7-38　　**报警器置位指令基本形式**

指令	说明
报警器置位指令 ANS　FNC46 （16）	操作元件： [S·] 可取：T0～T99 [D·] 可取：S900～S999 n 取值：1～32，767（以 100ms 单位） 步　数：7 步

图 7-47 中，当 X0 为 ON 的时间超过 1s（n=10），则 S900 置 1；若 X0 变为 OFF，定时器复位而 S900 保持为 ON；若不满 1s，X0 变为 OFF，则定时器复位。

8. 报警器复位指令

报警器复位指令（Annunciator Reset，ANR）基本形式见表 7-39。

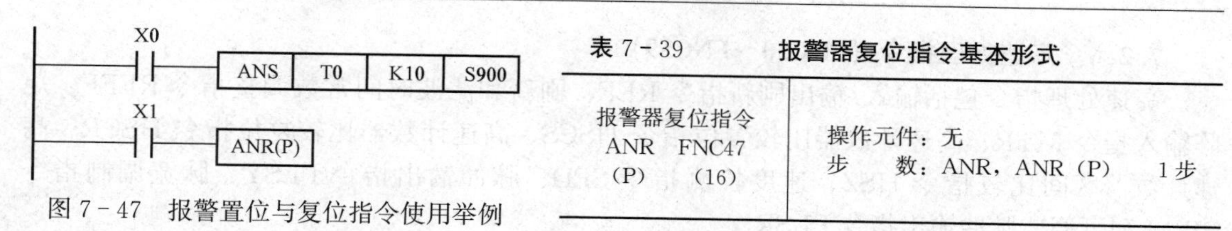

图 7-47 报警置位与复位指令使用举例

表 7-39 报警器复位指令基本形式

报警器复位指令 ANR FNC47 (P) (16)	操作元件：无 步 数：ANR，ANR（P） 1步

在图 7-47 中，当 X1 由 OFF 变为 ON 时，S900～S999 之间被置 1 的报警器复位。若超过 1 个报警器被置 1，则元件号最低的那一个报警器被复位。若 X1 再次变为 ON，则下一个地址的信号报警器被复位。

9. 二进制平方根指令

二进制平方根指令（Square Root，SQR）基本形式见表 7-40。

表 7-40 二进制平方根指令基本形式

二进制平方根指令 SQR FNC48 (P) (16/32)	操作元件： [S·] 可取： K、H | D 注意数据不能小于 0 [D·] 可取：D 步 数：16 位指令 SQR、SQR（P） 5 步 32 位指令（D）SQR、（D）SQR（P） 9 步

在图 7-48 中，当 X0 由 OFF 变 ON 时，将存放在 D10 中的数开方，结果存放在 D12 中。注意 D10 中的数是非负数才有效。计算结果舍去小数部分，只取整数部分，舍去时借位标志 M8021 会动作。计算机结果为零时，零位标志 M8020 会动作。

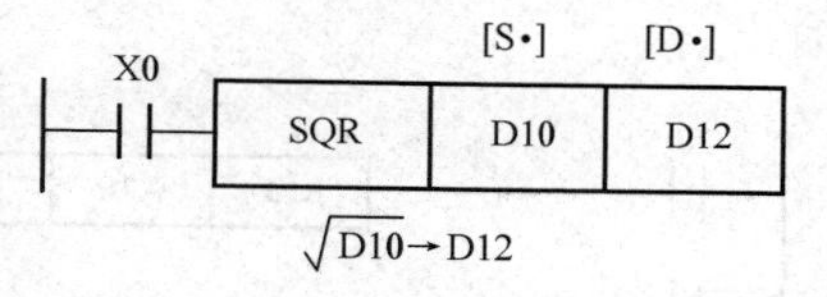

图 7-48 平方根指令使用举例

10. 浮点数操作指令

浮点数操作指令（Float，FLT）基本形式见表 7-41。浮点数操作指令 FLT 实质上是二进制整数到二进制浮点数的转换指令。

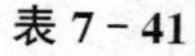
表 7-41 浮点数操作指令基本形式

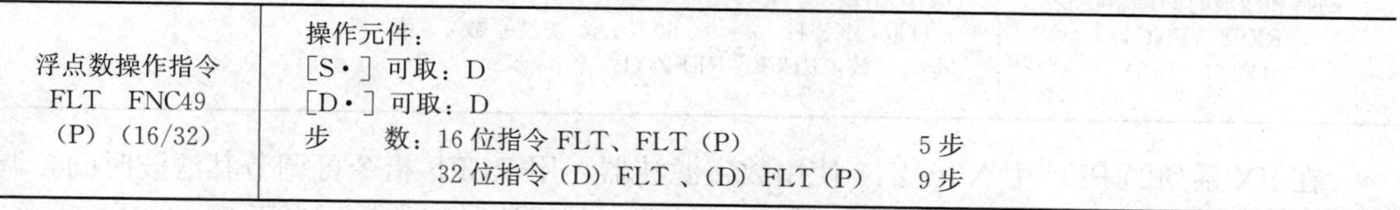

浮点数操作指令 FLT FNC49 (P) (16/32)	操作元件： [S·] 可取：D [D·] 可取：D 步 数：16 位指令 FLT、FLT（P） 5 步 32 位指令（D）FLT、（D）FLT（P） 9 步

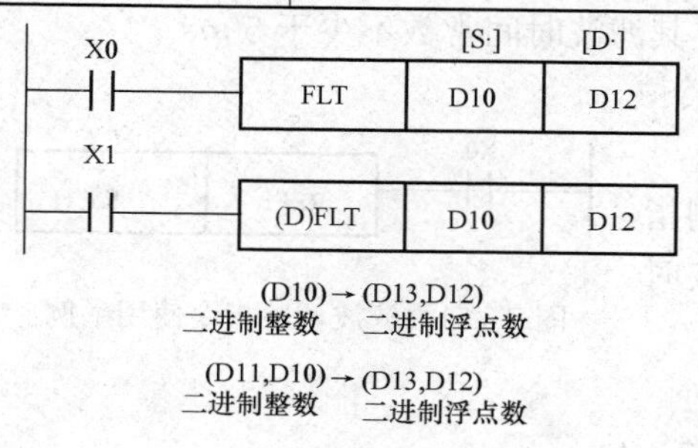

图 7-49 FLT 指令使用举例

图 7-49 中，当 X0 由 OFF 变 ON 时，D10 中的数据转换成浮点数并存放在目标寄存器 D13 和 D12 中；当 X1 由 OFF 变 ON 时，D11，D10 中的数据转换成浮点数并存放在目标寄存器 D13，D12 中。

常数 K、H 在各种浮点运算中被自动转换，因此不能用于 FLT 指令。该指令的逆变换指令是 INT（FNC129）。

7.2.6 高速处理指令（FNC50～FNC59）

高速处理指令包括输入/输出刷新指令 REF、刷新和滤波时间常数调整指令 REFF、矩阵输入指令 MTR、高速计数器比较置位指令 HSCS、高速计数器比较复位指令 HSCR、高速计数器区间比较指令 HSZ、速度检测指令 SPD、脉冲输出指令 PLSY、脉宽调制指令 PWM 和可调速脉冲输出指令 PLSR。

1. 输入/输出刷新指令

输入/输出刷新指令（Refresh，REF）的基本形式见表 7-42。

表 7-42 输入/输出刷新指令基本形式

输入/输出刷新指令 REF FNC50 (P) (16)	操作元件： [D·] 可取： X | Y 注：最低位为 0，如 X0，X10，X20 等 n 可取：K、H，但须是 8 的倍数 步 数：REF、REF（P） 5 步

FX 系列 PLC 采用批处理的方法来处理 I/O 口，即输入信号在程序处理之前成批读入到输入映像寄存器，而输出数据是在执行 END 指令后由输出映像寄存器通过锁存器送到输出端子。REF 指令用于在某段程序处理时读入最新消息并将操作结果立即输出。

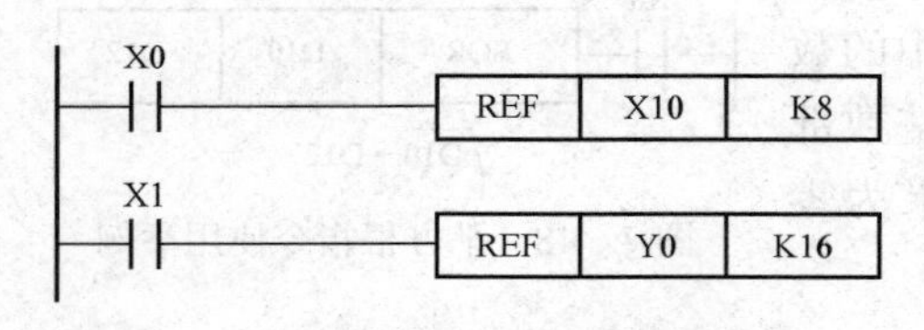

图 7-50 输入/输出刷新指令使用举例

如图 7-50 所示，当 X0 接通进，X10～X17 共 8 点输入将被刷新；当 X1 接通时，Y0～Y7、Y0～Y17 共 16 点输出将被刷新。

2. 刷新和滤波时间常数调整指令

刷新和滤波时间常数调整指令（Refresh and Filter Adjust，REFF）的基本形式见表 7-43。

表 7-43 刷新和滤波时间常数调整指令基本形式

刷新和滤波时间调整指令 REFF FNC51 (P) (16)	操作元件： n 可取：K、H，n=0～60（ms，滤波系数） 步 数：REFF、REFF（P） 3 步

在 FX 系列的 PLC 中 X0～X17 使用数字滤波器，用 REFF 指令可调节其滤波时间，调整的范围是 0～60ms，这些输入端也有 RC 滤波器，其滤波时间常数不少于 50μs。

在图 7-51 中，当 X0 接通时，执行 REFF 指令，滤波时间常数设定为 1ms。

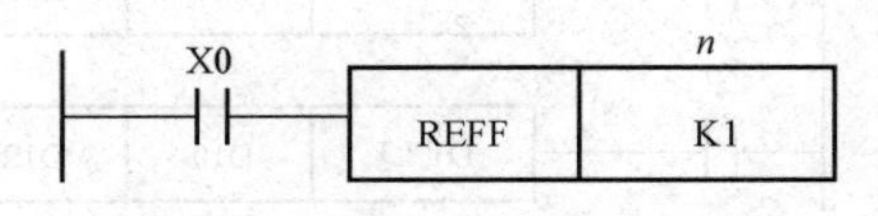

图 7-51 滤波调整指令使用举例

当 X0～X7 用作高速计数输入时或使用速度检测指令（FNC56）以及中断输入时，输入滤波器的滤波时间自动设置为 50μs。

3. 矩阵输入指令

矩阵输入指令（Matrix，MTR）基本形式见表 7-44。

表 7-44　矩阵输入指令基本形式

矩阵输入指令 MTR　FNC52 (16)	操作元件： [S·] 可取：X（要求元件编号个位为 0） [D1·] 可取：Y（要求元件编号个位为 0） [D2·] 可取：Y，M，S（要求元件编号个位为 0） n 可取：K，H　(n=2～8) 步　数：MTR　9 步 标　志：M8029（完成）

利用 MTR 指令可以构成连续排列的 8 点输入与 n 点输出组成的 8 列 n 行的输入矩阵（见图 7-52）。MTR 指令的使用如图 7-53 所示，矩阵输入占用由 X0 开始的 8 个输入点，占用 Y0 开始的 3（n=3）个输出点。3 个输出点 Y0，Y1，Y2 反复顺序接通。Y0 为 ON 时读入第一行输入的状态，存入 M30～M37；Y1 为 ON 时读入第二行的输入状态，存入 M40～M47；其余类推，反复执行。若执行条件 X0 变为 OFF，则 M30～M57 的状态保持不变，标志 M8029 在第一个读入周期完成后即置 1，当执行条件 X0 变为 OFF 时，M8029 复位为 0。

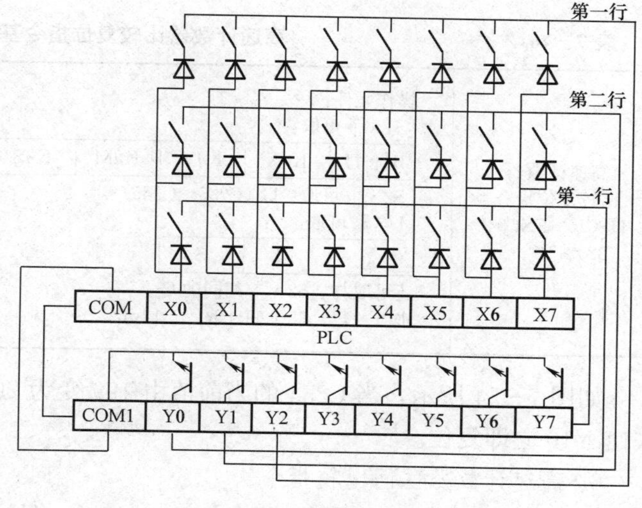

图 7-52　矩阵输入接线图

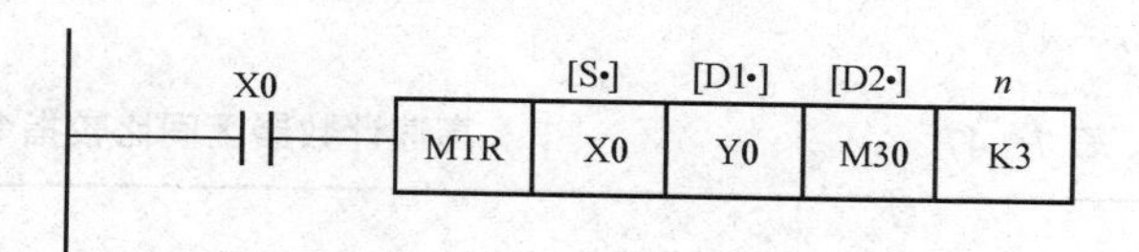

图 7-53　矩阵输入指令使用举例

对于 Y0～Y2 的每一个输出，其 I/O 指令采用中断方式立即执行，间隔时间为 20ms，允许输入滤波器的延迟时间为 10ms。利用 MTR 指令，只需 8 个输入点和 8 个输出点，就可以输入 64 个输入点的状态。但读一次 64 个输入点所需的时间为 20ms×8=160ms，因此不适用于需要快速响应的系统。

4. 高速计数器比较置位指令

高速计数器比较置位指令（Set by High Speed Counter，HSCS）基本形式见表 7-45。

表 7-45　高速计数器比较置位指令基本形式

<table>
<tr><td rowspan="6">高速计数器
比较置位指令
HSCS　FNC53
(32)</td><td colspan="9">操作元件：
[S1·] 可取：</td></tr>
<tr><td>K、H</td><td>KnX</td><td>KnY</td><td>KnM</td><td>KnS</td><td>T</td><td>C</td><td>D</td><td>V、Z</td></tr>
<tr><td colspan="9">[S2·] 可取：C（C235～C255）
[D·] 可取：</td></tr>
<tr><td>Y</td><td>M</td><td>S</td><td colspan="6"></td></tr>
<tr><td colspan="9">步　数：(D) HSCS　13 步</td></tr>
</table>

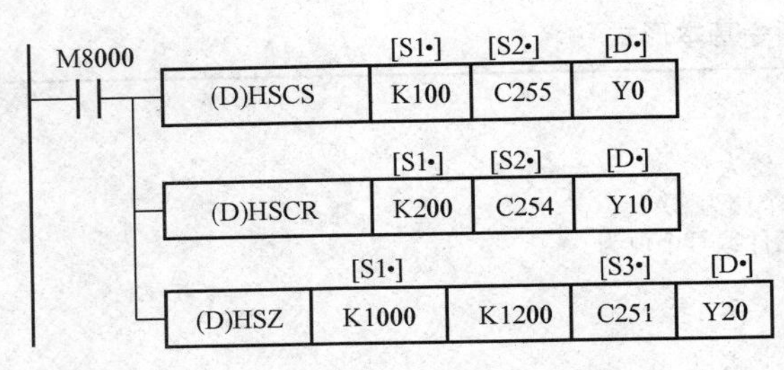

图 7-54　高速计数器指令使用举例

HSCS 指令用于高速计数器的置位，计数器的当前值达到预置值时，计数器的输出触点立即动作。它采用中断方式使置位和输出立即执行而与扫描周期无关。如图 7-54 所示，当高速计数器 C255 的当前值由 99 变为 100 或由 101 变为 100 时，Y0 都将立即置 1。

5. 高速计数器比较复位指令

高速计数器比较复位指令（Reset by High Speed Counter，HSCR）基本形式见表 7-46。

表 7-46　　高速计数器比较复位指令基本形式

高速计数器 比较复位指令 HSCR　FNC54 （32）	操作元件： ［S1·］可取： K、H | KnX | KnY | KnM | KnS | T | C | D | V、Z ［S2·］可取：C（C235～C255） ［D·］可取： Y | M | S 还可取与［S2·］相同的 C 步　　数：（D）HSCR　　13 步

如图 7-54 所示，当 C254 的当前值由 199 变为 200 或由 201 变为 200 时，用中断的方式使 Y10 立即复位。

6. 高速计数器区间比较指令

高速计数器区间比较指令（Zone Compare for High Speed Counter，HSZ）基本形式见表 7-47。

表 7-47　　高速计数器区间比较指令基本形式

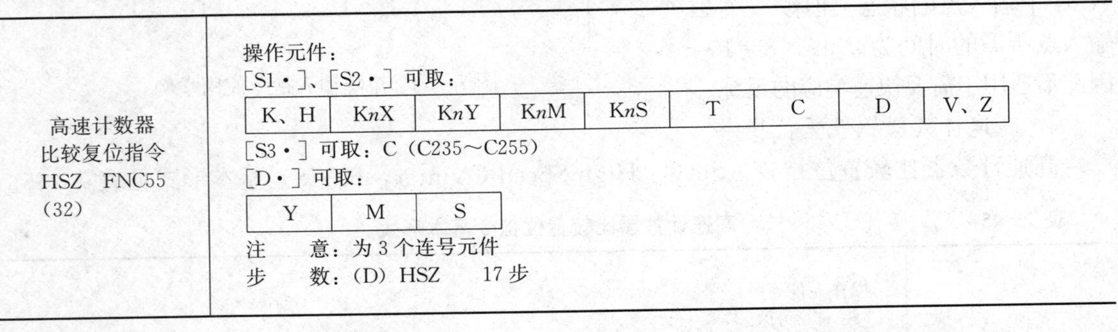

高速计数器 比较复位指令 HSZ　FNC55 （32）	操作元件： ［S1·］、［S2·］可取： K、H | KnX | KnY | KnM | KnS | T | C | D | V、Z ［S3·］可取：C（C235～C255） ［D·］可取： Y | M | S 注　　意：为 3 个连号元件 步　　数：（D）HSZ　　17 步

如图 7-54 所示，目标操作数为 Y20、Y21 和 Y22。如果 C251 的当前值＜K1000，Y20 为 ON；如果 K1000≤C251 的当前值≤K1200 时，Y21 为 ON；C251 的当前值＞K1200 时，Y22 为 ON。

7. 速度检测指令

速度检测指令（Speed Detect，SPD）基本形式见表 7-48。

表 7-48　速度检测指令基本形式

<table>
<tr><td rowspan="6">速度检测指令
SPD　FNC56
(16)</td><td colspan="9">操作元件：
[S1·] 可取：X0～X5
[S2·] 可取：</td></tr>
<tr><td>K、H</td><td>KnX</td><td>KnY</td><td>KnM</td><td>KnS</td><td>T</td><td>C</td><td>D</td><td>V、Z</td></tr>
<tr><td colspan="9">[D·] 可取：</td></tr>
<tr><td>T</td><td>C</td><td>D</td><td>V、Z</td><td colspan="5"></td></tr>
<tr><td colspan="9">步　　数：SPD　7 步</td></tr>
</table>

SPD 指令是用来检测在给定时间范围内编码器的脉冲个数，从而计算速度。操作数 [S1·] 指定计数脉冲输入点，即 X0～X5。操作数 [S2·] 指定计数时间（以 ms 为单位）。[D·] 指定计数结果存放处，占用 3 个元件。如图 7-55 所示，当 X12 为 ON 时，用 D1 对 X0 输入的上升沿计数，100ms 后计数结果送入 D0，D1 复位，D1 重新开始对 X0 计数。D2 用来计算存储剩余时间。

上述过程是反复进行的，脉冲个数正比于转速值。

8. 脉冲输出指令

脉冲输出指令（Pulse Output，PLSY）基本形式见表 7-49。

PLSY 指令用于产生指定数量和频率的脉冲。脉冲输出指令使用举例如图 7-56 所示。[S1·] 用来指定脉冲频率（2～20000Hz），[S2·] 用来指定产生脉冲的个数，16 位指令的脉冲数范围为 1～32767，32 位指令的脉冲数范围为 1～2147483647。若指定脉冲数为 0，则持续产生脉冲。[D·] 用来指定脉冲输出元件，只能用晶体管输出型 PLC 的 Y0 或 Y1。脉冲的占空比为 50%，以中断方式输出。

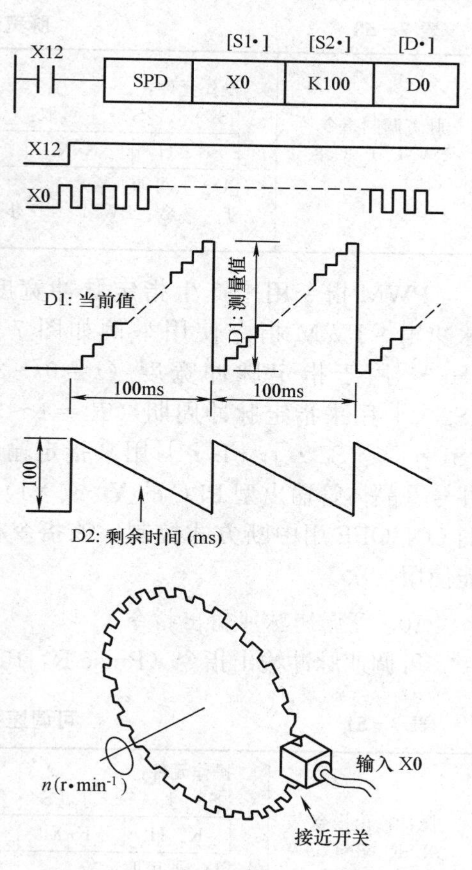

图 7-55　速度检测指令使用举例

表 7-49　脉冲输出指令基本形式

<table>
<tr><td rowspan="6">脉冲输出指令
PLSY　FNC57
(16/32)</td><td colspan="9">操作元件：
[S1·]、[S2·] 可取：</td></tr>
<tr><td>K、H</td><td>KnX</td><td>KnY</td><td>KnM</td><td>KnS</td><td>T</td><td>C</td><td>D</td><td>V、Z</td></tr>
<tr><td colspan="9">[D·] 可取：Y</td></tr>
<tr><td colspan="9">步　　数：16 位指令 PLSY　7 步
32 位指令（D）PLSY　13 步</td></tr>
<tr><td colspan="9">标　　志：M8029（完成）</td></tr>
</table>

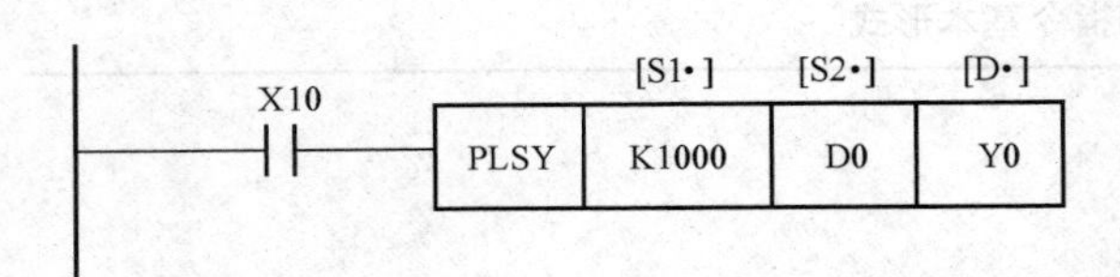

图 7-56　脉冲输出指令使用举例

若脉冲指令用双字节形式，则脉冲数由（D1，D0）来指定。

在指定脉冲数输出完成后，完成标志位 M8029 置 1。当 X10 再次变为 ON 时，脉冲重新开始输出。在发出脉冲串期间，X10 若变为 OFF，则 Y0 也变为 OFF。

9. 脉宽调制指令

脉宽调制指令（Pulse Width Modulation，PWM）基本形式见表 7-50。

表 7-50　　脉宽调制指令基本形式

<table>
<tr><td rowspan="4">脉宽调制指令
PWM　FNC58
（16）</td><td colspan="10">操作元件：
[S1·]、[S2·] 可取：</td></tr>
<tr><td>K、H</td><td>KnX</td><td>KnY</td><td>KnM</td><td>KnS</td><td>T</td><td>C</td><td>D</td><td>V、Z</td><td></td></tr>
<tr><td colspan="10">[D·] 可取：Y</td></tr>
<tr><td colspan="10">步　数：PWM　7 步</td></tr>
</table>

PWM 指令用来产生指定脉冲宽度和周期的脉冲串，PWM 指令使用举例如图 7-57 所示。[S1·]用于指定脉冲宽度（$t=0\sim32767$ms），[S2·] 用来指定脉冲周期（$T_0=1\sim32767$ms），[S1·]≤[S2·]；[D·] 用来指定输出脉冲的元件号（晶体管输出型 PLC 的 Y0 或 Y1），输出状态的 ON/OFF 用中断方式控制。该指令在程序中只能使用一次。

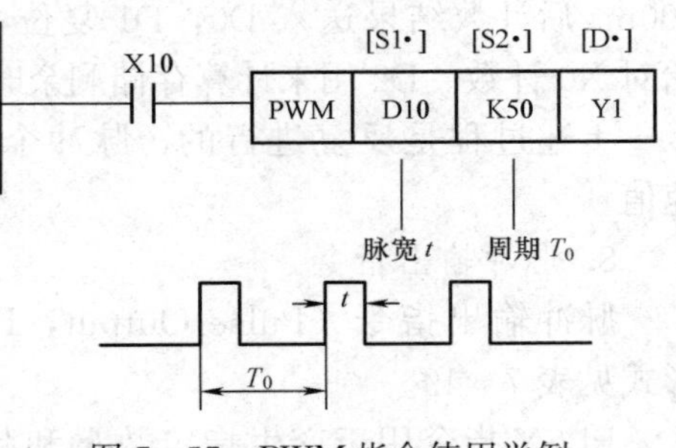

图 7-57　PWM 指令使用举例

10. 可调速脉冲输出指令

可调速脉冲输出指令（Pulse R，PLSR）基本形式见表 7-51。

表 7-51　　可调速脉冲输出指令基本形式

<table>
<tr><td rowspan="5">脉冲输出指令
PLSR　FNC59
（16/32）</td><td colspan="9">操作元件：
[S1·]、[S2·]、[S3·] 可取：</td></tr>
<tr><td>K、H</td><td>KnX</td><td>KnY</td><td>KnM</td><td>KnS</td><td>T</td><td>C</td><td>D</td><td>V、Z</td></tr>
<tr><td colspan="9">[D·] 可取：Y</td></tr>
<tr><td colspan="9">步　数：16 位指令　PLSR　9 步</td></tr>
<tr><td colspan="9">　　　　32 位指令　(D) PLSR　17 步</td></tr>
</table>

PLSR 指令的使用如图 7-58 所示，PLSR 指令在程序中只能使用一次。

[S1·] 用来指定最高频率（10～20000Hz），应为 10 的整数倍。[S2·] 用来指定总的输出脉冲，16 位指令的脉冲数范围为 110～32767，32 位指令的脉冲数范围为 110～2147483647。设定值不到 110，脉冲不能正常输出。[S3·] 用来设定加减速时间（0～5000ms），其值应大于 PLC 扫描周期最大值（D8012）的 10 倍，且应满足（9000×5）/[S1·]≤[S3·]≤[S2·]×818/[S1·]，加减速的变速次数固定为 10 次。[D·] 用来指定脉冲输出的元件号（Y0 或 Y1）。在图 7-58 中，当 X10 变为 OFF 时，输出中断，又变

为ON时，则从初始值开始输出。

输出频率范围为10～20000Hz，最高速度、加减速时变速速度超过此范围时，将自动在范围内调整。

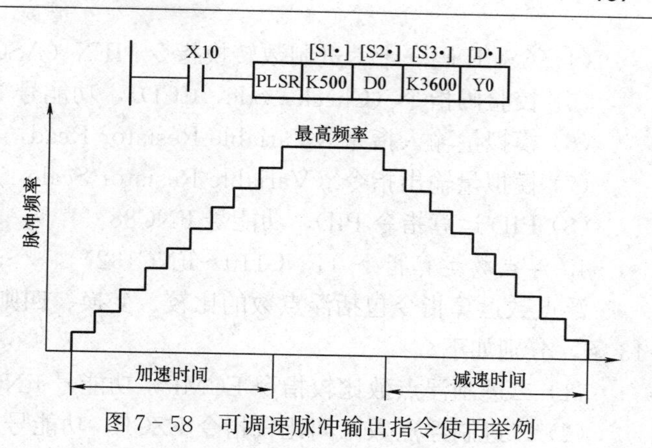

图7-58　可调速脉冲输出指令使用举例

7.2.7　其他功能指令（FNC60～FNC246）

FX系列PLC的功能指令有100多条，由于篇幅的限制，对其余指令只作简要介绍，具体用法请参阅三菱公司提供的编程手册。

1. 方便指令（FNC60～FNC69）

FX系列有10条方便指令，分别如下：

(1) 状态初始化指令（Initial State，IST），功能号FNC60。

(2) 数据搜索指令（Data Search，SER），功能号FNC61。

(3) 绝对值式凸轮顺控指令（Absolute Drum，ABSD），功能号FNC62。

(4) 增量式凸轮顺控指令（Increment Drum，INCD），功能号FNC63。

(5) 示教定时器指令（Teaching Timer，TIMR），功能号FNC64。

(6) 特殊定时器指令（Special Timer，STMR），功能号FNC65。

(7) 交替输出指令（Alternate，ALT），功能号FNC66。

(8) 斜坡输出指令（Ramp，RAMP），功能号FNC67。

(9) 旋转台控制指令（Rotary Table Control，ROTC），功能号FNC68。

(10) 数据排序指令（Sort，SORT），功能号FNC69。

2. 外部I/O设备指令（FNC70～FNC79）

外部I/O设备指令是FX系列PLC与外设传递信息的指令，共有10条，分别如下：

(1) 10键输入指令（Ten Key，TKY），功能号FNC70。

(2) 16键输入指令（Hex Decimal Key，HKY），功能号FNC71。

(3) 数字开关输入指令（Digital Switch，DSW），功能号FNC72。

(4) 七段译码指令（Seven Segment Decoder，SEGD），功能号FNC73。

(5) 带锁存的多路七段显示指令（Seven Segment with Latch，SEGL），功能号FNC74。

(6) 方向开关指令（Arrow Switch，ARWS），功能号FNC75。

(7) ASCII码转换指令（ASCII Code，ASC），功能号FNC76。

(8) ASCII打印指令（Print，PR），功能号FNC77。

(9) 特殊功能模块读出指令FROM，功能号FNC78。

(10) 特殊功能模块写入指令T0，功能号FNC79。

3. 外围设备（SER）指令（FNC80～FNC89）

外围设备（SER）指令有8条，分别如下。

(1) 串行通信指令RS（RS-232C），功能号FNC80。

(2) 八进制数据传送指令（Parallel Running，PRUN），功能号FNC81。

(3) 十六进制数→ASCII码转换指令ASCI（HEX→ASCII），功能号FNC82。

（4）ASCII码→十六进制数转换指令HEX（ASCII→HEX），功能号FNC83。

（5）校验码指令（Check Code，CCD），功能号FNC84。

（6）模拟量输入指令（Variable Resistor Read，VRRD），功能号FNC85。

（7）模拟量输出指令（Variable Resistor Scale，VRSC），功能号FNC86。

（8）PID运算指令PID，功能号FNC88。

4. 浮点数运算指令（FNC110～FNC132）

浮点数运算指令包括浮点数的比较、变换、四则运算、开平方和三角函数等指令，共有13条，分别如下。

（1）二进制浮点数比较指令ECMP，功能号FNC110。

（2）二进制浮点数区间比较指令EZCP，功能号FNC111。

（3）二进制浮点数→十进制浮点数指令EBCD，功能号FNC118。

（4）十进制浮点数→二进制浮点数EBIN，功能号FNC119。

（5）二进制浮点数加法指令EADD，功能号FNC120。

（6）二进制浮点数减法指令ESUB，功能号FNC121。

（7）二进制浮点数乘法指令EMUL，功能号FNC122。

（8）二进制浮点数除法指令EDIV，功能号FNC123。

（9）二进制浮点数开平方指令ESQR，功能号FNC127。

（10）二进制浮点数→二进制整数指令INT，功能号FNC129。

（11）二进制浮点数sin运算指令SIN，功能号FNC130。

（12）二进制浮点数cos运算指令COS，功能号FNC131。

（13）二进制浮点数tan运算指令TAN，功能号FNC132。

5. 高低字节交换指令SWAP，功能号FNC147

6. 定位指令（FNC155～FNC159）

（1）ABS当前值读取指令ABS，功能号FNC155。

（2）原点回归指令ZRN，功能号FNC156。

（3）可变脉冲输出指令PLSV，功能号FNC157。

（4）相对位置控制指令DRVI，FNC158。

（5）绝对位置控制指令DRVA，FNC159。

7. 时钟运算指令（FNC160～FNC169）

（1）时钟比较指令TCMP，FNC160。

（2）时钟数据区间比较指令TZCP，FNC161。

（3）时钟数据加法指令TADD，FNC162。

（4）时钟数据减法指令TSUB，FNC163。

（5）时钟数据读出指令TRD，FNC166。

（6）时钟数据写入指令TWR，FNC167。

（7）计时仪指令HOUR，FNC169。

8. 外围指令（FNC170～FNC177）

（1）二进制→格雷码指令GRY，FNC170。

（2）格雷码→二进制指令GBIN，FNC171。

(3) 模拟量模块（FX0N－3A）读出指令 RD3A，FNC176。

(4) 模拟量模块（FX0N－3A）写入指令 WR3A，FNC177。

9. 触点比较指令（FNC224～FNC246）

(1) LD＝指令，(S1)＝(S2) 时起始触点接通，FNC224。

(2) LD>指令，(S1)>(S2) 时起始触点接通，FNC225。

(3) LD<指令，(S1)<(S2) 时起始触点接通，FNC226。

(4) LD<>指令，(S1)<>(S2) 时起始触点接通，FNC228。

(5) LD≤指令，(S1)≤(S2) 时起始触点接通，FNC229。

(6) LD≥指令，(S1)≥(S2) 时起始触点接通，FNC230。

(7) AND＝指令，(S1)＝(S2) 时串联触点接通，FNC232。

(8) AND>指令，(S1)>(S2) 时串联触点接通，FNC233。

(9) AND<指令，(S1)<(S2) 时串联触点接通，FNC234。

(10) AND<>指令，(S1)<>(S2) 时串联触点接通，FNC236。

(11) AND≤指令，(S1)≤(S2) 时串联触点接通，FNC237。

(12) AND≥指令，(S1)≥(S2) 时串联触点接通，FNC238。

(13) OR＝指令，(S1)＝(S2) 时并联触点接通，FNC240。

(14) OR>指令，(S1)>(S2) 时并联触点接通，FNC241。

(15) OR<指令，(S1)<(S2) 时并联触点接通，FNC242。

(16) OR<>指令，(S1)<>(S2) 时并联触点接通，FNC244。

(17) OR≤指令，(S1)≤(S2) 时并联触点接通，FNC245。

(18) OR≥指令，(S1)≥(S2) 时并联触点接通，FNC246。

练习与思考题

7－1　功能指令中如何区分连续执行与脉冲执行？

7－2　FX 系列 PLC 有哪几类中断？各有几个中断源？试说明指针 I863 的含义。

7－3　比较子程序和中断服务程序之间的异同。

7－4　设计一段程序，当输入条件满足时，依次将计数器 C0～C9 的当前值转换成 BCD 码送到输出元件 K4Y0 中，试画出梯形图。

7－5　设计两个数据相减之后得到绝对值的程序。

7－6　编写程序求 D5，D7，D9 的和并放入 D20 中，求三个数的平均值放入 D30 中。

7－7　当 X1 为 ON 时，用定时器中断，每 88ms 将 Y10～Y13 组成的位元件组 K1Y10 加 1，设计主程序和中断子程序。

8　编程器及编程软件的使用

编程器是 PLC 最主要的外围设备，它不仅能对 PLC 进行编程调试，还可以对 PLC 的工作状态进行监控、诊断和参数设定等。三菱公司 FX 系列 PLC 的编程设备有手持式简易编程器 FX-10P-E 和 FX-20P-E（Handy Programming Panel）以及 GP-80FX-E 图形编程器。

三菱 PLC 编程软件有若干版本，包括早期的 FXGP/DOS、FXGP/WIN-C，现在常用的 GPP For Windows 以及最新的 GX Developer（简称 GX）。实际上 GX Developer 是 GPP For Windows 的升级版本，相互兼容，但 GX Developer 界面更友好、功能更强大、使用更方便。

本章将主要介绍手持式简易编程器 FX-20P-E 以及编程软件 GX Developer 的使用方法。

8.1　手持式简易编程器的使用

FX-20P-E（又称 HPP）是与 FX_2 系列 PLC 配套的手持式简易编程器，它具有在线（ONLINE，或称联机）编程和离线（OFFLINE 或称脱机）编程两种工作方式。

8.1.1　FX-20P-E 型手持式编程器的组成

FX-20P-E 型手持式编程器主要包括以下几个部件：

1）FX-20P-E 型编程器；

2）FX-20P-CAB 型电缆；

3）FX-20P-RWM 型 ROM 写入器；

4）FX-20P-ADP 型电源适配器；

5）FX-20P-E-FKIT 型接口，用于对三菱的 P1、F2 系列 PLC 编程。

8.1.2　FX-20P-E 编程器的面板和操作键

（1）FX-20P-E 编程器面板结构如图 8-1 所示。

FX-20P-E 编程器由液晶显示屏（16 字符×4 行，带后照明）及 5×7 行键盘组成，另配有专用于 FX_2 系列 PLC 连接电缆，及用于存放系统软件的系统存储卡盒。

（2）FX-20P-E 编程器的操作键。

1）功能键 3 个。RD/WR 为读出/写入键，INS/DEL 为插入/删除键，MST/TEST 为监视/测试键。3 个功能键都是复用键，交替起作用：按第一次时显示左上方表示的功能，按第二次显示右下方表示的功能。

2）执行键 1 个。GO 用于指令的确认、执行、显示画面和检索。

3）清除键 1 个。CLEAR 未按执行键前按下此键，可清除键入的数据。该键也可用于清除显示屏上的错误信息或恢复原来的画面。

4）其他键 1 个。OTHER，在任何状态下按下此键，将显示方式项目菜单。安装 ROM

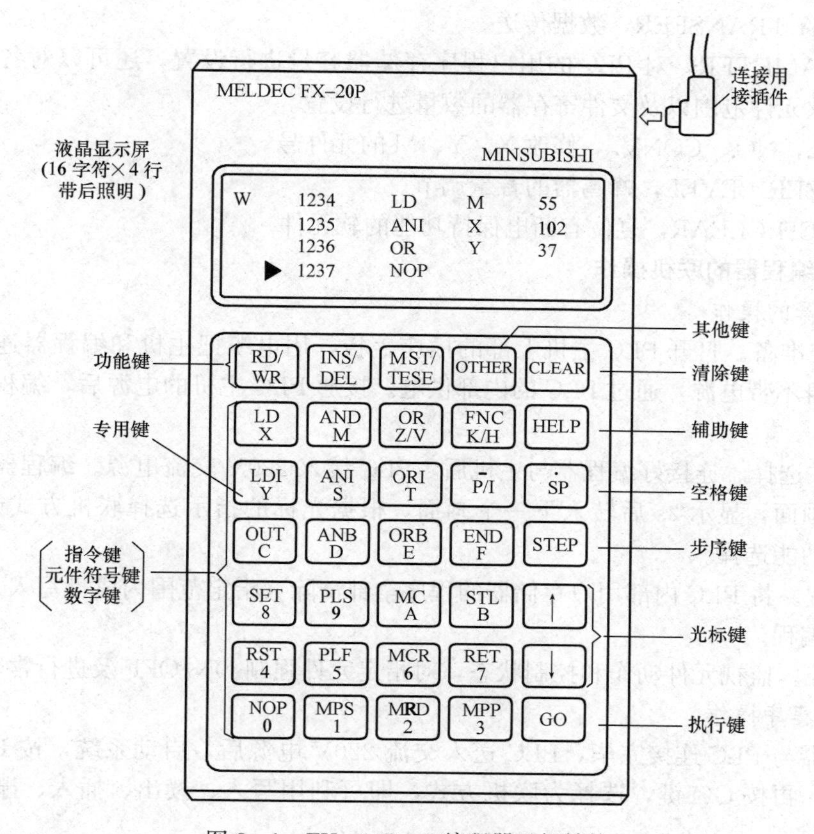

图 8-1　FX-20P-E 编程器面板结构

写入模块时，在脱机方式项目单上进行项目选择。

5）辅助键 1 个。HELP 用于显示应用指令一览表，在监视时，进行十进制数和十六进制数的转换。

6）空格键 1 个。SP，在输入时，用此键指定元件号和常数。

7）步序键 1 个。STEP 用于设定步序号。

8）光标键两个。↑、↓用于移动光标和提示符，指定已指定元件前一个或后一个地址号元件，执行滚动。

9）指令键，元件符号键，数字键 24 个。它们都是复用键，每个键的上面为指令符号，下面为元件符号或者数字。上、下部的功能根据当前所执行的操作自动进行切换。其中，下部的元件符号 Z/V、K/H、P/I 也是交替起作用。

（3）编程器工作方式选择。

FX-20P-E 型编程器上电后，其 LED 屏幕上显示的内容如图 8-2 所示。其中闪烁的符号“■”指明编程器目前所处的工作方式。可供选择的工作方式共有 7 种，它们依次是：

1）OFFLINE MODE，进入脱机编程方式。

2）PROGRAM CHCEK，程序检查。

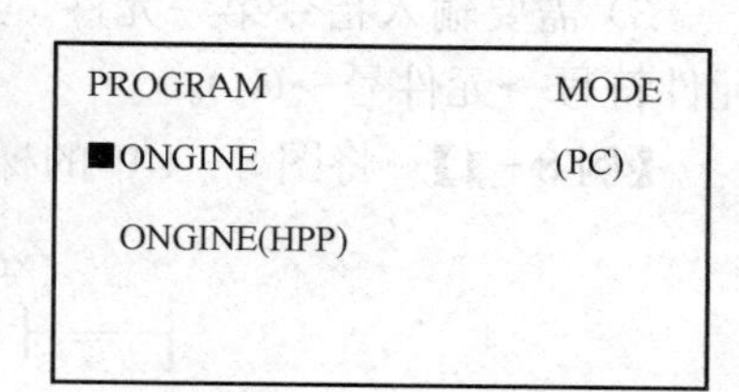

图 8-2　编程器上电后显示的内容

3）DATA TRANSFER，数据传送。

4）PARAMETER，对 PLC 的用户程序存储器容量进行设置，还可以对各种具有断电保持功能的软元件范围以及文件寄存器的数量进行设置。

5）XYM.，NO.、CONV.，修改 X、Y、M 的元件号。

6）BUZZER LEVEL，蜂鸣器的音量调节。

7）LATCH CLEAR，复位有断电保持功能的软元件。

8.1.3 编程器的联机操作

1. 编程器的操作

(1) 操作准备。打开 PLC 主机上部的插座盖板，用电缆把主机和编程器连接起来。简易编程器本身不带电源，通过 PLC 的内部供电。接通 PLC 主机的电源后，编程器通电，为编程做准备。

(2) 方式选择。连接好编程器与主机后，PLC 接入 220V 交流电源。编程器显示屏上将出现第一框画面，显示 2s 后转入下一个画面，根据光标的指示选择联机方式或脱机方式，然后再进行功能选择。

(3) 编程。将 PLC 内部用户存储器的程序全部清除（指定范围内成批写入 NOP 指令），然后用键盘编程。

(4) 监控。监视元件动作和控制状态，对指定元件强制 ON/OFF 及进行常数修改。

2. 编辑程序操作

在编程器与 PLC 连接完毕，PLC 送入交流 220V 电源后，启动系统，按 RST+GO 使编程器复位，再按 GO 键，选择为联机方式，即可利用写入、读出、插入、删除功能编制程序。

在写入程序之前，应操作下列键将 PLC 内部存储器的程序全部清除（简称清零）。清零操作完成后，方可进行指令的写入。操作流程如图 8-3 所示。

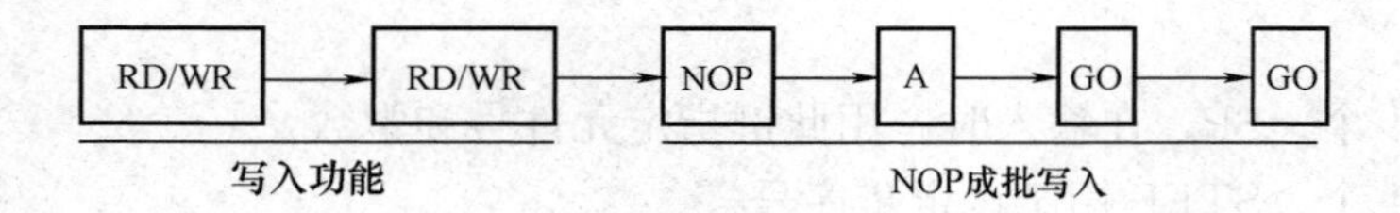

图 8-3 清零操作流程

(1) 基本指令的写入。基本指令有 3 种情况：仅有指令助记符，不带元件；有指令助记符和一个元件；指令助记符带两个元件。写入上述 3 种情况基本指令的操作如下：

1）只需输入指令的方法：WR→指令→GO；

2）需要输入指令和一个元件号的方法：WR→指令→元件符号→元件号→GO；

3）需要输入指令第一元件、第二元件的方法：WR→指令→元件符号→元件号→SP→元件符号→元件号→GO。

【例 8-1】 将图 8-4 中的梯形图程序通过编程器写入到 PLC 中。

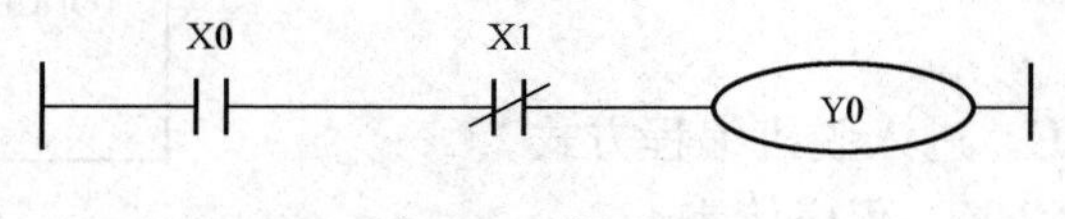

图 8-4 梯形图

操作方法为：WR→LD→X→0→GO→ANI→X→1→GO→OUT→Y→0→GO。

（2）功能指令的写入。写入功能指令时，需先按 FNC 键后再输入功能指令号。输入功能指令号有两种办法：一是直接输入指令号；二是借助于 HELP 键的功能，在所显示的指令表上检索指令编号后再输入。功能指令写入的方法如下：

1）直接输入功能指令代号。

【例 8-2】 写入功能指令（D）MOV（P）D0 D2。

操作为：WR→FNC→D→1→2→P→SP→D→0→SP→D→2→GO。

2）借助 HELP 键的功能，在显示屏上检索指令代号后再输入

【例 8-3】 查找位左移指令 SFTL 代号，并输入 SFTL（P）X0 M0 K16 K4 指令。

操作为：WR→FNC→HELP→↑或↓→查到 SFTL 为 35→P→SP→X→0→SP→M→0→SP→K→16→SP→K→4→GO。

（3）修改程序。在指令输入过程中，若要修改，可按图 8-5 所示的操作进行。

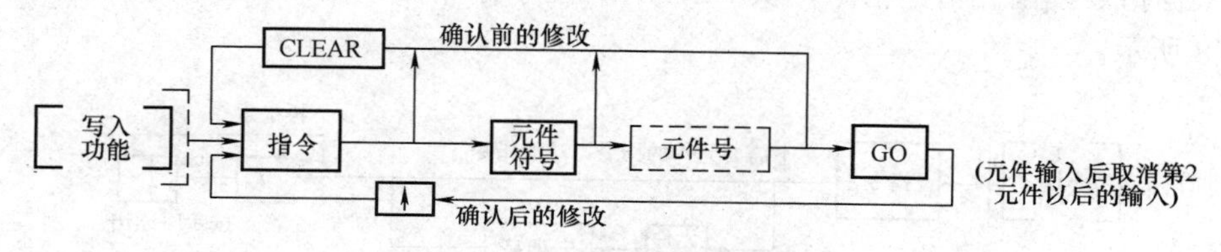

图 8-5 修改程序操作流程

1）未操作执行键 GO 时的修改：WR→指令→元件符号→元件号→CLEAR→元件符号→元件号→GO。

【例 8-4】 输入指令 OUT T0 K10。未操作执行键 GO，欲将 K10 改为 D9。

操作为：WR→OUT→T→0→SP→K→1→0→CLEAR→D→9→GO。

2）操作了执行键 GO 后的修改：WR→指令→元件符号→元件号→GO→↑→指令→元件符号→元件移到修改位置号→GO。

【例 8-5】 输入指令 OUT T0 K10。操作了执行键 GO，欲将 K10 改为 D9。

操作为：WR→OUT→T→0→SP→K→1→0→GO→↑→D→9→GO。（移到 K10 位置）

3）在指定的步序上改写指令：↑或↓→要改写的步序号→WR→指令→元件符号→元件号→GO。

【例 8-6】 在 100 步上写入指令 OUT T50 K123。

操作为：↑或↓→读出 100 步→WR→OUT→T→5→0→SP→K→1→2→3→GO。

（4）NOP 的成批写入。指定 NOP 范围的写入操作流程如图 8-6 所示。

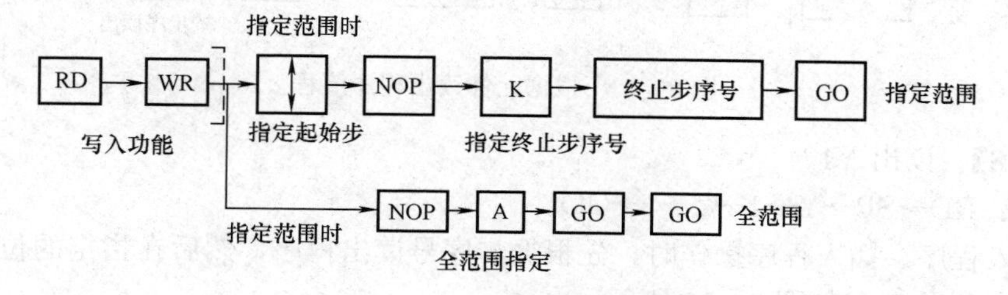

图 8-6 NOP 范围写入操作流程

【例 8-7】 在 114～124 步范围内成批写入 NOP。

操作为：WR→↑或↓→NOP→K→1→2→4→GO。↑或↓表示指定到起始步位置。

(5) 读出程序。把已写入到 PLC 中的程序读出，读出方式有根据步序号、指令、元件及指针等几种方式。

1) 根据步序号读出。根据步序号，从 PLC 用户程序存储器中读出并显示程序，操作流程如图 8-7 所示。

图 8-7 根据步序号读出程序流程

2) 根据指令读出。指定指令，从 PLC 用户程序存储器中读出并显示程序的基本操作，如图 8-8 所示。

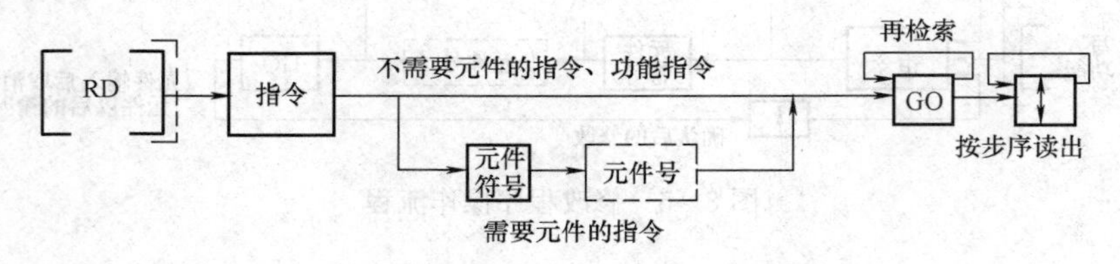

图 8-8 根据指令读出程序流程

3) 根据指针读出。指定指针，从 PLC 用户程序存储器中读出并显示程序，操作流程如图 8-9 所示。

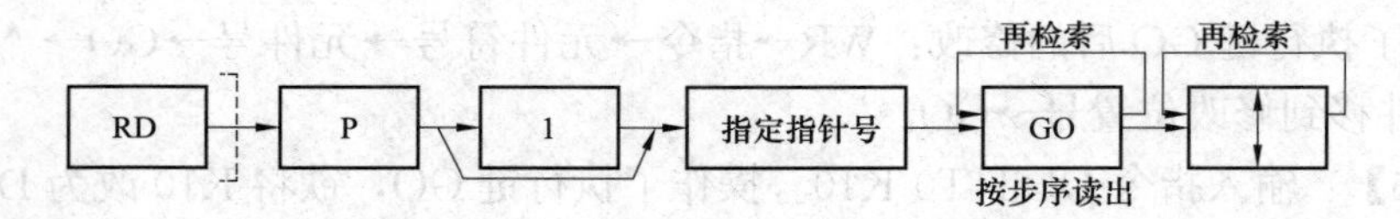

图 8-9 根据指针读出程序流程

4) 根据元件读出。指定元件符号和元件号，从 PLC 用户程序存储器中读出并显示程序，操作流程如图 8-10 所示。

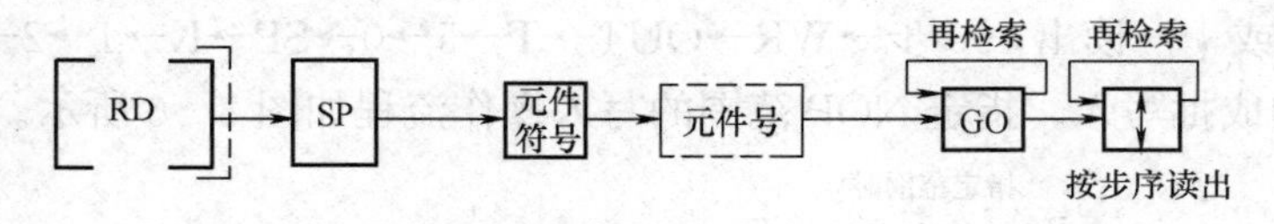

图 8-10 根据元件读出程序流程

【例 8-8】 读出 Y124。

操作为：RD→SP→Y→1→2→4→GO。

(6) 插入程序。插入程序操作时，先根据步序号读出程序，然后在指定的位置上插入指令或指针，其操作流程如图 8-11 所示。

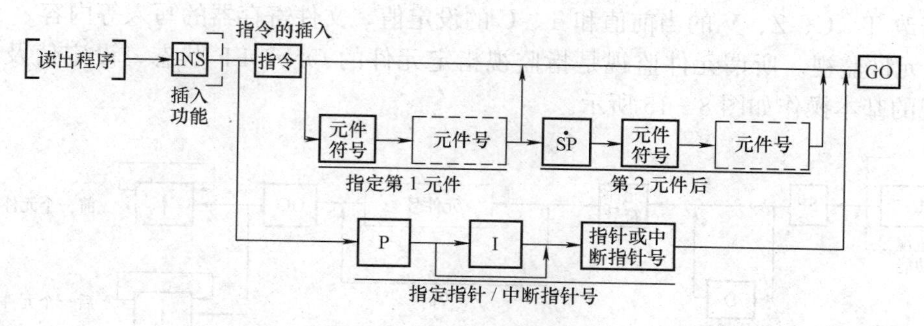

图 8-11　插入程序操作流程

【例 8-9】　在 22 步前插入指令 AND M5 的操作。

操作为：↑或↓→读出第 22 步程序→INS→AND→M→5→GO。

(7) 删除程序。删除程序分为逐条删除、指定范围删除和全部 NOP 指令的删除。

1) 逐条删除。读出程序，逐条删除光标指定的指令或指针，操作流程如图 8-12 所示。

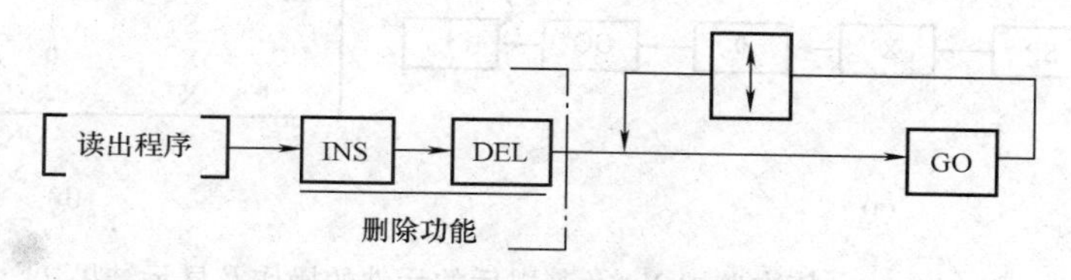

图 8-12　逐条删除程序操作流程

2) 指定范围的删除。从指定的起始步序号到终止步序号之间的程序成批删除，操作流程如图 8-13 所示。

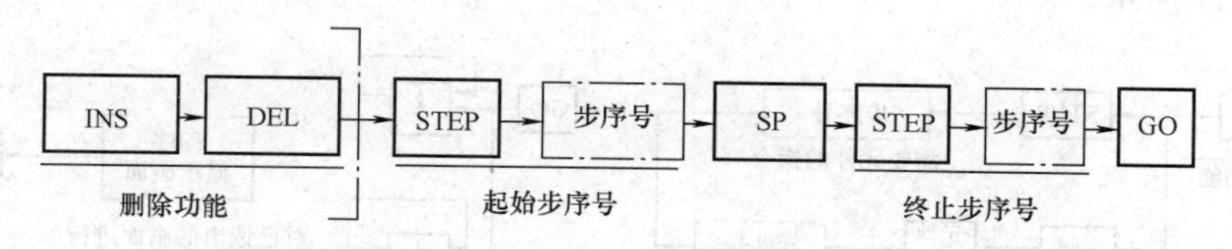

图 8-13　指定范围的删除程序操作流程

【例 8-10】　删除 100～124 步的指令。

操作为：DEL→STEP→1→0→0→SP→STEP→1→2→4→GO。

3) 以 NOP 方式的成批删除。写入程序中间或改写时出现的所有 NOP 的删除，操作流程如图 8-14 所示。

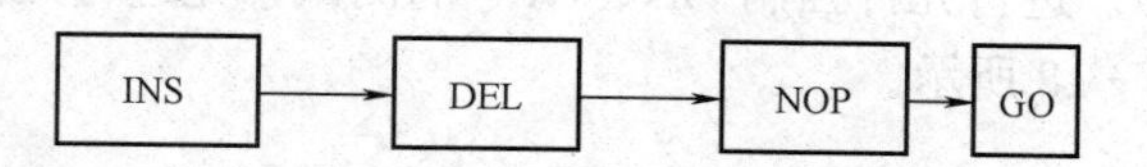

图 8-14　以 NOP 方式的成批删除程序操作流程

3. 监控操作

监控操作分为监视与测控。监视是通过编程器的显示屏，监视和确认在联机方式下 PLC 的动作和控制状态，包括导通检查与元件动作状态的监视等内容。测控主要是指编程器对 PLC 的位元件触点和线圈进行强制置位和复位，以及对常数的修改，包括强制置位、复位和修改 T、C、Z、V 的当前值和 T、C 的设定值，文件寄存器的写入等内容。

(1) 元件监视。所谓元件监视是指监视指定元件的 ON/OFF 状态、设定值及当前值。元件监视的基本操作如图 8-15 所示。

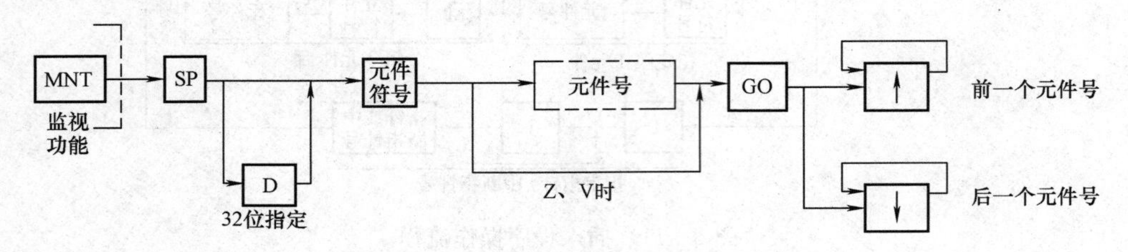

图 8-15　元件监视操作流程

【例 8-11】 依次监视 X0 及其以后的元件。

操作及显示结果如图 8-16 所示。

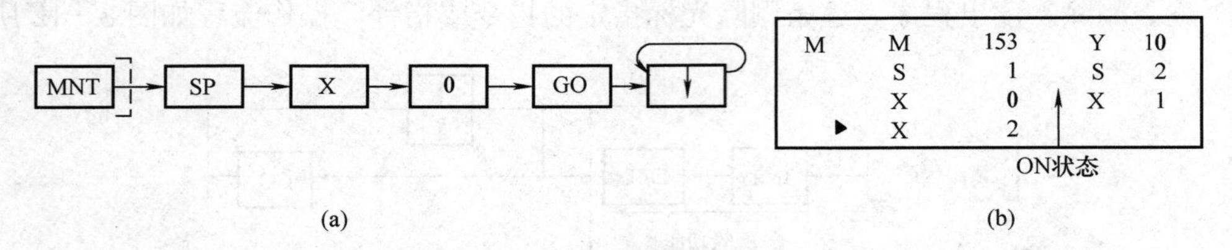

图 8-16　依次监视 X0 及其以后的元件的操作及显示结果

(a) 操作；(b) 显示结果

(2) 导通检查。根据步序号或指令读出程序，监视元件触点的导通及线圈动作，操作流程如图 8-17 所示。

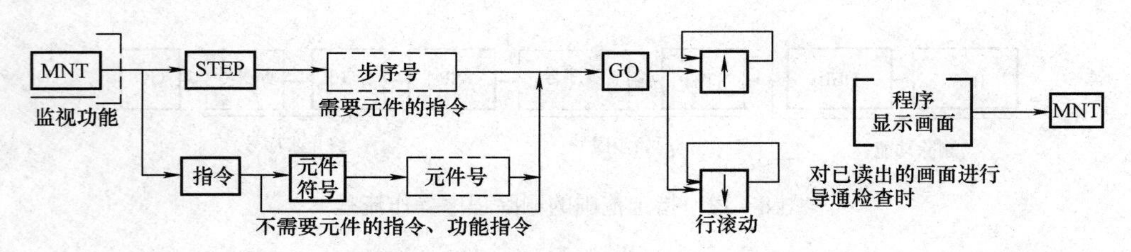

图 8-17　导通检查操作流程

(3) 动作状态的监视。利用步进指令，监视 S 的动作状态（状态号从小到大，最多为 8 点）的操作为：MNT→STL→GO。

(4) 强制 ON/OFF。进行元件强制 ON、OFF 的测试，先进行元件监视，然后进行测试功能，操作流程如图 8-18 所示。

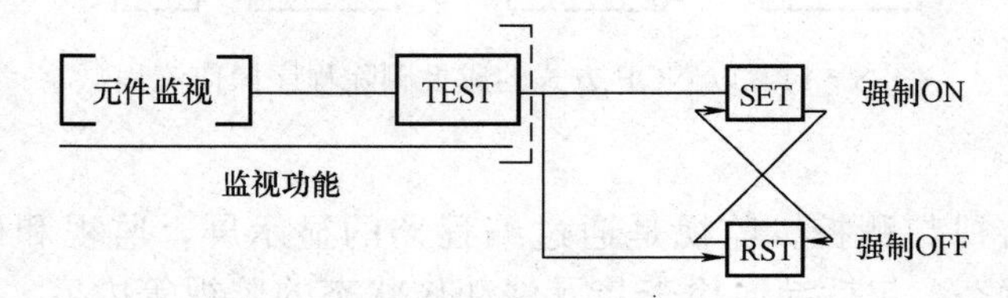

图 8-18　强制 ON/OFF 操作流程

【例 8-12】 对 Y100 进行强制 ON/OFF 的操作，如图 8-19 所示。

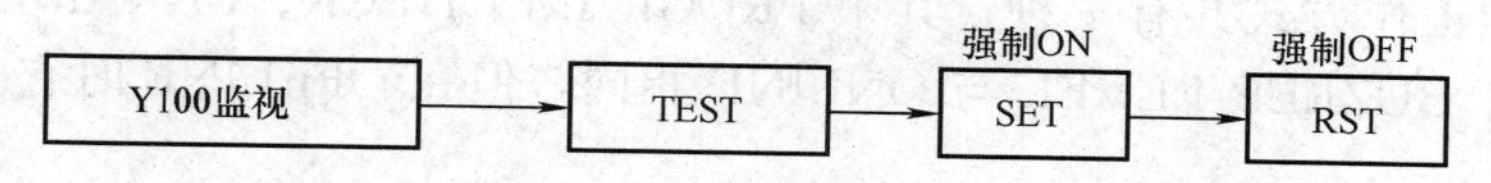

图 8-19 对 Y100 进行强制 ON/OFF 的操作流程

(5) 修改 T、C、D、V、Z 的当前值。先进行元件监视后，再进入测试功能，修改 T、C、D、Z、V 的当前值，操作流程如图 8-20 所示。

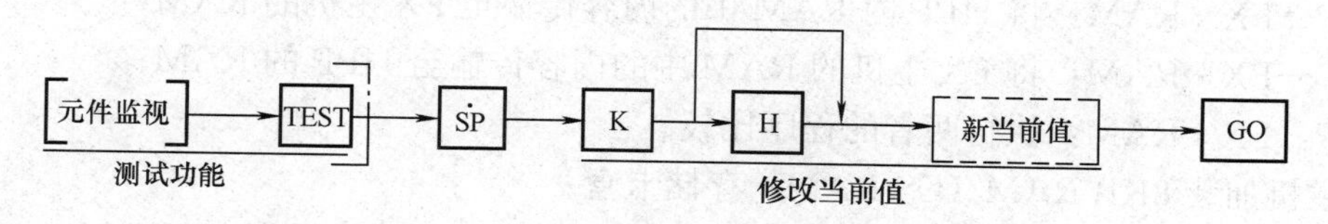

图 8-20 修改 T、C、D、Z、V 当前值的操作流程

【例 8-13】 将 32 位计数器的设定值寄存器（D1、D0）的当前值 K1234 修改为 K10。操作为：D0 监视→TEST→SP→K→1→0→GO。

(6) 修改 T、C 的设定值。元件监视或导通检查后，转到测试功能，可修改 T、C 的设定值，操作流程如图 8-21 所示。

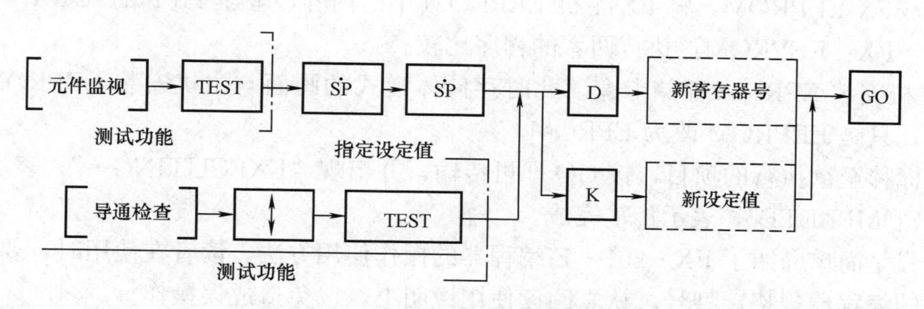

图 8-21 修改 T、C 设定值操作流程

【例 8-14】 将 T10 的设定值 D123 变更为 D234。

操作为：T10 监视→TEST→SP→SP→D→2→3→4→GO。

4. 离线方式

(1) 离线时的功能。FX-20P-E 编程器（HPP）本身有内置的 RAM 存储器，所以，它具有下述功能：

1) 在 OFFLINE 状态下，HPP 的键盘所键入的程序，只被写入 HPP 本身的 RAM，而非写入 PLC 主机的 RAM。

2) PLC 主机的 RAM 若已输入了程序，就可以独立执行已有的程序，而不需 HPP。此时不管主机在 RUN 或 STOP 状态下，均可通过 HPP 写入、修改、删除、插入程序，只是它无法自行执行程序。

3) HPP 本身 RAM 中的程序是由 HPP 内置的大电容器来供电的，离开主机后，这些程序只可保存 3 天（离开主机前，须与主机连接超过 1h），3 天后程序会自然消失。

4) HPP 内置的 RAM 可与 PLC 主机 RAM 存储盒的 8KB RAM/EPROM/EEPROM 相互传输程序，也可传输至 HPP 附加的 ROM 写入器（需要时另外购买 FX-20P-RWM）。

（2）离线时的工作方式选择。在离线方式下，按 OTHER 键，即进入工作方式选择的操作，可供选择的工作方式共有 7 种，其中 PROGRAM CHECK、PARAMETER、XYM.、NO.、CONV.、BUZEER LEVEL 与 ONLINE 相同，但在 OFFLINE 时它只对 HPP 内的 RAM 有效。

（3）HPP<->FX 主机间的传输（OFFLINE MODE）。HPP 会自动判别存储器的型号，从而出现下列 4 种存储体模式的画面。

1）主机未装存储卡盒。

HPP→FX-RAM：将 HPP 内 RAM 中的内容传输至 FX 主机的 RAM；

HPP←FX-RAM：将 FX 主机的 RAM 中的内容传输至 HPP 的 RAM；

HPP：FX-RAM：执行两者的程序比较。

2）主机加装 8KB RAM（CS RAM）存储卡盒。

HPP→FX CSRAM：将 HPP 内 RAM 中的内容传输至 FX 主机的 CSRAM；

HPP←FX CSRAM：将 FX 主机 CSRAM 中的内容传输至 HPP 的 RAM；

HPP-FX：CSRAM：执行两者的程序比较。

3）主机安装 EEPROM 存储卡盒。

HPP→FX EEPROM：将 HPP 内 RAM 中的内容传输至 FX 主机的 EEPROM；

HPP←FX EEPROM：将 FX 主机 EEPROM 中的内容传输至 HPP 的 RAM；

HPP-FX：EEPROM：执行两者的程序比较。

4）主机安装 EPROM 存储卡盒。此时存储体模式的画面与主机安装 EEPROM 存储卡盒时相似，只是 EEPROM 改为 EPROM。

将光标移至欲执行的项目，按 GO 即可传输，并出现“EXECUTING…”，表示传输中。当出现“COMPLETE”，表示传输完成。

以上只是简单介绍了 FX-20P-E 编程器的操作使用方法，读者在使用时，要根据自己现在使用的编程器规格、型号，认真阅读使用说明书，以免造成误操作。

8.2　GX Developer 编程软件的使用

8.2.1　GX Developer 编程软件概述

GX Developer 能够制作 Q 系列、QnA 系列、A 系列、FX 系列的数据，并转换成 GPPQ、GPPA 格式的文档。该款编程软件可以编写梯形图程序和状态转移图程序（全系列），支持在线和离线编程，并具有软元件注释、声明、注解及程序监视、测试、故障诊断、程序检查等功能。GX Developer 可在 Windows 97/98/2000/XP 及 Win 7 操作系统中运行。该编程软件简单易学，具有丰富的工具箱和直观形象的视窗界面。

在安装有 GX Developer 的计算机内追加安装 GX Simulator，就能够实现不在线时的调试，包括软元件的监视测试、外部机器的 I/O 模拟操作等。如果使用 GX Simulator，就能够在一台计算机上进行顺控程序的开发和调试，能够更有效地进行顺控程序修正后的确认。

在使用编程软件及仿真软件时，应注意两者的兼容，现以 GX Developer 8 编程软件和 GX Simulator 6 仿真软件为例进行说明。

8.2.2　GX Developer 编程软件的安装

（1）计算机的软硬件条件。

1）系统软件：Windows 97/98/2000/XP、Win 7。

2）硬件：至少需要 512MB 内存以及 100MB 空间的硬盘。

（2）安装方法。GX Developer 编程软件及仿真软件的安装应注意以下两点：

1）先安装环境包，才能安装 GX Developer 编程软件。

2）仿真软件安装后，在“开始”→“程序”中是找不到的，需通过编程软件的“工具”→“梯形图逻辑测试起动”启动仿真与测试。

具体的安装方法如下：

1）安装“通用环境”。打开三菱 PLC 编程软件 GX Developer 文件夹，找到并打开“EnvMEL”文件夹，单击里面的“SETUP”进行安装。经过“设置”界面后，进入如图 8－22所示的“欢迎”界面。

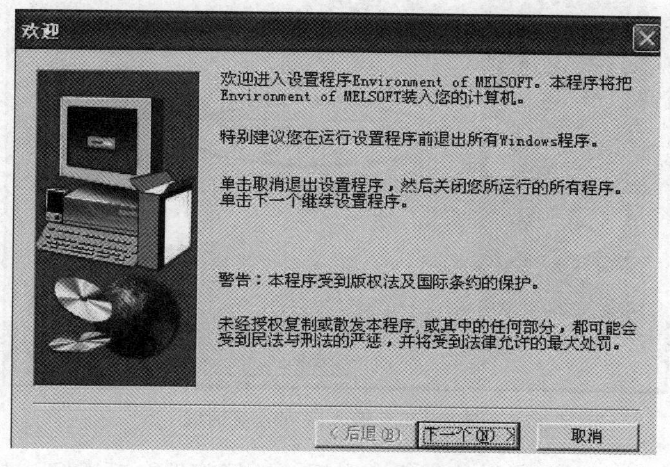

图 8－22　欢迎界面

单击“下一个”按钮，弹出“信息”对话框，再单击“下一个”按钮，弹出“设置完成”界面，如图 8－23 所示，单击“结束”，环境包安装完成。

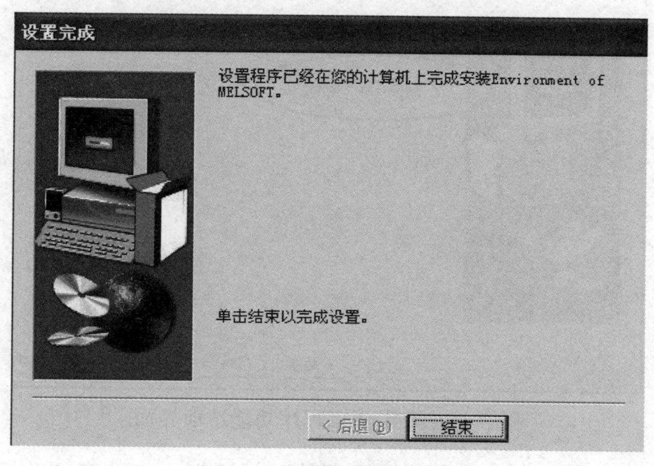

图 8－23　设置完成界面

2）安装 GX Developer 编程软件。通用环境安装后，返回原文件夹，即"GX Developer"，单击"SETUP"进行 GX Developer 编程软件的安装，应注意图 8-24 所示的"安装"提示。在安装的时候，最好把其他应用程序关掉，包括杀毒软件、防火墙、IE、办公软件等。因为这些软件可能会调用系统的其他文件，影响安装的正常进行。

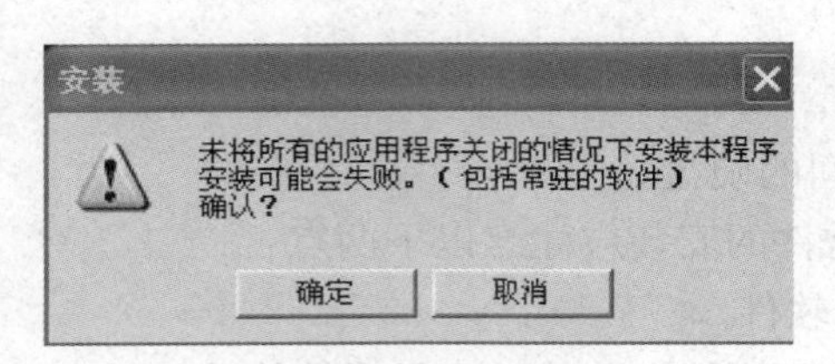

图 8-24　安装提示界面

单击"确定"按钮，弹出"欢迎"对话框，按照提示往下进行。当弹出"输入序列号"对话框时，应注意，不同软件的序列号可能会不相同，序列号可以在下载后的压缩包里得到，如图 8-25 所示。

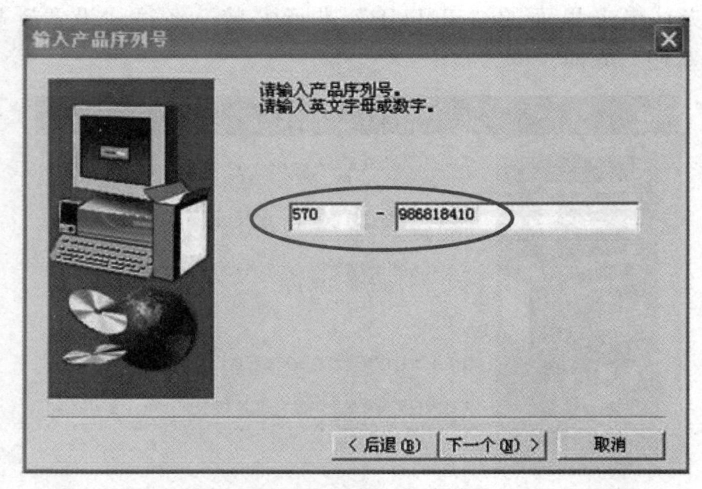

图 8-25　输入序列号对话框

当单击图 8-25 中"下一个"按钮后，出现"选择部件"对话框，在"ST 语言程序功能"选项前面"打勾"，如图 8-26 所示。

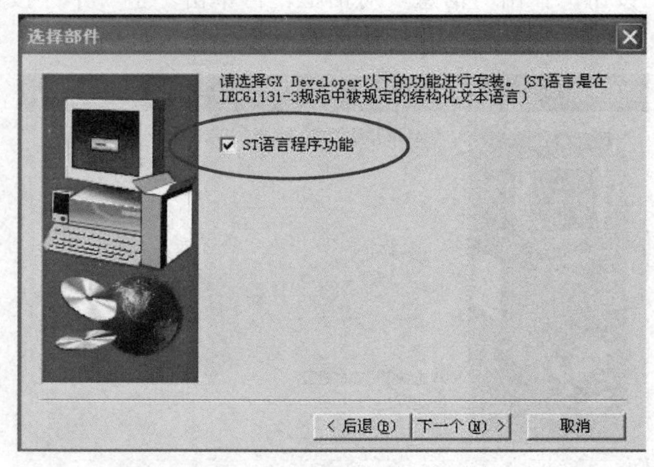

图 8-26　ST 语言程序功能选项界面

单击"下一个"按钮，弹出另一个"选择部件"对话框，应注意"监视专用 Gx Developer"

选项应不选（安装选项中，每一个步骤要仔细看，有的选项打勾了反而不利），如图 8－27所示。

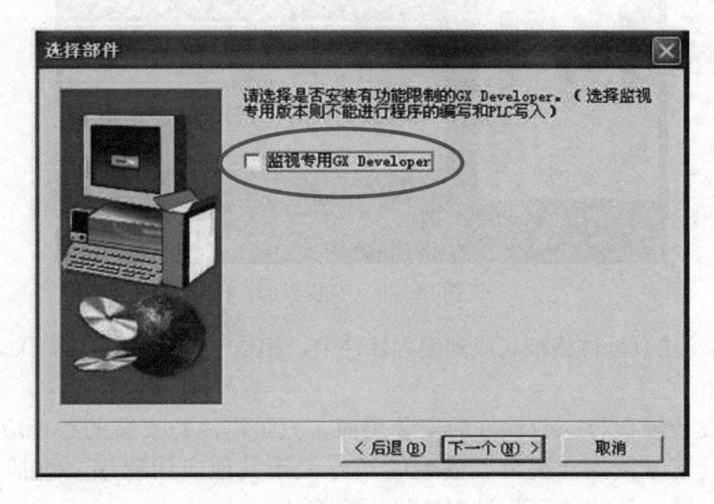

图 8－27　选择部件界面（一）

点击“下一个”按钮，弹出如图 8－28 所示的“选择部件”对话框，这个对话框的三个选项中，“MEDOC 打印文件的读出”选项和“从 Melsec Medoc 格式导入”选项可以打勾，其他选择不要选择，如图 8－28 所示。

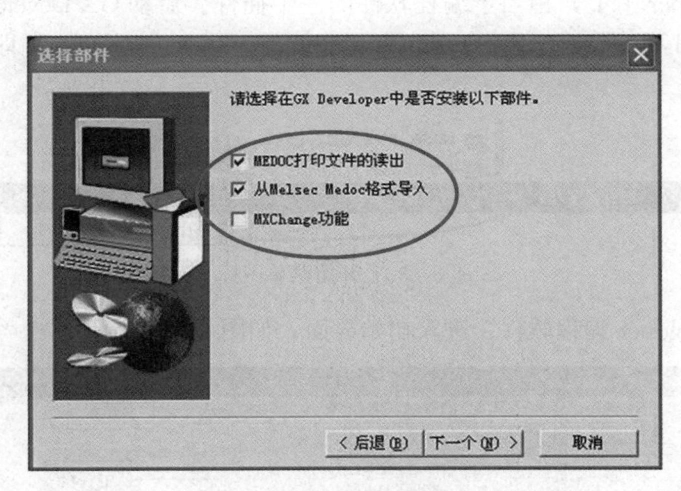

图 8－28　选择部件界面（二）

然后单击“下一个”按钮，弹出“选择安装目标位置”对话框，进行安装位置的确定，开始软件的安装，界面如图 8－29 所示。

安装完成后，在“开始”→“程序”里即可找到安装好的软件。打开已安装好的 GX Developer 编程软件，测试软件是否正常，如果不正常，则有可能是因为操作系统的 DLL 文件或者其他系统文件丢失造成的，一般程序会提示是因为少了哪一个文件而造成的。

3）安装 GX Simulator 6 仿真软件。仿真软件的功能是将事先编写好的 PLC 程序通过计算机虚拟 PLC 的现场运行，这样可以大大地方便程序的设计、查错和调试工作。在安装仿真软件之前，应先安装好编程软件，还应注意仿真软件和编程软件的版本需要互相兼容。安装好编程

图 8-29 安装界面

软件和仿真软件后，仿真软件将被集成到编程软件中，相当于编程软件 GX Developer 的一个插件或软件包。

仿真软件的安装过程与一般软件的安装类似，只是需注意安装的路径应与编程软件的路径相同，以保证其正常使用。另外，安装时最好关闭其他应用程序，包括杀毒软件、防火墙、IE、办公软件等。具体的安装过程这里不再赘述。

8.2.3 GX Developer 编程软件的基本操作

(1) 创建新工程。在计算机上安装好编程软件 GX Developer Version7 和仿真软件 GX Simulator6-C 后，在桌面或者“开始”菜单中并没有仿真软件的图标。因为仿真软件被集成到 GX Developer 中了，相当于编程软件的一个插件。启动 GX Developer，只需顺序单击“开始”→“所有程序”→“MELSOFT 应用程序”→“GX Developer”即可，如图 8-30 所示。

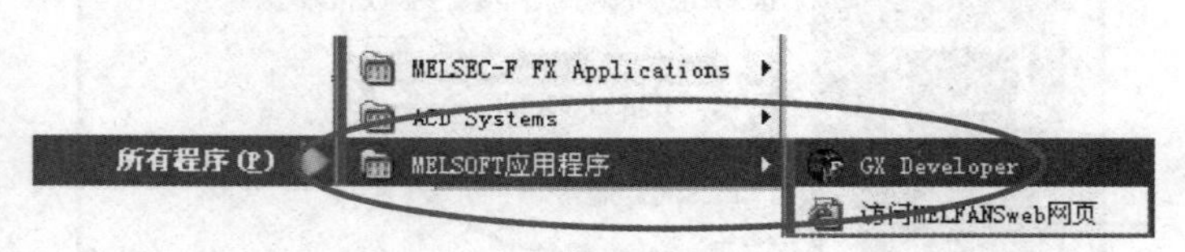

图 8-30 开始菜单图标

运行 GX Developer 编程软件，进入初始界面，如图 8-31 所示。

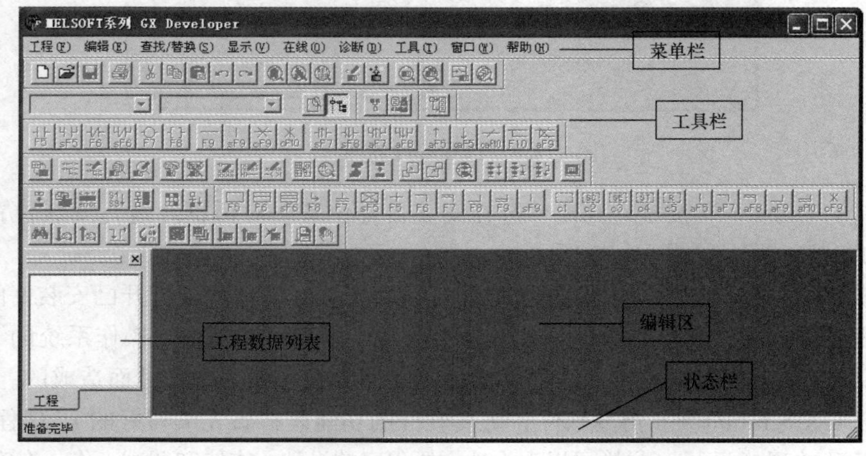

图 8-31 GX Developer 初始界面

可以看到该窗口编辑区域是不可用的，工具栏中除了“新建”、“打开”等几个按钮可见外，其余按钮均不可用（显示为灰色）。若要新建一个 PLC 程序，可以单击图 8－31 中的新建按钮，或者顺序单击主菜单栏中“工程”→“创建新工程”命令，就可以创建一个新工程，如图 8－32 所示。

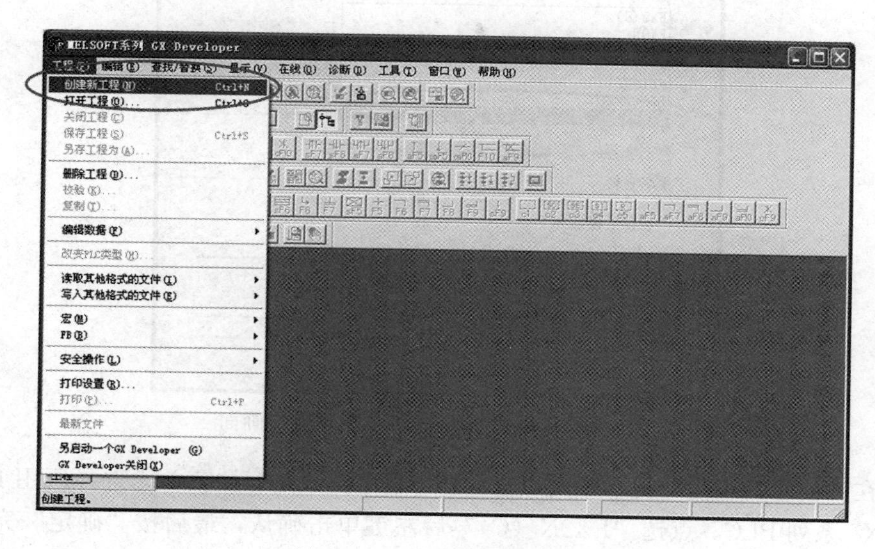

图 8－32 创建新工程界面

创建新工程时，在如图 8－33 所示的“创建新工程”提示栏内点选“PLC 系列”，在下拉菜单内选择所用 PLC 系列，这里以 FX 系列 PLC 为例进行说明。点选“FXCPU”亮后，左键单击确认。

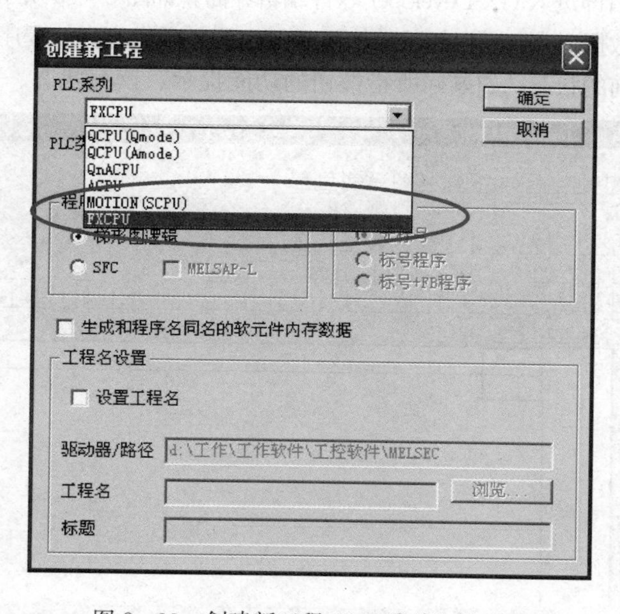

图 8－33 创建新工程 PLC 系列选择画面

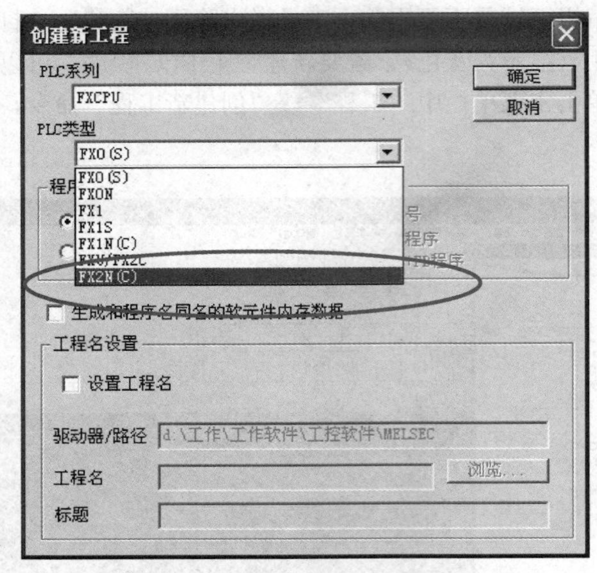

图 8－34　创建新工程 PLC 类型选择画面

然后在“创建新工程”提示栏内点选“PLC 类型”，在下拉菜单内选择所用 PLC 类型，这里选 FX_{2N}系列 PLC。点选“FX2N（C)”后左键单击确认，最后按“确定”完成创建流程，如图 8－34 所示。

另外，在“创建新工程”设置项中还包括选择程序的类型，即梯形图或 SFC（顺控程序)，设置文件的保存路径和工程名等。需要注意的是，PLC 系列和 PLC 型号两项为必须设置项（见图 8－33、图 8－34)，且必须与所连接的 PLC 一致，否则程序将可能无法写入 PLC。

设置好上述各项后即进入 GX Developer 软件编辑界面，如图 8－35 所示。在编辑区即可实现对程序的编辑。工程数据列表区是以树状结构显示的工程各项内容，如程序、软元件注释、参数等；状态栏则显示当前的状态，如鼠标所指按钮的功能提示、读写状态、PLC 的型号等。

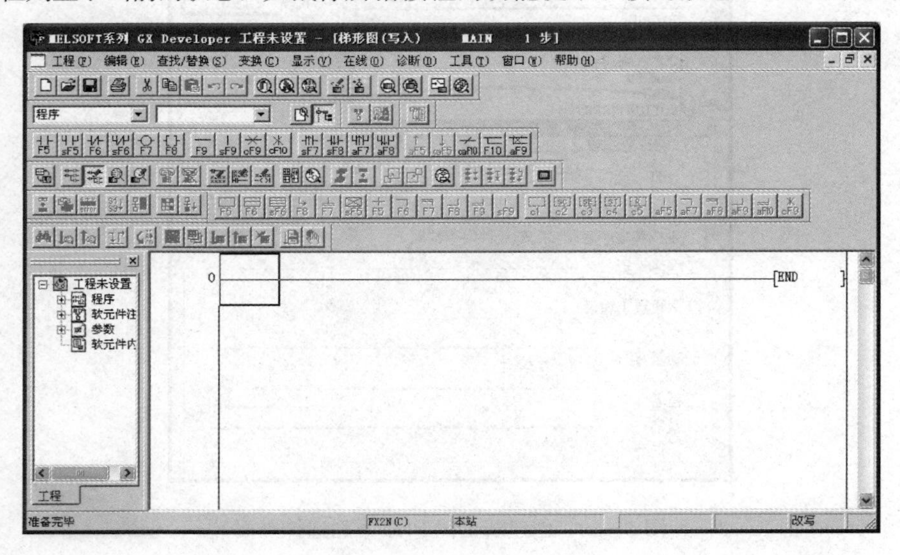

图 8－35　程序编辑窗口

(2) 常用工具条。GX Developer 工具条类型包括标准、数据切换、梯形图标记、程序、注释、软元件内存、SFC、SFC 符号。常用工具条为标准工具条、梯形图标记工具条和程序工具条，如图 8-36～图 8-38 所示。

各工具条均可直接将鼠标移至所需按键位置，左键单击执行；也可将按键与快捷键共用（快捷键如“Shift+F6”的操作方法为按住键盘“Shift”键，同时按键盘“F5”键）；每类工具条按键均可使用软件画面主菜单栏分选下拉菜单获得相同功能；详细的快捷键操作说明，可顺序单击“主菜单栏”→“帮助”→“快捷键操作列表”获得。表 8-1～表 8-3 列出了每类工具条按键的使用说明（表中的序号表示工具条按键从左向右依次顺序编号）。

图 8-36　标准工具条

表 8-1　标准工具条按键功能说明

序号	按键名	功能说明	快捷键
1	工程作成	创建新的 PLC 程序	Ctrl+N
2	打开工程	打开已保存的 PLC 程序	Ctrl+O
3	工程保存	保存当前的 PLC 程序	Ctrl+S
4	打印	打印程序相关内容	Ctrl+P
5	剪切	删除选择的内容并存入剪切板内	Ctrl+X
6	复制	选择的内容复制到剪切板	Ctrl+C
7	粘贴	复制剪切板的内容到光标所在位置	Ctrl+V
8	操作返回到原来	撤消前一步的编辑操作	Ctrl+Z
9	软元件查找	在 PLC 程序内查找与 X、Y、M、T、D、S 等软元件相关的所有梯形图位置、指令表位置	无
10	指令查找	查找指定指令	无
11	字符串查找	查找指定字符串	无
12	PLC 写入	从计算机向 PLC 写入程序	无
13	PLC 读出	从 PLC 向计算机读取程序	无
14	软元件登录监视	单个监视 X、Y、M、T、D、S 等软元件	无
15	软元件批量监视	成批监视 X、Y、M、T、D、S 等软元件	无
16	软元件测试	设置 X、Y、M、T、D、S 等软元件的合断、输出、数值	Alt+1
17	参数检查	运行参数检查	无

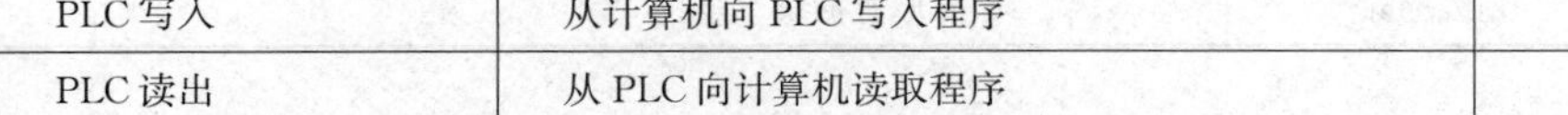

F5 sF5 F6 sF6 F7 F8 F9 sF9 cF9 cF10 sF7 sF8 aF7 aF8 aF5 caF5 caF10 F10 aF9

图 8-37　梯形图标记工具条

表 8-2 梯形图标记工具条按键功能说明

序号	按键名	功能说明	快捷键
1	动合触点	起始接入动合触点（LD） 串联接入动合触点（AND）	F5
2	并联动合触点	并联接入动合触点（OR）	Shift+F5
3	动断触点	起始接入动断触点（LDI） 串联接入动断触点（ANI）	F6
4	并联动断触点	并联接入动断触点（ORI）	Shift+F6
5	输出线圈	输出 Y、M、T 等线圈（OUT）	F7
6	输出应用指令	输出特殊指令（FNC）	F8
7	画横线	在光标位置水平向右画一格连接横线	F9
8	画竖线	在光标位置靠左侧向下画一格连接竖线	Shift+F9
9	横线删除	在光标位置删除一格连接横线	Ctrl+F9
10	竖线删除	在光标位置靠左侧向下删除一格连接竖线	Ctrl+F10
11	上升沿脉冲	接入触点接通的上升沿脉冲信号 （起始接入 LDP；串联接入 ANDP）	Shift+F7
12	下降沿脉冲	接入触点接通的下降沿脉冲信号 （起始接入 LDF；串联接入 ANDF）	Shift+F8
13	并联上升沿脉冲	接入触点接通的上升沿脉冲信号 （并联接入 ORP）	Alt+F7
14	并联下降沿脉冲	接入触点接通的下降沿脉冲信号 （并联接入 ORF）	Alt+F8
15	输出上升沿脉冲	Y、M 等线圈接通时输出上升沿脉冲	Alt+F5
16	输出下降沿脉冲	Y、M 等线圈接通时输出下降沿脉冲	Ctrl+Alt+F5
17	运算结果取反	运算结果取反	Ctrl+Alt+F10
18	划线输入	输入新增横线、竖线	F10
19	划线删除	删除原有横线、竖线	Alt+F9

图 8-38 程序工具条

表 8-3 程序工具条按键功能说明

序号	按键名	功能说明	快捷键
1	梯形图、指令列表显示切换	程序的梯形图、指令表两种显示形式的切换	Alt+F1
2	读出模式	仅能读看程序，单击按键图标下凹，其他模式相同	Shift+F2
3	写入模式	可以编辑修改程序	F2

续表

序号	按键名	功能说明	快捷键
4	监视模式	与PLC通信建立后，监视PLC程序运行中X、Y、M、T、D、S等软元件的输入输出状态、运算过程、运算结果	F3
5	监视（写入）模式	监视模式下，PLC开关处于STOP，可修改、删除、写入程序语句，启动时有选择项选“是”	Shift+F3
6	监视开始	开始PLC运行监视	Ctrl+F3
7	监视结束	结束PLC运行监视	Ctrl+Alt+F3
8	注释编辑及显示	对输入的注释说明	Ctrl+F5
9	声明编辑及显示	对程序块的注释说明	Ctrl+F7
10	注释项编辑及显示	对输出的注释说明	Ctrl+F8
11	梯形图登录监视	梯形图登录监视	无
12	触点线圈查找	在PLC程序内查找与X、Y、M、T、D、S等软元件的输入触点、输出线圈相关的所有梯形图位置、指令表位置	Ctrl+Alt+F7
13	程序批量变换	程序批量变换	Ctrl+Alt+F4
14	程序变换	写入模式下编辑的程序梯形图变换为PLC可识别的内部语言指令，在编辑修改程序后变亮色	F4
15	放大显示	放大显示	无
16	缩小显示	缩小显示	无
17	程序检查	检查程序是否出错	无
18	步执行	单步执行	Alt+4
19	部分执行	部分执行	Alt+3
20	跳跃执行	跳跃执行	Alt+2
21	梯形图逻辑测试启动、结束	安装仿真软件GX Simulator后使用，单击按键测试启动图标下凹；仿真测试好，单击按键测试结束图标上凸	无

8.2.4 梯形图程序的编制与测试

（1）梯形图程序的编制。为了介绍GX Developer编程软件在计算机上编制程序的操作步骤，以编制如图8-39所示的梯形图程序为例进行说明。

图8-39　梯形图程序（一）

打开GX Developer编程软件并建立新工程后，进入如图8-35所示的程序编辑窗口，软件运行模式默认为“写入模式”，因此可进行梯形图的编制。首先光标默认停留在第0步位置，鼠标移至该位置，单击右键，在出现的下拉菜单内选择“行插入”，如图8-40所示。

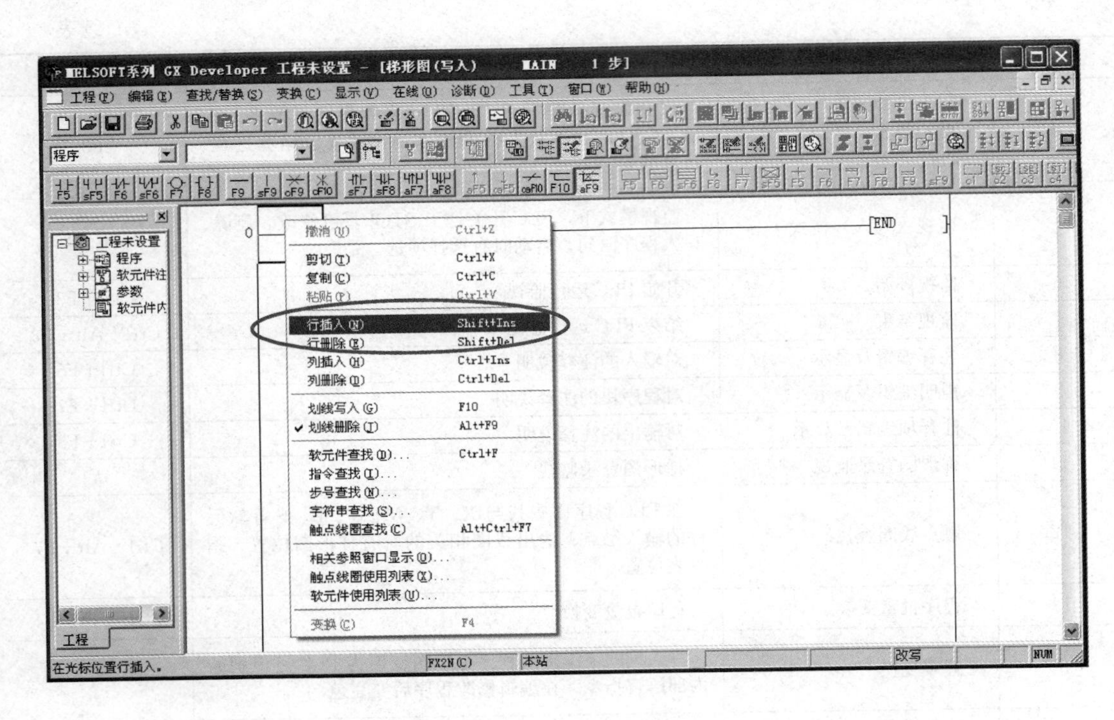

图 8-40　行插入界面

行插入后，END结束步前增加灰色区域，此区域内可输入梯形图语句，如图 8-41 所示。多次执行“行插入”，可多增加梯形图输入的灰色区域。“行插入”时灰色区域增加方向，按光标位置向上。

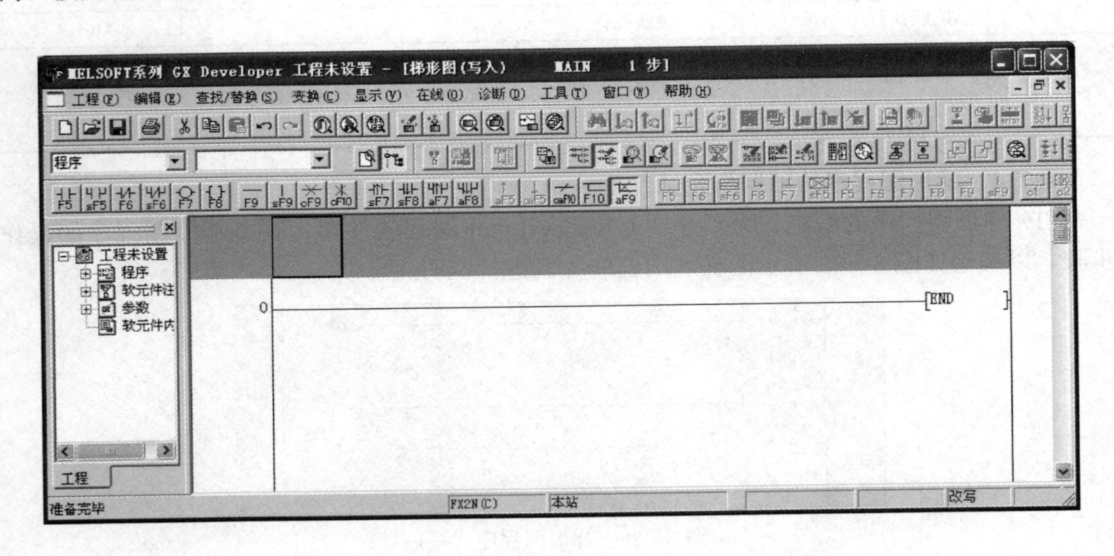

图 8-41　灰色编辑画面

此时在图 8-41 所示的光标处输入图 8-39 所示的 X1 动合触点，可以单击图 8-37 工具栏中动合触点图标，出现如图 8-42 所示的“梯形图输入”对话框，在图 8-42 B处输入“X1”，单击“确认”按钮或按 Enter 键，要输入的 X1 动合触点就出现在图 8－35 蓝色光标处。另一种方法是在蓝色光标处左键双击鼠标，出现如图 8－43 所示的“梯形图输入”对话框，在下拉菜单中选择动合触点符号，并在指令输入处输入“X1”，或者直接在指令输入处输入“LD X1”指令，单击“确定”按钮或按 Enter 键，也可完成动合触点 X1 的输入。

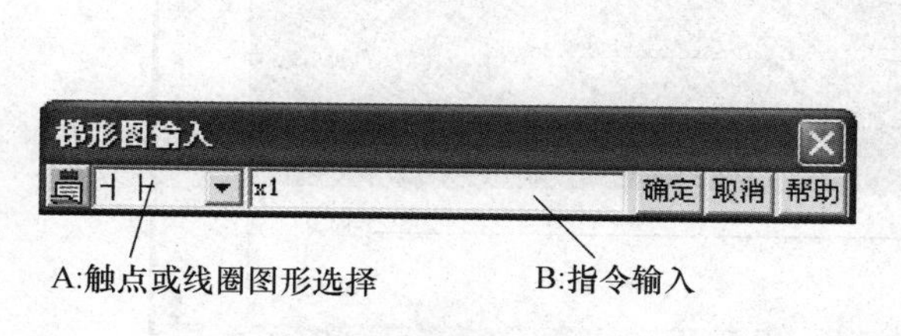

图 8－42　梯形图输入对话框（一）

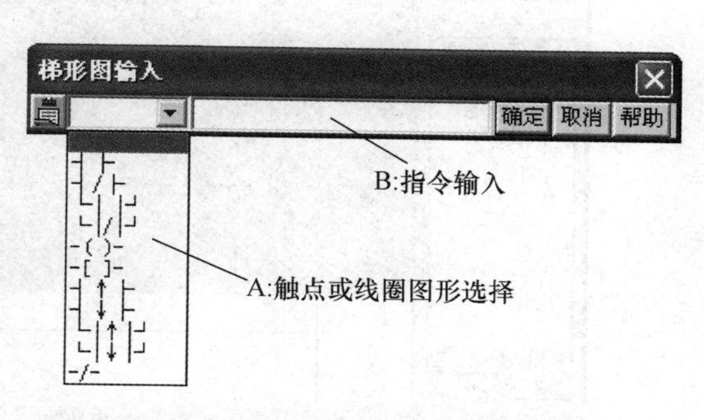

图 8－43　梯形图输入对话框（二）

当编制完“LD X1”，程序步生成后，光标位置自动向后移动一格。与前面操作相同，分步输入所要编制的 PLC 程序。图 8－39 中的时间继电器 T0 输入时，在“梯形图输入”提示框内顺序输入“T0”→键盘空格键→“K20”即可，程序输入完成后的界面如图 8－44 所示。

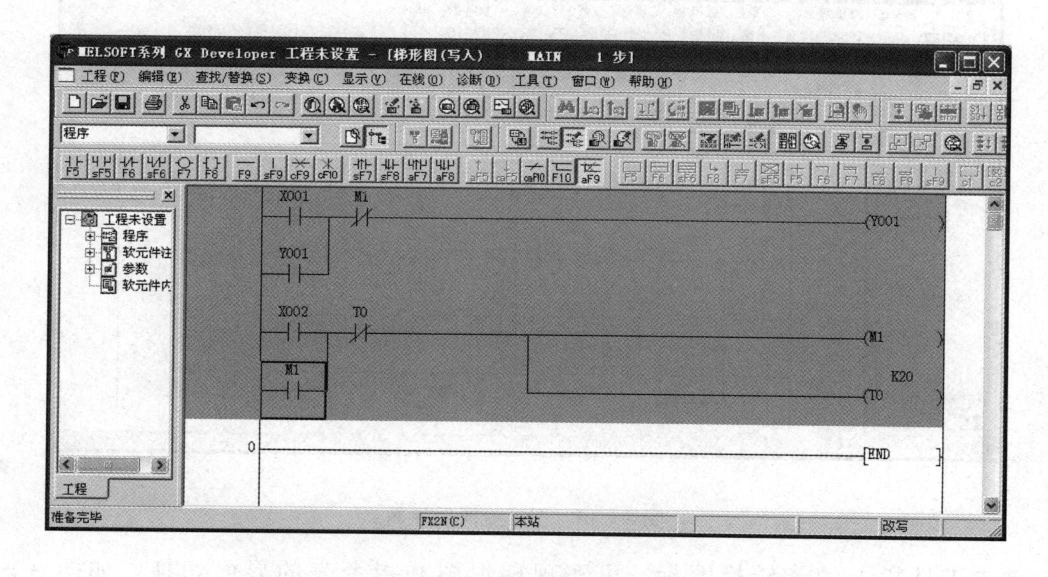

图 8－44　程序输入完成后的界面

当一段梯形图编制完成之后，梯形图程序为灰色，如图 8－44 所示。在写入 PLC 之前，必须将其进行变换，顺序点选主菜单栏中“变换”菜单下的“变换”命令，或直接单击程序变换按钮完成变换。变换完成，编辑的梯形图程序变换为 PLC 可识别的内部语言指令，此时编写区不再是灰色状态，可以存盘或传送，如图 8－45 所示。

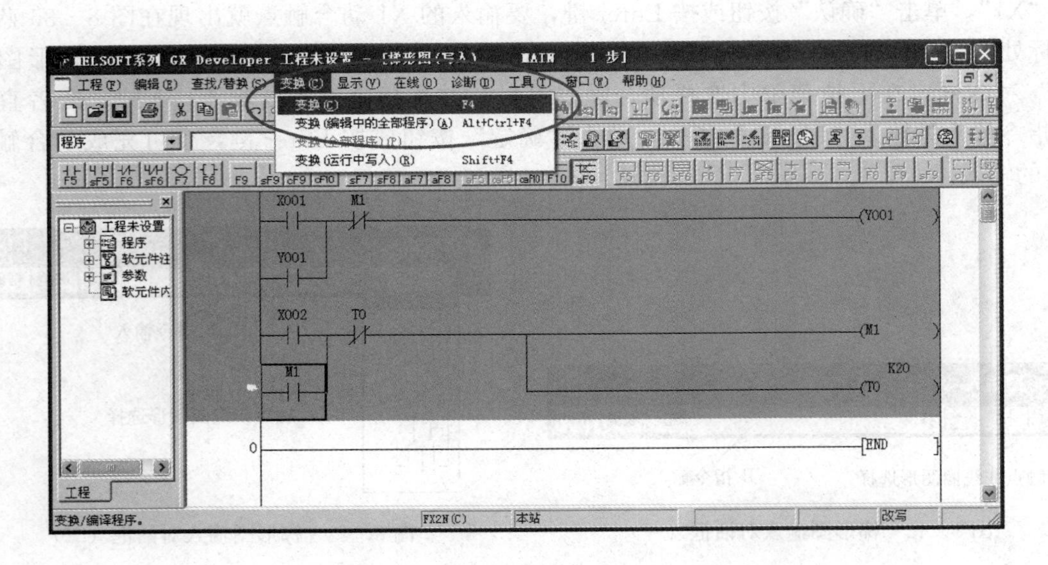

图 8-45　程序变换界面

PLC 程序变换完成后的画面如图 8-46 所示。

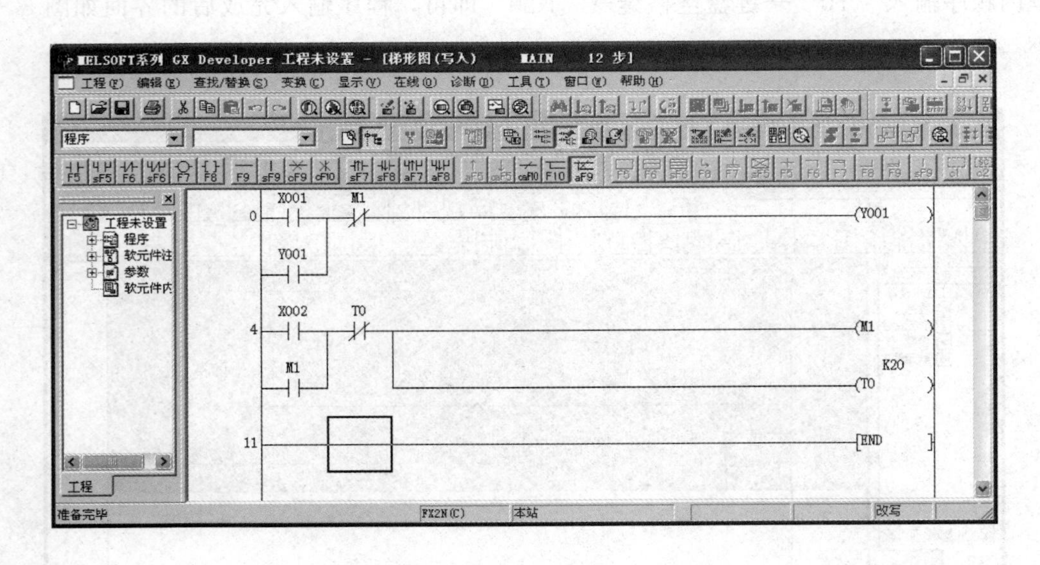

图 8-46　程序变换后界面

单击工具栏上的转换图标，可实现梯形图和指令表的界面切换，如图 8-47 所示。

程序编辑完毕后，可进行程序的检查，顺序点选主菜单栏中“工具”→“程序检查”，进行程序检查，如图 8-48 所示。

在“程序检查（MAIN）”提示框内，检查内容默认为全部选择，检查对象默认为选择“当前的程序作为对象”，单击“执行”。如果程序中有错误，就会在文本框内显示出错的软元件名称、出错步数、出错原因说明，如图 8-49 所示。

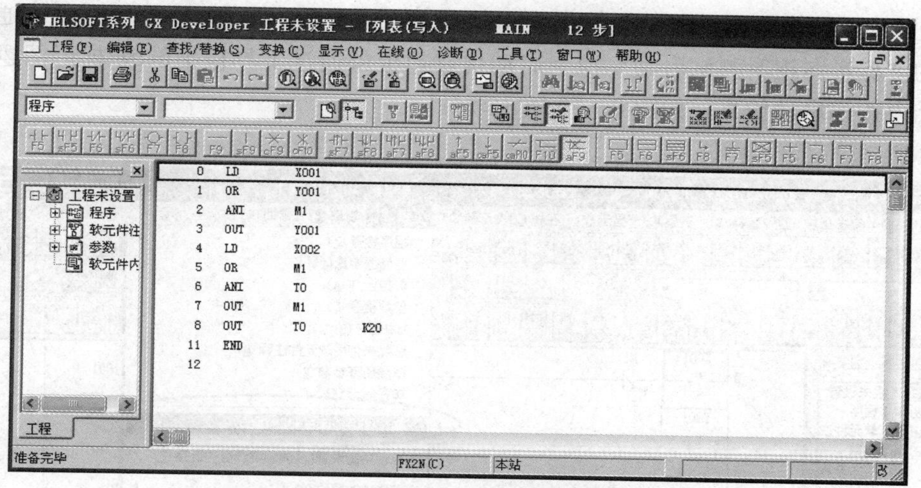

图 8-47　梯形图转换指令表

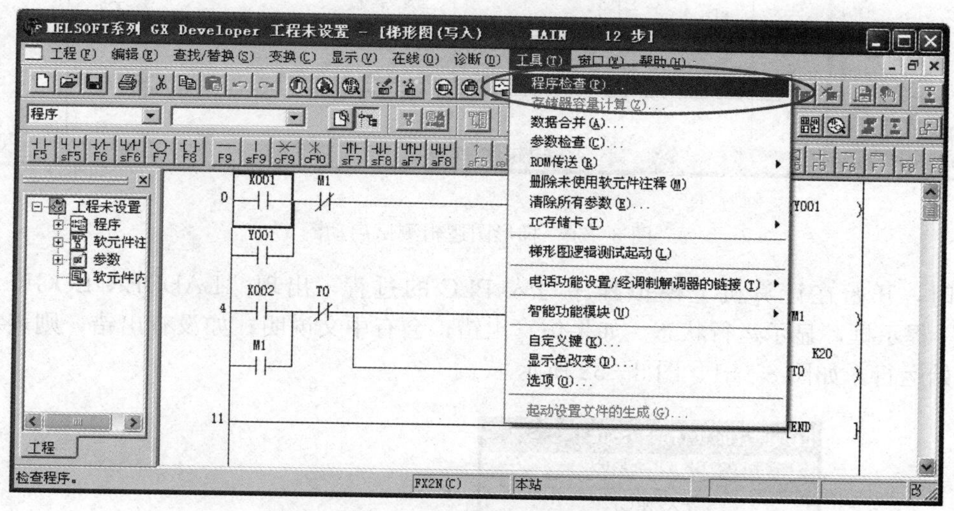

图 8-48　程序检测界面

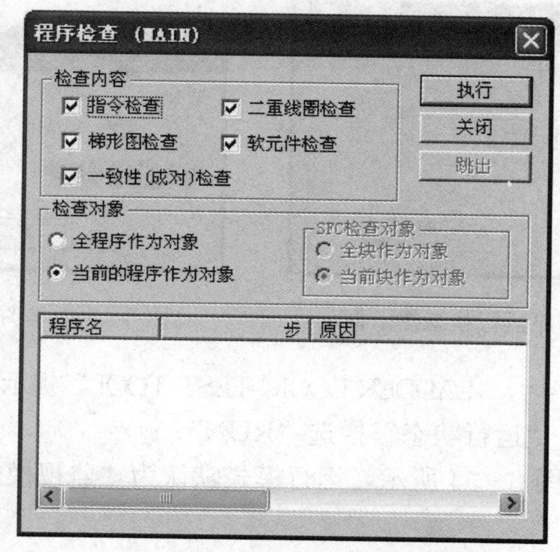

图 8-49　程序检测对话框

（2）程序的仿真与测试。若计算机内追加安装了 GX Simulator 软件，则可以通过工具菜单下的“梯形图逻辑测试启动”命令启动仿真，也可通过工具栏中的▣梯形图逻辑测试启动、结束按钮启动仿真，如图 8－50 所示。

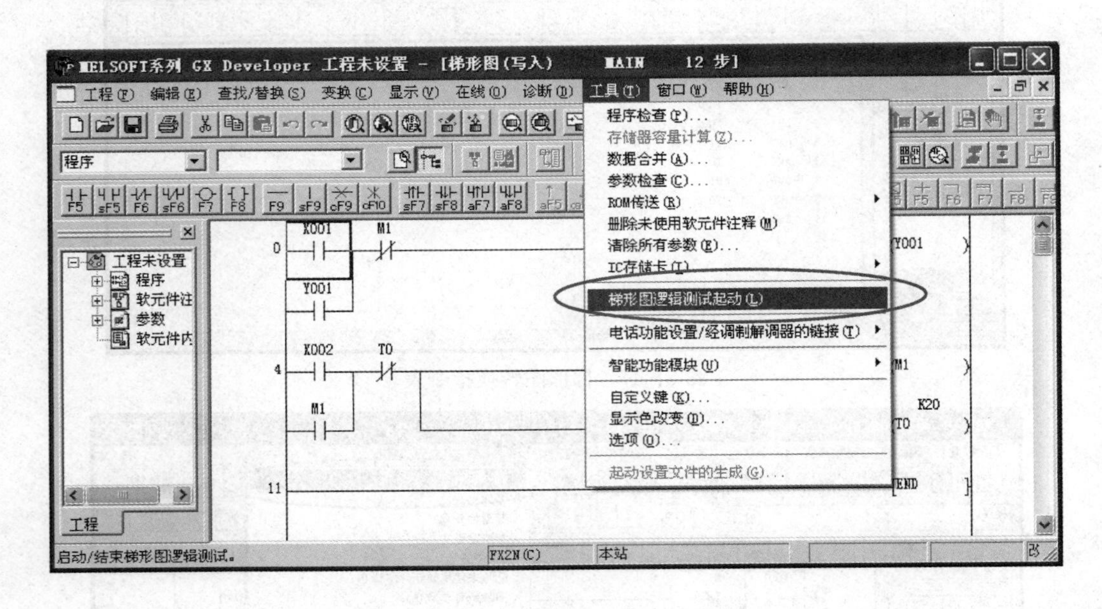

图 8－50　梯形图逻辑测试启动❶

此时，开始在计算机上模拟程序写入 PLC 的过程，出现“LADDER LOGIC TEST TOOL”提示框，显示运行状态。如果仿真出错，会有中文说明；如没有出错，则表示程序已经开始运行，如图 8－51、图 8－52 所示。

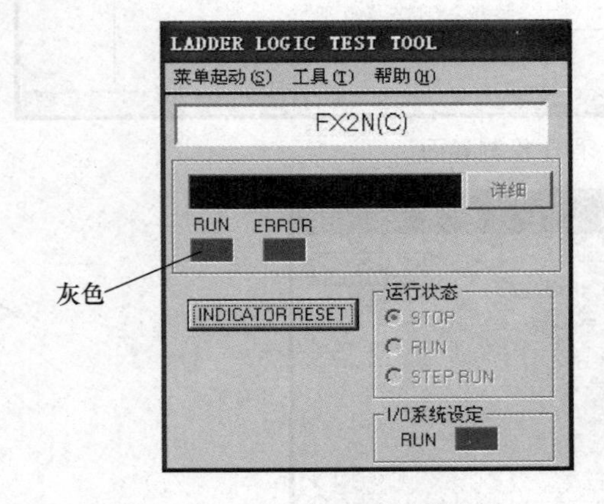

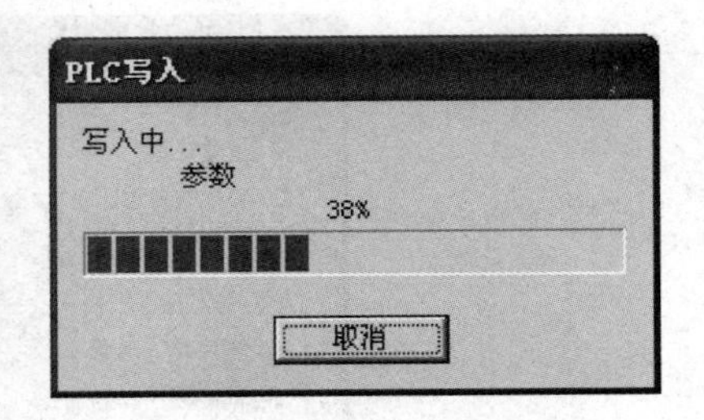

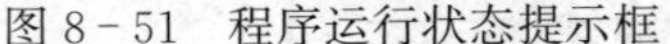

图 8－51　程序运行状态提示框　　　　图 8－52　程序写入提示框

程序写入完成并无错误后，“LADDER LOGIC TEST TOOL”提示框内的变化如图 8－53 所示，“RUN”变色为黄色，“运行状态”栏选“RUN”。

程序运行时的界面如图 8－54 所示，运行模式默认为“监视模式”。

❶ 编程软件中“起动”的“起”为别字，为了与软件一致，图中不做改动。

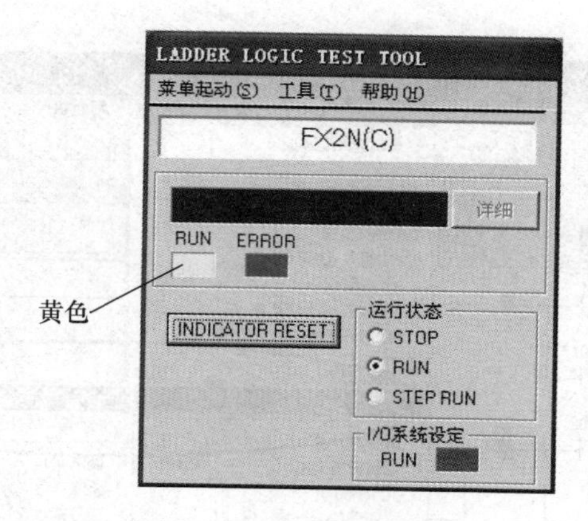

图 8-53　写入完毕界面

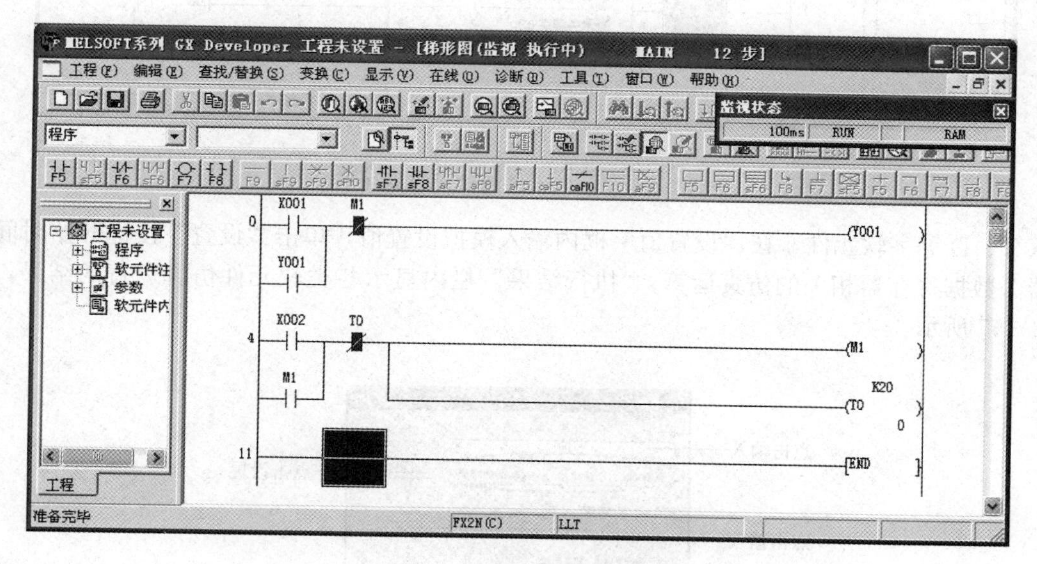

图 8-54　程序运行时的界面

此时出现的“监视状态”提示框显示 PLC 处于“RUN”状态及程序单循环执行周期时间（见图 8-55），该提示框可以关闭。

仿真运行环境下，光标位置显示蓝色全色，处于接通状态的输入触点、输出线圈显示蓝色，对时间继电器 T、状态寄存器 C、数据寄存器 D 等软元件均显示当前运算数值。可以通过顺序单击主菜单栏中“在线”→“调试”→“软元件测试”启动软元件测试功能，通过该功能可以强制一些输入条件为 ON，从而改变某些软元件的状态，如图 8-56 所示。

图 8-55　监视状态提示框

进入“软元件测试”界面后，在“位软元件”栏内可输入 X、Y、M、C、S 等位软元件；单击“强制 ON”接通软元件触点或线圈，单击“强制 OFF”断开软元件触点或线圈，短促间隔单击“强制 ON/OFF 取反”可以近似模拟触发点动开关动作；“字软元件”栏内可

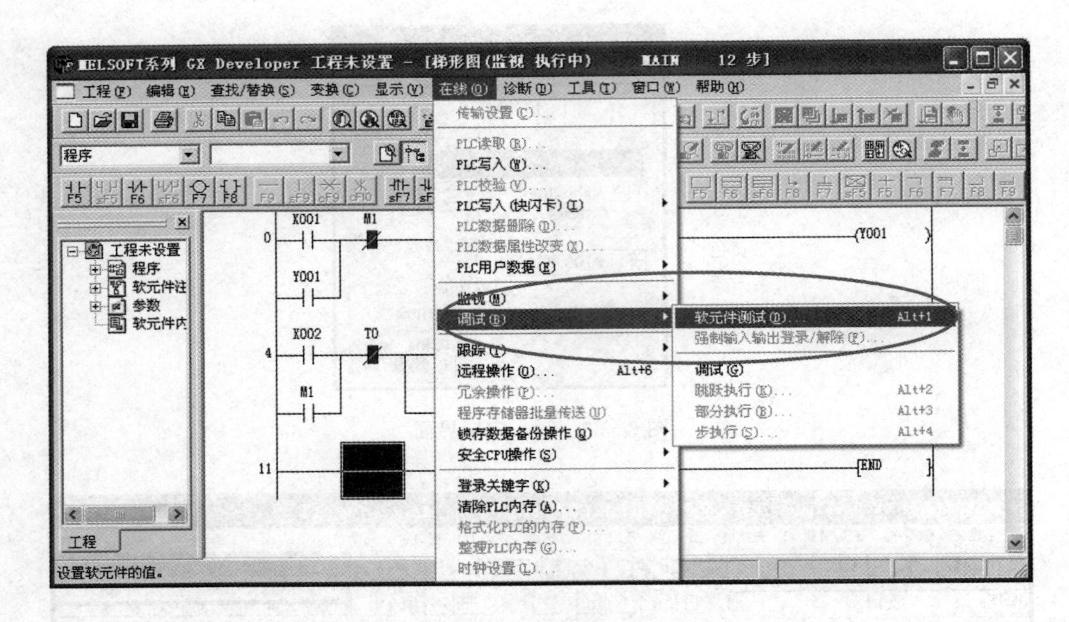

图 8－56 软元件测试设置界面

输入 T、D 等字软元件，在“设置值”框内输入模拟设置值，单击“设置”按键开始时间继电器、数据寄存器相关的仿真运算；“执行结果”栏内显示各类软元件仿真运行的结果，如图 8－57 所示。

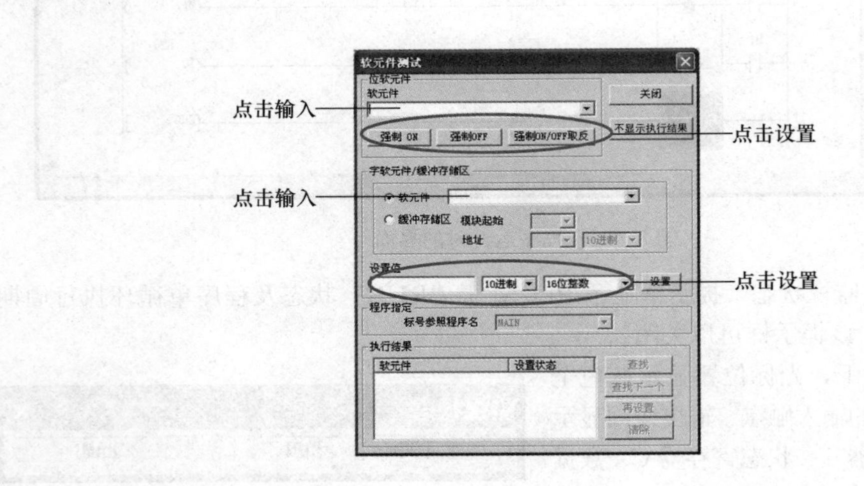

图 8－57 软元件测试设置界面

以图 8－39 所示梯形图中输入触点“X1”的模拟开关为例，鼠标移至“软元件测试”提示框内“位软元件”的“软元件”栏，左键单击进入，输入“X1”，左键点击“强制 ON”，“执行结果”栏内显示“X1”为“强制 ON”，如图 8－58 所示。还可以同时仿真多个位软元件，如“X2”，操作方法如前，显示结果如图 8－59 所示。

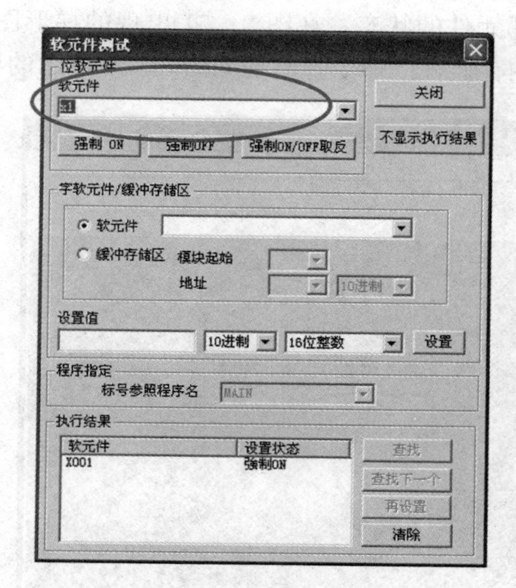

图 8-58 软元件强制设置

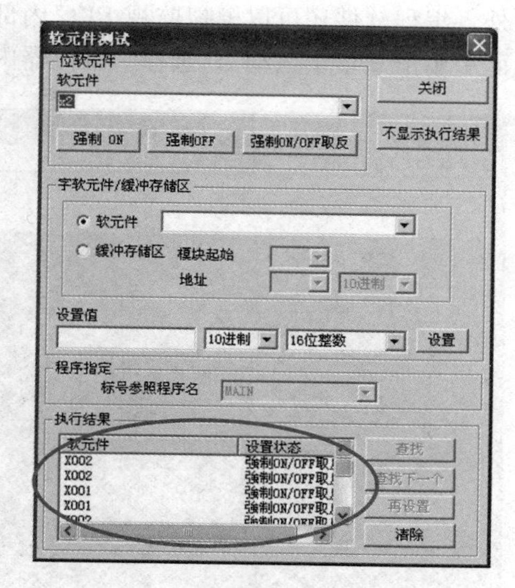

图 8-59 多个软元件强制设置

对于不同类型软元件触点的测试中仿真、复位、触点块颜色变化见表 8-4。

表 8-4 **软元件测试中的变化情况**

触点类型	仿真动作启动按键	模拟状态	仿真复位按键	触点块颜色
动合	强制 ON	接通	强制 ON/OFF 取反	白色→蓝色
动断	强制 ON	断开	强制 ON/OFF 取反	蓝色→白色
上升沿脉冲	强制 ON	短促接通	强制 ON/OFF 取反	白→蓝→白
下降沿脉冲	强制 OFF	短促接通	强制 ON/OFF 取反	白→蓝→白

强制改变输入状态后，软元件测试启动，接通的触点和线圈都用蓝色表示，如图 8-60 所示。

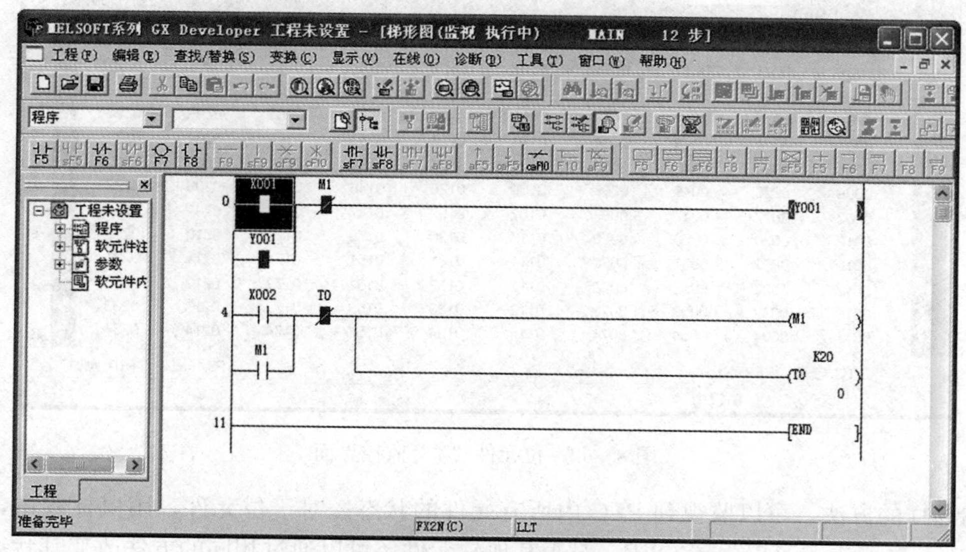

图 8-60 软元件测试界面

另外，编程软件还可以模拟监视 PLC 内部元件的状态，在图 8-51 出现的梯形图逻辑测试界面中单击“菜单起动”，选择“继电器内存监视”命令，出现如图 8-61 所示的界面。

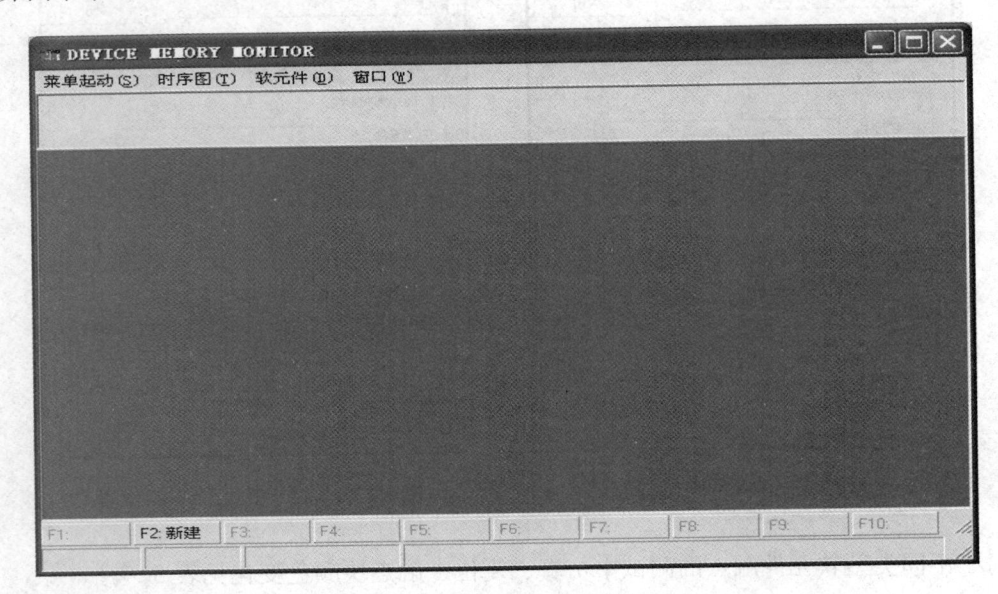

图 8-61　继电器内存监视界面

单击图 8-61 中“软元件”菜单下的“位元件窗口”，选择“Y”，则可监视到所有输出“Y”的状态，黄色表示状态为 ON，不变色表示状态为 OFF，如图 8-62 所示。

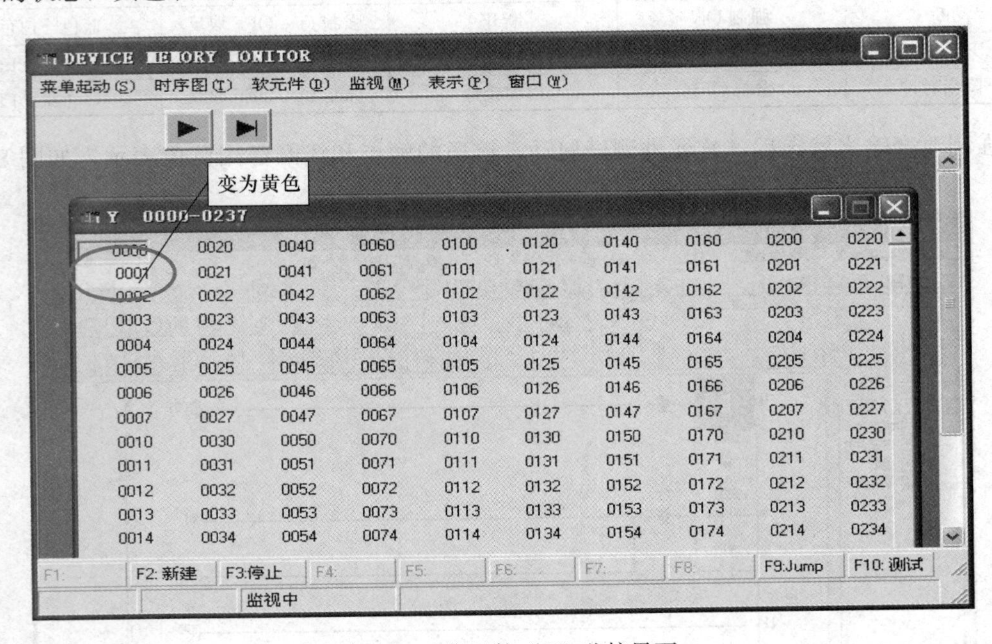

图 8-62　位元件“Y”监控界面

用同样的方法，可以监视到 PLC 内所有元件的状态。对于位元件，用鼠标双击，可以强置 ON；再双击，可以强置 OFF。对于其他软元件，可以通过相同的方法改变其状态或参数。因此，对于调试程序非常方便。

此外，在图 8－62 所示界面中选择“时序图”菜单下的“起动”命令，即可出现时序图监控界面，通过此界面可以观察到程序中各元件变化的时序图，如图 8－63 所示。

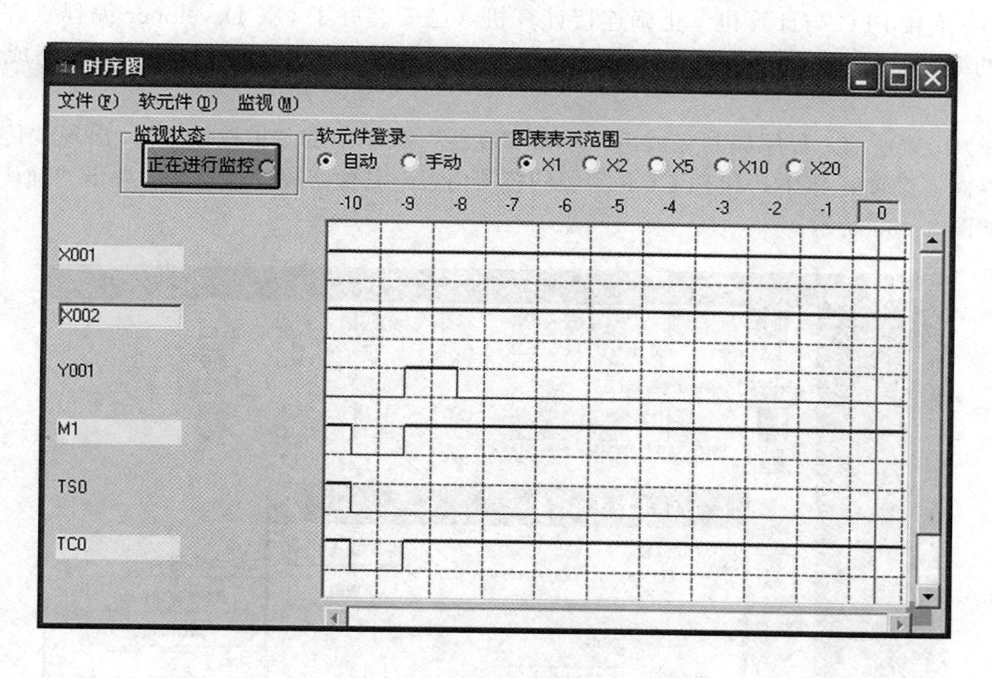

图 8－63　时序图监控界面

退出仿真运行，返回写入模式，顺序单击主菜单栏中“工具”→“梯形图逻辑测试结束”即可，如图 8－64 所示。仿真运行退出后，GX Developer 默认模式为“读出模式”。

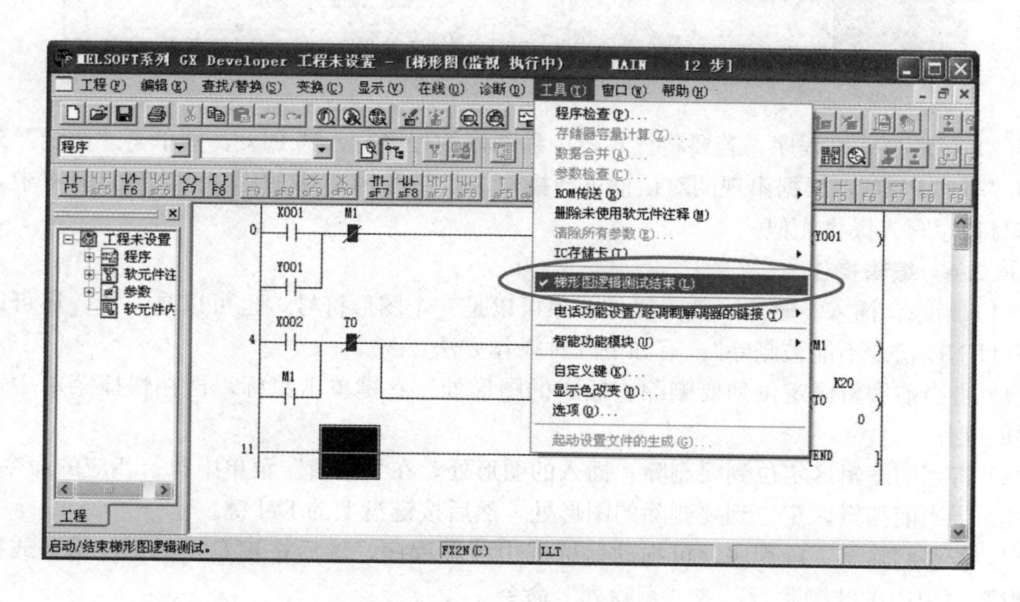

图 8－64　梯形图逻辑测试结束

8.2.5　程序的传输

将计算机上用 GX Developer 编好的程序写入到 PLC 的 CPU，或将 PLC 的 CPU 中的程序读到计算机中，一般方法如下：

（1）连接 PLC 与计算机。正确连接计算机（已安装好了 GX Developer 编程软件）和 PLC 的编程电缆（专用电缆）。特别注意的是，PLC 接口方向不要弄错，否则容易造成 PLC 损坏。

（2）设置通信。程序编制完成后，单击“在线”菜单中的“传输设置”，出现“传输设置”界面，设置好 PCI/F 和 PLCI/F 字段的各项内容，其他字段保持默认，单击“确认”按钮，如图 8－65 所示。

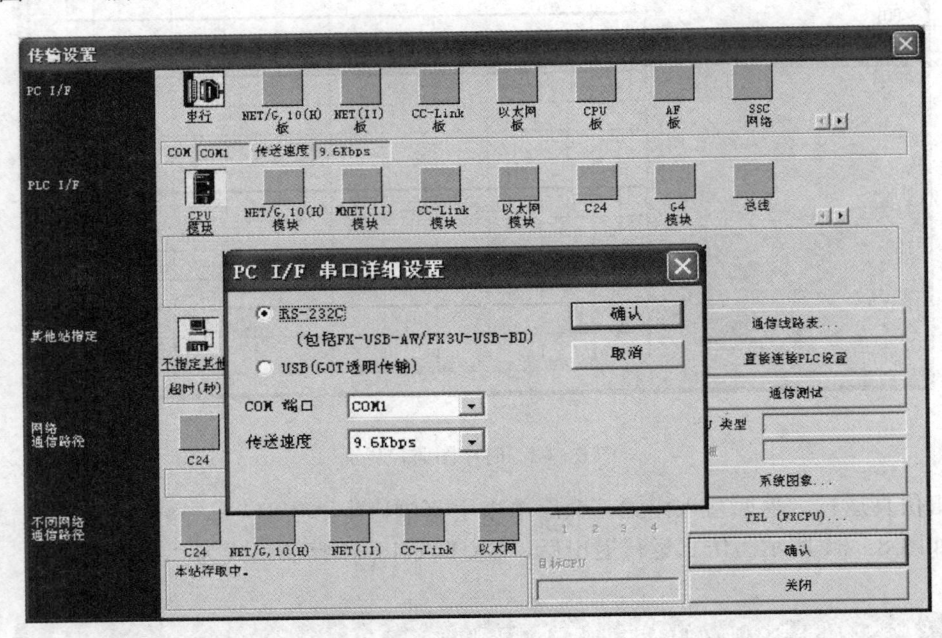

图 8－65　传输设置界面

（3）写入与读出程序。若要将计算机中编制好的程序写入到 PLC，则单击“在线”菜单中的“写入 PLC”，根据出现的对话框进行操作。若要将 PLC 中的程序读出到计算机中，其操作与程序写入操作相似。

8.2.6　编辑操作

（1）删除、插入。删除、插入操作对象可以是一个图形符号，也可以是一行，还可以是一列（END 指令不能被删除），有如下几种操作方法：

1）将当前编辑区定位到要删除、插入的图形处，右键单击鼠标，再在快捷菜单中选择需要的操作。

2）将当前编辑区定位到要删除、插入的图形处，在“编辑”菜单中执行相应的命令。

3）将当前编辑区定位到要删除的图形处，然后按键盘上的 Del 键。

4）若要删除某一段程序，可拖动鼠标选中该段程序，然后按键盘上的 Del 键，或执行“编辑”菜单中的“删除行”或“删除列”命令。

5）按键盘上的 Ins 键，使屏幕右下角显示“插入”，然后将光标移到要插入的图形处，输入要插入的指令。

(2) 修改。若发现梯形图有错误，可进行修改操作，如将动断触点改为动合触点等。此时，首先要按键盘的 Ins 键，使屏幕右下角显示“改写”，然后将当前编辑区定位到要修改的图形处，输入正确的指令。改写状态下所输入的指令会覆盖光标处原来错误的程序。

(3) 删除、绘制连线。以图 8－66 中的程序为例，现要将 X000 右边的竖线去掉，在 X001 右边加一竖线，操作如下：

1) 将当前编辑区置于要删除的竖线右上侧，即选择删除连线。然后单击按钮，再按 Enter 键即删除竖线。

2) 将当前编辑区定位到图 8－66 中 X001 触点右侧，然后单击按钮，再按 Enter 键即可在 X001 右侧添加一条竖线；

3) 将当前编辑区定位到图 8－66 中 Y000 触点的右侧，然后单击按钮，再按 Enter 键即添加一条横线。

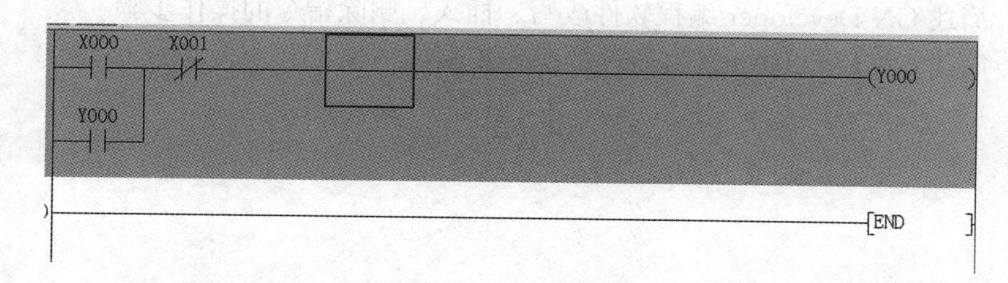

图 8－66 梯形图程序（二）

(4) 复制、粘贴。首先拖动鼠标选中需要复制的区域，单击鼠标右键执行复制命令（或单击“编辑”菜单中的“复制”命令），再将当前编辑区定位到要粘贴的区域，执行粘贴命令即可。注意 END 命令行不能被复制。

(5) 打印。若要打印编制好的程序，步骤如下：

1) 单击“工程”菜单中的“打印设置”，根据对话框设置打印机。

2) 执行“工程”菜单中的“打印”命令。

3) 在选项卡中选择“梯形图”或“指令列表”。

4) 设置要打印的内容，如主程序、注释、声明。

5) 设置好后，可以进行打印预览，如符合打印要求，则执行“打印”。

(6) 保存、打开工程。当程序编制完毕后，必须先进行变换（即单击“变换”菜单中的“变换”命令），然后单击按钮或执行“工程”菜单中的“保存”或“另存为”命令，系统会提示（如果新建时未设置）保存的路径和工程名称，设置好路径和键入工程名称，再单击“保存”即可。但需要打开保存在计算机中的程序时，单击按钮，在弹出的窗口中选择保存该程序的驱动器和工程名称，再单击“打开”即可。

(7) 其他操作。除以上常规操作外，GX Developer 编程软件还有其他操作功能。例如，要单步执行操作，顺序单击“在线”→“调试”→“步执行”，即可使 PLC 一步一步依程序向前执行，从而判断程序是否正确。再如，在线修改操作，即单击“工具”→“选项”→“运行时写入”，然后根据对话框进行操作，可在线修改程序的任何部分。此外还可以进行改变 PLC 的型号、梯形图逻辑测试等操作。

练习与思考题

8-1　编程器有哪些类型？各自有哪些特点？

8-2　简述 FX-20P-E 型编程器的功能。

8-3　完成下列操作：

(1) 读出步序号为 25 的程序；

(2) 在 50 步序号上写入指令"AND Y10"；

(3) 在 100 步前插入"OR X5"；

(4) 删除 30 步的"ORB"指令。

8-4　简述 GX Developer 编程软件和 GX Simulator 仿真软件的功能。

8-5　简述编程器改写、插入、删除指令的操作步骤。

8-6　简述 GX Developer 编程软件改写、插入、删除指令的操作步骤。

8-7　简述 GX Simulator 仿真软件的操作步骤。

9　特殊功能模块

在PLC控制系统中，处理一些特殊信号如流量、压力、温度等过程时，通常需要用到特殊功能模块。FX_{2N}系列PLC配有多种特殊功能模块供用户选用，以满足不同场合控制系统的控制要求。FX系列PLC的特殊功能模块主要分为模拟量输入/输出模块类、温度测量与控制类、脉冲计数与位置控制类、网络通信类等几大类。

本章主要介绍了FX_{2N}系列PLC以上几类特殊功能模块的常用模块，并分别从模块的功能、硬件接线和输出特性等方面进行分析。通过学习，可以具有在工程中灵活应用这些模块的能力。对于一些不常用的模块，我们只做了简单介绍。

9.1　概　述

随着技术的进一步发展，PLC的应用领域正在日益扩大，除传统的顺序控制以外，PLC正在向过程控制、位置控制等方向延伸与发展。现代工业控制给PLC提出了许多新的课题，如果用通用I/O模块来解决，在硬件方面费用太高，在软件方面编程相当复杂，某些控制任务甚至无法完成。为了增强PLC的功能，扩大其应用范围，在PLC中，经常将过程控制、位置控制等场合所需要的特殊控制功能集成于统一的模块内。这些模块可以直接安装于PLC的基板上，也可以与PLC基本单元的扩展接口进行连接，以构成PLC系统的整体，这样的模块被称为"特殊功能模块"。

PLC厂家开发了品种繁多的特殊功能模块。这些特殊功能模块因用途不同，内部组成与功能相差很大。部分特殊功能模块（如位置控制模块）既可以通过PLC进行控制，也可以独立使用，并且还可利用PLC的I/O模块进行输入输出点扩展。这类模块本身具有独立的处理器（CPU）、存储器等组件，也可以进行独立编程，其性能与独立的控制装置相当。

9.1.1　特殊功能模块的分类

当前，PLC的特殊功能模块大致可以分为模拟量输入/输出模块类、温度测量与控制类、脉冲计数与位置控制类和网络通信类4大类，如模拟量输入/输出模块、温度调节模块、高速计数模块、通信接口模块、人机界面GOT等。特殊功能模块的种类与规格随PLC型号和模块用途的不同而不同，部分PLC可以多达数十种。将这些模块和PLC的基本单元连接起来，就可以构成一个个控制装置，从而使PLC的控制功能越来越强，应用范围越来越广。

1. 模拟量输入/输出模块类

模拟量输入/输出模块类特殊功能模块包括模拟量输入模块（A/D转换）、模拟量输出模块（D/A转换）两类。根据数据转换的输入/输出点数（通道数量）、转换精度（转换位数、分辨率）等的不同，有多种规格可供选择。

A/D转换功能模块的作用是将来自过程控制的传感器模拟量输入信号（如电压、电流等连续变化的物理量）直接转换为一定位数的数字量信号，以供PLC进行运算与处理。

D/A转换功能模块的作用是将PLC内部的数字量信号转换为电压、电流等连续变化的模拟量输出。模拟量输入/输出模块类特殊功能模块可以用于变频器、伺服驱动器等控制装置的速度、位置控制。

2. 温度测量与控制类

温度测量与控制类特殊功能模块包括温度测量与温度控制两类。根据测量输入点数（通道数量）、测量精度、检测元件类型等的不同，这类特殊功能模块有多种规格可以供选择。

温度测量特殊功能模块的作用是对过程控制中的温度进行测量与显示，它可以直接连接热电偶、铂电阻等温度测量元件，并将来自过程控制的温度测量输入信号，转换为一定位数的数字量，以供 PLC 运算、处理使用。

温度控制特殊功能模块的作用是将过程控制中的温度测量输入与系统的温度给定信号进行比较，并通过参数可编程的 PID 调节与模块的自动调节功能，实现温度的自动调节与控制。这类模块可以连接热电偶、铂电阻等温度测量元件，并输出对应的温度控制信号（触点输出、晶体管输出等），以控制加热器的工作状态。

3. 脉冲计数与位置控制类

脉冲计数与位置控制类特殊功能模块包括脉冲计数、位置控制两类。根据脉冲输入点数（通道数量）、频率、控制轴数等的不同，有多种规格可供选择。脉冲计数特殊功能模块用于速度、位置等控制系统的转速、位置测量，对来自编码器、计数开关等的输入脉冲信号进行计数，从而获得控制系统的转速、位置的实际值，以供 PLC 运算、处理使用。

4. 网络通信类

网络通信类特殊功能模块包括串行通信、远程 I/O 主站、AS-i 主站、Ethernet 网络连接、CC-Link 网络等。根据不同的网络与连接形式，有多种规格可供选择。

9.1.2 特殊功能模块总览

FX 系列 PLC 的特殊功能模块主要以 FX_{2N} 为主，可以使用的特殊功能模块见表 9-1。

表 9-1　　特殊功能模块总览

名　称	型　号	名　称	型　号
模拟量输入模块	FX_{2N}-2AD	高速计数 位置控制模块	FX_{2N}-1HC
	FX_{2N}-4AD		FX_{2N}-1PG
	FX_{2N}-8AD		FX_{2N}-10PG
模拟量输出模块	FX_{2N}-2DA		FX_{2N}-10GM
	FX_{2N}-4DA		FX_{2N}-20GM
		网络与功能通信模块	RS-232C
			FX_{2N}-232IF
温度测量与调节模块	FX_{2N}-4AD-PT		FX_{2N}-232-BD
	FX_{2N}-4AD-TC		FX_{2N}-422-BD
	FX_{2N}-2LC		FX_{2N}-485-BD

9.2 模拟量输入/输出模块

在工业控制中，某些输入量（例如压力、温度、流量、转速等）是连续变化的模拟量，某些执行机构（例如伺服电动机、调节阀、记录仪等）要求PLC输出模拟信号，而PLC的CPU只能处理数字量。模拟量首先被传感器和变送器转换为标准的电流或电压，例如DC 4～20mA、1～5V、0～10V，PLC用A/D转换器将它们转换成数字量。这些数字量一般是二进制的，带正负号的电流或电压在A/D转换后一般用二进制补码表示。

D/A转换器可将PLC的数字输出量转换为连续的电压或电流，再去控制执行机构。模拟量输入/输出模块的主要任务就是完成A/D转换（模拟量输入）和D/A转换（模拟量输出）。

例如，在炉温控制系统（见图9-1）中，炉温用热电偶检测，温度变送器将热电偶提供的几毫伏电压信号转换为标准电流（如4～20mA）或标准电压（0～5V）信号后送给模拟量输入模块，经A/D转换后得到与温度成比例的数字量。CPU将这个数字量与温度设定值比较，并按某种控制规律（如PID）对二者的差值进行运算，将运算结果（数字量）送给模拟量输出模块，经D/A转换后变为电流信号或电压信号，用来调节控制加热炉调节阀的开度，实现对温度的闭环控制。

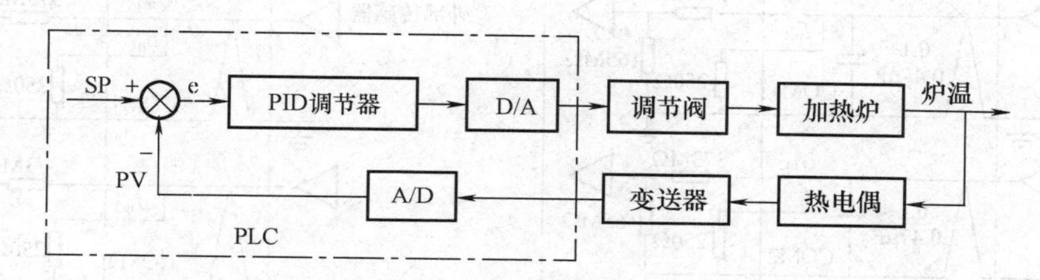

图9-1 炉温闭环控制系统

有的PLC有温度检测模块、温度传感器（热电偶或热电阻）与需要测温的装置或设备直接相连，省去了温度测量装置及变送器。大中型PLC可以配置成百上千的模拟量通道，它们的D/A、A/D转换器一般是12位的。模拟量输入/输出模块的输入、输出信号可以是电压，也可以是电流；可以是单极性，如DC 0～5V、0～10V、1～5V、4～20mA，也可以是双极性，如DC±50mV、±5V、±10V和±20mA，一般可以输入多种量程的电流或电压。

模拟量输入/输出模块的主要指标是转换器的二进制位数和转换时间。其中A/D、D/A转换器的转换位数反映了它们的分辨力，位数越多分辨力越高，测量越准确；转换时间反映了它们的运行速度，转换时间越短，运行速度越快。

模拟量输入/输出模块只能用于除FX_{1N}之外的其他机型。下面将对模拟量输入/输出模块进行详细介绍。

9.2.1 模拟量输入模块

FX_{2N}系列PLC用于A/D转换的模拟量输入模块特殊功能模块主要有FX_{2N}-2AD、FX_{2N}-4AD、FX_{2N}-8AD三种，模块的连接与使用、编程与控制介绍如下。

1. 二通道A/D转换模块FX_{2N}-2AD

FX_{2N}-2AD可以将外部输入的二通道模拟量（模拟电压或电流）转换为PLC内部处理需要的数字量。它有两个12位模拟量输入通道，输入量程为DC 0～10V、0～5V和4～20mA，转换时间为2.5ms/通道，其主要性能指标数见表9-2。

FX_{2N}-2AD模块通过扩展电缆与PLC基本单元或扩展单元相连接，通过PLC内部总线传送数字量。外部模拟量输入与模块间的连接如图9-2所示。FX_{2N}-2AD模块的输出特性如图9-3所示，两个通道的输出特性相同。

表 9-2　　FX_{2N}-2AD 性能指标

项　目	电　压　输　入	电　流　输　入
模拟输入范围	在初始设置，对于 DC 0～10V 的模拟电压输入，此模块转换的数字范围是 0～4000。当使用 FX_{2N}-2AD 电流输入或通过 DC 0～5V 电压输入时，须通过偏移值和增益量进行再调节	
	DC 0～10V，DC 0～5V（输入阻抗为 200kΩ） 注意：当输入电压低于 DC0.5V 或高于 15V 时，该模块有可能损坏	4～20mA（输入阻抗为 250Ω） 注意：当输入电流小于 -2mA 或大于 60mA 时，该模块有可能损坏
转换位数	12 位	
分辨力	2.5mV（10V/4000），1.25mV（5V/4000）	4μA［(20-4)A/4000］
转换误差	±1%（全范围 0～10V）	±1%（全范围 4～20mA）
转换时间	2.5ms/通道（顺序程序和同步）	

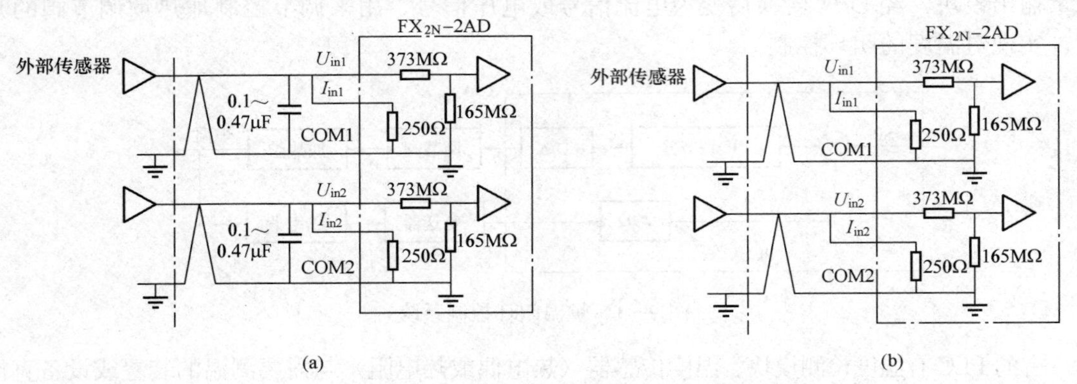

图 9-2　外部模拟量输入与模块的连接

（a）电压输入；（b）电流输入

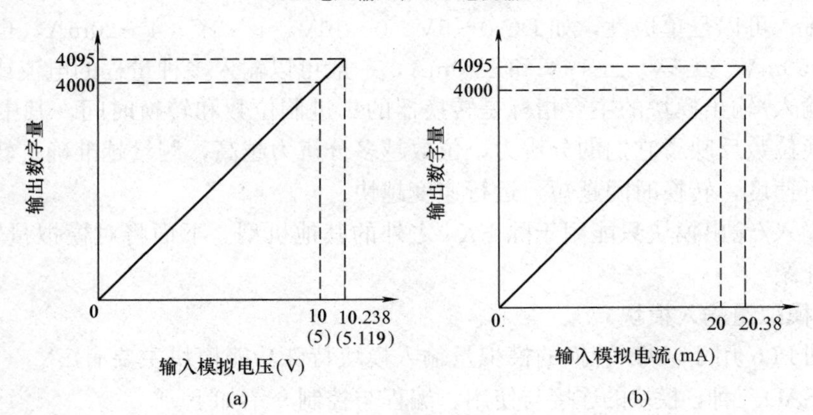

图 9-3　FX_{2N}-2AD 模块的输出特性

（a）电压输入；（b）电流输入

模块的转换位数为 12 位，对应的最大数字量输出为 4095。但在实际使用时，为了计算方便，通常情况下都将最大模拟量输入（DC 10V/5V 或 20mA）所对应的数字量输出设定 4000。

FX_{2N}-2AD 模块的使用与编程非常方便，只需要利用 PLC 的 TO 指令（FNC79），在模块的缓冲存储器中写入 A/D 转换控制指令，即可启动模块的 A/D 转换。转换结果存储于模块的缓冲存储器中，利用 FROM 指令（FNC78）可以读入 PLC。

2. 四通道 A/D 转换模块 FX_{2N}-4AD

FX_{2N}-4AD 的作用与 FX_{2N}-2AD 相似，它可将外部输入的 4 点（通道）模拟量（模拟电压或电流）转换为 PLC 内部处理需要的数字量。但 FX_{2N}-4AD 的模拟量输入可以是双极性的，转换结果为 12 位带符号的数字量。

FX_{2N}-4AD 有 4 个模拟量输入通道，输入量程为 DC－10～10V 和－20～20mA，转换时间为 15ms/通道或 6ms/通道（高速）。其主要性能指标见表 9-3。

表 9-3　**FX_{2N}-4AD 主要性能指标**

项　目	电压输入	电流输入
模拟输入范围	电压或电流输入的选择基于输入端子的选择，一次可同时使用 4 个输入点	
	DC－10～10V（输入阻抗：200kΩ） 注意：如果输入电压超过 15V，模块会被损坏	DC－20～20mV（输入阻抗：250Ω） 注意：如果输入电流超过＋32mA，模块会被损坏
数字输出	12 位的转换结果以 16 位二进制补码方式存储，最大值：2047，最小值：－2048	
分辨力	5mV（10V 默认范围：1/2000）	20μA（20mA 默认范围：1/1000）
转换误差	±1%（－10～10V 范围）	±1%（－20～20mA 范围）
转换时间	15ms/通道（常速），6ms/通道（高速）	

FX_{2N}-4AD 模块通过扩展电缆与 PLC 基本单元或扩展单元相连接，通过 PLC 内部总线传送数字量，并且需要外部提供 DC 24V 电源输入。外部模拟量输入与模块间的连接如图 9-4 所示。

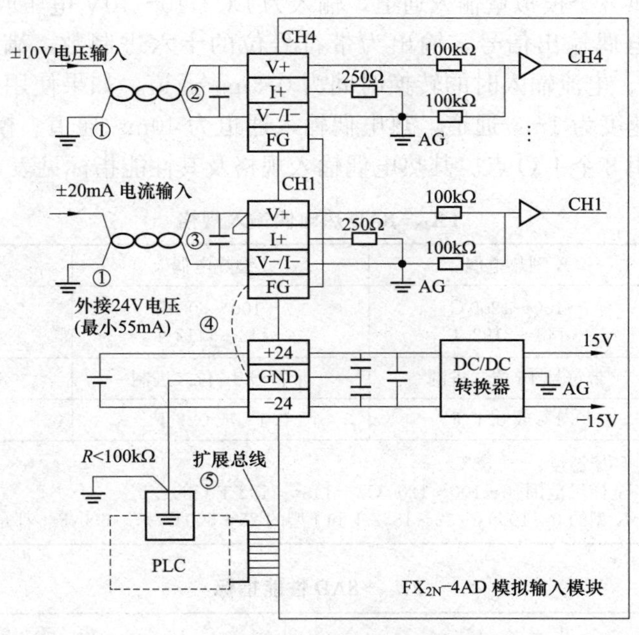

图 9-4　外部模拟量输入与模块的连接

FX_{2N}-4AD 模块的输出特性如图 9-5 所示，4 通道的输出特性可以不同。模块的最大转换位数为 12 位，首位为符号位，对应的数字量输出范围为－2048～2047。同样，为了计算方便，通常情况下将最大模拟量输入（DC 10V 或 20mA）所对应的数字量输出设定为 2000（DC 10V）或 1000（20mA）。

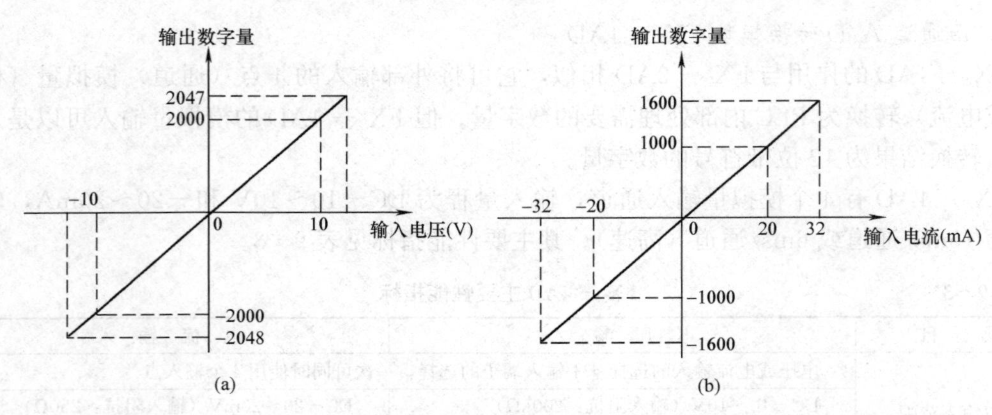

图 9-5 FX_{2N}-4AD模块的输出特性

(a) 电压输入；(b) 电流输入

FX_{2N}-4AD模块的使用与编程与FX_{2N}-2AD基本相同，同样只需要通过PLC的TO指令（FNC79）写入转换控制指令，利用FROM指令（FNC78）读入转换结果即可。

3. 八通道A/D转换模块FX_{2N}-8AD

FX_{2N}-8AD的作用与FX_{2N}-4AD相类似，可以将外部输入的8点（通道）模拟量（模拟电压或电流）转换为PLC内部处理需要的数字量。同时，FX_{2N}-8AD还可以直接连接热电偶输入信号，作为温度测量用模块。

FX_{2N}-8AD提供8个模拟量输入通道，输入为DC−10～10V电压或−20～20mA电流，或K、J和T型热电偶输出信号，输出为带符号位的十六进制数，满量程的总体精度为±0.5%。只有电压、电流输入时的转换时间为0.5ms/通道，如果使用热电偶作为电压/电流输入时，其转换速度为1ms/通道，热电偶输入通道为40ms/通道。模拟和数字电路间由光耦合器隔离，占用8个I/O点。其热电偶输入规格及其性能指标见表9-4、表9-5。

表9-4 FX_{2N}-8AD热电偶输入规格

项目	K型热电偶	J型热电偶	T型热电偶
模拟输入范围	−100～1200℃ −148～2192℉	−100～600℃ −148～1112℉	−100～350℃ −148～662℉
数字输出	带符号16位二进制	带符号16位二进制	带符号16位二进制
分辨力	0.1℃或0.1℉	0.1℃或0.1℉	0.1℃或0.1℉
转换误差	环境温度：0～55℃ 全标尺范围（−100～1200℃/−148～2192℉）的±1% K型的0～1000℃/32～1832℉和J型的25～600℃/77～600℉，都是0.5%		

表9-5 FX_{2N}-8AD性能指标

项目	电压输入	电流输入
模拟输入范围	DC−10～10V（输入阻抗：200kΩ） 下列条件下可以进行调节：偏移值−10～9V；增益值≤10V；增益−偏移>1V（固定分辨力）；当使用了模拟值直接显示时，不允许修改的最大绝对输入为±15V	DC−20～20mA，DC4～20mA（输入阻抗：250Ω） 下列条件下可以进行调节：偏移值−20～17V；增益值≤30mA；增益−偏移>3mA（固定分辨力）；当使用了模拟值直接显示时，不允许修改的最大绝对输入为±30mA

续表

项　目	电压输入	电流输入
数字输出	有符号16位二进制	有符号16位二进制
分辨力	① 0.63mV（20V×1/32000） ② 2.5mV（20V×1/8000）	① 2.50μA（40mA×1/6000），输入范围为－20～20mA ② 5.00μA（40mA×1/8000），输入范围为－20～20mA ③ 2.00μA（16mA×1/8000），输入范围为－4～20mA ④ 4.00μA（16mA×1/4000），输入范围为4～20mA
转换误差	环境温度：25℃±5℃，全范围：20V的±0.3%（±60mV） 环境温度：0～55℃，全范围：20V的±0.5%（±100mV）	环境温度：25℃±5℃ 全范围：40mA的±0.3%（±120μA），4～20mA输入时相同（±120μA） 环境温度：0～55℃，全范围：40mA的±0.5%（±200μA），4～20mA输入时相同（±120μA）
转换时间	① 如果只使用了电压输入和电流输入，500μs×所用通道数目 ② 如果在1个或多个通道中使用如热电偶作为电压/电流输入通道：1ms×所用通道数目 热电偶输入通道：40ms×所用通道数目 （所用通道数目表示使用电压输入、电流输入或热电偶输入的所有通道数目）	
绝缘方法	以光耦合器隔离模拟输入区和PLC，DC/DC转换器将电源和模拟量输入/输出隔离，通道之间没有相互隔离	
占用I/O点数	8点（包括输入点数和输出点数）	
适用PLC	FX_{0N}、FX_{1N}、FX_{2N}或FX_{2NC}系列PLC（要连接到FX_{2NC}系列PLC，则需要FX_{2NC}－CNV－1F）	
内　存	EEPROM	

FX_{2N}－8AD模块通过扩展电缆与PLC基本单元或扩展单元相连接，通过PLC内部总线传送数字量，并视需要确定外部是否提供DC 24V电源。模块外部连接图如图9－6所示。

FX_{2N}－8AD模块在分辨力为0.63mV（－10～10V输入，转换精度为1/32000）的电压输入，分辨力为25μA（－20～20mA输入，转换精度为1/16000）的电流输入。－100～1200℃的K型热电偶输入时，其输出特性如图9－7所示，8通道的输出特性可以不同。

模块的最大转换位数为16位，带有符号位，对应的数字量输出范围为－16320～16320。为了计算方便，通常情况下将最大模拟量（DC 10V或20mA）输入时对应的数字量输出定为16000（DC 10V）或8000（20mA）；在热电偶输入时，数字量输出定为12000（1200℃）。

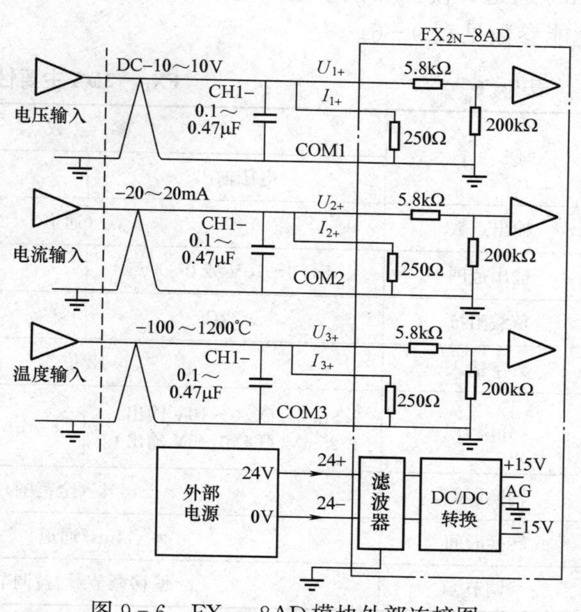

图9－6　FX_{2N}－8AD模块外部连接图

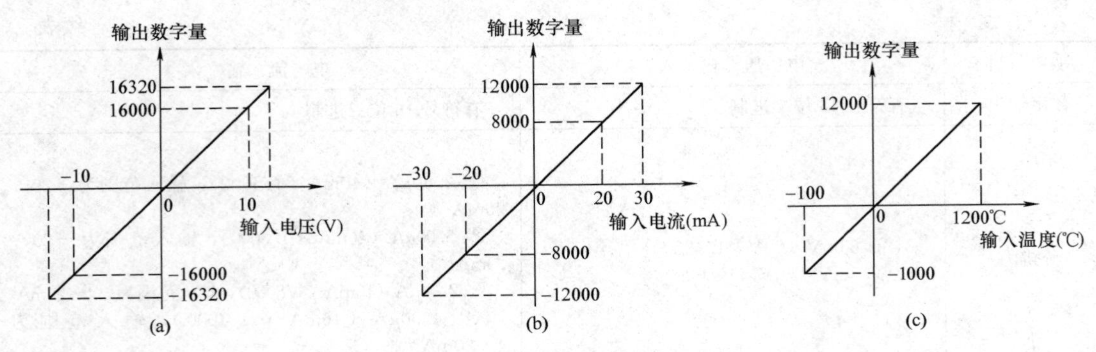

图 9-7 FX_{2N}-8AD模块的输出特性

(a) 电压输入；(b) 电流输入；(c) 热电偶输入

FX_{2N}-8AD模块的使用与编程与前述的A/D转换模块相同，需要通过PLC的TO指令（FNC79）、FROM指令（FNC78）进行。

以上介绍的FX_{2N}-2AD、FX_{2N}-4AD和FX_{2N}-8AD这3种A/D转换器都是高精度模拟量输入模块，只要选择合适的传感器及前置放大器，就可以用于温度、压力、流量、速度、电流和电压等系统模拟信号的监视与控制。

9.2.2 模拟量输出模块

FX系列PLC的模拟量输出模块主要有FX_{2N}-2DA、FX_{2N}-4DA两种规格，模块的连接与使用、编程与控制介绍如下。

1. 二通道D/A转换模块FX_{2N}-2DA

FX_{2N}-2DA的作用是将PLC内部的数字量转换为外部控制用的模拟量（模拟电压或电流）输出，可转换的通道数为2通道。

FX_{2N}-2DA有12位2通道，输出量程为DC 0～10V、0～5V和4～20mA，转换时间为4ms/通道，模拟和数字电路间由光耦器隔离，在程序中占用8个I/O点。FX_{2N}-2DA主要性能参数见表9-6。

表 9-6 FX_{2N}-2DA主要性能参数表

项目	参数		备注
	电压输出	电流输出	
输出点数	2点（通道）		2通道输出可以不一致
输出范围	DC 0～10V或0～5V	DC 4～20mA	
负载阻抗	≥2kΩ	≤500kΩ	
数字输入	12位		0～4095
分辨力	2.5mV（DC 0～10V输出）； 1.25mV（DC 0～5V输出）	4μA（DC 4～20mA）	
转换误差	±15%（全范围）		
转换时间	4ms/通道		
调节	偏移调节/增益调节		电位器调节

续表

项　目	参　数		备　注
	电压输出	电流输出	
输出隔离	光耦合器		模拟电路与数字电路间
占用 I/O 点数	8 点		
消耗电流	24V/85mA；5V/20mA		需要 PLC 供给
编程指令	FROM/TO		

FX_{2N}-2DA 模块通过扩展电线与 PLC 基本单元或扩展单元相连接，通过 PLC 内部总线传送数字量。模拟量输出与外部的连接如图 9-8 所示。

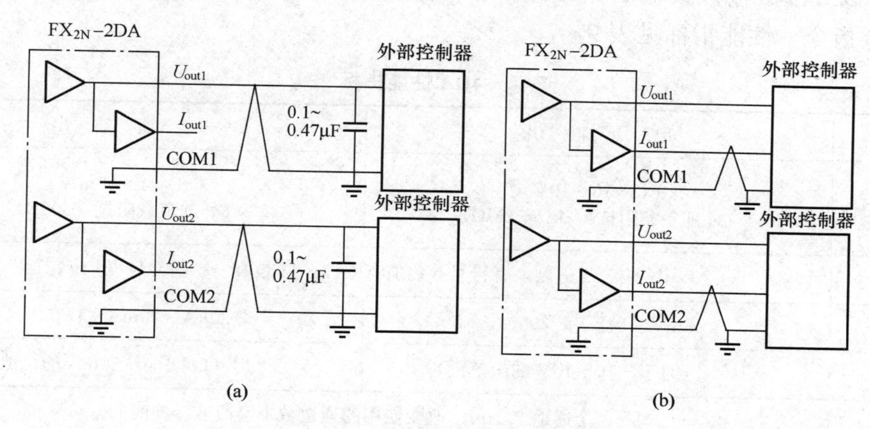

图 9-8　模拟量输出与外部的连接

(a) 电压输出；(b) 电流输出

FX_{2N}-2DA 模块的输出特性如图 9-9 所示。

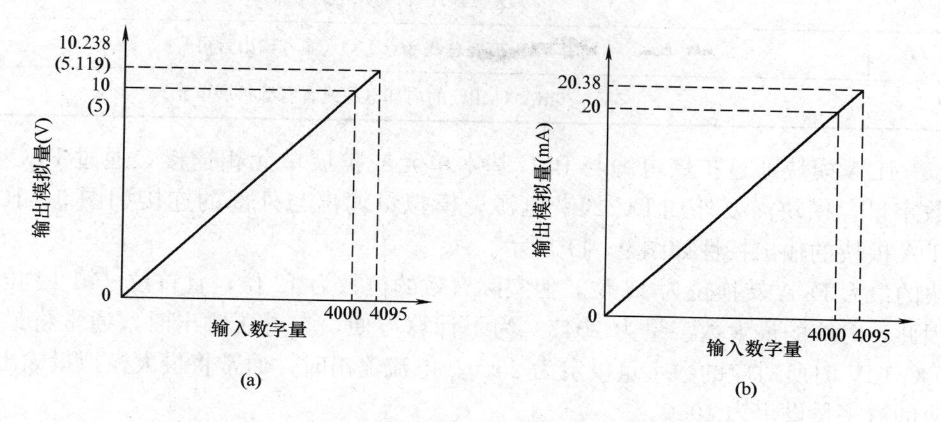

图 9-9　FX_{2N}-2DA 模块的输出特性

(a) 电压输出；(b) 电流输出

模块的最大 D/A 转换位数为 12 位，可以进行转换的最大数字量为 4095。但为了计算方便，通常情况下将最大模拟量输出（DC 10V/5V 或 20mA）所对应的数字量设定为 4000。

FX_{2N}- 2DA 模块的使用与编程非常方便，只需要通过 PLC 的 TO 指令（FNC79）进行转换的控制与数字量的输出即可。

2. 四通道 D/A 转换模块 FX_{2N}- 4DA

FX_{2N}- 4DA 的作用是将 PLC 内部的数字量转换为外部控制用的模拟量（模拟电压或电流）输出，可以进行转换的通道数为 4。

FX_{2N}- 4DA 输出量程为 DC −10～10V 和 4～20mA，转换时间为 4 通道 2.1ms，输出通道接收数字信号并转换成对应的模拟信号。FX_{2N}- 4DA 最大 A/D 转换位数是 12 位，输入、输出的电压、电流选择通过用户配线完成。FX_{2N}- 4DA 和 FX_{2N} 主单元之间通过缓冲存储器交换数据，共有 32 个缓冲寄存器（每个是 16 位）。FX_{2N}- 4DA 专用 FX_{2N} 扩展总线 8 个点，这 8 个点可以分配成输入或输出。FX_{2N}- 4DA 中瞬时值和设定值等数据的读出和写入可用 FROM/TO 指令，性能指标见表 9 - 7。

表 9 - 7 **FX_{2N}- 4DA 性能指标**

项目	电压输出	电流输出
模拟输出范围	DC−10～10V （外部负载阻抗：2kΩ～1MΩ）	DC 4～20mA （外部负载阻抗：500Ω）
数字输入	16 位，二进制，有符号［数值有效位：11 位和一个符号位（1 位）］	
分辨力	5mV（10V×1/2000）	20μA（20mA×1/1000）
转换误差	±1%（对于−10～10V 的全范围）	±1%（对于 4～20mA 的全范围）
转换时间	4 个通道 2.1ms（改变使用的通道数不会改变转换时间）	
隔离	模拟和数字电路之间用光耦合器隔离 DC/DC 转换器用来隔离电源和 FX_{2N} 主单元。模拟通道直接按没有隔离	
外部电源	DC 24(1+10%)V/200mA	
占用 I/O	占用 FX_{2N} 扩展总线 8 点 I/O（输入输出皆可）	
功率消耗	5V，30mA（MPU 的内部电源或者有源扩展单元）	

FX_{2N}- 4DA 模块通过扩展电缆与 PLC 基本单元或扩展单元相连接，通过 PLC 内部总线传送数字量，模块需要外加 DC 24V 电源。模拟量输出与外部的连接如图 9 - 10 所示，FX_{2N}- 4DA 模块的输出特性如图 9 - 11 所示。

模块的最大 D/A 转换位为 16 位，但实际有效的位数为 12 位，且首位（第 12 位）为符号位，因此，对应的最大数字量为 2047。为了计算方便，在电压输出时，通常将最大模拟量输出 DC 10V 时所对应的数字量设定为 2000；电流输出时，通常将最大模拟量输出 20mA 时所对应的数字量设定为 1000。

FX_{2N}- 4DA 模块的使用与编程与 FX_{2N}- 2DA 相似，同样只需要通过 PLC 的 TO 指令（FNC79）进行转换控制，FROM 指令（FNC78）进行数字量的读入即可。

9.2.3 模拟量输入/输出一体化模块 FX_{0N}- 3A

FX_{0N}- 3A 是 8 位模拟量输入/输出模块，有两个模拟量输入通道，一个模拟量输出通

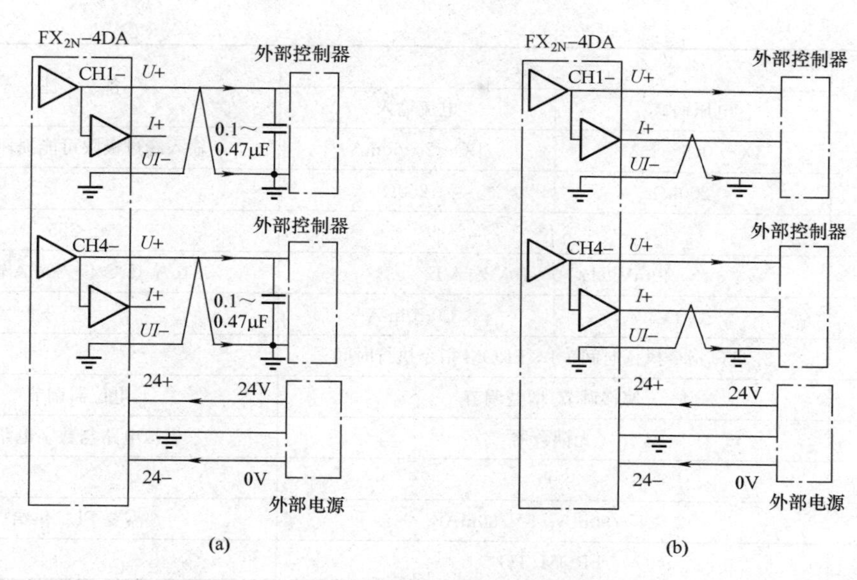

图 9-10 模拟量输出与外部的连接

(a) 电压输出；(b) 电流输出

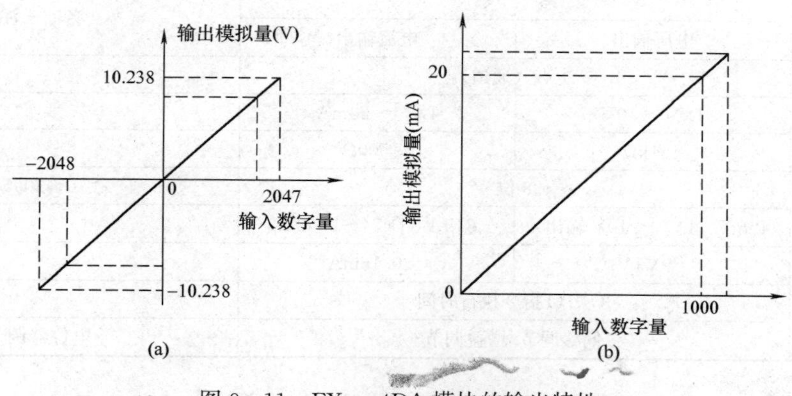

图 9-11 FX_{2N}-4DA 模块的输出特性

(a) 电压输出；(b) 电流输出

道，可以实现 2 通道外部输入模拟量（电压或电流）的 A/D 转换与 1 通道 D/A 转换，是一种 A/D、D/A 转换一体化模块。输入为 DC 0～10V 和 4～20mA，输出为 DC 0～10V、0～5V 和 4～20mA。模拟电路和数字电路间由光耦合器隔离，占用 8 个 I/O 点。

FX_{0N}-3A 模块 A/D 转换的主要性能参数见表 9-8，D/A 转换的主要性能参数见表 9-9。

表 9-8　　FX_{0N}-3A 模块 A/D 转换的主要性能参数

项　目	参　数		备　注
	电压输入	电流输入	
输入点数	2 点（通道）		2 通道输入方式必须一致
输入要求	DC 0～10V	DC 4～20mA	2 通道输入方式必须一致

续表

项　目	参　数		备　注
	电压输入	电流输入	
输入极限	DC−0.5～15V	DC−2～60mA	输入超过极限可能损坏模块
输入阻抗	≤200kΩ	≤250Ω	
转换位数	8位		0～255
分辨力	40mV（DC 0～10V输入）		64μA（DC 4～20mA输入）
转换误差	±0.1V	±0.16mA	
转换时间	2×TO指令执行时间+1×FROM指令执行时间		
调整	偏移调节/增益调节		电位器调节
输出隔离	光耦合器		模拟电路与数字电路间
占用I/O点数	8点		
消耗电流	24V/90mA；5V/30mA		需要PLC供给
编程指令	FROM/TO		

表9-9　FX_{0N}-3A模块的D/A转换的主要性能参数

项　目	参　数		备　注
	电压输出	电流输出	
输出点数	1点（通道）		
输出范围	DC 0～10V	DC 4～20mA	
负载阻抗	≥1kΩ	≤500Ω	
转换位数	8位		0～4095
分辨力	40mV（DC 0～10V输出）	64μA（DC 4～20mA）	
转换误差	±0.1V	±0.16mA	
转换时间	3×TO指令执行时间		
调节	偏移调节/增益调节		电位器调节

FX_{0N}-3A模块通过扩展电缆与PLC基本单元或扩展单元相连接，通过PLC内部总线传送数字量。其中，A/D转换输入的连接同FX_{2N}-2AD模块（见图9-2），D/A转换输出的连接同FX_{2N}-2DA模块（见图9-8）。

FX_{0N}-3A模块A/D转换的输出特性如图9-12所示，D/A转换的输出特性如图9-13所示。

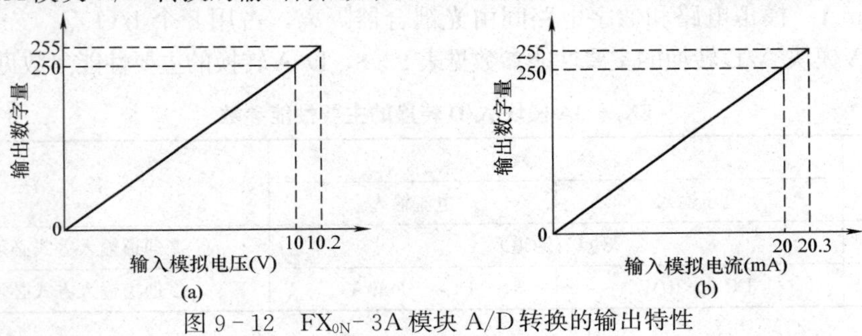

图9-12　FX_{0N}-3A模块A/D转换的输出特性
(a) 电压输入；(b) 电流输入

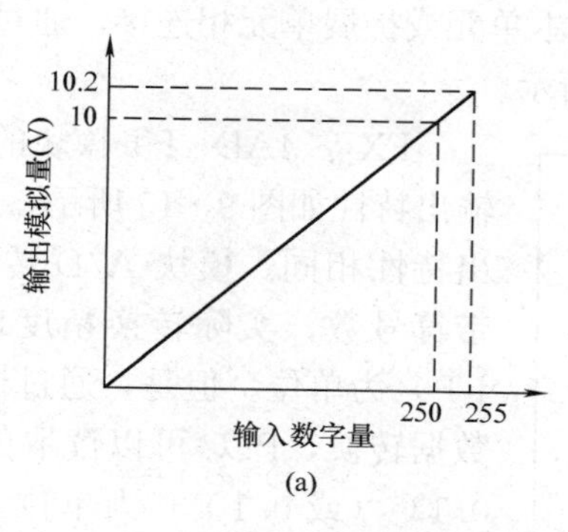

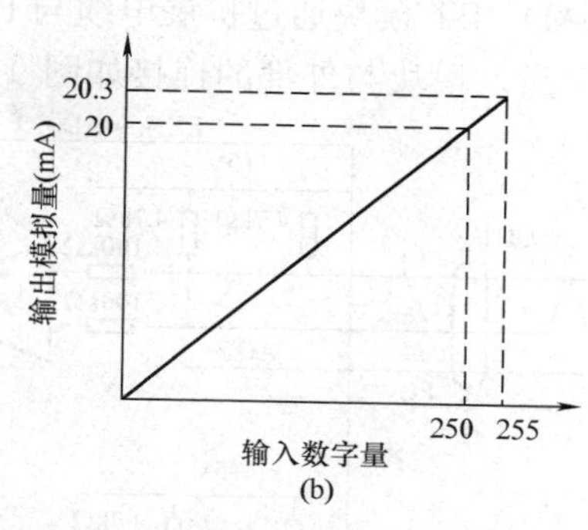

图 9-13 FX_{0N}-3A 模块 D/A 转换的输出特性
(a) 电压输出；(b) 电流输出

FX_{0N}-3A 模块的使用与编程与前述的 A/D、D/A 转换模块一样，只需要通过 PLC 的 TO 指令（FNC79)、FROM 指令（FNC78）进行控制信号的写入与数字量的读出即可。

9.3 温度测量与调节模块

FX_{2N}系列 PLC 用于温度测量与调节的特殊功能模块主要有 FX_{2N}-4AD-PT、FX_{2N}-4AD-TC、FX_{2N}-2LC，模块的连接与使用、编程与控制介绍如下。

9.3.1 四通道铂电阻温度测量模块 FX_{2N}-4AD-PT

FX_{2N}-4AD-PT 可以连接四通道铂电阻温度测量传感器输入，并进行 A/D 转换，这是一种集温度测量、输入与显示一体的特殊功能模块。

FX_{2N}-4AD-PT 供三线式铂电阻 PT-100 用，有 4 个 12 位通道，驱动电流为 1mA（恒流方式)，分辨率为 0.2～0.3℃，综合精度为 1%（相对于最大值）。它里面有温度变送器和模拟量输入电路，并对传感器的非线性进行了校正。温度可以用摄氏或华氏表示，额定温度范围为－100～600℃，输出数字量为－1000～6000，转换时间为 15ms/通道，模拟和数字电路间由光耦合器隔离，在程序中占用 8 个 I/O 点。该模块的性能指标见表 9-10。

表 9-10 FX_{2N}-4AD-PT 性能指标

项 目	摄 氏 度	华 氏 度
	通过读取适当的缓冲区，可以得到℃和℉两种可读数据	
模拟输入信号	铂温度 PT-100 传感器（100Ω)，三线，4 通道（CH1，CH2，CH3，CH4)，3850PPM/℃（DIN43760，JISC1604-1989)	
传感器电流	1mA [100Ω（PT-100)]	
补偿范围	－100～600	－148～1112
数字输出	－1000～6000	－1480～11120
	12 位＝11 位数据位＋1 符号位	
最小可测温度	0.2～0.3	0.36～0.54
转换误差	全范围的±1%（补偿范围）	
转换时间	4 通道 15ms	

FX_{2N}-4AD-PT模块通过扩展电缆与PLC基本单元或扩展单元相连接，通过PLC内部总线传送数字量。模块与外部的连接如图9-14所示。

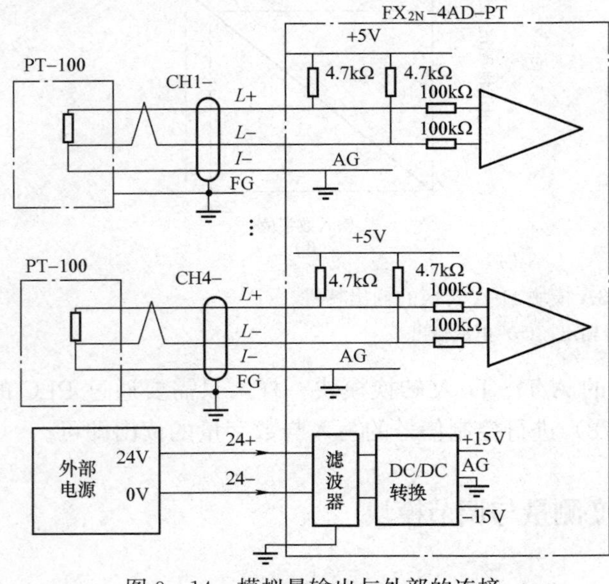

图9-14　模拟量输出与外部的连接

FX_{2N}-4AD-PT模块的A/D转换输出特性如图9-15所示，4通道的输出特性相同。模块A/D转换为12位带符号数，实际转换精度以1℃（或1℉）为单位。但是，通过模块内部的数据转换，PLC可以读取的数据是以0.1℃（或0.1℉）为单位。因此，图中的输出数字量是指PLC可以读取的值。

FX_{2N}-4AD-PT模块的使用、编程与控制方法与模拟量输入（A/D转换）模块十分类似，同样只需要通过PLC的TO指令（FNC79）进行A/D转换的控制，FROM指令（FNC78）进行数字量的读入即可。

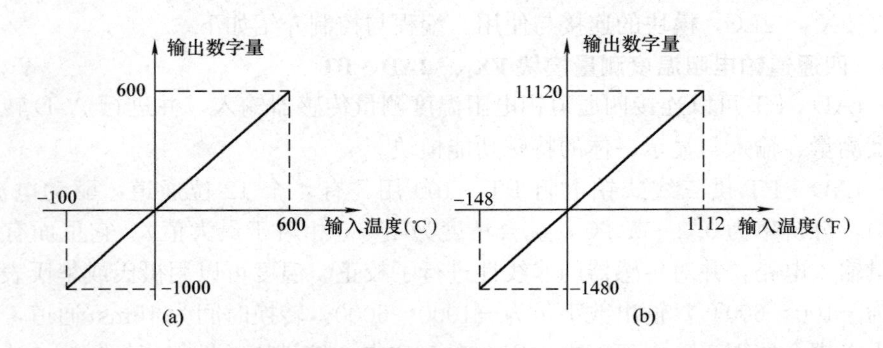

图9-15　FX_{2N}-4AD-PT模块的A/D转换输出特性

(a) 摄氏输入；(b) 华氏输入

9.3.2　四通道热电偶温度测量模块FX_{2N}-4AD-TC

FX_{2N}-4AD-TC可以实现四通道热电偶温度测量并进行A/D转换，也是一种用于温度测量、输入与显示的特殊功能模块。

FX_{2N}-4AD-TC与FX_{2N}-4AD-PT的区别仅在于使用的温度检测元件不同，其工作原理相同。FX_{2N}-4AD-TC有12位4通道，与K型（－100～1200℃）和J型（－100～600℃）热电偶配套使用，K型的输出数字量为－1000～12000，J型的输出数字量为－1000～6000。K型的分辨力为0.4℃，J型的分辨力为0.3℃。综合精度为0.5%满刻度±1℃，转换时间为240ms/通道，模拟和数字电路间由光耦合器隔离，在程序中占用8个I/O点。FX_{2N}-4AD-TC模块A/D转换的主要性能参数见表9-11。

FX_{2N}-4AD-TC模块通过扩展电缆与PLC基本单元或扩展单元相连接，通过PLC内部总线传送数字量。模块与外部连接图如图9-16所示。

表 9-11　FX_{2N}-4AD-TC 模块 A/D 转换的主要性能参数

项　目	参　数	备　注
输入点数	4 点（通道）	
输入要求	K 型或 J 型热电偶温度传感器	JIS 1602—1981
测量范围	−100～1200℃或−148～2192℉（K 型） −100～600℃或−148～1112℉（J 型）	
转换位数	12 位带符号	−2048～2047
数字输出	−100～12000℃/−148～2192℉（K 型） −100～6000℃/−148～1112℉（J 型）	模块内部转换后输出值
分辨力	0.4℃/0.72℉（K 型）　−0.3℃/0.54℉（J 型）	
转换误差	±0.5%	
转换时间	240ms/通道	
输出隔离	光耦合器	模拟电路与数字电路间
占用 I/O 点数	8 点	
消耗电流	24V/90mA，5V/30mA	24V 为外部供给，5V 需要 PLC 供给
编程指令	FROM/TO	

FX_{2N}-4AD-TC 模块的 A/D 转换输出特性如图 9-17 所示，四通道的输出特性相同。模块 A/D 转换为 12 位带符号数，实际转换精度以 1℃（或 1℉）为单位；通过模块内部的数据转换，PLC 可以读取的数据以 0.1℃（或 0.1℉）为单位。因此，图中的输出数字量是指 PLC 可以读取的值。

FX_{2N}-4AD-TC 模块同样只需要通过 PLC 的 TO 指令（FNC79）进行转换的控制，FROM 指令（FNC78）进行数字量的读入即可。

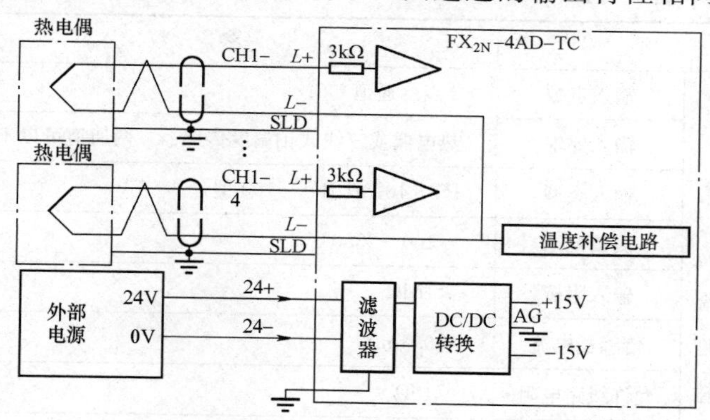

图 9-16　FX_{2N}-4AD-TC 模块与外部连接图

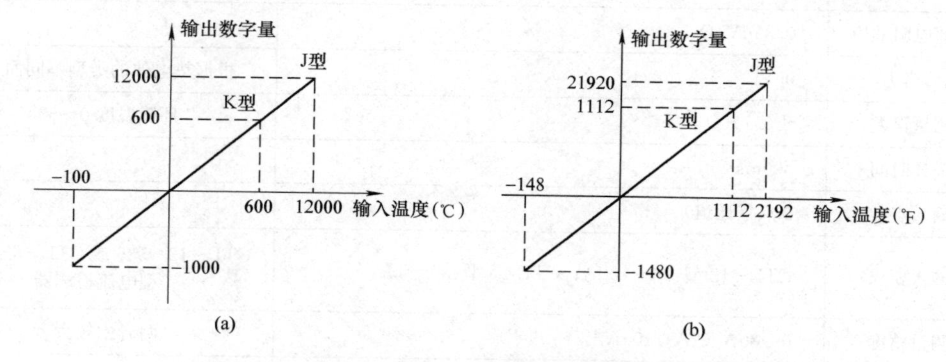

图 9-17　FX_{2N}-4AD-TC 模块的 A/D 转换输出特性

(a) 摄氏输入；(b) 华氏输入

9.3.3 温度调节模块 FX_{2N}-2LC

FX_{2N}-2LC可以实现二通道温度的自动调节功能。模块带有二通道温度测量输入端、二通道加热电流测量输入端，内部采用PID调节器，并通过两点集电极开路晶体管输出端，进行加热器的开/关控制，这是一种用于温度自动调节的特殊功能模块。

FX_{2N}-2LC模块通过扩展电缆与PLC基本单元或扩展单元相连接，PLC通过FROM/TO指令与内部总线连接，可以与模块进行数字量与控制指令的传送。

温度调节的原理简述如下：

在FX_{2N}-2LC模块内部，二通道温度测量模拟量信号由输入端CH1～CH2输入，并通过PLC的通道选择命令选择指定的通道进行A/D转换，转换结果为12位数字量，A/D转换器输出与模块的CPU数据总线间采用了光电隔离措施。

在模块内部，A/D转换器转换完成的数字量与要求的温度（缓冲存储器参数设定）相比较，通常情况下（可以通过多数参数设定改变）如果温度小于设定值，控制加热器进行加热（输出OFF）；达设定的温度后，输出ON，关闭加热器进行冷却。

PLC可以通过FROM指令读取CPU缓冲存储器中的数据，或者通过TO指令，将数据或控制指令写入模块的缓冲存储器中。可以检查出断线故障。可以使用多种热电偶和热电阻，有冷端温度补偿，分辨力为0.1℃，控制周期为500ms。模拟和数字电路间由光耦合器隔离，在程序中占用8个I/O点。模块的主要输入性能参数见表9-12。

表9-12 FX_{2N}-2LC模块的主要输入性能参数

项目		参数	备注
温度输入	输入点数	2点（通道）	
温度输入	输入要求	热电偶或三线式铂温度传感器，两通道可以不同	K、J、R、S、E、T、B、N、
温度输入	输入类型	PT-100或JPT-100型	
温度输入	测量范围	－100～2300℃	根据热电偶的类型不同而不同
温度输入	输入阻抗	≥1MΩ	
温度输入	传感器电流	≤0.3mA	
温度输入	允许线路电阻	≤10Ω	
温度输入	温度补偿误差	±1℃	冷接触
温度输入	外部电阻效应	0.35μV/Ω	
温度输入	分辨力	0.1℃	根据热电偶的类型不同而不同
温度输入	测量误差	±0.7%	环境温度0～55℃
温度输入	采样时间	500ms	
CT输入	输入点数	2点（通道）	
CT输入	输入要求	CTL-12型：0～100A；CTL-6型：0～30A	CTL-12-536或CTL-6-P-H型电流检测器
CT输入	测量精度	0～30A（2A）/100A±5%	两者中较大者
CT输入	采样时间	1s	

续表

项目		参数	备注
模块输入	输出隔离	光电耦合	模拟电路与数字电路间
	占用 I/O 点数	8 点	
	消耗电流	24V/55mA；5V/70mA	24V 由外部供给，5V 由 PLC 供给
	编程指令	FROM/TO	

FX_{2N}-2LC 模块的主要输出性能参数见表 9-13。

表 9-13　FX_{2N}-2LC 模块的主要输出性能参数

项目	性能参数	备注
输出点数	2 点（通道）	
输出类型	集电极开路晶体管输出	
负载电压	DC 12～24V	
负载电流	100mA	
OFF 时泄漏电流	≤0.1mA	
ON 时最大压降	2.5V	
控制输出周期	30s	

FX_{2N}-2LC 模块通过扩展电缆与 PLC 基本单元或扩展单元相连接，通过 PLC 内部总线传送数字量。模块与外部传感器、DC 24V 电源间的连接要求根据选用的温度传感器的不同而不同，如图 9-18、图 9-19 所示。

FX_{2N}-2LC 模块的控制只需要通过 PLC 的 TO 指令（FNC79）进行转换的控制，FROM 指令 CFNC78）进行数字量的读入即可。

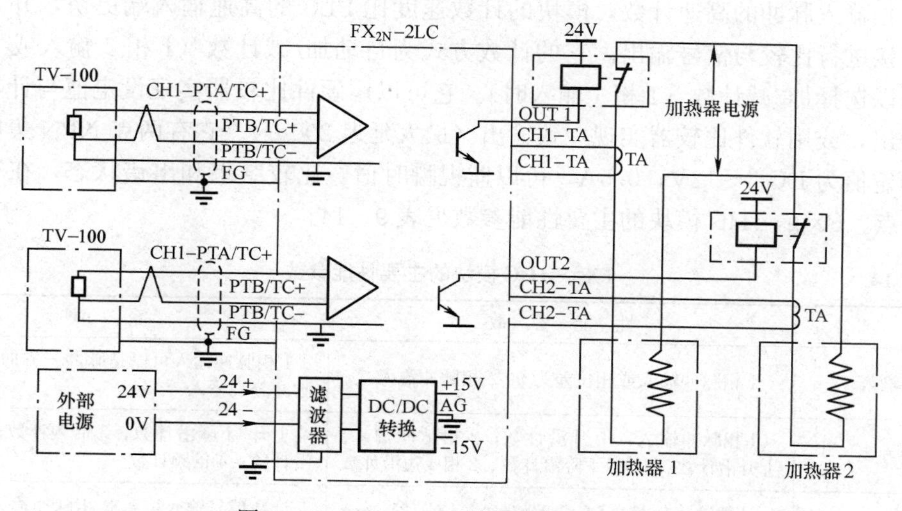

图 9-18　FX_{2N}-2LC 铂电阻外部连接图

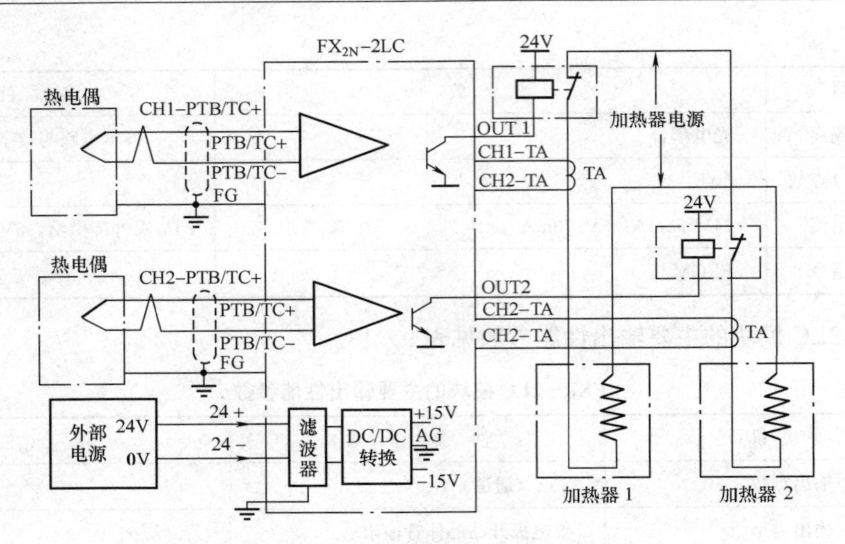

图 9－19　FX_{2N}－2LC 热电偶外部连接图

9.4　高速计数位置控制模块

9.4.1　高速脉冲计数模块 FX_{2N}－1HC

PLC 梯形图程序中的计数器的最高工作频率受扫描周期的限制，一般仅有几十赫兹。在工业控制中，有时要求 PLC 有快速计数功能，计数脉冲可能来自旋转编码器、机械开关或电子开关。高速脉冲计数模块可以对几十千赫兹甚至上百千赫兹的脉冲计数，它们大多有一个或几个开关量输出点，计数器的当前值等于或大于预设值时，可以通过中断程序及时改变开关量的输出状态。这一过程与 PLC 的扫描过程无关，以保证负载能及时驱动。

FX_{2N}系列 PLC 用于脉冲计数的特殊功能模块只有 FX_{2N}－1HC 一种规格，它可以实现 50Hz、2 相输入脉冲的高速计数，模块的计数速度比 PLC 的高速输入端更快，并且可以在模块中直接进行比较与信号输出。它的计数方式为自动加/减计数（1 相 2 输入或 2 相输入时）或可以选择加/减计数（1 相 1 输入时）。它可以用硬件比较器实现设定值与计数值一致时产生输出，或用软件比较器实现一致输出（最大延迟 200μs）。它有两点 NPN 集电极开路输出，额定值为 DC 5～12V，0.5A，可以监视瞬时值，比较结果和出错状态，在程序中占 8 个 I/O 点。FX_{2N}－1HC 模块的主要性能参数见表 9－14。

表 9－14　FX_{2N}－1HC 模块的主要性能参数

项　目	性 能 参 数	备　注
计数输入	1 相脉冲输入或相位差为 90°2 相脉冲输入	1 相脉冲输入可以是脉冲＋方向，或加/减脉冲分别输入
计数方式	1 相脉冲输入：上升沿计数；2 相脉冲输入：上升沿计数、上升/下降沿计数、2 相 4 边沿计数	上升/下降沿计数；2 倍频计数；2 相 4 边沿计数；4 倍频计数
信号要求	计数输入信号：DC 24V/7mA、DC 12V/mA 或 DC 5V/10.5mA；控制信号：DC 10.8～26.4V/15mA 或 DC 5V/8mA	计数信号输入：A/B 相脉冲输入；控制信号：PRESET（计数预置）与 DISABLE（计数停止）控制信号

续表

项目	性能参数	备注
最大输入频率	1相脉冲输入：50Hz； 2相脉冲输入：1倍频，50Hz； 2相脉冲输入：2倍频，25Hz； 2相脉冲输入：4倍频，12.5Hz	
计数方式	1相脉冲输入：加/减控制计数； 2相脉冲输入：自动加/减计数	
计数范围	32位计数：－2147483648～＋2147483647； 16位计数：0～65535	32位带计数符号； 16位计数无符号
控制输出	计数到达输出：YH输出；比较一致输出：YS输出	比较值由参数设定
输出类型	2点，单独隔离的NPN集电极开路输出	可以采用源输出或汇点输出连接
输出驱动能力	DC 5～24V/0.5A	
输入隔离	光耦合器	
占用I/O点数	8点	
消耗电流	5V/9mA	需要PLC供给
编程指令	30s	

FX_{2N}-1HC模块通过扩展电线与PLC基本单元或扩展单元相连接，通过PLC内部总线传送数字量。模块与外部计数输入的连接如图9-20所示。

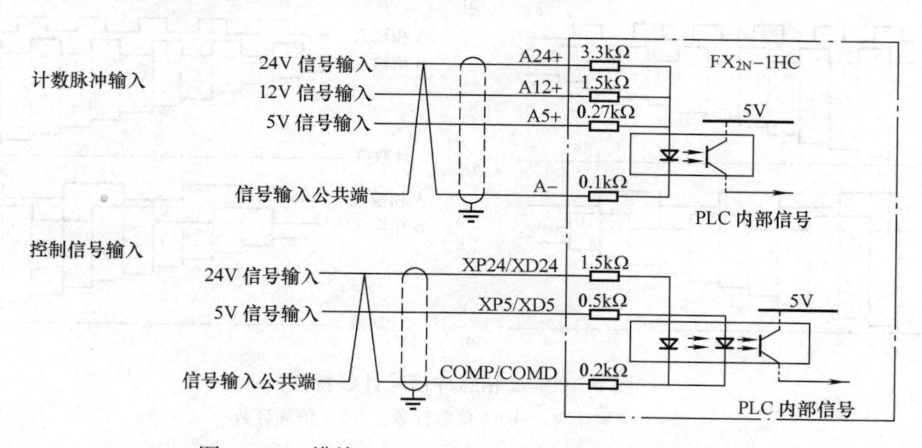

图9-20 模块FX_{2N}-1HC与外部计数输入的连接

FX_{2N}-1HC模块外部计数输入可以采用DC 24V、DC 12V、DC 5V三种基本类型，三者的区别仅在于输入接口的限流电阻不同（见图9-20）。

在实际模块中，计数输入为2输入端（A相与B相），图中仅画出了A相的连接方法，B相的输入要求与连接形式与A相完全相同，但对应的端子号为B24＋/B12＋/B5＋/B－。

模块的两个计数控制信号PRESET（计数预置）与DISABLE（计数停止）可以来用DC 24V与DC 5V两种电压类型，输入光耦为双向驱动，可以与各类输入信号相匹配。

控制信号PMSET（计数预置）使用连接端XP24/XP5/COMP，控制信号DISABLE

（计数停止）使用连接端 XD24/XD5/COMD（见图 9－20）。

FX_{2N}－1HC 模块允许计数输入为 1 相脉冲信号与 2 相脉冲信号。其中，1 相脉冲输入又可以采用“脉冲＋方向控制”与“加/减脉冲输入”两种控制形式，对应的计数特性如图 9－21 所示。

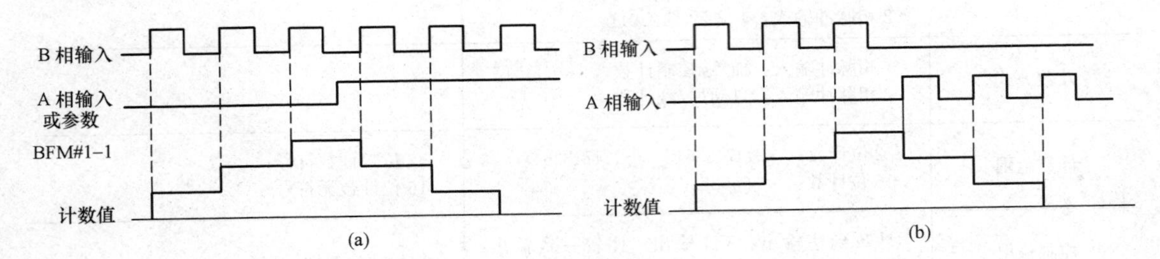

图 9－21　1 相脉冲信号计数特性

(a) 脉冲＋方向控制；(b) 加/减脉冲输入

当采用 2 相脉冲输入时，可以采用 1 倍频计数、2 倍频计数、4 倍频计数三种类型。计数方向（加/减）取决于输入脉冲的相位差，当 A 相超前 B 相 90°时总是加计数，B 相超前 A 相 90°时总是减计数，对应的计数特性如图 9－22 所示。

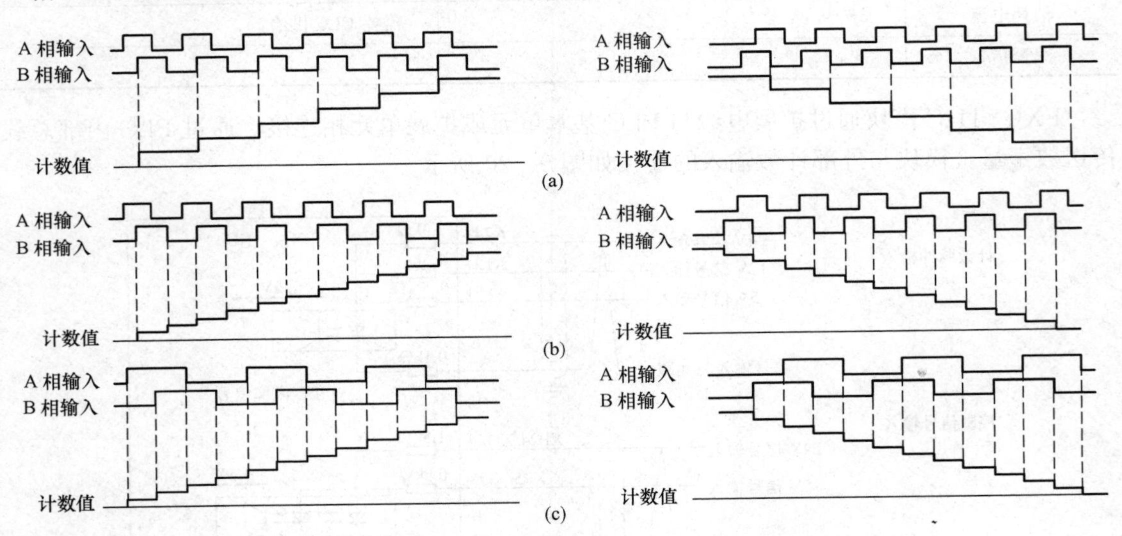

图 9－22　2 相脉冲信号计数特性

(a) 1 倍频计数；(b) 2 倍频计数；(c) 4 倍频计数

FX_{2N}－1HC 模块同样只需要通过 PLC 的 TO 指令（FNC79）进行控制，通过 FROM 指令（FNC78）进行数字量的读入即可。

9.4.2　定位脉冲输出模块 FX_{2N}－1PG

这类模块一般带有微处理器，用来控制运动物体的位置、速度和加速度，可以控制直线运动或旋转运动、单轴或多轴运动。它们使运动控制与 PLC 的顺序控制功能有机地结合在一起，广泛地应用在机床、装配机械等场合。位置控制一般采用闭环控制，用伺服电动机做驱动装置。如果用步进电动机做驱动装置，既可以采用开环控制，也可以采用闭环控制。

FX_{2N}－1PG 定位脉冲输出模块可以输出 1 相脉冲数、脉冲频率可变的定位脉冲，输出脉冲通过伺服驱动器、步进驱动器的控制或放大，实现单轴简单定位控制。

通过 PLC 的 FROM/TO 命令对模块参数的设定、调整与控制，FX_{2N}-1PG 可以实现单速定位、运动轴回原点等简单的位置控制功能。

FX_{2N}-1PG 定位脉冲输出模块的脉冲输出可以是“定位脉冲＋方向”或“正/反运动脉冲”的输出形式，最高输出脉冲频率为 100kHz。FX_{2N}-1PG 模块的主要性能参数见表 9-15。

表 9-15 FX_{2N}-1PG 主要性能

项目	性能参数	备注
控制轴数	1 轴	
定位脉冲输出	1 相脉冲输出	可以是脉冲＋方向，或正/反脉冲分别输出
脉冲频率	10Hz～100kHz	指令单位可以内部折算，允许指令单位为 cm/min，inch/min 或 10deg/min
定位范围	－999999～999999	单位可以选择
输出类型	NPN 集电极开路输出	
输出驱动能力	DC 5～24V/20mA	
输入/输出隔离	光耦合器	
占用 I/O 点数	8 点	
消耗电流	24V/40mA	
编程指令	FROM/TO	

FX_{2N}-1PG 模块通过扩展电缆与 PLC 基本单元或扩展单元相连接，通过 PLC 内部总线传送控制指令、内部数据、输出脉冲数量与频率等。

定位脉冲输出模块的控制，需要 STOP、DOG、PG0 等控制输入信号。定位脉冲输出有 FP、RP、CLR 等输出信号，信号的含义见表 9-16。

表 9-16 FX_{2N}-1PG 信号的含义

代号		信号名称	要求	作用
输入	STOP/SS	外部停止	DC 24V/7mA 输入 ON/电流≥4.5mA 输入 OFF 电流≤0.5mA	脉冲输出停止控制
	DOG/SS	原点减速	同上	原点减速控制
	PG0＋/PG0－	零位脉冲	DC 24V/7mA 输入 ON/电流≥4.0mA 输入 OFF 电流≤0.5mA	原点检测信号
输出	FP/COM0	正向脉冲输出	10Hz～100kHz DC 5～24V/20mA	正向运动脉冲输出（正/反脉冲输出方式），或位置脉冲输出（脉冲＋方向输出方式）
	RP/COM0	反向脉冲输出	同上	反向运动脉冲输出（正/反脉冲输出方式），或方向输出（脉冲方向输出方式）
	CLR/COM0	定位脉冲清除	DC 5～24V/20mA 输出脉冲宽度：20ms	清除驱动器，PLC 的剩余定位脉冲

FX_{2N}-1PG 外部连接如图 9-23 所示。

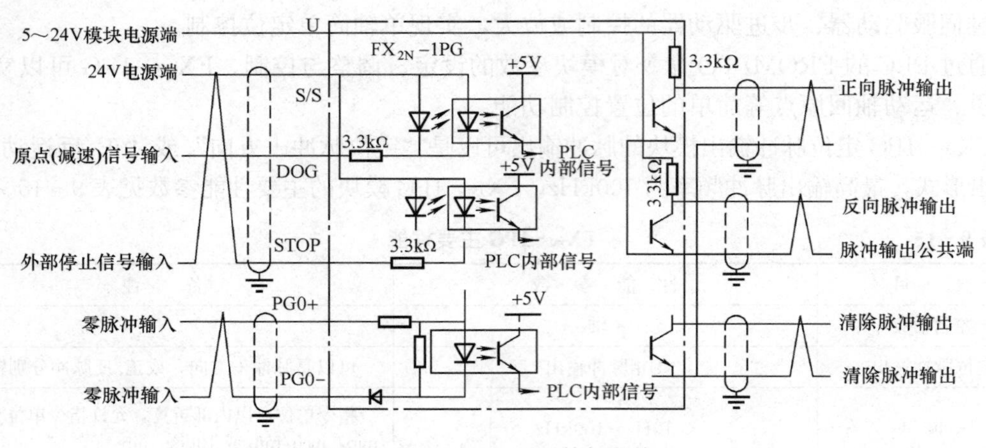

图 9-23 FX_{2N}-1PG 外部连接

FX_{2N}-1PG 模块的控制只需要通过 PLC 的 TO 指令（FNC79）进行转换的控制，通过 FROM 指令（FNC78）进行数字量的读入即可。

9.4.3 定位脉冲输出模块 FX_{2N}-10PG

FX_{2N}-10PG 定位脉冲输出模块的作用与 FX_{2N}-1PG 类似，可以输出 1 相脉冲数、脉冲频率可变的定位脉冲，脉冲输出可以是“定位脉冲＋方向”或“正/反运动脉冲”的输出形式。但是，FX_{2N}-10PG 的最高输出脉冲频率可达 1MHz，最小输出脉冲频率可达 1Hz，其控制范围比 1PG 更广。

在模块硬件功能的扩展上，FX_{2N}-10PG 增加了手轮（手摇脉冲发生器）输入接口，可以通过手轮进行定位控制。在输入控制信号方面增加了外部启动输入端 START，使得高速启动时间缩短到了 1～3ms。此外，通过 X0、X1 两个外部中断输入端的控制，可以方便地控制中断动作。输出驱动改为线驱动差分输出，提高了驱动能力与性能。

在软件方面，增加了定位数据输入字长，扩大了定位范围；增加了多段、多速定位控制功能，能使用内部数据表进行多点定位控制。FX_{2N}-10PG 模块主要性能参数见表 9-17。

表 9-17 FX_{2N}-10PG 主要性能参数

项　目	性能参数	备　注
控制轴数	1 轴	
定位脉冲输出	1 相脉冲输出	脉冲串＋方向或正/反转脉冲输出形式
脉冲频率	1Hz～1MHz	指令单位可以内部折算，允许指令单位为 cm/min、inch/min 或 10deg/min
定位范围	−2147483648～2147483647	单位可以选择
输出类型	线驱动差分输出	
输出驱动能力	DC 5～24V/25mA	
输入/输出隔离	光耦合器	
占用 I/O 点数	8 点	
消耗电流	24V/70mA（外部提供），5V/120mA	5V 需要 PLC 供给
编程指令	FROM//TO	
启动时间	1～3ms	利用外部 START 端子启动

FX_{2N}-10PG 模块通过扩展电缆与 PLC 基本单元或扩展单元相连接，通过 PLC 内部总线，传送控制指令、内部数据、输出脉冲数量与频率等。

定位脉冲输出模块的控制，需要 STOP、START、DOG、PG0、X0、X1 等控制输入信号；定位脉冲输出有 FP、RP、CLR 等输出信号，信号的含义见表 9-18。

表 9-18　FX_{2N}-10PG 信号的含义

代号		信号名称	要求	作用
输入	STOP/SS	外部停止	DC 24V/6.5 mA 输入 ON/电流≥4.5mA 输入 OFF 电流≤1.5mA	脉冲输出停止控制
	DOG/SS	原点减速		原点减速控制，或直接作为原点位置到达信号输入
	X0	中断输入 1		模块中断控制
	X1	中断输出 2		模块中断控制
	PG0+/PG0-	零位脉冲	DC 3～5.5V/6～20mA 输入 ON/电流≥6.0mA 输入 OFF 电流≤1mA	原点控制信号脉冲宽度≥50ms
	ΦA+/ΦA-	手轮输入 A		自大输入频率：30kHz
	ΦB+/ΦB-	手轮输入 B		
输出	FP+/FP-	正向脉冲输出	1Hz～1MHz； DC～24V/25mA	正向运动脉冲输出（正/反脉冲输出方式），或位置脉冲输出（脉冲+方向输出方式）
	RP+/RP-	反向脉冲输出		反向运动脉冲输出（正/反脉冲输出方式），或方向输出（脉冲+方向输出方式）
	CLR+/CLR-	定位脉冲清除	DC 5～24V/20mA	清除驱动器，PLC 的剩余定位脉冲

FX_{2N}-10PG 模块与外部连接如图 9-24 所示。

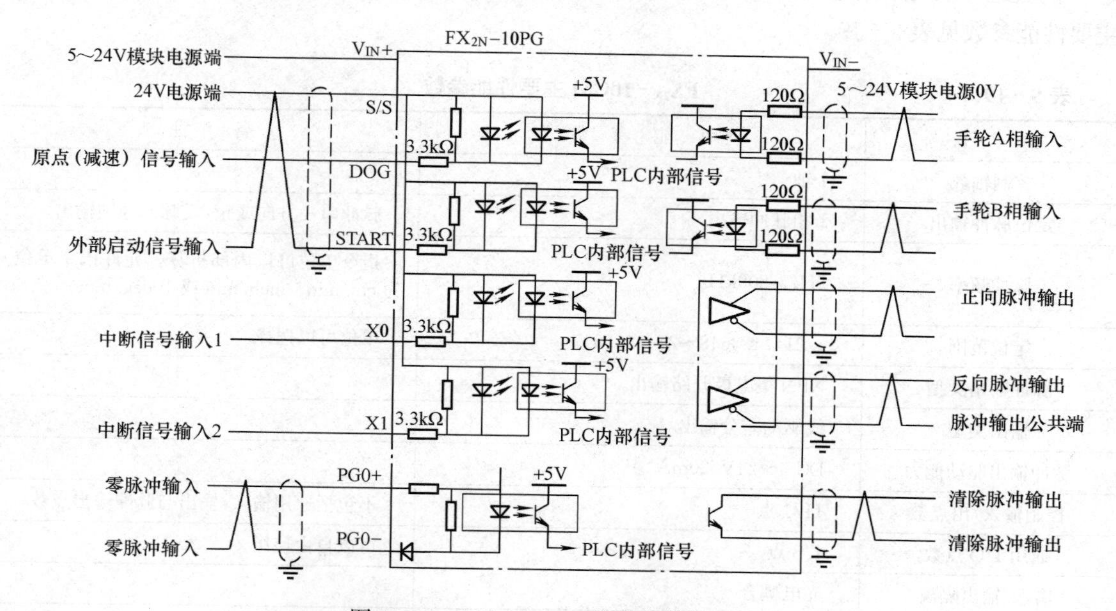

图 9-24　FX_{2N}-10PG 模块与外部连接

FX_{2N}-10PG 模块的控制需要通过 PLC 的 TO 指令（FNC79）、FROM 指令（FNC78）进行。

9.4.4 位置控制模块

位置控制模块主要有 FX_{2N}-10GM、FX_{2N}-20GM 两种定位控制模块，它们分别可以控制 1 个、2 个坐标轴，并以脉冲的形式输出位置值的位置控制模块。模块的输出脉冲数、脉冲频率可变，通过伺服驱动器、步进驱动器的控制或放大，实现单轴定位控制。

FX_{2N}-10GM、FX_{2N}-20GM 定位控制模块的脉冲输出形式与 FX_{2N}-1PGM、FX_{2N}-10PG 并无区别，为“定位脉冲＋方向”或“正/反运动脉冲”的输出形式，最高输出脉冲频率为 200kHz，最小输出脉冲频率为 1Hz，输出性能介于 1PG 与 10PG 之间。

FX_{2N}-10GM、FX_{2N}-20GM 定位控制模块与前述的 FX_{2N}-1PGM、FX_{2N}-10PG 定位脉冲输出模块的主要区别在于：硬件方面，FX_{2N}-10GM/20GM 具有独立的电源、CPU、存储器、通用的 I/O 点等与 PLC 相类似的基本硬件，它不仅可作为 PLC 的扩展功能模块，而且还可以在无 PLC 的情况下，作为独立的位置控制单元使用。FX_{2N}-20GM 独立使用时，若 I/O 点不足，还可以带 FX_{2N} 系列 PLC 的扩展单元，进行 I/O 的扩展。软件与功能方面，FX_{2N}-10GM/20GM 带有自身的操作系统，本身具有内部继电器、数据寄存器等编程元件，模块可以使用 PLC 的逻辑处理指令与多种应用指令进行编程，因此，作为独立单元使用时，其功能也较强。

位置控制功能方面，模块配有专门的用户程序存储器，可以存储专用编程语言（类似于 CNC 编程语言）或 PLC 应用指令编制的位置控制程序。模块不仅可以像 FX_{2N}-10PG 那样通过手轮（手摇脉冲发生器）进行手动定位、多点多速定位，而且还可以执行专用编程语言编制的定位程序。在 FX_{2N}-20GM 上，还可以实现简单的两轴联动功能，进行直线插补与圆弧插补，其位置控制功能得到大大加强。

模块还可以与采用绝对位置编码器的伺服驱动器连接，从而省略回原点操作。FX_{2N}-10GM 主要性能参数见表 9-19。

表 9-19　FX_{2N}-10GM 主要性能参数

项　目	性 能 参 数	备　注
控制轴数	1 轴	
定位脉冲输出	1 相脉冲输出	脉冲串＋方向或正/反脉冲分别输出
脉冲频率	1Hz～200kHz	指令单位可以内部折算，允许指令单位为 cm/min、inch/min 或 10deg/min
定位范围	－2147483648～2147483647	单位可以选择
脉冲输出类型	NPN 集电极开路输出	
输出类型	线驱动差分输出	
脉冲输出驱动能力	DC 5～24V/20mA	
控制输入/出点数	11/1 点	不包括通用输入/输出与脉冲输出点数
通用 I/O 点数	4/8 点	可以自由使用
输入/输出隔离	光电耦合	
占用 PLC I/O 点数	8 点	仅与 PLC 连接时占用 I/O 点，模块可独立适用

续表

项 目	性 能 参 数	备 注
消耗电流	24V/200mA（5W，外部提供）	5V需要PLC供给
电源熔断器	125V/1A	
编程指令	与PLC连接，FROM/TO指令；模块定位指令：13种专用编程指令、29种功能指令、10种逻辑处理指令、100个M代码、100个定位程序、1个顺序控制程序	
模块程序存储器容量	3.8K步	
编程元件	输入：X0～X3，X375～X377 输出：Y0～Y5 内部继电器：M0～M511 特殊内部继电器：M9000～M9175 指针：P0～P127 数据寄存器：D0～D1999 文件寄存器：D4000～D6999 特殊寄存器：D9000～D9599 变址寄存器：V0～V7、Z0～Z7	

FX_{2N}-10GM模块与PLC连接时，可以通过扩展电缆与PLC基本单元连接。通过PLC的FROM/TO指令与内部的连接总线，进行指令的传送与参数的阅读、写入。当模块独立使用时，可以通过编程软件与模块本身的连接接口传送控制程序。

模块单独使用时，在指令或程序输入完成后，可以通过STOP、START、ZRN、DOG、FWD、RVS、LSF、LSR等指令控制输入信号，控制定位运动。定位控制有FP、RP、CLR等输出信号。

FX_{2N}-20GM定位控制模块与FX_{2N}-10GM的区别在于，它可以同时控制2个坐标轴，并可以实现简单的插补运算功能。此外，模块存储器容量、I/O点等都在10GM的基础上有所增加。

当模块单独使用时，如果输入/输出点不足，FX_{2N}-20GM还可以使用FX_{2N}系列的I/O扩展模块增加I/O点，模块的功能比FX_{2N}-10GM更强，但两种定位模块的使用、编程以及指令系统均相同，FX_{2N}-20GM模块的主要性能参数见表9-20。

表9-20 **FX_{2N}-20GM主要性能参数**

项 目	性 能 参 数	备 注
控制轴数	2轴	
定位脉冲输出	2轴，各1相脉冲输出	可以是脉冲"+"方向，或正/反脉冲分别输出
脉冲频率	1Hz～200kHz	指令单位可以内部折算，允许指令单位为cm/min、inch/min或10deg/min
定位范围	−2147483648～2147483647	单位可以选择
脉冲输出类型	NPN集电极开路输出	
输出类型	线驱动差分输出	
脉冲输出驱动能力	DC 5～24V/20mA	
控制输入/输出点数	22/2点	不包括通用输入/输出与脉冲输出点数

续表

项　目	性 能 参 数	备　注
通用 I/O 点数	8/8 点，最大可以扩展到 48 点	可以自由使用，并使用 FX_{2N}扩展模块
输入/输出隔离	光电耦合	
占用 PLC I/O 点数	8 点	仅与 PLC 连接时占用 I/O 点，模块可独立使用
消耗电流	24V/200mA（5W，外部提供）	5V 需要 PLC 供给
电源熔断器	125V/1A	
编程指令	与 PLC 连接时，FROM/TO 指令；模块定位指令：19 种专用编程指令、30 种功能指令、10 种逻辑处理指令、100 个 M 代码、100 个定位程序、1 个顺序控制程序	
模块程序存储器容量	7.8K 步	
编程元件	输入：X0～X7，X372～X377 输出：Y0～Y7 内部继电器：M0～M511 特殊内部继电器：M9000～M9175 指针：P0～P255 数据寄存器：D0～D1999 文件寄存器：D4000～D6999 特殊寄存器：D9000～D9599 变址寄存器：V0～V7、Z0～Z7	

9.5 数据通信模块

PLC 是一种新型的工业控制装置，它已从单一的开关量控制功能发展到连续 PID 控制等多种功能，从独立单台运行发展到数台连成 PLC 网络。也就是说，把 PLC 与 PLC、计算机及其他智能装置通过传输介质连接起来实现通信，可以构成功能更强、性能更好的控制系统。

9.5.1 通信网络

FX 系列 PLC 具有很强的通信功能，通信模块用来完成与其他 PLC、智能控制设备或主计算机之间的通信。远程 I/O 系统也必须配备相应的通信接口模块。FX 系列有多种通信用功能扩展板、适配器和通信模块，图 9－25 为 FX_{2N}的通信功能示意图。

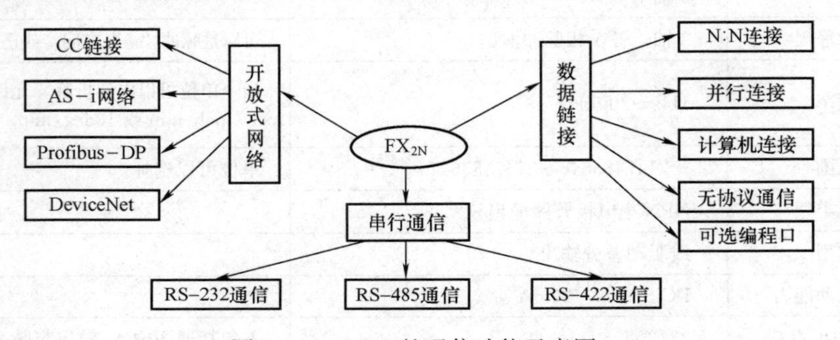

图 9－25　FX_{2N}的通信功能示意图

1. 通信方式

PLC 联网的目的是在 PLC 间或者 PLC 与计算机之间进行通信，实现数据交换，所以数据交换即通信方式必须明确。

(1) 串行数据传送与并行数据传送。串行数据传送就是将数据一位一位地依次传输，每一位数据占据一个固定的时间长度。如一个字节有 8 位，至少要传送 8 次才能把一个字节传送出去。串行数据传输的优点是传送线少，特别适合计算机与计算机、计算机与 PLC 之间的远距离通信，其缺点是传输速度比较慢。

串行通信线路的工作方式分单工通信、半双工通信、全双工通信三种形式。

图 9-26 是单工通信方式，该方式通信线上只允许一个方向传输数据，数据流向始终从发送端到接收端，这种方式目前应用很少。

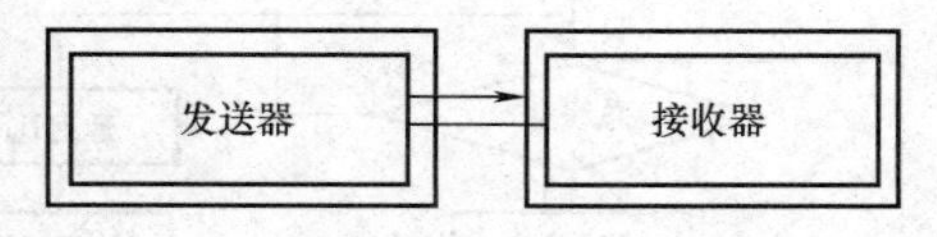

图 9-26 单工通信方式

半双工通信允许两个方向传输数据，但不能同时传输，只能交替进行，如图 9-27 所示。为控制信息流量必须对两端设备进行控制，这种控制既可用硬件完成，也可用软件约定来实现。

允许两个方向同时进行数据传输的串行通信形式称全双工通信，如图 9-28 所示。很明显，两个传输方向的资源必须完全独立。

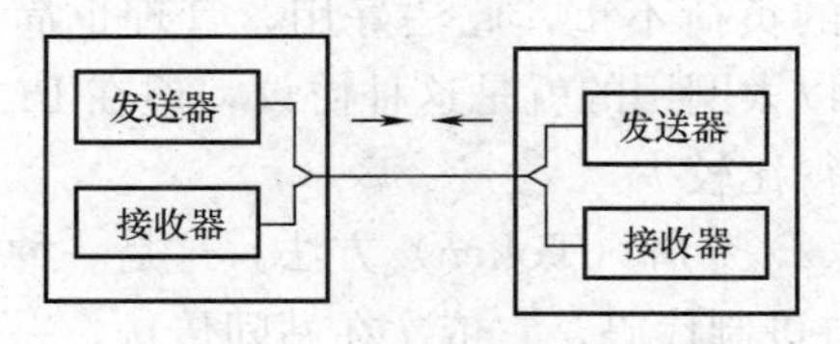

图 9-27 半双工通信方式

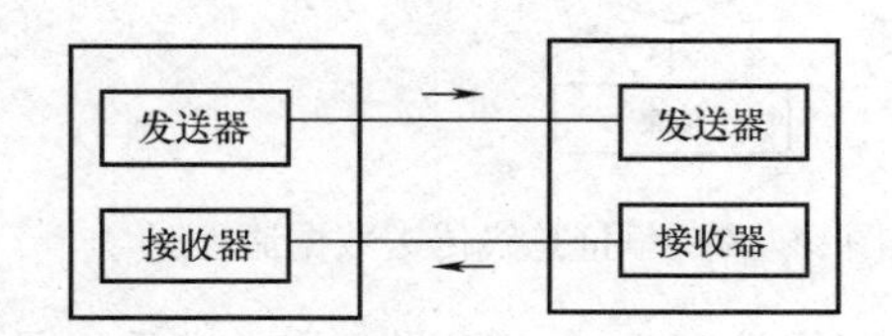

图 9-28 全双工通信方式

并行数据传送时，数据各位是同时传送的，以字或字节为单位传送。并行数据传送时除有数据线外，还应有控制信号线。并行数据传输的优点是传递速度快，缺点是传输成本高。数据有多少位，就需要有多少根传送通信线，因此不宜用于长距离数据传送，大多只是用于计算机内部、PLC 内部器件或模块间交换数据，例如，计算机内部及 PLC 内部总线就是靠并行方式传送数据的。

(2) 异步方式与同步方式。计算机或 PLC 内部数据处理、储存都是并行的，而要串行发送、接收数据，就要进行相应的转换。也就是说，数据发送前，要把数据转换成串行的；而在接收后，再把串行的数据转换成并行的数据。串行一位一位传送数据是分时进行的，这里时间的划分有两种方式：一为同步方式，由外部时钟分时；另一种为异步方式，靠信号自身实现分时，所以串行数据传送又分为异步与同步两种方式。

异步通信方式所采用的数据格式是由一组不定“位数”数组成。第一位叫起始位，它的宽度为 1 位，低电平；接着传送一个字节（8 位）的数据位，以高电平为“1”，低电平为“0”，最后是停止位，宽度可以是 1 位或 2 位，在两个数据组之间可以有空闲位。每秒钟传送数据的位（bit）数叫传输速率，即波特率。波特率一般为 300、600、900、1200、2400、4800、9600、19200bit/s 等。

同步传送就是在传送数据的同时还要传送时钟信号。接收方在接收数据的同时也在接收时钟信号，并依时钟给定的时刻采集数据。当然，也可把数据信号和时钟信号进行编码后再传送，接收方接到信号后，进行译码，分辨出数据信号及时钟信号，然后再依时钟给定的时刻采集数据。

同步传输所使用的同步方法有多种，但其共同特点是：对一个字符，没有起始、停止位且系统较为复杂。在众多 PLC 通信中多采用异步方式传送信息。

2. 通信访问控制协议

通信访问控制协议有多种，PLC 用到的有下面三种。

（1）具有冲突检测的多点数据通信方法（CSMA/CD）。这是一种争抢使用总线的协议。当一个站点要传送数据前，先检测总线是否有空（没有别的站点传送数据时为空）。答案若肯定则传送数据，并在发送过程中继续检测是否有冲突。若有冲突，则发送人为干扰信号，此时应放弃传送，延迟一定时间后，再重复传送。若这时传送无冲突，则在指定时间内等待接收方传送通信完成的回复信号，收到该信号传送数据过程结束。图 9-29 是争抢总线传输数据流程图。争抢对总线的控制带有随机性，如果网络的负荷不重，此法好用，管理也简单。计算机以太网用的就是这种协议，但在 PLC 联网中用得比较少。

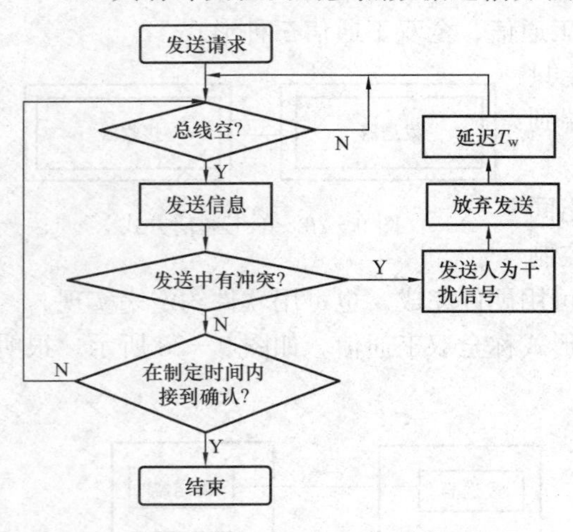

图 9-29　争抢总线传送数据流程图

（2）令牌（Token）方法。这是一种控制权分散的网络访问方法。所谓令牌，实质上是一个二进制代码，它依次在站间传送，一个站只有令牌能控制总线，也才有权传送数据。当数据传送完毕后，再把令牌向下传。若一个站拥有令牌而无数据可传送，则直接把令牌向下传。令牌传送是循环的，到了最后一站又返回到开始站。对令牌要做相应的管理，特别站点进出总线不应使令牌循环受阻。通信管理一般由网络中的主站点负责，使用令牌方法时，无论站点有无数据传送，令牌总要经过这站点。网络负载轻时，显得不合算，但负载重时，效率比争抢式的高，而且数据传送有保证。PLC 联网常用此法。

（3）令牌环（Token Ring）方法。该方法用于环形拓扑结构的网络，它靠令牌环传送控制权，令牌也是循环地在各站点传送。与令牌法不同的是：当某站拥有令牌，且又有数据要传送时，它只能向下游的相邻站传送，并取消或置其忙；下游站如果不是目的站，再把数据向下传送，若为目的站，才接收数据。之后，有关信息还向下传送，直到这个信息回到原发送站后，再将发送的有关信息清除，并在网上再插入新的令牌或置其闲，并再把它传给下一个站。如果环网上没有数据要传送，则只是令牌在网上轮流传送。

令牌环方法适用站间传送数据，其数据是分时转发的；而令牌方法是从站点直接将数据发送到总线上，像广播一样，各站点同时均可检测到是否有数据在总线上要传送。SYSMAC NET 网采用的就是令牌环方法传送数据。

3. 网络拓扑结构

网络拓扑结构，是指各站点连接起来形成网络的形式。把两个站点通过通信线接口和通信介质连起来的形式叫链式结构，比较简单。而多站点的联网形式有星形结构、总线结构和环形结构之分，如图 9－30 所示。

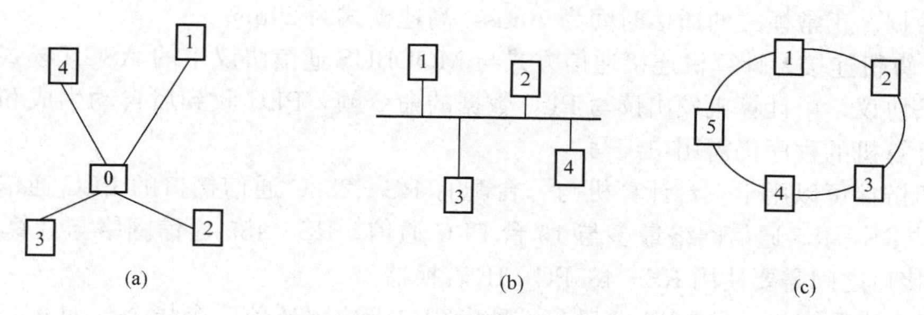

图 9－30 联网结构

(a) 星形结构；(b) 总线结构；(c) 环形结构

(1) 星形结构。该结构有中心站点，网络上各站点都分别与中心站点连接。通信有中心站点管理，并都通过中心站点。PLC 网络系统中，若一台计算机与多台 PLC 联网，则可以使用星形结构，如欧姆龙公司的 HOST Link 网就是这种结构。计算机为中心站，通信由计算机管理，PLC 与 PLC 通信要通过计算机。

(2) 总线结构。这种结构靠总线实现各站点的连接，是集散控制系统（DCS）中常用的网络形式。所有的站点都是通过硬件接口与总线相连，任何站点都可以在总线上发送数据，并可以随时从总线上接收数据。总线结构的关键是各个站点的发送数据怎样授予，若在同一时间内有多个站点在发送数据，那么某个站点接收的数据是哪个站点发送来的呢？这种发送数据的授予权和接收数据的允许权都是靠控制协议来解决的，例如用令牌（Token）方法等。

(3) 环形结构。环形结构网络上的所有站点都通过点对点的链路连接构成封闭环。信息传送是按点至点的方式传递，即一个站点只能把信息传送到下一站，下一站如果不是信息发送的目的站，则再向下传送，直到被目的站接收。

4. 网络通信类型

三菱主机 FX 系列支持以下五种类型的通信：N∶N 连接、并行连接、计算机连接、无协议通信（用 RS 指令进行数据传输）、可选编程口。

(1) N∶N 连接。N∶N 连接通信协议用于最多 8 台 FX 系列 PLC 之间的自动数据交换，其中一台为主机，其余的为从机。在每台 PLC 的辅助继电器和数据寄存器中分别有系统指定的共享数据区域，网络中的每一台 PLC 分配有各自的共享辅助继电器和数据寄存器。

对于网络中的每一台 PLC，分配给它的共享数据区的数据自动地传送到其他站的相同区，分配给其他 PLC 共享数据区中的数据是由其他站自动传送来的。对于每一台 PLC 的用户程序，在使用其他站自动传来的数据时，就像读本身内部数据区的数据一样方便。

使用此网络通信，能连接一个小规模系统中的数据，每一个站可以监视其他站共享数据的数字状态。

(2) 并行连接。并行连接使用 RS－485 通信适配器或功能扩展板，实现两台 FX 系列 PLC 之间的信息自动交换。一台 PLC 作为主站，另一台作为从站。用户不需编写通信程序，只需设置与通信有关的参数，两台 PLC 之间就可以自动地传送数据。FX_{1S}最多连接 50 个辅助继电器和 10 个数据寄存器，其他子系列的 PLC 可以连接 100 点辅助继电器和 10 点数据寄存器的数据。正常模式的通信时间为 70ms，高速模式为 20ms。

（3）计算机连接。计算机连接通信方式与 MODBUS 通信协议中的 ASCII 模式相似，采用专用通信协议，由计算机发出读写 PLC 数据的命令帧，PLC 收到后自动生成和返回响应帧，但是计算机的程序仍需用户编写。

计算机链接可以用于一台计算机与一台配有 RS－232C 通信接口的 PLC 通信，计算机也可以通过 RS－485 通信网络最多与 16 台 PLC 通信。RS－485 通信网络与计算机的 RS－232C 通信接口之间需要使用 RS－485PC－IF 转换器。

（4）无协议通信。大多数 PLC 都有一种串行口无协议通信命令指令，如 FX 系列的 RS 指令可用于 PLC 和上位计算机或其他 RS－232C 设备之间的通信。这种通信方式最灵活，PLC 与 RS－232C 设备之间可以使用用户自定义的通信规定。但是 PLC 的编程工作量较大，对编程人员的要求也较高，如果不同厂家设备使用的通信协议规定不同，即使物理接口都是 RS－485，也不能将它们接在同一网络内，在这种情况下，一台设备要占用 PLC 的一个通信接口。

（5）可选编程口。某些系统（例如码头和大型货场）的被控对象分布范围很广，如果采用单台集中控制方式，将使用很多很长的 I/O 线，使系统成本增加，施工工作量增大，抗干扰能力降低，这类系统适合于采用远程 I/O 控制方式。在 CPU 单元附近的 I/O 称为本地 I/O，远离 CPU 单元的 I/O 称为远程 I/O，远程 I/O 与 CPU 单元之间信息的交换只需要少量通信电缆线。远程 I/O 分散安装在被控对象的设备附近，它们之间的连线较短，但是使用远程 I/O 时需要增设串行通信接口模块。远程 I/O 与 CPU 单元之间的信息交换是自动进行的，用户程序在读写远程 I/O 中的数据时，就像读写本地 I/O 一样方便。

FX_{2N} 系列 PLC 可以通过 FX_{2N}－16LNK－M MELSEC I/O 连接主站模块，用双绞线直接连接 16 个远程 I/O 站，网络总长为 200m，最多支持 128 点，I/O 点刷新时间约为 5.4ms，传输速率 38.400bit/s，用于除 FX_{1S} 外的 FX 系列 PLC。

9.5.2　网络通信模块

PLC 与各种智能设备可以组成通信网络以实现信息交换，各 PLC 或远程 I/O 模块各自在生产现场进行分散控制，然后用网络连接起来，构成集中管理的分布式网络系统。通过以太网，控制网络还可以与管理信息系统（MIS）融合，形成管理控制一体化网络。

大型控制系统（例如发电站综合自动化系统）一般采用 3 层网络结构，最高层是以太网，第 2 层是 PLC 厂家提供的通信网络或现场总线，例如西门子的 Profibus、Rockwell 的 ControlNet、三菱的 CC－Link、欧姆龙的 Controller Link 等。底层是现场总线，例如 CAN 总线、DeviceNet 和 AS－i（执行器传感器接口）等。较小型的系统可能只使用底层的通信网络，更小的系统用串行通信接口（例如 RS－232C、RS－422 和 RS－485）实现 PLC 与计算机和其他设备之间的通信。

FX_{2N} 可以接入 CC－Link、AS－i、Profibus 和 DeviceNet。

1. FX_{2N}－32CCL－M CC－Link 模块

CC－Link 的最高传输速率为 10Mbit/s，最长距离 1200m（与传输速率有关）。模块采用光隔离，占用 8 个输入/输出点。

安装了 FX_{2N}－32CCL－M CC－Link 系统主站模块后，FX_{1N} 和 FX_{2N} PLC 在 CC－Link 网

络中可以作主站，7个远程I/O站和8个远程I/O设备可以连接到主站上。网络中还可以连接三菱和其他厂家的符合CC-Link通信标准的产品，例如变频器、AC伺服装置、传感器和变送器等。

使用FX_{2N}-32CCL、CC-Link接口模块的FX系列PLC在CC-Link网络中作远程设备站使用。一个站点中最多有32个远程输入点和32个远程输出点。

2. FX_{0N}-32NT-DP模块

Profibus是开放式的现场总线，已被纳入现场总线的国际标准IEC 61158。Profibus由3个系列组成：Profibus-DP特别适用于PLC与现场级分散的远程I/O设备之间的快速数据交换通信；Profibus-PA用于与过程自动化的现场传感器和执行器进行低速数据传输，使用屏蔽双绞线电缆，由总线提供电源，通过本质安全总线供电，可以用于危险区域的现场设备；Profibus-FMS用于不同供应商的自动化系统之间传输数据、处理单元级（PLC和PC）的通用控制层多主站数据通信。

FX_{0N}-32NT-DP Profibus接口模块可以将FX_{2N}系列PLC作为从站连接到Profibus-DP网络中，主站最多可以发送或接收20个字的数据。使用TO/FROM命令与FX系列PLC进行通信，占用8个I/O点。传输速率可达12Mbit/s，最长距离1200m。

FX_{2N}-32DP-IF Profibus接口模块用于将最多8个FX_{2N}数字I/O特殊功能模块连接到Profibus-DP网络中，最多256个I/O点。一个总线周期可以发送或接收200B的数据。

3. FX_{2N}-64DNET模块

DeviceNet是美国Rockwell公司在现场总线CAN（控制器网络）总线的基础上推出的一种低成本、高可靠性的低端网络系统。

DeviceNet已被纳入IEC 62026标准，最多连接64个节点。可以实现点对点、多主或主/从通信，可以带电更换网络节点，在线修改网络配置。

FX_{2N}-64DNET模块将FX_{2N}PLC作为从站连接到DeviceNet网络中，可以使用双绞线屏蔽电缆，最高传输速率可达500kbit/s，占用8个I/O点。

4. FX_{2N}-32ASI-M模块

AS-i（执行器/传感器接口）已被纳入IEC 62026标准，响应时间小于5ms，使用未屏蔽的双绞线，由总线提供电源。AS-i用两芯电缆连接现场传感器和执行器，当前世界上主要的传感器和执行器生产厂家、自动控制设备厂家都支持AS-i。

三菱的FX_{2N}-32ASI-M是AS-i网络的主站模块，最大通信距离100m，使用两个中继器可以扩展到300m。传输速率为167kbit/s，该模块最多可以连接31个从站，可以用于除FX_{1S}以外的FX系列PLC，占用8个I/O点。

9.5.3 串行通信接口模块

串行通信接口模块用于PLC之间的通信、PLC与计算机或其他带串口的设备如打印机、机器人控制器、调制解调器、扫描仪和条形码阅读器等之间的通信。

1. RS-232C通信功能扩展板与通信模块

RS-232C的传输距离为15m，最大传输速率为19200bit/s。FX系列PLC可以通过专用协议或无协议方式与各种RS-232C设备通信，可以连接外部编程工具或图形操作终端(GOT)。

RS-232C通信功能扩展板FX_{1N}-232-BD和FX_{2N}-232-BD的价格便宜，可以安装

在 FX 系列 PLC 的内部，通信双方没有光隔离。FX_{1N}-232-BD 和 FX_{2N}-232-BD 内置式扩展板可以连接到 FX_{1S}/FX_{1N}/FX_{2N}/FX_{3U} 的 PLC 基本单元上，并作为如下通信接口使用。

（1）与带有 RS-232 接口的计算机等外设进行专用协议的数据通信。

（2）连接带有 RS-232 编程器、触摸屏等标准外部设备。

在 FX 系列 PLC 中，每台 PLC 中只能安装一个 232BD 通信扩展板，且不可以与 RS-422-BD、RS-485-BD 同时使用。232BD 主要性能参数见表 9-21。

表 9-21　232BD 主要性能参数

项　目	性 能 参 数	项　目	性 能 参 数
接口标准	RS-232 标准	通信方式	半双工通信、全双工通信
最大传输距离	15m	通信协议	无协议通信、编程协议通信、专用协议通信
连接器	9 芯 D-SUB 型	接口电路	无隔离
模块指示	RXD、TXD 发光二极管指示	电源消耗	DC 5V/60mA，来自 PLC 基本单元

FX_{2N}-232IF 是 RS-232C 通信接口模块，有光隔离，可以用于 FX_{2N} 和 FX_{2N}C。通信中可以指定两个或更多的起始字符和结束字符，数据长度大于接收缓冲区的长度也可以连续接收。FX_{2N}-232ADP 是 RS-232C 适配器，可以用于各种 FX 系列 PLC。

FX_{2N}-232AWC 和 FX_{2N}-232AW 是带光隔离的 RS-232C 和 RS-422 转换接口，以便于计算机和其他外围设备连接到 FX 系列的编程器接口上。

2. FX_{1N}-422-BD/FX_{2N}-422-BD 通信用功能扩展板

FX_{1N}-422-BD/FX_{2N}-422-BD 用于 RS-422 通信，可以用作编程工具的连接端口，无光隔离，使用编程工具的通信协议。FX_{1N}-422-BD 和 FX_{2N}-422-BD 内置式扩展板可以连接到 FX_{1S}/FX_{1N}/FX_{2N}/FX_{3U} 的 PLC 基本单元上，作为编程器、触摸屏等 PLC 标准外部设备的扩展接口。

在 FX 系列 PLC 中，每台 PLC 中只能安装一个 422BD 通信扩展板，且只能连接一台编程器，也不可以与 RS-232-BD、RS-485-BD 同时使用。422BD 主要性能参数见表 9-22。

表 9-22　422BD 主要性能参数

项　目	性 能 参 数	项　目	性 能 参 数
接口标准	RS-422 标准	通信方式	半双工通信
最大传输距离	50m	通信协议	编程协议通信
连接器	8 芯 MINI-MIN 型	接口电路	无隔离
模块指示	无指示	电源消耗	DC 5V/60mA，来自 PLC 基本单元

3. RS-485 通信用适配器与通信用功能扩展板

FX_{1N}-485-BD/FX_{2N}-485-BD 是 RS-485 通信用的功能扩展板，前者为半双工、后者

为全双工。传输距离为50m，最大传输速率为19200bit/s，N：N网络可达38400bit/s。

FX_{1N}-485-BD和FX_{2N}-485-BD内置式扩展板可以连接到FX_{1S}/FX_{1N}/FX_{2N}/FX_{3U}的PLC基本单元上，并作为如下通信接口使用。

(1) 通过RS-485/RS-232接口转换器，可以与带RS-232接口的通用外部设备如计算机、打印机、条形码阅读器等进行无协议数据通信。

(2) 与外设进行专用协议的数据通信。

(3) 进行PLC与PLC的并行连接。

(4) 进行PLC的网络链接。

在FX系列PLC中，每台PLC中只能安装一个485BD通信扩展板，且只能连接一台编程器，也不可以与RS-232-BD、RS-422-BD同时使用。485BD主要性能参数见表9-23。

表9-23 **485BD主要性能参数**

项目	性能参数	项目	性能参数
接口标准	RS-422/485标准	通信方式	半双工通信、全双工通信
最大传输距离	50m	通信协议	专用协议通信
连接器	8芯MINI-MIN型	接口电路	无隔离
模块指示	SD、RD指示	电源消耗	DC 5V/60mA，来自PLC基本单元

FX_{1N}-485ADP是RS-485光隔离型通信适配器，最大传输速率为19200bit/s，N：N连接网络可达38400bit/s，传输距离为500m，可以用于各种FX系列PLC。

FX-485PC-IF是RS-232C和RS-485转换接口，有光隔离，用于计算机与FX系列PLC通信，一台计算机最多可以与16台PLC通信。

9.6 人机界面GOT

编程器用来生成用户程序，并对它进行编辑、检查和修改。某些编程器还可以将用户程序写入EPROM或EEPROM中，各种编程器还可以用来监视系统运行的情况。

1. 专用编程器

专用编程器由PLC生产厂家提供，他们只能用于某一生产厂家的某些PLC产品。现在的专用编程器一般都是手持式的LCD（液晶显示器）字符编程器，不能直接输入和编辑梯形图程序，只能输入和编辑指令表程序。

手持式编程器的体积小，使用方便，一般用电缆与PLC相连。其价格便宜，常用来给小型PLC编程，用于系统的现场调试和维修。

FX系列PLC的手持式编程器FX-10P-E和FX-20P-E的体积小、重量轻、价格便宜、功能强。它们采用液晶显示器，分别显示2行和4行字符。专用编程器用指令表生成和编辑用户程序，可以监视用户程序的运行情况。

2. 编程软件

专用编程器只能对某一PLC生产厂家的PLC产品编程，使用范围和使用寿命有限，价格也比较高，其发展趋势是在计算机上使用编程软件。笔记本电脑配上编程软件，很适于在现场调试程序。

这种方法的主要优点是可以使用通用的计算机，对于不同厂家和型号的 PLC 只需要更换编程软件即可。大多数 PLC 厂家都向用户提供免费使用的演示版编程软件，有的软件可以在互联网上下载。编程软件的功能比手持式编程器强得多。

下面介绍三菱电机的编程软件和模拟软件。

（1）FX－FCS/WIN－E/－C 和 SWOPC－FXGP/WIN－C 编程软件。它们是用于 FX 系列 PLC 的汉化软件，可以使用梯形图和指令表。占用的存储空间少，功能较强，在 Windows 操作系统中运行。

（2）GX 开发器。GX 开发器（GPPW）用于开发三菱电机所有的 PLC 的程序，可以用梯形图、指令表和顺序功能图编程。

（3）GX 模拟器。GX 模拟器（LLT）与 GPPW 配套使用，可以在个人计算机上模拟三菱 PLC 的运行，对用户程序进行监控和调试。

（4）GT 设计者与 FX－FCS/DU－WIN－E 屏幕生成软件。这两种软件用于 GT（图形终端）的画面设计，为 DU 系列显示模块生成画面，有位图图形库。

3. 显示模块

随着工厂自动化的发展，微型 PLC 的控制越来越复杂和高级，FX 系列 PLC 配备有种类繁多的显示模块和图形操作终端作为人机接口。

（1）微型显示模块 FX_{1N}－5DM。FX_{1N}－5DM 有 4 个键和带背光的 LED 显示器，直接安装在 FX_{1S} 和 FX_{1N} 上，无须接线。

（2）显示模块 FX－10DM－E。FX－10DM－E 可以安装在控制屏的面板上，用电缆与 PLC 相连，有 5 个键和带背光的 LED 显示器，显示两行数据，每行 16 个字符，用于各种型号 FX 系列 PLC。可以监视和修改 T、C 的当前值和设定值，监视和修改 D 的当前值。

4. GOT－900 图形操作终端

GOT－900 系列图形操作终端的电源电压为 DC 24V，用 RS－232C 或 RS－485 接口与 PLC 通信。有 50 个触摸键，可以设置 500 个画面。

930GOT 图形操作终端带有 4in 对角线的 LCD 显示器，可以显示 240×80 点或 5 行，每行 30 个字符，有 256KB 用户快闪存储器。

940GOT 图形操作终端有 5.7in 对角线的 8 色 LCD 显示器，可以显示 320×240 点或 15 行，每行 40 个字符，有 512KB 用户快闪存储器。

F940GOT－SBD－H－E 和 F940GOT－LBD－H－E 手持式图形操作终端有 8 色和黑白 LCD 显示器，适用于现场调试，其他性能和 940GOT 图形操作终端类似。

F940GOT－TWD－C 图形操作终端的 256 色 7in 对角线 LED 显示器，可以水平或垂直安装，屏幕可以分为 2～3 个部分，有一个 RS－422 接口和两个 RS－232C 接口。可以显示 480×234 点或 14 行，每行 60 个字符，有 1MB 用户快闪存储器。

练习与思考题

9－1　FX_{2N}－4AD 通道 1 的输出量程为 4～20mA，通道 2 的输入量程为－10～＋10V，

3和4通道要禁止。FX_{2N}-4AD模块的位置编号为1，平均值滤波的周期数为8，数据寄存器D20和D21用来存放通道1和通道2数字量输出的平均值，请设计模拟量输入的梯形图程序。

9-2 简述RS-232C和RS-485在通信中的异同。

9-3 什么是半双工通信方式？什么是全双工通信方式？

9-4 PLC网络通信类型有哪几种？

10 可编程控制器的应用

在掌握可编程控制器结构、原理和基本指令之后，就可结合工程实际进行可编程控制器系统的应用设计。本章主要介绍可编程控制器系统设计的一般方法、可编程控制器的选型、可编程控制器系统调试和可编程控制器系统的安装与维护。

10.1 PLC控制系统设计方法

10.1.1 PLC控制系统的类型

一般来说，PLC控制系统可以分成如下三种类型。

1. 单机控制系统

这种系统的被控对象通常是单一的机器或生产流水线，例如：注塑机、机床、简易生产流水线等，其控制器由单台PLC构成，如图10-1所示。虽然这类系统一般不需要与其他控制器或计算机进行通信，但是，设计者还是应考虑将来是否有通信联网的需要，如果有的话，则应选择具有通信功能的PLC。

2. 集中控制系统

这种系统的被控对象通常由数台机器或数条流水线构成，系统的控制器由单台PLC构成，如图10-2所示。每个被控对象与PLC的指定I/O接口相连接。由于采用一台PLC控制，因此，各被控对象之间的数据、状态的交换不需要另设专门的通信线路。但是，这种系统也有一个缺点，即一旦PLC出现故障，整个系统立即停止工作。因此，对大型的集中控制系统，可以采用冗余系统克服上述缺点。

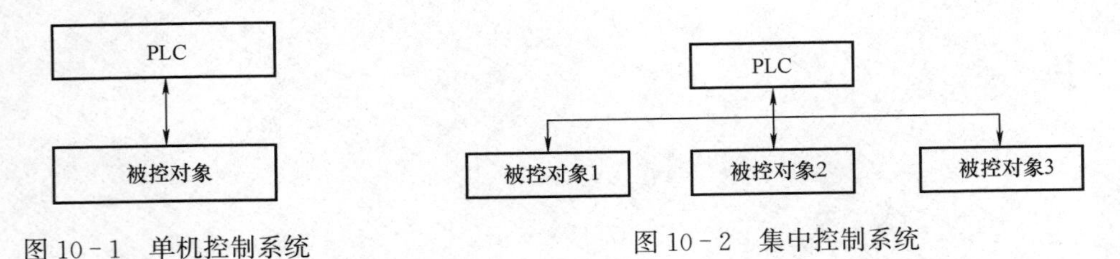

图10-1 单机控制系统

图10-2 集中控制系统

3. 分布式控制系统

这类系统的被控对象比较多，它们分布在一个较大的区域内，相互之间的距离较远，而且，各被控对象之间要求经常地交换数据和信息。这种系统的控制器采用若干个相互之间具有通信联网功能的PLC构成，系统的上位机可以采用PLC，也可以采用工业控制计算机，如图10-3所示。

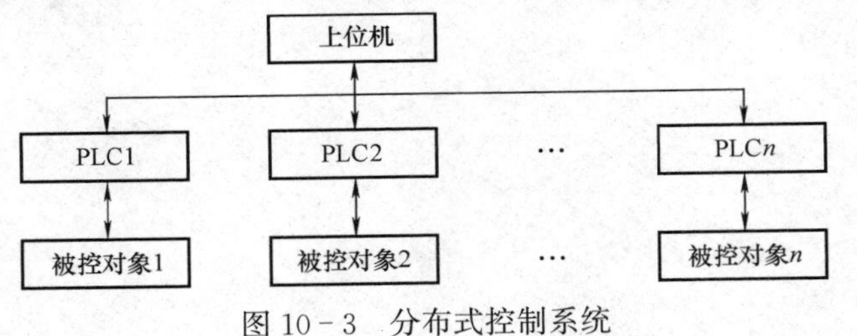

图10-3 分布式控制系统

10.1.2 系统的运行方式

用PLC构成的控制系统有自动、半自动和手动三种运行方式。

1. 自动运行方式

自动运行方式是PLC控制系统的主要运行方式。这种运行方式的主要特点是在系统工作过程中，系统按给定的程序自动完成对被控对象的控制，不需人工干预。

2. 半自动运行方式

这种运行方式的特点是系统在启动和运行过程中的某些步骤需要人工干预才能进行下去。半自动运行方式多用于检测手段不完善、需要人工判断或某些设备不具备自动控制，需人工干涉的场合。

3. 手动运行方式

手动运行方式不是PLC控制系统的主要运行方式，一般这种运行方式用在设备调试、系统调整等特殊情况下，是自动运行的辅助方式。

为了系统的可靠性和一些具体情况下的要求，有时还要考虑系统停止运行方式。PLC停止运行方式有正常停止、暂时停止和紧急停止三种。

10.1.3 PLC系统设计原则

PLC虽然是以计算机技术为核心的一种控制装置，但其工作方式与计算机控制系统有很大的不同，与传统的继电—接触器控制系统相比也有本质的区别。其主要区别是PLC采用的是扫描工作方式和“软继电器”元件，系统设计包括硬件设计与软件设计两个方面，设计时可采用硬件与软件并行开发的方法，这样可以加快整个系统的开发速度。系统设计的主要内容及原则如下：

1. 硬件设计

系统硬件设计的内容主要包括PLC的选型、输入/输出设备选择、控制柜的设计及各种图形的绘制等。系统硬件设计应遵循的原则有如下几方面。

(1) 充分发挥PLC的控制功能，最大限度地满足控制系统的要求。这是设计PLC控制系统的首要前提，也是设计中应当遵循的重要原则。要做到这一点，设计人员要多深入现场进行调研，收集必要的现场资料和国内外的相关资料。通过分析了解生产工艺或控制过程，并在借鉴现有控制技术的基础上，提出控制系统的优化方案，充分发挥PLC的控制功能，满足控制系统的要求。

(2) 力求控制系统经济实用、操作方便。在确保生产工艺控制要求的前提下，还要力求经济实用、操作方便。所选择的各类器件和设备，均应考虑其性价比，降低设计、使用、维护过程的成本，节省开支。并且，设计的控制系统还要注意结构合理、操作和使用方便。

(3) 保证控制系统安全可靠。设计中要采取多种保护措施，选取性能可靠的电器元件，以保证控制系统的安全可靠，力求将运行过程中的故障率降到最低。例如，应保证PLC控制系统在正常情况下能安全运行，而且在非正常情况下（如突然停电再上电、按钮按错、运转设备堵转等）控制系统也不应发生故障或损坏。

(4) 控制系统要具有可扩展性。由于技术的不断发展，对控制系统的要求也将不断提高，控制系统设计时要考虑到生产的发展和工艺的改进，在选用PLC、输入/输出模块、I/O点数和内存容量时，要留有适当的余量。

2. 软件设计

系统软件设计的任务就是编写出能满足生产控制要求的 PLC 用户应用程序，即绘制出梯形图、编制出指令语句表。软件设计应遵循的原则有如下两方面。

（1）逻辑关系简明，易读、易改。PLC 编程时所使用的每个接点、线圈对应的是存储器中的一个位，而存储器的位值是可以多次使用的。因此在编程过程中应注意满足逻辑功能，符合 PLC 的程序输入规则，使编出的程序简单易读、易改，一目了然的，不必过多地考虑节省接点。

（2）少占内存空间，减少扫描时间。编程时可借鉴经验及编程技巧，在保证程序功能的前提下尽量减少指令，以减少程序的扫描周期，提高 PLC 系统的控制精度和快速性。

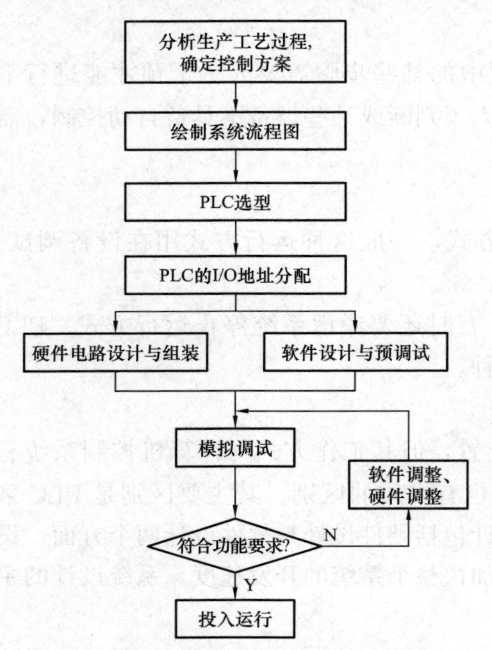

图 10－4　PLC 控制系统设计流程图

10.1.4　PLC 控制系统设计步骤

在 PLC 控制系统设计中，设计人员应根据工程实际要求进行调查研究，对各种方案进行充分论证，然后确定切实可行的控制方案。按照系统工程要求进行硬件和软件功能权衡和划分，分别进行硬件、软件设计。对设计好的硬件进行组装、连接，在进行通电、单独调试通过后，再与软件进行联调，发现问题及时修改完善，直到系统设计成功为止。

PLC 控制系统设计的一般方法和步骤的流程如图 10－4 所示。

10.1.5　PLC 控制系统设计的基本内容

1. 确定方案

目前，常见的控制系统主要有继电—接触器控制系统、计算机控制系统和 PLC 控制系统三种。继电—接触器控制系统主要用于开关量控制，且可靠性要求不太高的场合；计算机控制系统主要用于模拟量控制，且工作环境条件要求较高的场合；当被控对象的工作环境较差，对安全性、可靠性要求较高，且系统的工艺复杂，输入/输出量以开关量为主的场合可考虑选用 PLC 来实现。

应用 PLC 控制，首先要了解被控对象的生产工艺或工作过程，明确控制系统的功能要求，进而分析其控制工程、输入/输出量类型（模拟量或开关量），划分控制环节，搞清各控制环节的特点及控制环节之间的转换关系，绘制出控制系统流程图，完成控制方案的确定。

2. PLC 选型

选择 PLC 的机型是使用 PLC 的第一步。由于目前国内外生产 PLC 的厂家多，PLC 的品牌和系列也五花八门，因此从性能和参数不同的众多 PLC 中选择既能满足系统需要又不使过多的资源闲置是 PLC 选型时首要考虑的问题。

一般情况下，常见系列 PLC 的可靠性均能满足控制系统的需要。PLC 机型的选择主要考虑功能上是否能满足实际系统的需要，另外 PLC 本身资源要留有适当的裕量，既不能使资源浪费，又不能使资源短缺。设计时首先要明确被控系统控制量的相关内容，如：开关量输入/输出个数、电压类型（交、直流）、电压等级、输出功率；模拟量输入/输出个数；系统的相应速度、控制距离等。

3. 选择输入/输出设备

根据生产现场需要，确定控制按钮、行程开关、接近开关等输入设备和接触器、电磁阀、信号灯、报警器等输出设备的型号。结合所选 PLC 机型，列出输入/输出设备与 PLC 的 I/O 接口地址对照表，以便绘制控制系统的接线图及编写应用程序。为便于系统接线和检修，在分配 I/O 接口地址时应注意以下几点。

（1）将按钮、限位开关等分别集中分配，按输入/输出设备类型顺序分配接口地址。

（2）每一个输入信号占用一个输入地址，每一个输出地址驱动一个外部控制设备。

（3）同一类型的输入点尽量安排在同一个区间内，同一类型的外部设备的输出接口也应集中排列。

（4）彼此相关的输入/输出器件（如启动、停止按钮；电动机正、反转控制接触器等），接口地址应连续排列。

4. 系统硬件设计

硬件设计应遵循以下原则。

（1）绘制被控对象的主电路图及系统的控制电路图。

（2）绘制 PLC 输入/输出接线端子图。为安全可靠起见，在 PLC 控制系统中，若输出设备为感性负载时，对交流电路应加阻容吸收电路，对直流电路要加续流二极管。

（3）绘制 PLC 及输入/输出设备供电系统图。输入电路一般由 PLC 内部提供电源，输出电路需要根据外部负载额定电压外接电源。对 PLC 的电源进线应设置紧急停止主控继电器；对电网电压波动大或附近有较大的电磁干扰源的，需要在电源与 PLC 之间加设隔离变压器或电源滤波器。对于输入信号，如有高频干扰信号要进行适当处理后再与输入端子连接。

（4）设计控制柜结构及绘制柜内电器位置图。

5. 软件设计与调试

在明确控制任务、绘制出电路图之后，就可应用指令进行软件设计了。在编写程序时，除了要注意程序正确、运行可靠之外，还要考虑程序简捷、省时、便于阅读和修改。编好一个程序块后就要进行模拟调试，在完成整个系统软件设计后，还要进行整体调试，以便发现问题，及时修改、完善。

6. 组装及统调

首先检查外部各器件的状态和电路接线，并将 PLC 接入系统中。再将别写好的程序送入 PLC 主机的内存中，然后进行模拟调试。检查系统是否能满足控制要求，如果不能满足要求，则需要分析判断问题所在，对硬件或软件作相应调整，以达到系统的整体要求。

10.1.6 PLC 控制系统设计技巧

1. 控制系统 I/O 点数的估算

I/O 点数是衡量 PLC 规模大小的主要指标，也是选择 PLC 的重要依据，只有正确估算出系统所需的 I/O 点数，才能正确选择 PLC。通常，选择相应规模的 PLC 应留有 15%～20%的裕量。

控制系统 I/O 点数是根据系统所用的输入/输出设备进行估算的，不同的输入、输出设备其需要的 I/O 点的类型是不同的。有的只需输入点，有的只需要输出点，还有的需要输入/输出点。另外，不同的输入/输出设备，所需的I/O点数也不相同。有的需要1个点，有的需要多个点。因此，要根据实际输入/输出设备统计或估算出控制系统的I/O点数，得出确切的输入点数和输出点数。

2. 内存容量的估算

用户控制程序所需内存容量受内存利用率、开关量输入/输出点数、模拟量输入/输出点数、用户程序编写质量等因素影响。PLC的内存容量通常可根据应用程序的大小，并留有15%左右的裕量来确定。用户编写的控制程序送入PLC主机后，以机器语言的形式存放在内存中。一个程序段中接点数与存放该程序段的机器语言所需的内存字数比值称为内存利用率。同一个程序，不同系列的PLC所需要的内存数是不同的。内存利用率越高的PLC，所需要的内存容量越少，程序执行的时间也越短。

（1）开关量I/O点数所占的内存容量。PLC开关量I/O点数是计算内存容量的主要依据，一般PLC的开关量输入/输出点数的比值为6/4，在已知PLC的开关量输入/输出总点数n_1时，其所需的内存容量M_1可按式（10-1）估算。

$$M_1 = (10 \sim 15)n_1 \tag{10-1}$$

（2）模拟量I/O点数所占的内存容量。具有模拟量控制要求的系统要用到数据的传送和运算的功能指令，这些指令内存利用率较低，因此所占用的内存较多。

当仅有模拟输入量时，所需的内存容量M_2可按式（10-2）估算

$$M_2 = (100 \sim 200)n_2 \tag{10-2}$$

式中，M_2为模拟量I/O点数所占的内存容量；n_2为模拟输入量的总点数。

当模拟量输入、输出同时存在时，所需的内存容量M_3可按式（10-3）估算。

$$M_3 = (200 \sim 250)n_3 \tag{10-3}$$

式中，M_3为模拟量I/O总点数所占的内存容量；n_3为模拟量输入、输出的总点数。

（3）程序编写的质量。设计人员别写程序的思路表现为程序质量的优劣，这对程序的长短和所占内存容量有重要影响，程序编写质量所增加的内存容量可按总容量的30%考虑。

所以，PLC内存容量为上述各内存容量总和。

3. 扫描周期及响应时间

在设计控制系统时，必须考虑扫描周期及响应时间这两个重要参数。

由PLC的工作特点可知，输入信号的持续时间必须大于PLC的一个扫描周期才能使PLC可靠地接收。

响应时间是指从输入信号产生时刻到由此引起输出信号状态变化的时间间隔。系统响应时间由输入滤波时间、输出滤波时间和扫描周期来决定，它直接影响控制系统的快速性。对于实时性要求较高的系统必须尽量缩短响应时间，以提高系统对输入的反应能力和反应速度。

4. PLC结构的合理性

在对PLC选型时，还要考虑PLC结构的合理性。一般情况下，单机控制系统规模较小，不涉及PLC之间的通信问题，但要求功能较全面，此时，选择箱体式结构的PLC比较合适。在选择PLC系列时，还应考虑输入量、输出量的类型。如果只有开关量控制，三菱F1、FX、西门子S7-200等系列均可满足要求。模块式结构的PLC配置灵活，易于功能的扩展，适用于中、大型系统的控制。

5. 输入/输出模块的选择

输入模块的主要任务是将输入信号转换为合适的电平信号。根据输入信号的类型不同，输入模块分为直流 5、12、24、48V 等和交流 115、220V 等形式。一般情况下，信号传输距离在 10m 以内的可选择直流 5V 的输入模块；信号传输距离在 10～30m 可选用直流 12V 或 24V 的输入模块；48V 以上的适用于信号传输距离更远的情况。

输出模块的任务是将 PLC 内部信号转换为外部的控制信号，输出模块的输出方式有继电器输出、晶体管输出、晶闸管输出三种，可根据实际需要选取。对开关频繁、功率因数低的电感性负载可选用晶闸管输出方式，其缺点是价格高、过载能力差。继电器输出方式适用于电压范围宽，导通压降小的负载，且价格便宜、带载能力强，其缺点是寿命短，响应速度慢。晶体管输出方式比较适合开关频繁、功率因数低、导通压降小的负载，且价格较低，缺点是过载能力差。

6. 程序设计方法

在完成系统控制流程图和 PLC 的 I/O 地址分配之后，即可着手进行程序的设计工作。程序设计方法通常有逻辑设计法、流程图设计法及经验法。

(1) 逻辑设计法。逻辑法是以布尔代数为基础，根据生产工艺过程中各检测元件的不同状态，列出检测元件的状态表，确定所需要的中间记忆元件，再列出各执行元件的动作节拍表。由上述状态表和节拍表写出以检测元件、中间记忆元件为输入变量，以执行元件为输出的逻辑表达式，最后将逻辑表达式转换成梯形图。这种方法是继电—接触器控制系统常用的设计方法，所设计的梯形图简单，占用元件及内存容量少。

(2) 流程图设计法。流程图设计法是以“步”为核心，根据控制流程图，从第一步开始连续设计下去，直至完成这个程序设计为止。这种方法的关键是编写出工艺流程图。首先，将被控对象的工作过程分为若干步，每一步在图中用方框表示。方框之间用带箭头的直线相连，箭头方向表示步进方向。然后，根据工艺或生产过程，将步进的转换条件在直线的左边表示出来，并在方框的右边给出要做的动作。这种工艺流程图，集合了控制工程的全部信息，为编制程序提供了依据。

(3) 经验设计法。经验设计法是一种类似于继电—接触器控制原理图的设计方法，即将继电—接触器原理图中的符号用 PLC 的编程器件或功能器件表示，并将控制器件的对应关系用梯形图表示。用这种方法设计程序的步骤为：①熟悉继电—接触器控制线路原理图；②根据继电—接触器控制线路图画出梯形图，并写出指令表；③用编程器将程序送入存储器；④程序调试及运行。

目前普遍采用的是流程图设计法，局部也可采用逻辑设计法和经验法。将几种方法结合起来可使程序设计更简单方便。

7. 减少 PLC I/O 接点的方法

PLC 的指令很多，用户可利用不同的指令来实现同样的功能，但是可能占用的 I/O 点数不同。对选定的 PLC 来讲，其 I/O 点数是有限的，为了节省 PLC 有限的 I/O 点数，应尽量用较少的 I/O 点数实现较复杂的控制功能，同时还应兼顾程序的易读性、易改性和可移植性，应从以下几个方面入手达到节省 I/O 点的目的。

(1) 分组法。一般控制系统具有多种工作方式，但是各种工作方式的程序不同时执行。因此，可将系统的输入/输出信号按其对应的工作方式不同分成若干组，PLC 运行时只会用到其中的一组信号，各组输入/输出信号可共用PLC的I/O点，这样就可使实际的I/O点数减少。

例如图10-5中，系统有自动和手动两种工作方式，其中S1～S4为自动工作方式的输入信号，Q1～Q4为手动工作方式的输入信号。两组输入信号共用PLC的输入点X0～X3，即S1与Q1共用输入点X0，S2与Q2共用输入点X1，……通过开关SA来实现手动、自动工作方式的切换，PLC通过X4的状态识别出手动、自动工作方式，从而执行相应的控制程序。图中二极管的作用是为了防止寄生回路，避免产生错误输入信号。同样，也可采用分组输出来实现节省输出点。

（2）矩阵法。将多个I/O点分成行和列，组成矩阵形式也可节省I/O点。例如，图10-6为矩阵法输出原理图。如果采用一对一的输出方式，用Y0、Y1、Y2和Y10、Y11、Y12六个输出点只能控制6个继电器。而采用矩阵法，即将Y0、Y1、Y2作为行，将Y10、Y11、Y12作为列，通过软件控制，假定先让Y10接通，再分别让Y0、Y1、Y2接通则可控制继电器K1、K2、K3；让Y11接通，再分别让Y0、Y1、Y2接通则可控制继电器K4、K5、K6；同理，让Y12接通，再分别让Y0、Y1、Y2接通则可控制继电器K7、K8、K9。这样总共可实现对9个继电器的控制。另外，为使被控负载正常工作，还应在COM0、COM1之间外加电源；对直流负载，为避免发生寄生回路，使继电器正常工作，还应在每一个继电器回路中串入二极管。

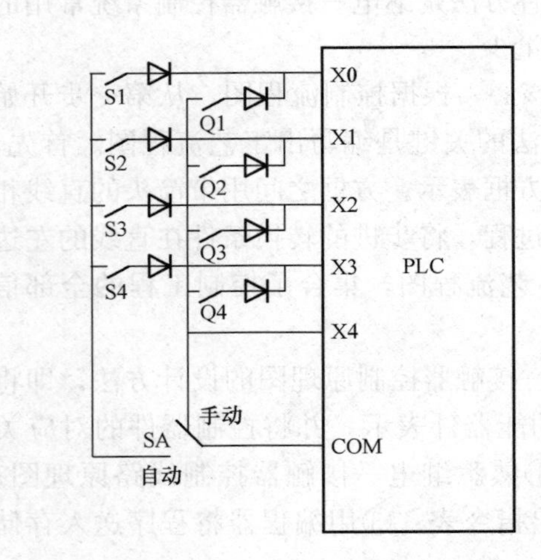

图10-5　分组法输入

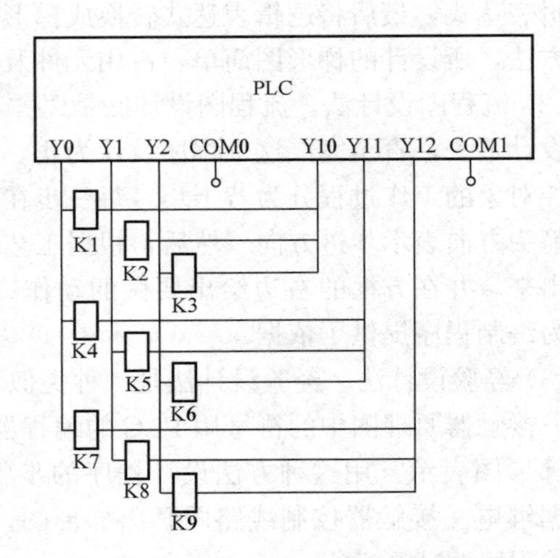

图10-6　矩阵法输出原理图

（3）软件法。通过软件编程也可节省I/O接点，最常用方法有以下两种：

1）灵活运用“SET”（置位）指令、“RST”（清零）指令、“OUT”（输出）指令。在PLC的使用中，一般禁止同一个输出点重复使用“OUT”指令，而对同一个输出线圈可多次用置位指令和清零指令。因此，可用置位指令和清零指令来替代输出指令，达到既能满足控制要求又可少用输出点数的目的。

2）使用高级专用指令或字操作指令。在PLC程序设计中，充分利用高级专用指令，可以使程序更加简单明了。例如，如果需要输出继电器Y0、Y3、Y5、Y7闭合，其余断开，可用一条字传送指令将数据0A9H直接送入K2Y0即可。

10.2 PLC 选 型

PLC 机型的选择，是 PLC 硬件设计的主要环节。PLC 选型时，既要从硬件考虑，同时也要兼顾到软件设计的需要。PLC 一般从以下几方面进行选型。

10.2.1 PLC 结构的选择

PLC 按结构分为整体式和模块式两大类。整体式每一 I/O 点的平均价格比模块式的便宜，且体积相对较小，一般用于中小型控制系统系统。模块式 PLC 的功能扩展方便灵活，I/O 点数的多少、输入点数与输出点数的比例、I/O 模块的种类和数量的选择，比整体式 PLC 要灵活。模块式 PLC 还有多种特殊功能 I/O 模块供用户选用，可完成各种特殊控制任务。在判断故障范围和维修时更换模块也很方便。因此在一些较复杂、要求较高的系统一般采用模块式 PLC。

10.2.2 CPU 功能及其运行速度的选择

1. CPU 功能

对于 CPU 的功能主要从它的逻辑-时序功能、运算功能和高速计数功能等几个方面考虑。

2. CPU 运行速度

CPU 的运行速度用每条用户程序指令的执行时间来衡量。对一般简单、速度不高的控制过程，几乎所有 PLC 都能胜任。但对于实时性要求很高的工业控制系统，根据用户控制程序的大小，应考虑 CPU 的运行速度。

10.2.3 PLC 指令功能的选择

现代 PLC 的指令功能越来越强，内部编程元件（如辅助继电器、定时器、计数器和特殊功能继电器）的个数和种类越来越多，任何一种可编程控制器都可满足顺序控制系统的要求。

如果系统要求完成模拟量与数字量的转换、PID 闭环控制、运动控制等，PLC 应具有算术运算、数据传送等指令功能，有时甚至要求有开平方、对数运算和浮点数运算等指令。

10.2.4 PLC I/O 点数和接口种类的确定

1. PLC I/O 点数

PLC 平均的 I/O 点数的价格还比较高，因此应合理选用 PLC 的 I/O 点数。根据对控制设备的分析，列出要与 PLC 相连的全部输入、输出装置，以及所需电压、电流的大小和种类，分别列表，确定全部实际 I/O 点数，再加上 10%～20%的点数的设计裕量，从而最终确定 PLC 控制系统需要的总 I/O 点数。

2. PLC 的 I/O 接口种类

输入接口选择时应从以下几个方面考虑：开关量输入接口主要有直流输入、交流输入和交/直流输入三种类型，选择时要考虑现场输入信号和周围环境等因素。直流输入模块的延迟时间短，还可以直接与接近开关、光电开关等电子输入设备相连；交流输入模块的可靠性好，适合在有油雾、粉尘等的恶劣环境下使用。

3. 输入接线方式

开关量输入接口主要有汇接式和分组式两种接线方式。汇接式是所有的输入接点共用一个公共端（COM）；而分组式是将输入接点分成若干组，每一组（几个输入点）有一个公共端（COM），各组之间是隔离的。分组式的开关量模块价格较汇点式高，如果输入信号之间不需要隔离，一般选用汇点式。

4. 输出接口

开关量输出模块是将PLC内部低电压信号转换成驱动外部输出设备的开关量信号，并实现PLC内部与外部信号的电气隔离。

输出方式：开关量输出模块有继电器输出、晶体管输出和晶闸管输出三种方式。继电器输出价格便宜。既可驱动交流负载，又可驱动直流负载，而且适用的电压范围较宽、导通压降小，同时承受瞬时过电压和过流的能力强，但属于有触点元件，动作速度较慢、寿命较短、可靠性较差，只能适用于不频繁通断的场合。

10.2.5　对内存容量和存储器种类的选择

通常PLC的程序存储器容量以字或步为单位，例如1K步、4K步等。程序的"步"，是由一个字构成的，即每步程序占一个存储单元。

一般说来，系统功能要求越复杂，I/O点数越多，内存容量就越大。对于有数据处理、模拟量输入/输出的系统，所需的存储器容量要大得多。

存储器目前常用的有RAM和EEPROM。RAM价格低，存取改写方便，但必须用价格较高的锂电池来维持所存程序。

10.2.6　通信联网功能的选择

首先应了解系统对PLC通信功能的要求，如需要与哪些设备通信、相互间的距离、传输信息的速率、是否要组成通信网络等。

如果只要求在两台距离很近的设备之间通信，如PLC与计算机之间的通信，可选用有RS-232C串行通信接口的PLC。RS-232C的最大通信距离为15m，其传输率为20kbit/s，只能一对一地通信。

如果要求在多台设备之间通信，可选用RS-422和RS-485串行通信接口。使用RS-422时，一台驱动器可以连接10台接收器。RS-485可用双绞线实现多站连接，构成分布式系统，系统内最多可有32个站。

如果系统要求有很强的通信功能，如分层多级网络，可选用有响应功能的大中型PLC。

除了上述的主要方面外，根据工程实际要求，还要考虑一些其他因素，这些因素包括如下几方面。

(1) 性能价格比。性能较高的机型价格一般比较高，选择PLC型号时不应盲目追求过高的性能指标，要根据工程的投资状况来确定机型，所选机型能够满足工程需要即可。

(2) 备品、备件的考虑。选择机型时，一定要考虑该种机型的备品、备件，一些易损件和附加件的供应是否充足，同时还要考虑它们的来源，以及是否方便得到。

(3) 技术支持。选择机型时还要考虑是否有可靠的技术支持。这些技术支持包括技术培训、设计指导、系统维修、售后服务等。

10.2.7　智能I/O模块的选择

随着PLC的发展和广泛应用，它能够承担越来越复杂的控制任务，这同与之配套的智能I/O模块的使用是密不可分的。智能I/O模块不同于一般开关量I/O模块，它自身带有微处理芯片、系统程序、存储器等。智能I/O模块通过系统总线同PLC控制模块单元相连，并在PLC控制模块单元的协调管理下独立工作，提高了处理速度，便于应用，大大增强了PLC控制系统的控制和处理能力。一般根据系统的要求可供选择的智能I/O模块有：通信处理模块、A/D模块、D/A模块、高速计数模块、带有PID调节的模拟量控制模块、中断控制模块、位置控制模块、阀门控制模块、变频器控制模块等。

10.3 PLC控制系统调试

10.3.1 PLC控制系统调试方法

PLC控制系统调试分为I/O端子测试和系统调试两种。

1. I/O端子测试

(1) 输入端子的测试：可用手动开关暂时替代系统的现场输入信号，以手动方式逐一对PLC输入端子进行检查、验证，具体接线方法如图10-7所示。当按钮SB闭合时，对应输入端子指示灯亮，则说明该输入端子正常；如果输入端子指示灯不亮，应检查接线是否正确、可靠，如果接线无问题，则说明端子指示灯故障或输入端子回路不正常。

(2) 输出端子测试：可用输出指令编写一个简单的小程序，分别让每一个输出线圈带电，观察对应输出端子的指示灯，如果对应输出端子指示灯亮则说明该输出端子正常；若对应的输出端子指示灯不亮则说明该输出端子有问题。

2. 系统调试

首先根据控制系统要求将电源、外部电路与输入/输出端子连接好，然后将控制程序送入可编程控制器中，并使PLC处于运行状态，然后即可对整个控制系统进行调试，具体系统调试流程如图10-8所示。

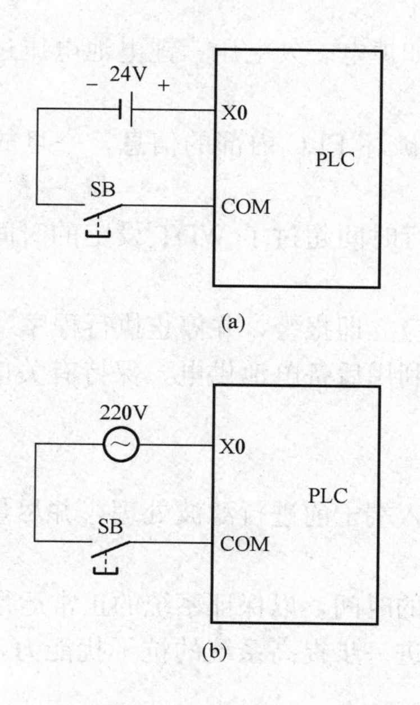

图10-7 PLC输入端子测试

(a) 直流输入系列PLC；(b) 交流输入系列PLC

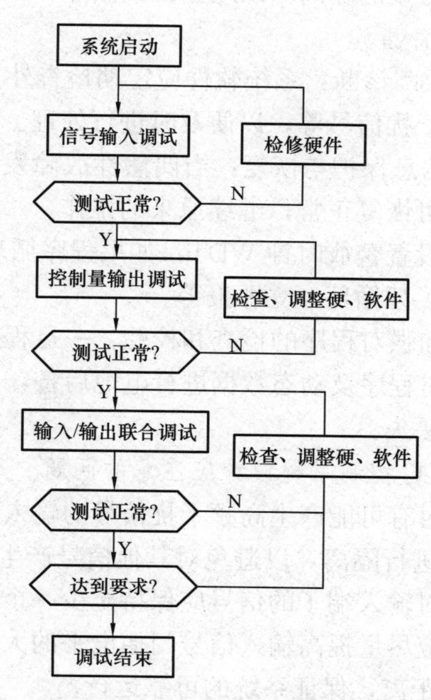

图10-8 系统调试流程图

（1）现场信号和控制量单独测试。对一个系统来说，现场输入信号和控制输出信号一般不是一个，但可以人为地使各现场输入信号或输出控制量逐个满足要求。当一个现场输入信号或输出控制量满足要求时，观察PLC输出端和相应的外部设备运行情况是否符合系统要求。如果不符合系统要求，可以首先检查外部接线是否正确，当接线无误时再检查程序，并对程序进行修改，直到对每一个现场信号和控制量单独作用均满足要求为止。

（2）对现场信号和控制量进行联合调试。人为地使输入信号和控制量同时满足要求，观察PLC输出端和外部设备的运行情况是否满足系统的控制要求。如果出现不正常现象，则可判定为是控制程序的问题，应对控制程序仔细检查并加以修改、完善，直到满足系统要求为止。

10.3.2 提高PLC控制系统的可靠性

PLC控制系统应有较高的可靠性，为提高PLC本身的可靠性和抗干扰能力，在PLC控制系统设计和安装过程中，对其硬件和软件均应采取相应措施。

1. 硬件措施

（1）屏蔽：对电源变压器、中央处理器、编程器等主要部件，应采用导电、导磁性良好的材料进行屏蔽处理，以防止外界干扰信号的影响。

（2）滤波：对供电系统及输入线路应采用多种形式的滤波电路，以消除和抑制高频信号的干扰，并削弱各模块之间的相互影响。

（3）电源调整与保护：对微处理器核心部件所需要的＋5V电源应采用多级滤波处理，并用集成电压调整器进行调整，以适应交流电网的波动和过电压、欠电压的影响。

（4）隔离：在微处理器与I/O接口电路之间，应采用光电隔离措施，对I/O之间的电流联系进行有效的隔离，以减少出现故障和误动作的可能性。

2. 软件措施

（1）故障诊断：系统软件应定期检查外界环境，如掉电、欠电压、锂电池电压过低及是否存在强干扰信号等，以便及时进行处理。

（2）信息保护与恢复：当偶然性故障发生时，不破坏PLC内部的信息，一旦故障现象消失，就可恢复正常，继续原来的工作。

（3）设置警戒时钟WDT：如果程序循环扫描执行时间超过了WDT设定的时间，预示程序进入了死循环，立即报警。

（4）加强对程序的检查和校验：一旦程序出错，应立即报警，并停止执行程序。

（5）对程序及动态数据进行电池后备：当停电时利用后备电池供电，保持有关信息和状态数据不丢失。

3. PLC控制系统设计应注意的问题

（1）对有可能产生高频干扰信号的输入，应在输入端子前进行滤波处理，并尽量与其他输入信号进行隔离，以避免对其他信号产生影响。

（2）对输入端子的信号应保持至少一个扫描周期的时间，以保证系统的正常运行。

（3）应尽量提高输入信号门槛电平的大小，以便进一步提高系统的抗干扰能力，加大信号的传输距离，保证系统的可靠运行。

（4）要合理布置电源线，强电与弱点要严格分开，且弱电电源线要尽量加粗，接地线最好单独处理，特别是“数字地”与“模拟地”要分开处理。

（5）要充分利用 PLC 本身提供的监控功能，随时了解系统的运行状态。

10.4 PLC 控制系统的安装与维护

本节介绍 PLC 控制系统的安装、维护及故障诊断方法。

10.4.1 PLC 控制系统的安装

安装 PLC 控制系统时应注意其周围环境。PLC 有规定的工作环境要求，如环境温度和湿度等，其周围应无易燃或腐蚀性气体、无过多的粉尘和金属屑、不应有过度的振动和冲击，尽量避免日光直射等。由于各系列 PLC 产品的一般规定及 I/O 端子分布形式是不同的，所以在安装之前一定要仔细阅读使用说明书。硬件安装时应注意如下几个方面。

1. PLC 的电源接线和地线接线

PLC 的工作电源电压有 220V/240V 单相交流、100V/110V 单相交流和 DC 24V 直流三种。在 PLC 面板上有三种对应的电源接线端子和一个零线接线端子。实际接线时只能选择其中的一种电源接入对应的电源端子。当使用 220V 单相交流电源时，应将相线接入 PLC 的 200V/220V 端子，中性线接入 PLC 的中性线端子（注意不可接入 PLC 的地线端子）。

一般情况下，地线可以不接。为避免电流冲击，PLC 的接地端子在需要时应可靠接地，接地线的截面积应大于 $2mm^2$，且应保证接地电阻小于 100Ω。PLC 应专门接地，或和其他设备公共接地，但绝不能使 PLC 经其他设备串联接地。

2. PLC 输入端子的接线

常见的 PLC 输入端子接线如图 10-9 所示。PLC 的输入端子一般与开关器件连接，如按钮、行程开关、限位开关、光电开关、接近开关、继电器和接触器的辅助触点、集电极开路的 NPN 型晶体管，也可与 A/D 转换模块等相连。各开关器件的一端接 PLC 输入端子，当 PLC 有内置电源时，另一端与 PLC 的 COM 端相连；当 PLC 无内置电源时，另一端应先串联一个直流电源后再与 PLC 的 COM 端相连。串联接入 PLC 的各开关器件对 PLC 都相当于一个开关，当这一开关接通时，PLC 的内置式直流电源通过输入器件向 PLC 输入端提供约 7mA/点的电流，作为 PLC 特定的输入控制信号。对于需要电源的传感器，可使用 PLC 上提供的 DC 24V 电源。输入接线时应注意：输入线应远离输出线、高压线及用电设备，且不可将输入的 COM 端与输出的 COM 端连在一起。

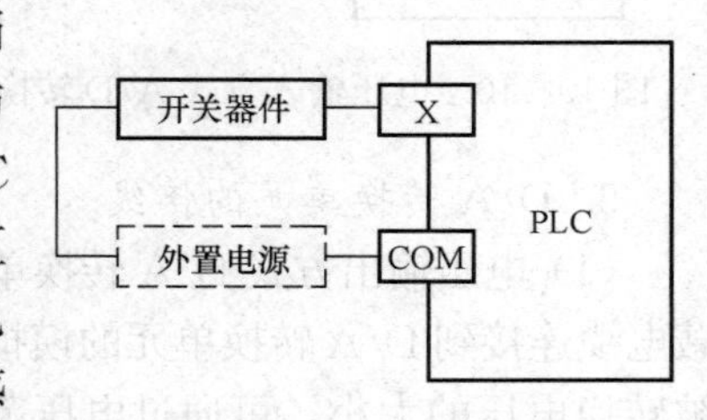

图 10-9 PLC 输入端子接线

3. PLC 输出端子的接线

PLC 的输出端子内部与 PLC 内部的继电器、晶体管或晶闸管的输出电路相连，相当于一个开关，由控制程序决定其通断状态，外部与交、直流电源和负载（如指示灯、电铃、电磁阀、接触器线圈、继电器线圈、驱动电路等）直接串联组成回路。输出端接线时应注意以下几点。

（1）当几个外部设备连到一个电源上时，应使用短接片将其输出端子对应的公共端子短接。输出端可以使用不同的电压，这时其对应的公共端子应分别接入不同的电压源。

（2）交流输出线与直流输出线不能使用同一根电缆。输出线应远离高压线和动力线，且最好不要并行。

（3）输出回路中应串接熔断器，用于保护 PLC 的输出元件。流入输出端子的最大电流不应超过 PLC 的允许值，否则应外接继电器或接触器。

（4）感性负载具有储能的作用，当它断开时，会产生高于电源电压数倍甚至数十倍的感应电动势；当它闭合时，会因触点的抖动而产生电弧，对系统产生干扰。为保护 PLC 的输出接口电路不被损坏，对直流电路，应在电感线圈两端并联续流二极管，且续流二极管的额定电流应大于负载电流；对交流电路，应在电感线圈两端并联阻容电路。

（5）应采取抑制噪声干扰措施，对交流噪声，可在负载线圈两端并联浪涌吸收电路（即 RC 电路）；对直流噪声，可在负载线圈两端并联反接二极管。

4. A/D 转换单元的接线

（1）电压输入方式 A/D 转换单元的接线可参见图 10－10。将输入设备通过两股双绞线屏蔽电缆连接到 A/D 转换单元的模拟电压输入端上，屏蔽线接框架接地端或直接接地。根据被转换电压的大小，可通过电压范围选择端选择合适的输入电压范围。

（2）电流输入方式 A/D 转换单元的接线如图 10－11 所示。首先将模拟电压输入端与电流输入端连在一起，然后将输入电流信号接入。在电流方式下，一般应将电压范围选择端开路，同时模拟输入信号远离高压线。

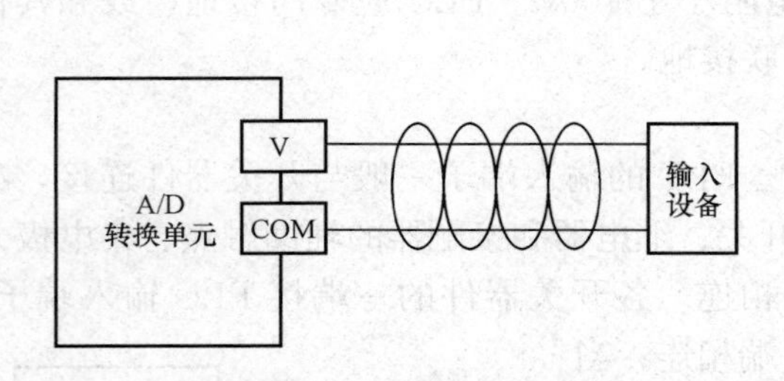

图 10－10 电压输入方式 A/D 转换单元的接线

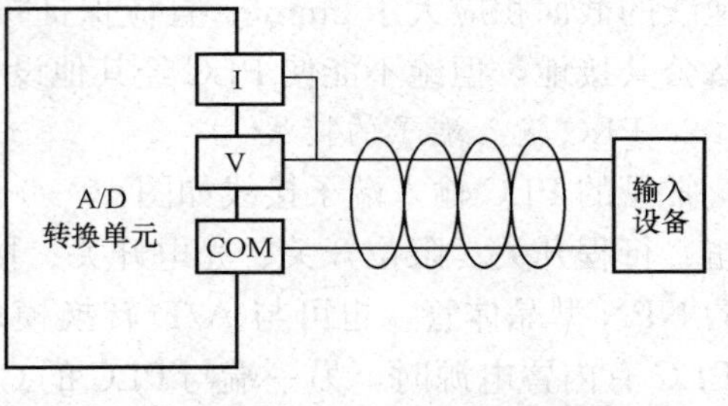

图 10－11 电流输入方式 A/D 转换单元的接线

5. D/A 转换单元的接线

（1）电压输出方式 D/A 转换单元的接线如图 10－12 所示。将负载设备通过两股双绞线屏蔽电缆连接到 D/A 转换单元的模拟电压输出端上，屏蔽线接到框架接地端或直接接地。根据被转换电压的大小，可通过电压范围选择端 RAN 选择合适的输出电压范围（5V 或 10V）。

（2）电流输出方式 D/A 转换单元的接线如图 10－13 所示。将负载设备通过屏蔽线直接连接到模拟电流输出端 I_+ 和 I_- 即可。

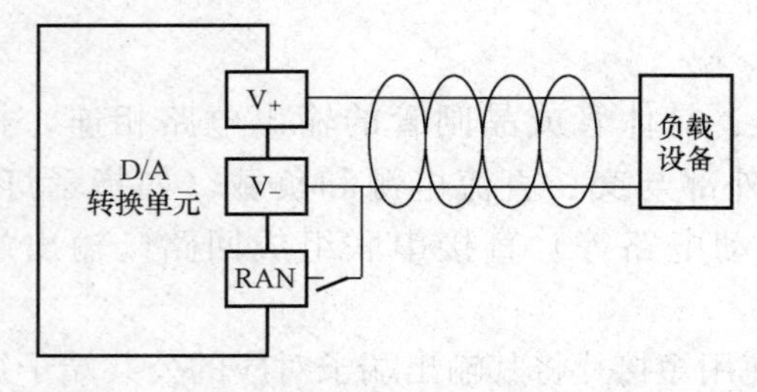

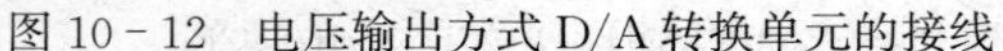

图 10－12 电压输出方式 D/A 转换单元的接线

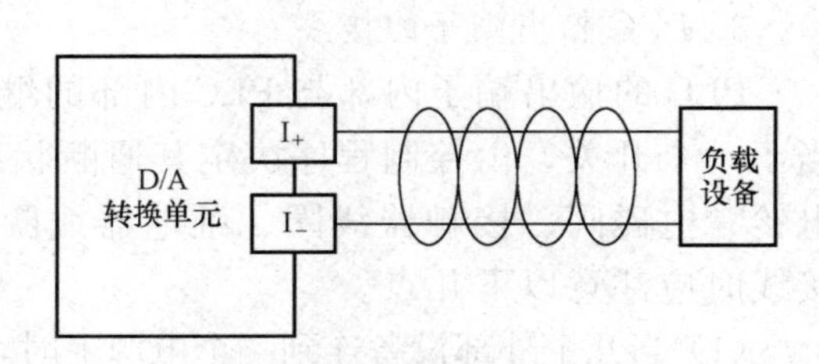

图 10－13 电流输出方式 D/A 转换单元的接线

10.4.2 PLC控制系统的维护

PLC控制系统的维护内容主要有检查电源电压、周围环境温度和湿度、I/O端子的工作电压是否正常，备用电池是否需要更换等。主要维护内容和检查要点见表10-1，详细内容参考有关说明书。

表10-1 PLC控制系统的维护内容和检查要点

项目	检查要点	注意
电源电压	测量PLC端子处的电压以检查电源情况	PLC交流和直流电压的允许值
环境检查	环境温度、湿度、污染物和粉尘大小	环境温度和湿度的允许范围
I/O电源电压	测量输入/输出端子上的工作电压	工作电压的范围
安装情况	各单元安装是否牢固、接线端子是否完好	
备用电池	外部是否有异常、工作电压是否正常	电池电压的范围

PLC中锂电池是备用电池，用于保护存放在随机存储器中的程序以及继电器的内容。备用锂电池的寿命约为5年，当锂电池的电压逐渐降低到一定程度时，基本单元上电池电压失效警示灯亮，提示用户锂电池最多还能维持一周的时间，注意及时更换。为防止更换电池时丢失信息，应注意以下两点：①在断开PLC的电源之前，应先使PLC通电并保持10s以上，这样可使作为存储器备用电源的电容器充电，在锂电池断开后，电容器可替代锂电池进行短暂供电，以免丢失信息；②更换电池的时间尽量要短，最好不超过3min。

10.4.3 PLC控制系统的故障诊断

PLC控制系统本身具有很强的自诊断能力，当系统出现故障时，对应的指示二极管亮（或暗），可利用PLC自身的自检功能直接查找出故障原因并加以排除。

1. 根据指示灯发现故障

应经常观察PLC的指示灯状态，这些指示灯具有特定的含义，有的是用来表示正常状态的，有的则是用来表示故障状态的，可利用这些指示灯状态发现并排除故障。

(1) 电源指示灯：电源正常时灯亮。

(2) 运行指示灯：PLC正常运行时灯亮。

(3) 警示指示灯：锂电池电压不正常、程序扫描时间过长等状态时灯亮。

(4) 出错指示灯：PLC自诊断发现错误时灯亮。

(5) 输入端子指示灯：PLC的输入为ON状态时灯亮。

(6) 输出端子指示灯：PLC的输出为ON状态时灯亮。

2. 常见故障的排查

(1) 电源故障：测量电源电压、检查连线等。

(2) CPU故障：将操作方式置于PROGRAM（编程）方式，检查程序是否太长。

(3) 存储器故障：检查EPROM安装是否有误。

(4) I/O扩展模块故障：检查基本单元与I/O模块之间的连线；检查连接电缆、I/O模块、I/O模块的插接部件；检查I/O模块上左/右选择开关。

（5）电池故障：检查电池安装是否正确、电压是否过低。

3. 一般性故障的排查方法

一般性故障的排查流程如图 10－14 所示。

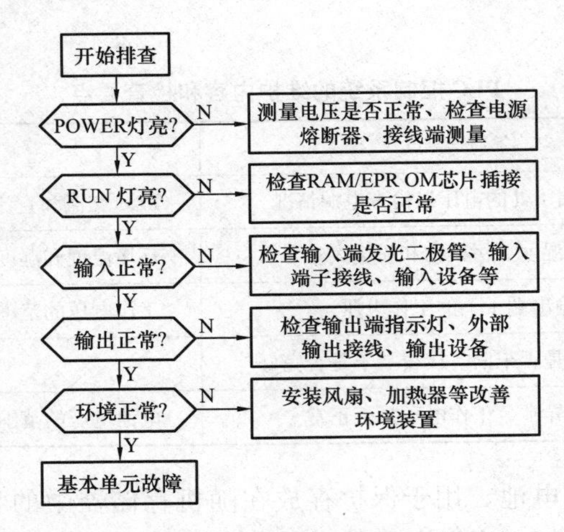

图 10－14 一般性故障的排查流程图

这里只是介绍故障排查的一般方法，供遇到类似故障时参考。在工程实际应用中故障的类型可能是多种多样的，故障现象也可能很复杂。如要能及时发现问题和排除故障，一方面要靠 PLC 的基本知识，另一方面还需要在实践中多积累经验。

10.5 PLC 工程应用实例

PLC 的工程应用实例很多，这里只介绍 PLC 在全自动洗衣机、电梯、变频器中的应用，主要介绍控制系统的硬件组成与原理及软件设计方法。

10.5.1 全自动洗衣机的 PLC 控制

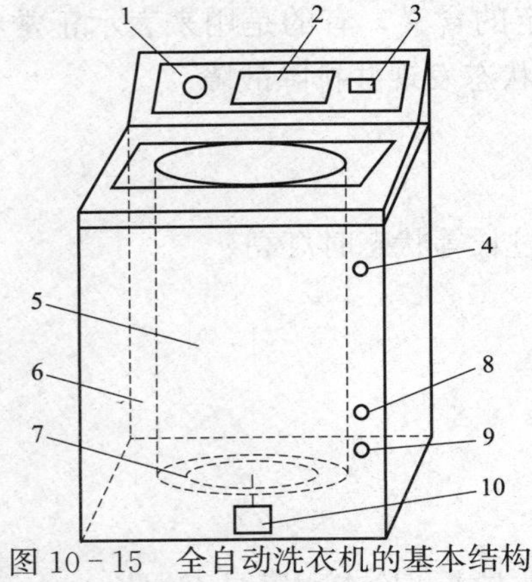

图 10－15 全自动洗衣机的基本结构

1—进水口；2—控制面板；3—控制器；4—高水位传感器；5—内桶；6—外桶；7—波轮；8—低水位传感器；9—排水口；10—洗涤电动机

全自动洗衣机的洗衣桶（外桶）和脱水桶（内桶）是同轴安放的。外桶固定，用于盛水。内桶可以旋转，由洗涤电动机拖动作脱水（甩干）用。内桶的四周有很多小孔，使内、外桶的水流相通。

1. 全自动洗衣机的基本结构

全自动洗衣机的基本结构如图 10－15 所示。

全自动洗衣机在控制器的控制下，自动完成从洗涤到脱水的全过程。洗涤时，通过控制器使进水阀打开，经进水管将水注入到外桶，当水位到达高水位时停止进水，同时控制器控制洗涤电动机按一定规律正转和反转，带动波轮旋转，搅动水及衣物翻转；洗涤一定的时间后，打开排水阀，将洗涤液和水排出。经过若干次的洗涤、排水后完成洗涤操作。脱水时，控制器仍将排水阀打开，电动机带动离心桶高速旋转，完成脱水操作。

2. 全自动洗衣机的控制要求

全自动洗衣机的控制要求如下：

(1) 按下启动按钮后，进水阀门打开，开始进水，直到达到高水位进水结束。

(2) 先进行正向洗涤，洗涤时间设定15s后暂停。

(3) 暂停3s后，进行反向洗涤，洗涤15s后暂停。

(4) 暂停3s后，完成一次洗涤循环。

(5) 返回进行下一次洗涤，连续重复20次后结束。

(6) 打开排水阀进行排水。

(7) 排到低水位，开始进行脱水（同时排水）。

(8) 脱水动作10s结束后，完成一个洗涤、脱水循环。

(9) 再进行下一次洗涤、脱水循环，连续进行3个洗涤、脱水循环。

(10) 完成本次洗涤任务，进行报警提示，报警提示10s后自动停止。

3. 控制系统硬件

控制系统的核心部分选用日本三菱公司生产的FX_{3U}系列PLC，它是替代FX_{2N}系列的小型PLC。规格型号为FX_{3U}-16MR，它是继电器输出方式的基本单元，内置8路输入、8路输出。控制系统除PLC外，还需要一些输入、输出设备，其中输入设备主要有启动按钮、高、低水位检测传感器等。输出设备包括：控制洗涤电动机正反转的接触器，进水、排水的电磁阀以及脱水离合器线圈等。控制系统硬件连接图如图10-16所示。

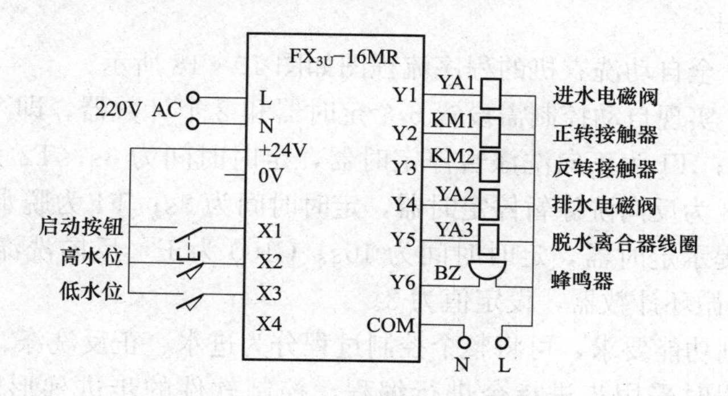

图10-16　控制系统硬件连接图

洗涤电动机为单相交流异步电动机，它与三相异步电动机结构类似，也是主要由定子和转子组成，其中定子主要由定子铁芯和定子绕组组成，转子由转子铁芯和转子导体组成。定子绕组是一对空间互差90°的主、副绕组，为了产生旋转磁场，副绕组通常串一个电容器（称为起动电容），作用是使副绕组中产生一个相位上超前主绕组90°的容性电流。制作时主、副绕组匝数、线径完全一样。为控制方便，通常将主、副绕组对调，即两个绕组轮流充当主副绕组，实现电动机的正反转，如图10-17所示。

当正转接触器KM1触点接通、KM2触点断开时，绕组Ⅰ作为主绕组直接接在电源两端，绕组Ⅱ与起动电容串联作为副绕组，这时产生正转旋转磁场，电动机正转，洗衣机正转洗涤；当反转接触器KM2触点接通、KM1触点断开时，绕组Ⅱ作为主绕组直接接在电源两端，绕组Ⅰ与起动电容串联作为副绕组，这时

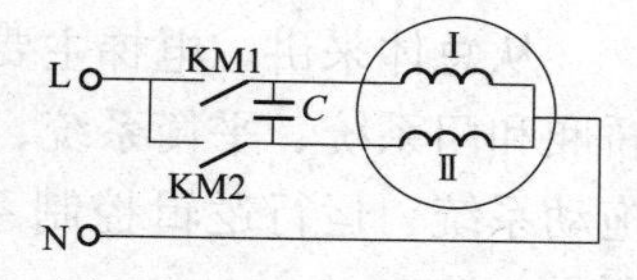

图10-17　电动机正反转原理图

产生反转旋转磁场，电动机反转，洗衣机反转洗涤。

脱水离合器线圈通电时，电动机带动离合器中的脱水轴高速旋转，全自动洗衣机的脱水转速通常为800～900r/min。

4. I/O地址分配

根据全自动洗衣机的控制功能，需要起动按钮、高水位传感器和低水位传感器三个输入设备，并需要控制进水电磁阀、电动机正转接触器、电动机反转接触器、排水电磁阀、脱水电磁离合器线圈和提示蜂鸣器。因此，全自动洗衣机控制系统的硬件中需要3个输入端口、6个输出端口。全自动洗衣机控制系统的I/O地址分配见表10-2。

表10-2　　全自动洗衣机控制系统I/O地址分配

输入设备	输入地址编号	输出设备	输出地址编号
启动按钮	X1	进水电磁阀	Y1
		正转接触器	Y2
高水位传感器	X2	反转接触器	Y3
		排水电磁阀	Y4
低水位传感器	X3	脱水离合器	Y5
		蜂鸣器	Y6

5. 软件系统设计

根据控制要求，全自动洗衣机的程序流程图如图10-18所示。

由流程图可知，实现自动控制需设置6个定时器和2个计数器，即T0为正向洗涤定计器，定时时间为15s；T1为正向洗涤暂停定时器，定时时间为3s；T2为反向洗涤定时器，定时时间为15s；T3为反向洗涤暂停定时器，定时时间为3s；T4为脱水定时器，定时时间为10s；T5为声音提示定时器，定时时间为10s。C100为正、反向洗涤循环计数器，设定值为20；C101为大循环计数器，设定值为3。

根据洗衣机控制功能要求，可将整个控制过程分为进水、正反洗涤、脱水等几个独立的控制过程，因此编程时采用步进指令进行编程，控制软件的步进梯形图程序如图10-19所示。

整个洗衣过程包括洗涤、脱水，共有三个循环。整个洗衣时间不超过40min，其中洗涤时间为36min。根据实际需要，各个环节的时间可通过改变对应定时器的设定值方便调节。

10.5.2　电梯的PLC控制

电梯在工业、商业和民用方面应用十分广泛。电梯的控制方式和控制系统有多种，这里介绍用PLC组成的电梯控制系统。

1. 电梯的基本结构

从总体来讲，电梯主要由机械系统和电气控制系统两部分组成。机械部分由曳引系统、轿厢和门系统、平衡系统、导向系统以及机械安全保护装置等组成；而电气控制部分由电力拖动系统、运行逻辑控制系统和电气安全保护系统等组成。电梯的基本结构如图10-20所示。

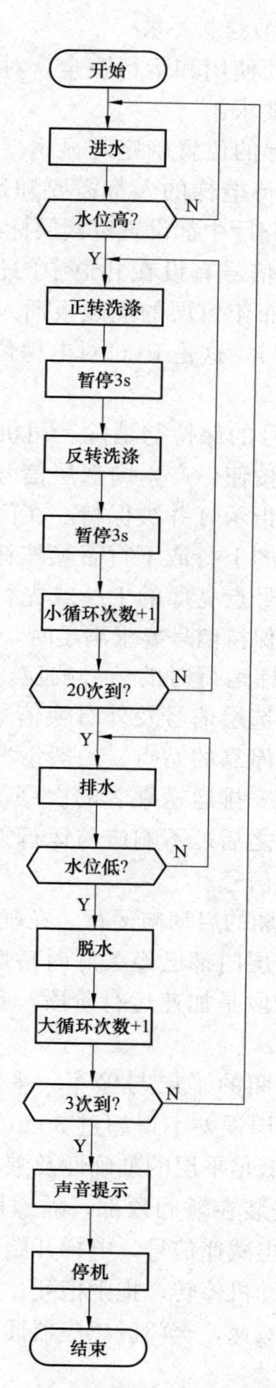

图 10-18 全自动洗衣机的程序流程图

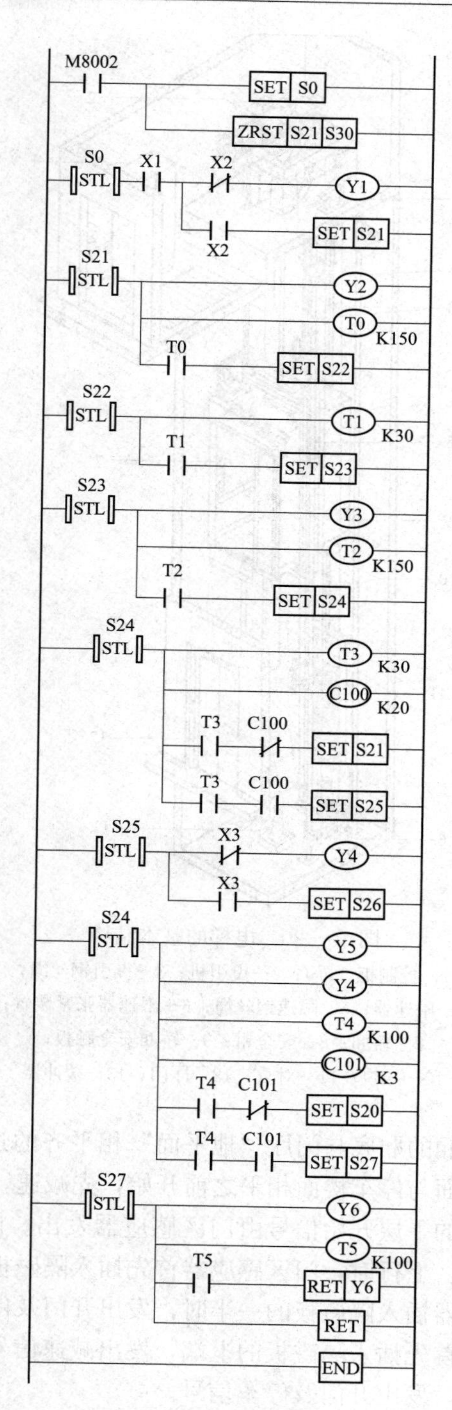

图 10-19 梯形图程序

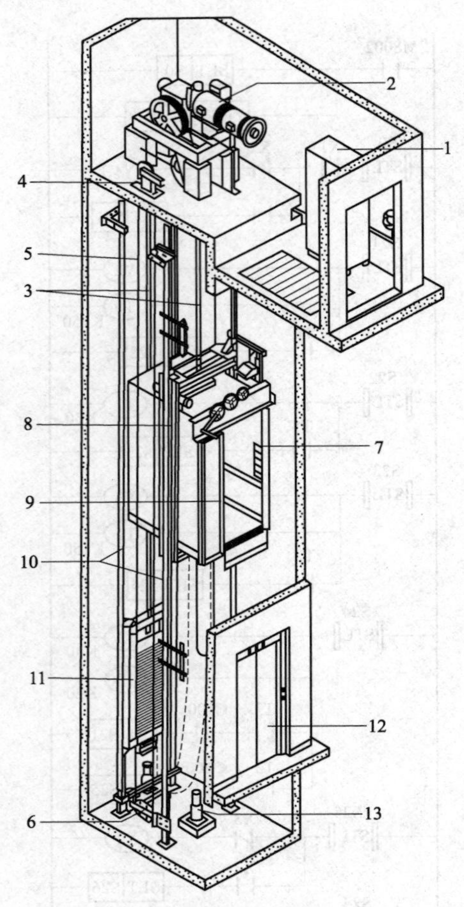

图 10-20　电梯的基本结构

1—控制柜（屏）；2—曳引机；3—曳引钢丝绳；4—限速器；5—限速钢丝绳；6—限速器张紧装置；7—轿厢；8—安全钳；9—轿厢安全触板；10—导轨；11—对重；12—厅门；13—缓冲器

2. 电梯的控制要求

为了方便使用和运行安全，对电梯有以下一些主要控制要求：

(1) 电梯的位置确定与显示。轿厢中的乘客及门厅中等待电梯的人都需要知道电梯的位置，因而轿厢及门厅中都设置以楼层标志的电梯位置。电梯的位置信号有设在井道中的位置开关提供，当井道中分布于每层的隔磁板插入感应器时，则发出门区信号，这是 PLC 对电梯位置进行控制的基准信号。

(2) 信号的保持与消除。司机及乘客按下轿厢内的选层按钮，产生内选层信号，该信号点亮相应的楼层指示灯并被保持。在门厅等候电梯的乘客按门厅的上行或下行召唤按钮，产生外召唤信号，该信号点亮厅的上行或先行指示灯并被保持。当这些保持信号要求满足时，应能自动消除。

(3) 电梯运行时的信号响应。电梯自动运行时应根据内选层信号及外召唤信号，决定电梯的运行方向及停靠的站点。一般情况下电梯按先上后下的原则安排运送乘客的次序，而且规定在运行方向确定之后，不响应与运行方向相反的内选层及外召唤信号。

(4) 轿厢的启动与运行。在确定运行方向后，当轿厢门、层门都已经关好时轿厢开始运行。运行的初始阶段是加速运行阶段，其后是稳定运行阶段。

(5) 轿厢的平层与停车。平层是指停车时，轿厢的厢底与门厅“地平面”相平齐的过程。一般平层误差不得超过 5mm。平层应在轿厢底面与停车楼面相平之前开始，先减速，后制动，以满足平层的准确性及乘客的舒适感。电梯的平层开始信号由门区感应器发出。门区感应器安装在轿厢顶部，隔磁板安装在井道壁上。上行时，门区感应器首先插入隔磁板的下端，发出减速信号，电梯开始减速，至门区感应器插入隔磁板的一半时，发出开门及停车信号，电动机停转，抱闸抱死；下行时门区感应器首先插入隔磁板的上端，发出减速信号，电梯开始减速，至门区感应器插入隔磁板的一半时，发出开门及停车信号。

(6) 安全保护。电梯的安全保护很多，主要有冲顶与蹲底、断钢丝绳、轿厢内人员的跌落、逃生等保护，还有消防运行等。

3. 电梯的电力拖动系统

电梯的拖动系统有多种。其中，直流发电机—电动机晶闸管励磁拖动系统、变频调压调速系统具有很好的调速性能，但系统结构复杂、成本高；单、双速交流电动机拖动系统具有结构简单、成本低等优点，在速度为1.5m/s以下的中低速电梯中被广泛采用。现以双速交流电动机拖动系统为例加以说明，其电气控制线路的主电路如图10-21所示。QF为控制电梯电源的断路器，交流异步电机M有两套绕组，快速（6极）绕组的引出端为XK1、XK2、XK3，在内部三相绕组接成星形；慢速（24极）绕组的引出端为XM1、XM2、XM3，在内部三相绕组也接成星形。

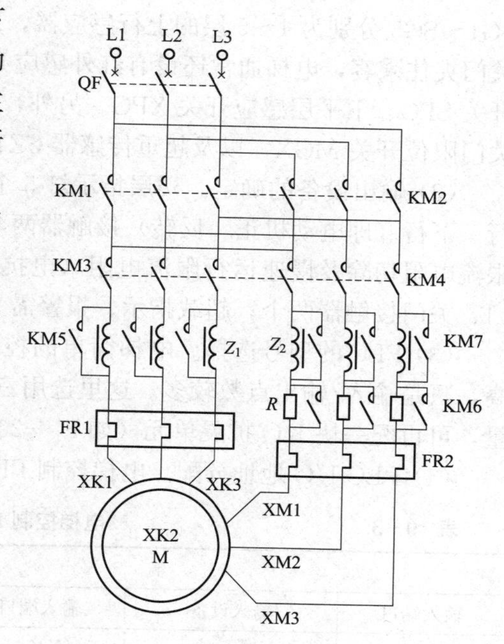

图10-21　双速交流电动机拖动系统电气控制线路主电路

电梯的上升和下降，可通过控制电动机的正反转来实现。主要控制器件为接触器KM1和KM2，其中KM1为上升控制接触器，KM2为下降控制接触器。

双速电动机有两套绕组，正常运行时接通高速绕组，即KM3接通；在检修运行或停靠时接通低速绕组，即KM4接通。

电梯起动和运行时接通高速绕组，但直接起动时对电网造成冲击，为了降低起动电流、减小冲击力，同时也为了改善乘客乘坐的舒适感，在起动电路中串入限流电抗Z_1。工作过程为：起动时KM3闭合，限流电抗Z_1串联在起动电路中，减小起动电流。起动完成后（例如经过5s），KM5接通，使电抗Z_1短接，电动机转入正常高速运行。

电梯停靠时，KM3断开，同时KM4接通，电梯由高速运行转入低速运行。由于速度相差较大，这时会出现回馈制动，为减小制动电流，防止对机械部件造成冲击，在电动机慢速绕组回路中串入限流电阻和限流电抗。工作过程为：KM3断开而KM4接通，但此时KM6和KM7并不接通，Z_2和R串入电动机定子回路，经过一段时间后（例如1s），KM6接通，切除限流电阻R。再过一段时间KM7接通，切除限流电抗Z_2，电动机正常低速运行，最后控制电路切断KM1或KM2，电动机停机。

调整串联电阻或电抗的大小、级数，以及通过调整逐级切除电感或电抗的时间，就可以改变起、停的加减速度，满足对舒适感、起停限流等的要求。

4. PLC的选择

由于楼层数量不同，所配电梯的规模就有差别，I/O数量相差很大，这里以5层楼电梯为例。

（1）输入设备的确定。轿厢内选层按钮CA1～CA5，5层共有5个，用于司机（乘客）选择楼层。轿厢内通常设置有无司机选择开关SJ，上行SJS、下行SJX选择按钮，共需3个。开门按钮MKA、关门按钮MGA，共2个，用于轿厢开关门。厅召唤按钮，共8个，其中SZ1～SZ4为1～4层的上召唤按钮，XZ2～XZ5为2～5层的下召唤按钮，用于厅外乘客发出召唤信号。为检测轿厢当前所在楼层，井道内每层都安装有位置感应器。因上行和下行桥厢进入该层的顺序不同，所以每层设上行、下行两个楼层感应器，共10个，其中

SG1～SG5 分别为 1～5 层的上行感应器，XG1～XG5 分别为 1～5 层的下行感应器。为防止关门夹住乘客，电梯通常还设有红外感应开关 RG。为使电梯能准确平层，设置上平层感应开关 SPG、下平层感应开关 XPG。另外，还有门区限位感应器 MG 和开门限位开关 MKX、关门限位开关 MGX，以及超重传感器 CZ、电梯门锁 MS。因此，共需要 36 个输入端口。

（2）输出设备的确定。楼层指示灯 5 个；上行指示灯、下行指示灯两个；控制电梯的上行、下行（即电动机正、反转）接触器两个；控制电梯快行、慢行的接触器两个。快速起动限流电阻切除及慢速运行限流电阻（电抗）一级和二级切除共需要 3 个输出端口。轿厢开门、关门接触器两个；超载指示、报警需 1 个输出端口。

（3）PLC 的型号选择。电梯简单的控制只有开关量输入和输出，对时间的响应要求不高，只是输入/输出点数较多。这里选用三菱公司的 F_1—60MR 小型 PLC，为留有一定的裕量，可再配一块 I/O 扩展单元（如 F_1—20E）。

（4）PLC I/O 地址分配。电梯控制 PLC I/O 地址分配见表 10-3。

表 10-3　　电梯控制 PLC I/O 地址分配表

输入				输出	
输入端口	输入设备	输入端口	输入设备	输出端口	输出设备
X000	电梯上行 1～5 层位置感应器（SG1 SG2 SG3 SG4 SG5 ）	X406	上行按钮（SJS）	Y000	楼层指示灯（ZD1 ZD2 ZD3 ZD4 ZD5）
X001		X407	下行按钮（SJX）	Y001	
X002		X410	开门按钮（MKA）	Y002	
X003		X411	关门按钮（MGA）	Y003	
X004		X412	防夹感应器（RG）	Y004	
X005	电梯下行 1～5 层位置感应器（XG1 XG2 XG3 XG4 XG5）	X413	门区感应器（MG）	Y005	上行指示灯（SZD）
X006		X500	1～4 层上行召唤按钮（SZ1 SZ2 SZ3 SZ4）	Y006	下行指示灯（XZD）
X007		X501		Y030	上行接触器（KM1）
X010		X502		Y031	下行接触器（KM2）
X011		X503		Y032	快行接触器（KM3）
X012	上平层感应开关(SPG)	X504	门锁开关（MS）	Y033	慢行接触器（KM4）
X013	下平层感应开关(XPG)	X505	超重传感器（CZ）	Y034	快速起动电阻切除（KM5）
X400	轿厢内 1～5 层选层按钮（CA1 CA2 CA3 CA4 CA5）	X506	2～5 层下行召唤按钮（XZ2 XZ3 XZ4 XZ5）	Y035	慢速运行电阻(电抗)一级切除(KM6)
X401		X507		Y036	慢速运行电阻(电抗)二级切除(KM7)
X402		X510		Y430	开关接触器（MKJ）
X403		X511		Y431	关门接触器（MGJ）
X404		X512	开门限位开关（MKX）	Y432	超重指示报警（BZ）
X405	有/无司机选择开关（SJ）	X513	关门限位开关（MGX）		

（5）PLC 硬件连接。F_1—60MR 的 PLC 硬件连接示意图如图 10-22 所示。

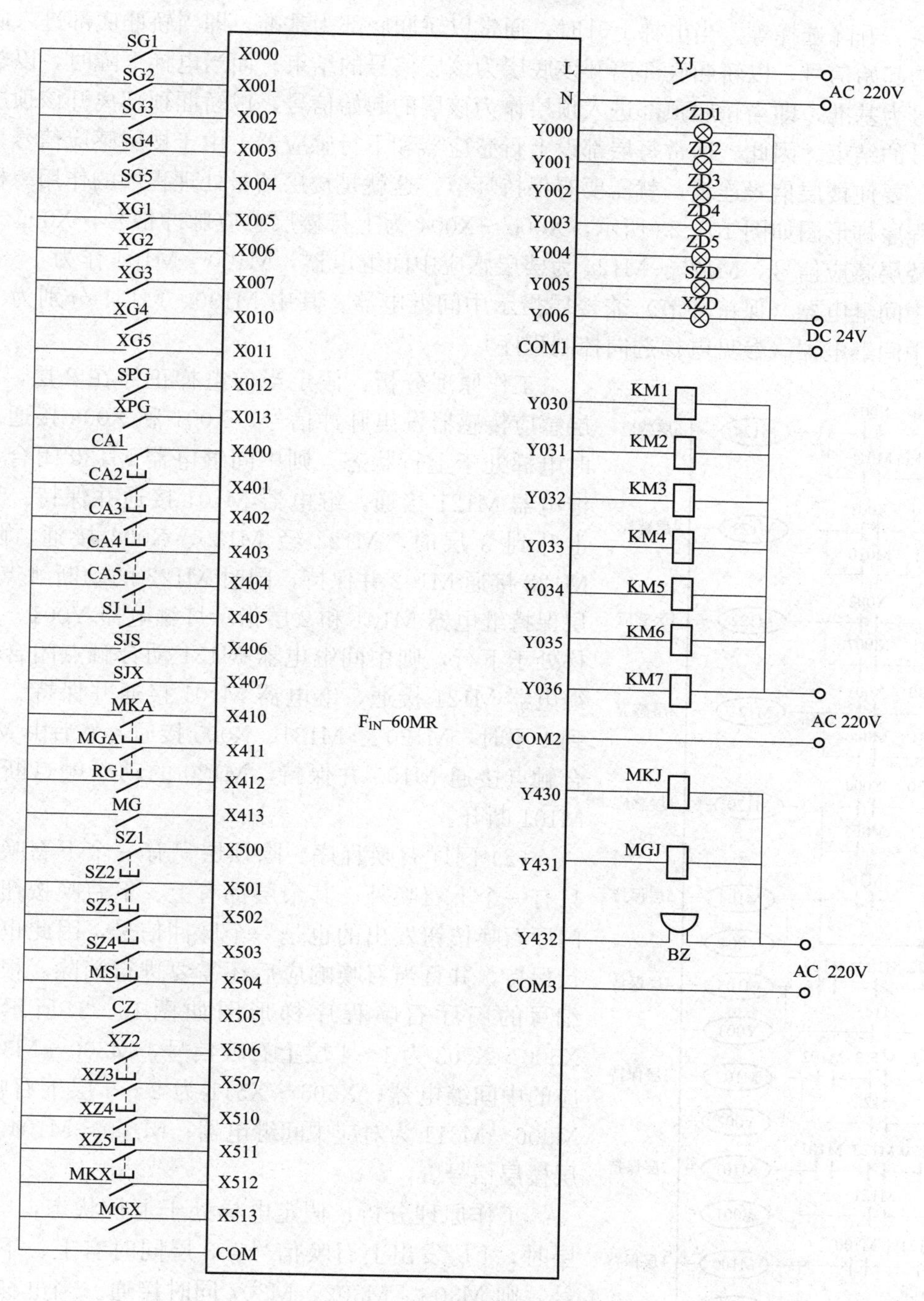

图 10－22　PLC 硬件连接示意图

5．用户程序设计

考虑到电梯运行的复杂性和无序性，可以把电梯的控制程序分为楼层信号处理、门梯召唤、轿内控制、电梯选向、电梯换速、电梯平层及电梯起动等程序部分分别进行设计。

(1) 楼层信号处理程序。楼层信号涉及控制系统的许多环节，例如轿厢指令、门厅召唤、选层、升降选择等。当电梯上升时，通常以轿厢底部为基准，即当轿厢底部进入底层作为该层的起始信号，以轿厢底部离开该底层为该层信号的结束。而当电梯下降时，以轿厢的顶部信号为基准，即当轿厢顶部进入顶层作为该层的起始信号，以轿厢顶部离开该顶层作为该层信号的结束。因此，通常每层都设上行感应器和下行感应器。由于楼层感应信号为脉冲型信号，要使楼层信号连续，就需要有保持环节，这就是楼层信号处理程序的作用。楼层信号处理程序梯形图如图 10－23 所示，X000～X004 为上行楼层感应脉冲信号，X005～X011 为下行楼层感应信号，M120～M124 为楼层感应中间继电器，M100～M104 作为 1～5 层感应信号中间继电器（保持环节）兼楼层指示中间继电器。其中 M130、M131 分别为上行和下行的中间继电器（参见电梯选向控制程序）。

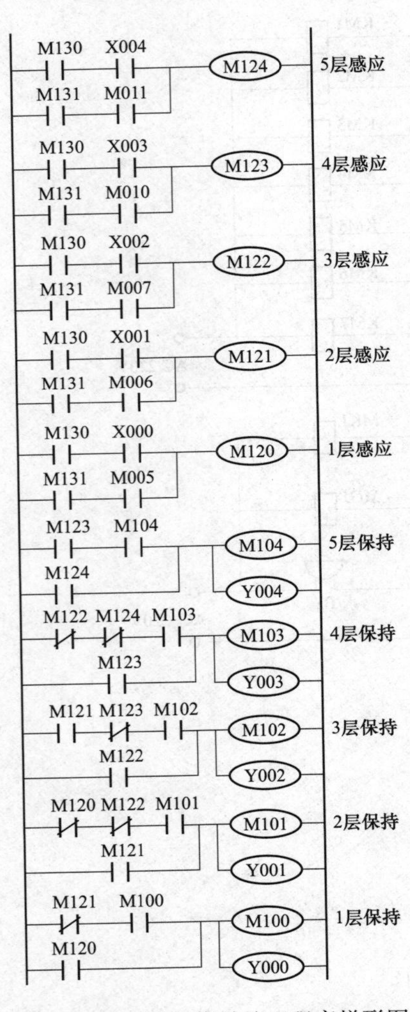

图 10－23 楼层信号处理程序梯形图

工作原理分析：假定当前电梯正停在 2 层，2 楼楼层感应传感器发出脉冲信号，X001 和 X006 接通。若此时电梯处于上行状态，则中间继电器 M130 闭合，中间继电器 M121 接通，继电器 M101 接通并保持。当轿厢上升到 3 层时，M122 经 M130、X002 接通，随即由 M122 接通 M102 并保持，同时 M122 的动断触点断开 2 层保持继电器 M101 和 2 层指示灯继电器 Y001。如果电梯处于下行，则中间继电器 M131 动合触点闭合，中间继电器 M121 接通，继电器 M101 接通并保持。当轿厢到 1 层时，M120 经 M131、X005 接通，然后由 M120 动合触点接通 M100 并保持，M120 的动断触点断开，使 M101 断开。

（2）门厅召唤程序。除顶层只有一个下召唤、底层只有一个上召唤外，其余层都有上、下召唤按钮。通常门厅召唤按钮发出的也是一个脉冲信号，因此也需要进行保持，并且当召唤响应后还需要进行消除。根据要求编写的门厅召唤程序梯形图如图 10－24 所示。其中 X500～X503 为 1～4 层上召唤信号，M300～M303 为对应的中间继电器；X506～X511 为 2～5 层下召唤信号，M306～M311 为对应中间继电器；M100～M104 为 1～5 层楼层信号。

工作原理分析：假定电梯处于上行状态，电梯在 1 层时，4 层发出上召唤信号，3 层同时有上、下召唤信号，则 M303、M302、M307 同时接通。当电梯上行到 3 层时，3 层感应继电器 M122 接通，3 层保持继电器 M102 接通，3 层上召唤保持继电器断开，即已经响应了 3 层的上召唤，而 3 层的下召唤继电器 M307 仍然接通，即下行召唤继续保留。

（3）楼层选择程序。楼层选择程序主要完成楼层信号的保持和消除两项功能，其梯形图如图 10－25 所示，其中 X400～X404 分别为 1～5 层选择按钮，M100～M104 分别为 1～5

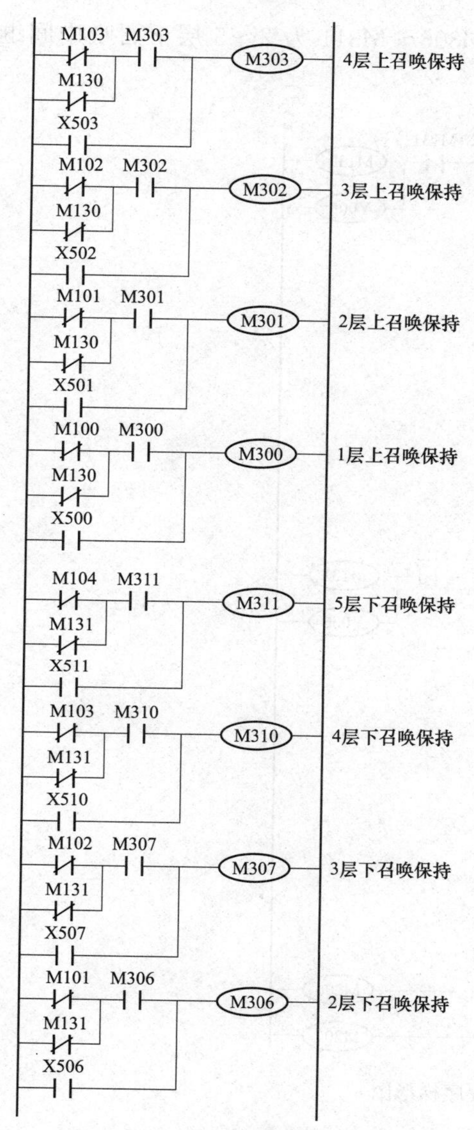

图 10－24　门厅召唤程序梯形图

层保持信号，X512 为开门行程开关，当厅门开门到位时，X512 的动断触点断开。

工作原理如下：如按下第 3 层选择按钮 X402，则 M202 接通并保持。当电梯到达第 3 层时，该信号并未消除，直到电梯厅门打开到位，X512 动断触点断开，M202 断开，3 层选层信号消除。

（4）电梯的选向程序。双绕组变极双速电梯的运行方向是通过改变电梯拖动电动机的三相电源相序，使电动机正转或反转，从而实现电梯的上行和下行。而三相电源的相序是通过两个接触器 KM1、KM2 改变的，由 PLC 对应的输出端口 Y030、Y031 控制。电梯的上行信号和下行信号在其他程序中还要用到，因此使用了 M130（上行）、M131（下行）两个中间继电器。

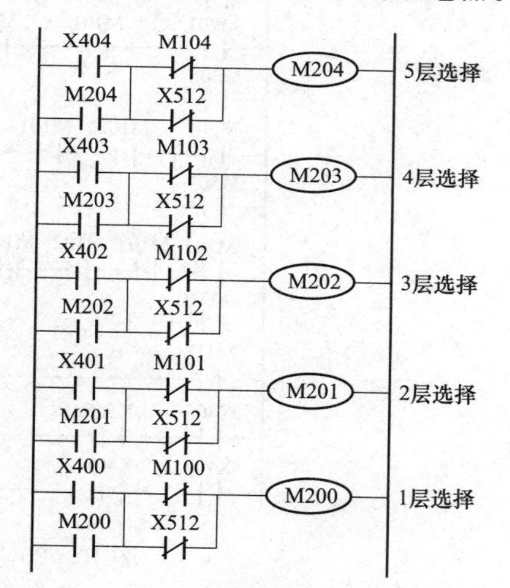

图 10－25　楼层选择程序梯形图

电梯选向程序主要是处理选层信号和召唤信号。轿厢内选层信号的控制原则是：只响应一个方向上的信号；当这个方向上的所有信号都被响应后，才响应另一个方向上的信号。例如电梯在 2 层，若按下了 3 层选择按钮，则上行接触器动作，这时如果又按下了 1 层和 4 层的按钮，则电梯到达 3 层后，要响应 4 层的信号而不响应 1 层的信号，只有上行的信号都得到响应后，才响应下行的信号。如果在上行期间，5 层的选择按钮又被按下，则还要响应 5 层的信号，然后才响应下行的信号。同样电梯在下行时，则优先响应下行信号。门厅召唤信号的控制原则是：在电梯下行过程中只响应比电梯当前层低的下行召唤，而在上行过程中只响应比电梯当前层高的上行召唤。顶层和底层比较特殊，需单独处理。顶层的下行召唤其实是一个上行信号，只能在电梯上行时响应，而底层的上行召唤其实是个下行信号，需在电梯下行时响应。

电梯选向程序梯形图如图 10－26 所示。其中 M200～M204 为轿厢内选层中间继电器，

M300～M303 为门厅 1～4 层上召唤中间继电器，M306～M311 为 2～5 层下召唤中间继电器。

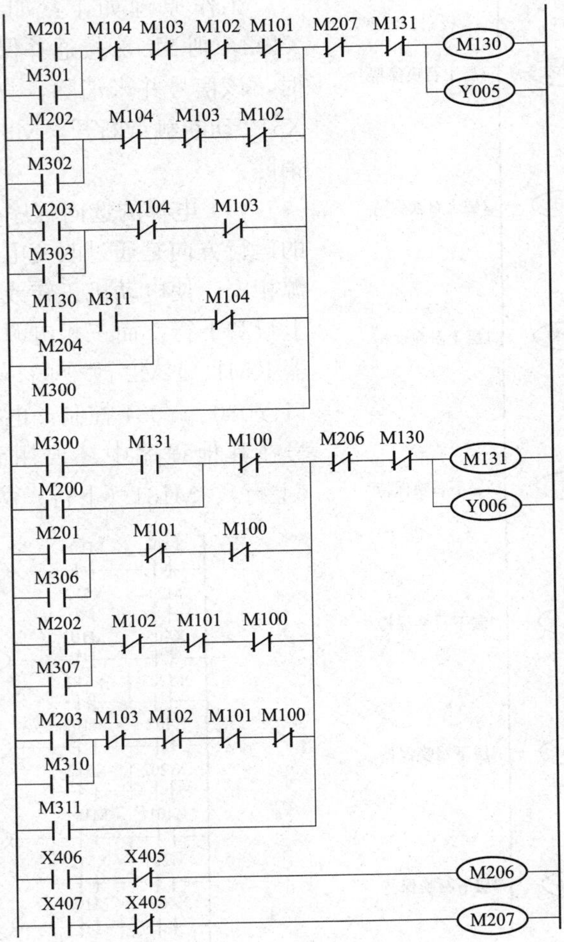

图 10－26　电梯选向程序梯形图

工作原理如下：如电梯在 2 层，按下 3 层按钮时，对应的中间继电器 M202 接通，上行中间继电器 M130 及输出继电器 Y005 接通，M130 接通使上行继电器 Y030 接通（见图 10－28），接触器 KM1 动作，电梯上行；Y005 接通使上行指示灯点亮。由于互锁作用，切断了 M131 的响应回路，所以此时按下 1 层按钮得不到响应，而按下 4 层按钮又会有一条线路 M203、M104、M102 接通 M130 和 Y005，只有当 3、4 层信号都响应完了，电梯到达 4 层，M202、M203 均已复位，M130 断开，互锁环节 M130 的动断触点复位，下行中间继电器 M131 才会通过 M200、M100、M206、M130 接通。

图 10－26 中 X405 为有无司机触点，X406、X407 为司机上行、下行选择按钮。司机可以在电梯起动前强行改变电梯的运行方向。

（5）电梯起动及换速程序。电梯的起动及换速程序梯形图如图 10－27 所示。其中 M132 为电梯运行中间继电器，Y032 为快速控制输出继电器，用于控制主电路的接触器 KM3；Y033 为慢速控制输出继电器，用于控制主电路的接触器 KM4；Y034 为快速 1（或全速）

运行输出继电器，控制主回路的 KM5，用于切断快速绕组中的限流电阻（电抗）；输出继电器 Y035、Y036 分别控制主、控电路的慢速 1 接触器 KM6 和慢速 2 接触器 KM7，用以切换慢速绕组中的一、二级限流电阻（电抗）。

工作原理如下：当电梯门关好后 Y431 接通，电梯高速绕组接通，快速起动。起动完成（例如 5s）后 Y034 接通，切除限流电抗，电梯全速运行。当电梯接近停靠层时，接通慢速绕组制动。例如 4 层有指令，当电梯接近 4 层时，M203、M123 接通，使 M233 接通，发出换速信号，断开高速绕组 Y032，接通低速绕组 Y033，再逐级切除限流电阻（抗）。

（6）电梯平层程序。电梯平层程序梯形图如 10－28 所示，X012、X013 分别为上行平层感应器和下行平层感应器的输入端，X413 为门枢感应器输入端。当电梯上行时，越过平层位置，X012 会断开，输出继电器 Y030 断开上行接触器；而由于 X013 处于闭合状态，输出继电器 Y031 接通下行接触器，电梯向下平层。平层完成后 X012、X013、X413 均接通，Y030、Y031 断开，跳闸制动。

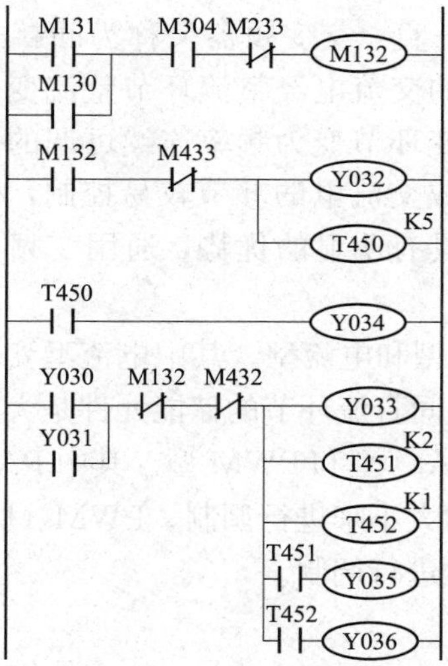

图 10－27 电梯的起动及换速程序的梯形图

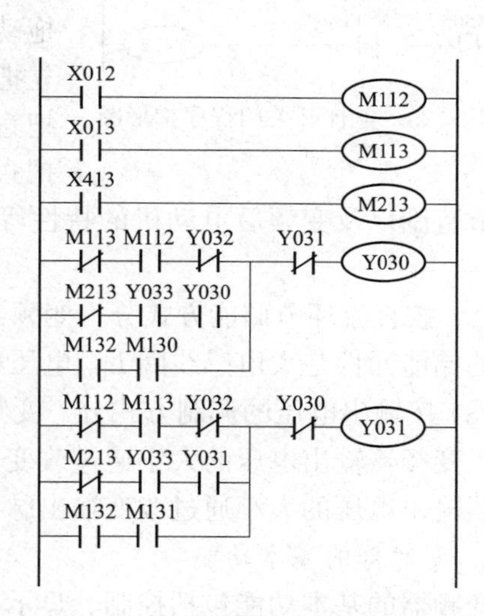

图 10－28 电梯平层程序梯形图

（7）电梯开关门程序。电梯开关门程序梯形图如图 10－29 所示。只有当电梯平层后处于停止运行状态才可开门，M305 为允许开门中间断电器。开门分手动和自动两种：自动开门在允许开门一段时间（例如 2s）后由于时间继电器 T453 动作，接通开门继电器 Y430；如果手动，则按下开门按钮 X410 即可开门。关门也分为自动和手动两种：手动时按下关门按钮 X411 立即关门；自动时，当开门到位后位置开关 X512 接通关门定时器 T454，一段时间（例如 3s）后，由 T454 动作关门。为防止关门工程中夹住乘客，设置红外探测器，该探测器信号送给 X412，当它探测到门间有障碍物时会停止关门并重新接通开门继电器。

另外，为防止超载，设置了超载传感器 X505，当超载时电梯会报警并拒绝关门。

通过以上 7 个控制程序，可了解电梯 PLC 控制程序的设计思路和设计方法，将这些梯形图合并起来就构成了电梯 PLC 的控制软件。此外，完整的控制软件还应包括检修、消防、有/无司机转换等程序，这里不再赘述。

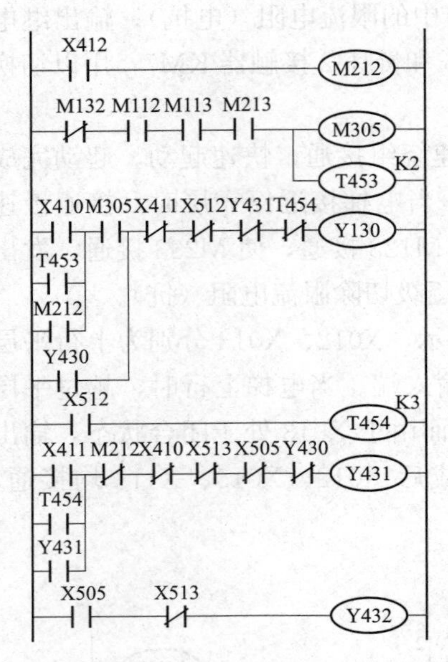

图 10-29　电梯开关门程序梯形图

10.5.3　变频器的 PLC 控制

变频器是将固定电压、固定频率的交流电变换为电压、频率可调的交流电的交流调速装置。它具有调速范围宽、调速连续平滑、节电效果明显等优点，因此广泛用于水泵、风机、提升机、空调、机床、电梯等一系列机电设备的调速系统中。

1. 变频器的分类

(1) 按变换环节分，变频器分为交—交变频器和交—直—交变频器。其中交—交变频器又称为直接式变频器，它可以把频率固定的交流电源直接变换成频率连续可调的交流电源，主要优点是没有中间环节，变换效率高，但其连续可调的频率范围窄，且只能在工频以下范围调节，一般为额定频率的 1/2 以下，故只能用于低速拖动系统。交—直—交变频器又称为间接式变频器，它先把频率固定的交流电经整流环节整流变成直流电，再把直流电经逆变环节变为频率连续可调的交流电。由于把直流电逆变成交流电的环节较易控制，因此，在频率的调节范围以及变频后电动机的特性等方面，都具有明显的优势，通用变频器就属于这种形式。

(2) 按直流环节储能方式分，变频器分为电压型和电流型。其中电流型变频器中间直流环节的储能元件是大电感线圈 L，电压型变频器中间直流环节的储能元件是大电容 C。

(3) 按输出电压的调制方式分，变频器分为 PAM 型和 PWM 型。其中 PAM（脉冲幅度调制）变频器输出电压的大小通过改变直流电压的大小来进行调制，PWM（脉冲宽度调制）变频器输出电压的大小通过改变输出脉冲的占空比进行调制。

2. 变频器的基本功能

变频器的基本功能包括控制、显示和保护等。

控制功能包括运转与操作，频率设定，运转状态输出，加速/减速时间设定，上/下限频率设定，偏置频率设定，频率增益设定，跳变频率设定，瞬间停电再起动，自动补偿控制，自动节能运转等。

显示功能包括运行中显示输出频率、输出电流、输出电压、电动机转速、负载轴转速、线速度、输出转矩等，在液晶显示画面上能显示测试功能、输入信号和输出信号的模拟值。在设定状态时，能显示各种功能码及有关数据。出现故障跳闸时，能显示跳闸原因及有关数据。

保护功能包括过载保护、过电压保护、浪涌保护、欠电压保护、过热保护、短路保护、接地保护、电动机保护以及防失速保护等。

3. 变频器的选择

电力拖动变频调速系统中变频器的选择主要考虑以下两个方面。

(1) 变频器的容量选择。一般可按变频器说明书中配用电动机的容量来选择，或参考表 10-4进行选择。另外还应考虑变频器的额定电流应略大于异步电动机的额定电流。

表 10-4　　400V 系列变频器容量与电动机功率之间的关系

变频器容量（kW）	1.1	1.9	2.8	4.2	6.9	10	14	18	23	30	34
电动机功率（kW）	0.4	0.75	1.5	2.2	3.7	5.5	6.5	11	15	18.6	22

（2）变频器类型的选择。目前市场上的变频器大致可分为以下三类。

1）通用型变频器：一般指无矢量控制功能的变频器，适用于一般性变频调速场合。

2）高性能变频器：通常指配备矢量控制功能的变频器，主要用于轧钢、造纸、塑料薄膜加工线等动态性能要求高，即高精度、快响应的生产机械。

3）专用变频器：专门针对某种类型的机械负载而设计的变频器，常见的有水泵/风机恒负载变频器；电梯专用的恒转矩、频繁起停、重力加速度负载的专用变频器；起重机专用的具有防溜钩和防滑行功能的变频器；卷绕机械的张力控制专用变频器等。

4. 变频器的基本控制

图 10-30 为变频器基本控制电路图，三相 380V 交流电通过断路器 QF，再经交流接触器 KM 接入变频器 BF 的电源输入端 L1、L2、L3 上。变频器输出变频电压（U、V、W）经热继电器 FR 直接到负载电动机 M 上。

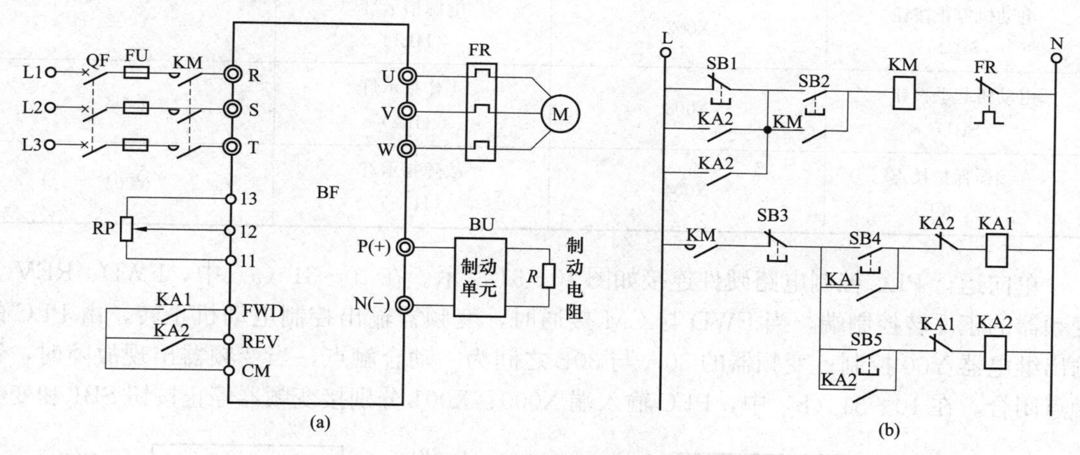

图 10-30　变频器基本控制电路图

（a）主电路；（b）控制电路

断路器 QF 起电源的控制作用，同时它还有短路和过载保护的作用。其容量可按变频器容量大小来选择。SB1、SB2 分别为变频器的停止和启动按钮，通过控制接触器 KM 使变频器断开或接通电源。当按下 SB2，接触器 KM 得电，其动合触点闭合，接通变频器电源，为电动机的起动做好了准备。

正反转控制通过 FWD、REV 与 CM 的开关信号来进行。本电路通过按钮 SB3（停止）、SB4（正转）、SB5（反转）控制电路来控制继电器 KA1、KA2 触点。当 SB4 按下，KA1 得电自锁，短路变频器的输入 FRD 和 CM，输出变频变压信号使电动机正转；当 SB5 按下，KA2 得电自锁，短路变频器的输入 REV 和 CM，输出变频变压信号使电动机反转；按 SB3，则 KA1、KA2 的动合触点断开，电动机按照变频器的软制动等方式进行停车。

制动电阻 R 通过制动单元 BU 接到变频器的制动电阻输入端 P（+）、N（−）上。对于容量在 7.5kW 以下的变频器，无需制动单元，可直接将制动电阻 R 接到 P(+)、N(−)上。

变频器的13、11端子为内部直流电压输出端，通过调节电位器RP，可改变变频器模拟量输入信号，从而调节变频器输出电压的频率，实现电动机的速度调节。

5. 变频器的PLC控制

变频器基本运行方式包括单向运行、双向运行以及故障自动切换。

(1) 单向运行控制。单向运行控制的主要功能是控制变频器的启/停、电动机的起/停以及变频器的工作指示、故障状态指示等。用PLC实现对变频器单向运行控制，其对应的I/O分配见表10－5。

表10－5 **I/O分配表**

输入		输出	
输入设备	输入端口	输出设备	输出端口
变频器停止按钮(SB1)	X000	变频器正转(FWD)	Y000
变频器启动按钮(SB2)	X001	接触器(KM)	Y001
电动机停止按钮(SB3)	X002	电源指示灯(HL1)	Y002
电动机起动按钮(SB4)	X003	工作指示灯(HL2)	Y003
变频器保护接点(30A-30B)	X004	故障指示灯(HL3)	Y004

单向运行PLC控制电路硬件连接如图10－31所示。在10－31（a）中，FWD、REV为变频器的正反转控制端，当FWD与CM接通时，变频器输出控制电动机正转，由PLC的输出继电器Y00控制；变频器的30A与30B之间为一动合触点，当变频器出现故障时，该触点闭合。在10－31（b）中，PLC输入端X000、X001分别接变频器停止按钮SB1和变频

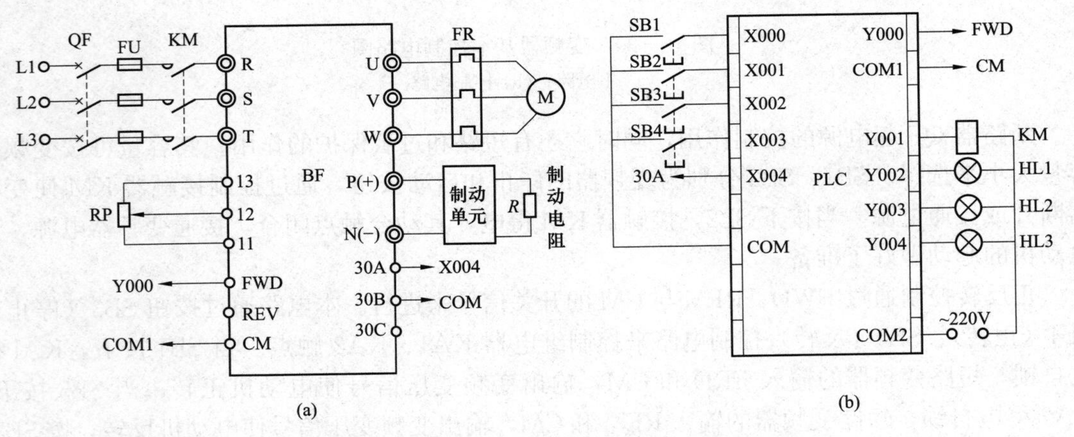

图10－31 单向运行PLC控制硬件电路连接

(a) 变频器主接线图；(b) PLC硬件连接示意图

器启动按钮 SB2，用于控制变频器电源断开和接通；PLC 输入端 X002、X003 分别接电动机停止按钮 SB3 和起动按钮 SB4，通过 PLC 程序控制 FWD 与 CM 接通或断开，实现电动机起动和停止；PLC 输入端 X004 接变频器的故障保护接点 30A，通过 PLC 控制程序可使系统停止工作。PLC 输出端 Y000 与变频器的 FWD 相连，控制电动机正转；输出继电器 Y001 连接触器 KM，用于控制变频器的电源；输出端 Y002、Y003、Y004 分别接指示灯 HL1、HL2、HL3，表示变频器的通电状态、运行状态及故障状态。

单向运行 PLC 控制程序梯形图如图 10-32 所示。

PLC 程序中，设置了 Y001 对 Y000 的单向软互锁，以确保变频器得电后才能起动电动机。还设置了 Y000 对变频器停车按钮 X000 的单向软互锁，确保电动机运转时（Y000 得电），Y001 不能失电，即变频器电源不能断开，只有当电动机停止时（Y000 断电），变频器才能停电，以保证变频器的安全运行。

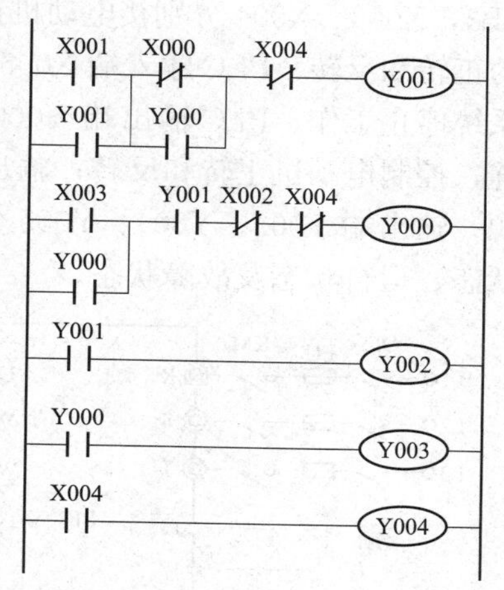

图 10-32 单向运行 PLC 控制程序梯形图

（2）双向运行控制。双向运行的主要功能是控制变频器的启/停、电动机的正向起/停和电动机的反向起/停，以及变频器的工作指示、故障状态指示等。用 PLC 实现对变频器双向运行控制，其对应 I/O 分配见表 10-6。

表 10-6 **I/O 分配表**

输入		输出	
输入设备	输入端口	输出设备	输出端口
变频器停止按钮（SB1）	X000	变频器正转（FWD）	Y000
变频器启动按钮（SB2）	X001	变频器反转（REV）	Y001
电动机停止按钮（SB3）	X002	接触器（KM）	Y002
电动机正转起动按钮（SB4）	X003	电源指示灯（HL1）	Y003
电动机反转起动按钮（SB5）	X004	工作指示灯（HL2）	Y004
变频器保护接点（30A-30B）	X005	故障指示灯（HL3）	Y005

双向运行 PLC 控制硬件电路连接如图 10-33 所示。在 10-33（a）中，FWD、REV 为变频器的正反转控制端。当 FWD 与 CM 接通时，变频器输出控制电动机正转，由 PLC 的输出继电器 Y000 控制；当 REV 与 CM 接通时，变频器输出控制电动机反转，由 PLC 的输出继电器 Y001 控制。变频器的 30A 与 30B 之间为一动合触点，当变频器出现故障时，该触

点闭合。在 10－33（b）中，PLC 输入端 X000、X001 分别接变频器停止按钮 SB1 和变频器启动按钮 SB2，用于控制变频器电源断开和接通；PLC 输入端 X002 接电动机停止按钮 SB3，X003、X004 分别接电动机正转按钮 SB4 和反转按钮 SB5，通过 PLC 程序控制电动机的正转和反转；PLC 输入端 X005 接变频器的故障保护接点 30A，通过 PLC 控制程序可使系统停止工作。PLC 输出端 Y000 与变频器的 FWD 端相连，Y001 与变频器的 REV 端相连，控制电动机正转和反转；输出继电器 Y002 与接触器 KM 相连，用于控制变频器的电源；输出端 Y003、Y004、Y005 分别接指示灯 HL1、HL2、HL3，分别表示变频器的通电状态、运行状态及故障状态。

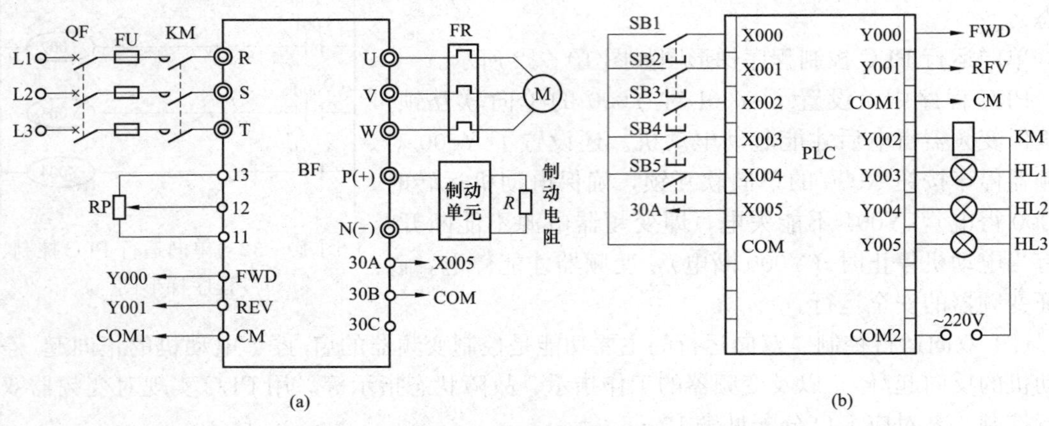

图 10－33　双向运行 PLC 控制硬件电路连接

（a）变频器主接线图；（b）PLC 硬件连接示意图

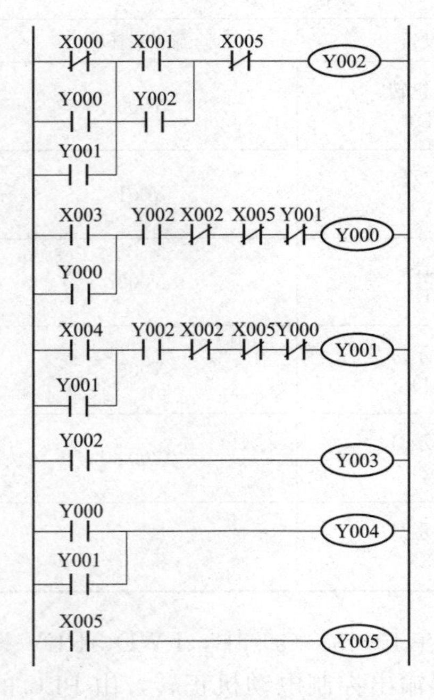

图 10－34　双向运行 PLC 控制程序梯形图

双向运行 PLC 控制程序梯形图如图 10－34 所示。

PLC 程序中，设置了 Y002 对 Y000 和 Y001 的单向软互锁，以确保变频器得电后才能正、反向起动电动机；还设置了 Y000 和 Y001 对变频器停车按钮 X000 的单向软互锁，确保电动机运转时（Y000 或 Y001 得电），Y002 不能失电，即变频器电源不能断开。只有当电动机停止时，变频器才能停电，以保证变频器的安全运行。

（3）自动切换控制。自动切换控制的主要功能：①两种工作方式。即“变频运行”和“工频运行”；②手动起动和停止电动机。可通过按钮控制电动机的起/停，但在电动机运行时，不能停止或切断交频器电源；③故障自动切换。在“变频运行”时，一旦变频器或系统发生故障，自动延时切换为“工频运行”状态，同时进行声、光报警。

用 PLC 实现对变频器的故障自动切换控制，其对应 I/O 分配见表 10－7。

自动切换 PLC 控制硬件电路连接如图 10－35 所示。在 10－35（a）中，运行方式由选择开关 SA 进行选择。

表 10-7　I/O 分配表

输　　入		输　　出	
输入设备	输入端口	输出设备	输出端口
变频器停止按钮（SB1）	X000	电动机正转（FWD）	Y000
变频器启动按钮（SB2）	X001	变频器电源接触器（KM1）	Y001
电动机停止按钮（SB3）	X002	变频器输出接触器（KM2）	Y002
电动机起动按钮（SB4）	X003	工频运行（KM3）	Y003
选择开关工频挡（SA-1）	X004	故障报警指示灯（HL）	Y004
选择开关变工频挡（SA-2）	X005	故障报警蜂鸣器（BZ）	Y005
变频器保护触点（30A-30B）	X006		
变频器保护触点（30B-30C）	X007		

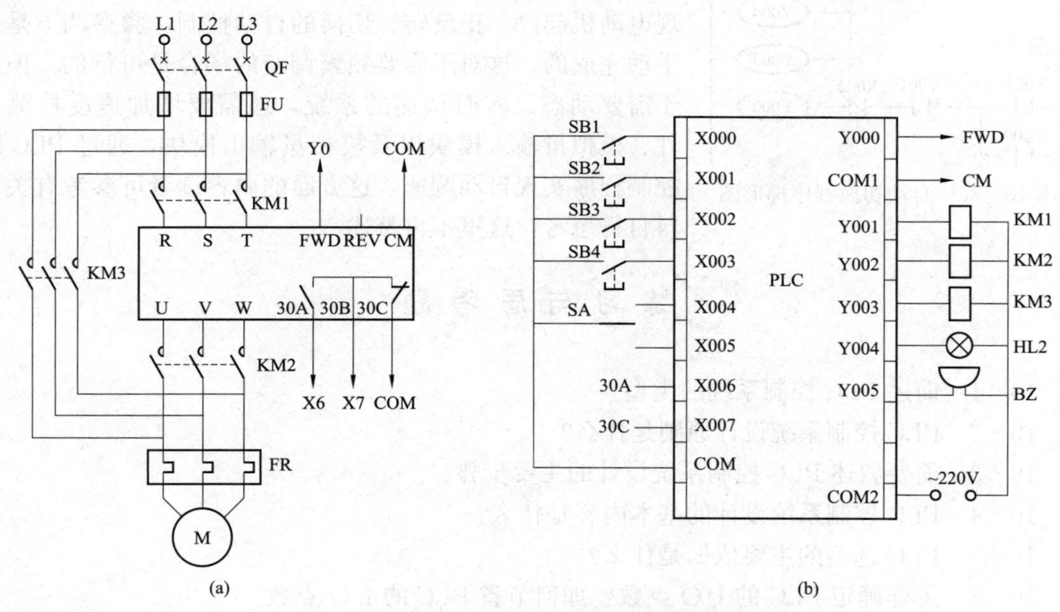

图 10-35　自动切换 PLC 控制硬件电路连接

（a）变频器主接线图；（b）PLC 硬件连接示意图

（1）当 SA 合至 X004 时，为“工频运行”方式，按下启动按钮 SB2，通过控制程序使接触器 KM1、KM2 断电，KM3 通电，其主触点闭合，电动机自动进入“工频运行”状态。按下停止按钮 SB1，KM3 断电，其主触点断开，电动机停止运行。

（2）当 SA 合至 X005 时，按下启动按钮 SB2，通过控制程序，使接触器 KM1 通电，主触点 KM1 闭合，变频器上电；随之 KM2 也通电，其主触点闭合，将电动机与变频器输出端相连，再按下按钮 SB3，通过控制程序使输出继电器 Y000 闭合，变频器正转触点闭合，电动机进入“变频运行”状态。

（3）在变频运行过程中，如果变频器出现故障，则动断触点 30C 断开，通过控制程序使接触器 KM1、KM2 均失电，使切断电源、变频器、电动机三者之间的联系；与此同时动合触点 30A 闭合，通过控制程序，使蜂鸣器 HA 和指示灯电路接通，进行声、光报警。经过延时，使接触器 KM3 动作，电动机自动切换到“工频运行”状态。

根据上述分析，自动切换程序梯形图如图 10－36 所示。

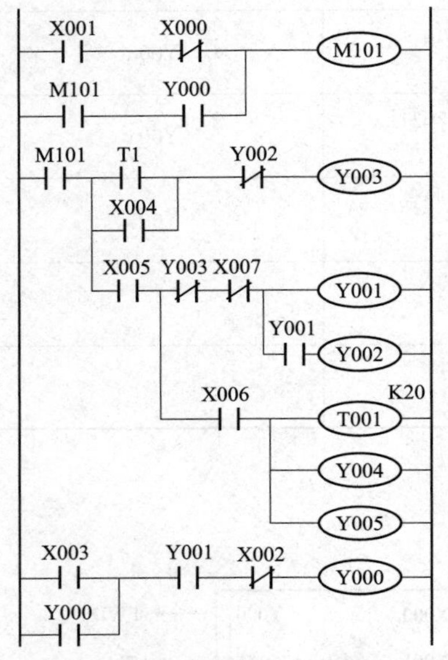

图 10－36　自动切换程序梯形图

图 10－36 中动断触点 Y002、Y003 分别串联在输出继电器 Y003、Y002 回路中，用来实现二者之间的软互锁，确保接触器 KM2 和 KM3 不能同时接通，使“工频运行”与“变频运行”不能同时工作。

为防止电动机运转时变频器失电，采用辅助继电器 M101 的动合触点控制 Y001～Y005 的输出，并将 X000 的动断触点并联在输出继电器 Y000 的动合触点两端，确保电动机在变频运行状态下，变频器不能失电，即变频器停止按钮 SB1 操作无效。

以上介绍的变频器 PLC 控制，实际上是利用 PLC 实现电动机起停、正反转、切换的自动控制，频率调节是靠手动完成的，这对不需要频繁调速的场合是可行的。但对于需要动态、实时调速的系统，还需要增加速度检测器件、模拟量输入模块以及模拟量输出模块，通过 PLC 的控制程序实现自动调速，这方面的内容读者可参考有关资料自行思考，这里不再赘述。

练习与思考题

10－1　简述 PLC 控制系统的类型。

10－2　PLC 控制系统设计原则是什么？

10－3　简要叙述 PLC 控制系统设计的主要步骤。

10－4　PLC 控制系统设计的基本内容是什么？

10－5　PLC 选型的主要依据是什么？

10－6　怎样确定 PLC 的 I/O 点数？如何节省 PLC 的 I/O 点数？

10－7　如何提高 PLC 控制系统的可靠性？

10－8　PLC 控制系统调试流程是什么？

10－9　叙述全自动洗衣机的工作程序。

10－10　电梯的一般控制是什么？

11 其他系列 PLC 简介

本书以日本三菱公司的 FX 系列 PLC 为机型，介绍了 PLC 结构、原理和应用。不同品牌的 PLC 因所采用的 CPU 不同，所以其具体结构有所差别，指令系统也不尽相同。除 F1、FX 系列外，目前在国内市场上常见的 PLC 还有德国西门子、日本欧姆龙、松下电工 FP1 等品牌。因此，本章将对这三种品牌中的典型 PLC 系列作简要介绍，以满足不同读者的需要。

11.1 德国西门子 S7－200 系列 PLC

S7－200 系列 PLC 是德国西门子公司生产的、具有高性价比的微型 PLC。它具有结构小巧、运行速度快、价格低、功能多、用途广的特点，在工业企业中应用十分广泛。

11.1.1 S7－200 系列 PLC 的基本性能

S7－200 系列 PLC 根据 CPU 分为 CPU212、CPU214 等型号，其控制性能见表 11－1。

表 11－1 S7－200 系列 PLC 控制性能

型号		CPU212	CPU214	CPU215	CPU216
体积（mm×mm×mm）		160×80×62	197×80×62	218×80×62	218×80×62
存储器	程序区（字）	512	2K	4K	4K
	用户数据区（字）	512	2K	2.5K	2.5K
	内部存储器（位）	128	256	256	256
	存储器插卡	—	E^2PROM	E^2PROM	E^2PROM
	附加电源插卡	—	200 天	200 天	200 天
	掉电保持时间（h）	50	190	190	190
I/O	基本单元	8/6	14/10	14/10	24/16
	最大扩展模块数	2	7	7	7
	I/O 映像寄存器	64/64	64/64	64/64	64/64
	模拟 I/O（扩展）	16/16	16/16	16/16	16/16
	可选输入滤波	不可	可	可	可
指令	指令执行时间（μs）	1.2	0.8	0.8	0.8
	定时器/计数器	64/64	128/128	256/256	256/256
	FOR/NEXT 循环	无	有	有	有
	整型数运算	有			
	实型数运算	无	有	有	有

续表

型 号		CPU212	CPU214	CPU215	CPU216
指令	PID功能	无	有	有	有
	高速计数	无	有	有	有
	模拟电位器	1	2	2	2
	脉冲输出	无	2	2	2
	定时器中断	1	2	2	2
	硬件输入中断	1	4	4	4
	实时时钟	无	有	有	有
通信	通信口数（RS485）	1	1	2	2
	支持协议 Port0	PPI，自由口			
	支持协议 Port1	—	—	DP	PPI，自由口
	中断事件发送/接收	1/1	1/1	1/2	2/4
	主从机使用	从机	主从机	主从机	主从机

11.1.2 S7-200系列PLC输入输出特性

S7-200系列PLC输入输出特性见表11-2。

表11-2 S7-200系列PLC输入输出特性

型 号	电源（V）	输入电压（V）	输出类型	输出电压（V）	输出电流（A）
CPU212	直流24	直流24	晶体管直流输出	直流24	0.5
CPU214	交流120～230	直流24	继电器输出	直流24 交流24～230	2
	交流120～230	交流24/120	晶闸管交流输出	交流120～230	1
CPU215	直流24	直流24	晶体管直流输出	直流24	1、0.5
CPU216	交流120～230	直流24	继电器输出	直流24 交流24～230	2

11.1.3 S7-200扩展模块

S7-200扩展的实现是通过CPU基本单元右侧背部8位并行总线，将扩展数字和模拟模块按照要求与基本单元插接在一起，最终构成能够处理更多信号、完成更多功能，以满足用户的需要。扩展模块有如下几种类型。

1. 数字量扩展模块

（1）数字量输入模块EM221：8DI，DC 24V；8DI，AC 24V/AC 120V。即EM221有两种输入触点：8点直流输入触点和8点交流输入触点。

（2）数字量输出模块EM222：8DO，DC 24V；8DO，AC 24～230V；8DO，Relay（DC 24V/AC 24～230V）。即EM222有三种输出触点：8点直流晶体管输出、8点交流输出和8点继电器输出。

（3）数字量输入/输出模块EM223：4DI（DC 24V），4DO（DC 24V/2A）；4DI（DC 24V），4DO（Relay2A）；4DI（AC 120V），4DO（AC 24～230V）；8DI（DC 24V），8DO（Relay2A）；

16DI（DC 24V），16DO（Relay2A）。即 EM223 有三种输入/输出触点：4 点直流输入/4 点直流输出、4 点直流输入/4 点继电器输出和 4 点直流输入/4 点交流输出；8 点直流输入/8 点继电器输出；16 点直流输入/16 点继电器输出。

2. 模拟量扩展模块

（1）模拟量输入模块 EM231：3AI（12 位＋符号位）。

（2）模拟量输入/输出模块 EM235：3AI（12 位＋符号位），1AO（12 位）。

11.1.4　S7－200 系列 PLC 存储空间及地址分配

1. 存储空间分类

S7－200 系列 PLC 的存储空间大致可划分为程序空间、数据空间和参数空间三个子空间。

（1）程序空间。程序空间主要用于存放以梯形图语言或指令表语言编写的用户程序，并使用 S7－200 专用编程工具输入。由于程序空间的布局比较简单，功能也比较单一，其操作与管理都由 PLC 系统或编程器完成，因此用户对该空间不需作太多的了解。

（2）数据空间。数据空间主要用于存放工作数据，又包括两个子空间：数据存储器子空间和数据对象子空间，其组成如图 11－1 所示。

（3）参数空间。参数空间用于存放系统参数，如站地址、口令等。

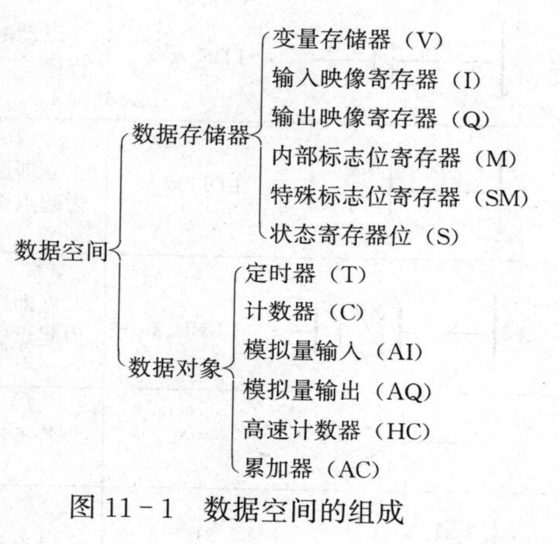

图 11－1　数据空间的组成

2. 数据存储空间的地址分配

数据存储空间的地址分配见表 11－3。

表 11－3　数据存储空间的地址分配表

存储器类型	CPU212	CPU214	CPU215	CPU216
变量存储器 V	0.0～1023.7	0.0～4095.7	0.0～5119.7	0.0～5119.7
输入映像寄存器 I	0.0～7.7	0.0～7.7	0.0～7.7	0.0～7.7
输出映像寄存器 Q	0.0～7.7	0.0～7.7	0.0～7.7	0.0～7.7
内部标志位寄存器 M	0.0～15.7	0.0～31.7	0.0～31.7	0.0～31.7
特殊标志位寄存器 SM	0.0～45.7	0.0～85.7	0.0～199.7	0.0～199.7
状态寄存器位 S	0.0～7.7	0.0～15.7	0.0～31.7	0.0～31.7
定时器 T	0～63	0～127	0～255	0～255
计数器 C	0～63	0～127	0～255	0～255
累加器 AC	0～3	0～3	0～3	0～3
模拟量输入 AI	0～30	0～30	0～30	0～30
模拟量输出 AQ	0～30	0～30	0～30	0～30
高速计数器 HC	0	0～2	0～2	0～2

11.1.5 S7－200系列PLC的基本指令

这里主要介绍S7－200系列PLC的基本逻辑指令和定时器/计数器指令。

1. 基本逻辑指令

S7－200系列基本逻辑指令见表11－4。

表11－4　S7－200系列基本逻辑指令

梯形图及语句表	功　能	操作数
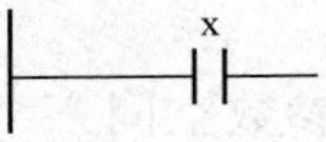 LD x	以动合触点x为始点引出一行新程序	I、Q、M、S、V、SM、T、C
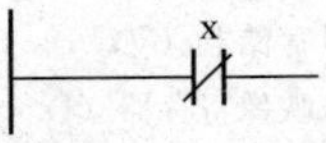 LDN x	以动断触点x为始点引出一行新程序	
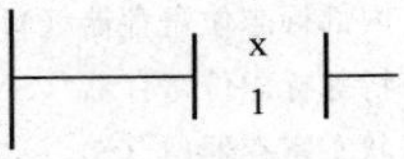 LDI x	立即读动合触点x的状态，并以x为起点引出一条新程序	I
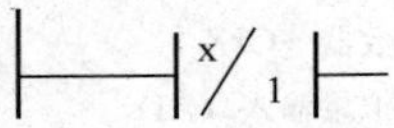 LDNI x	立即读动断触点x的状态，并以x为起点引出一条新程序	
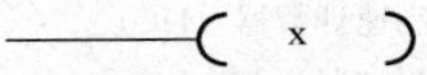 =x	若条件满足，输出线圈x得电	Q、M、S、SM、T、C、V
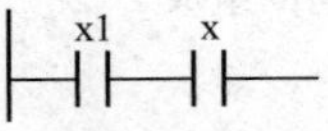 LD x1 A x	动合触点x与x1串联	I、Q、M、S、SM、T、C、V
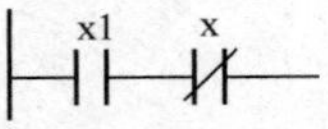 LD x1 AN x	动断触点x与x1串联	
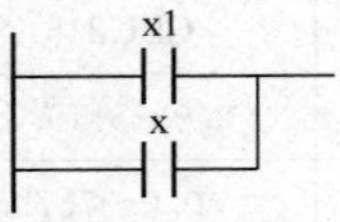 LD x1 O x	动合触点x与x1并联	I、Q、M、S、SM、T、C、V
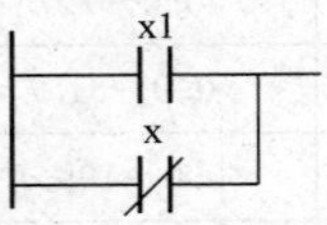 LD x1 ON x	动断触点x与x1并联	
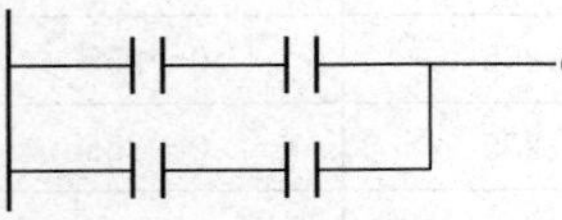 OLD	电路块的并联	—
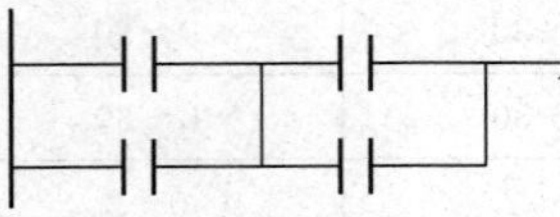 ALD	电路块的串联	

续表

梯形图及语句表	功　能	操作数
(SCR x) LSCR　x	标记一个 SCR 段的开始	S
—(SCRT x) SCRT x	若条件满足，使下一个 S 位置 I，同时使上一个 S 位复位	—
—(SCRE) SCRE	标记一个 SCR 段的结果	
—(S S_bit N) S S_bit,N	将从 S _ bit 开始的连续 N 位置 1	S _ bit（位）：I、Q、S、SM、T、C、V N（字节）：IB、QB、SB、SMB、VB、AC、常数 ＊VD、＊AC
—(R S_bit N) R S_bit,N	将从 S _ bit 开始的连续 N 位置 0	
—(S_I S bit N) SI S_bit,N	将从 S _ bit 开始的连续 N 个输出立即置 1	S bit（位）：Q N（字节）：IB、QB、MB、SB、SMB、VB、AC、常数、＊VD、＊AC
—(R_I S bit N) RI S_bit,N	将从 S _ bit 开始的连续 N 个输出立即置 0	
—| NOT |— NOT	NOT 触点改变电流流向，即当左侧线路不通时，输出线圈闭合；当左侧线路通时，输出线圈断开	—
—| P |— EU	当左侧线路出现从断开到导通的跳变时，右侧线圈闭合一个扫描周期	
—| N |— ED	当左侧线路出现从导通到断开的跳变时，右侧线圈闭合一个扫描周期	
|—| x1 ＊＊□ |—(x2) LD □＊＊ x1,x2	当 x1、x2 满足由“＊＊＝0”确定的关系时，比较触点闭合 “＊＊”表示所需判断的关系； ＝＝：等于； ＞＝：大于或等于； ＜＝：小于或等于	“□”确定比较值的类型，同时确定操作数 x1、x2 的范围
x —| x1 ＊＊□ |—(x2) LD x A□＊＊x1,x2		
x, x1 ＊＊□ (parallel) —(x2) LD x O□＊＊x1,n_2		

2. 定时器/计数器指令

S7-200系列PLC定时器/计数器指令见表11-5。

表11-5　　S7-200系列PLC定时器/计数器指令

梯形图及语句表	功　能	操作数
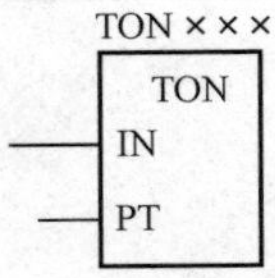 TON ××× [TON: IN, PT]　TON T×××, PT	当IN接通时，定时器TON开始计时。当前值大于预置值PT时，定时器T×××被置位。当IN断开时T×××复位	PT（字）：VW、T、C、IW、QW、MW、SW、SMW、AC、AIW、常数、*VD、*AC T×××：定时器代号 定时精度分为1ms、10ms和100ms
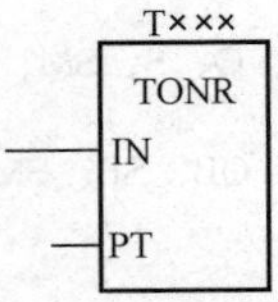 T××× [TONR: IN, PT]　TONR T×××, PT	当IN接通时，定时器TONR开始计时。当前值大于预置值PT时，定时器T×××被置位。当IN断开时，T×××暂停计时，但不复位	
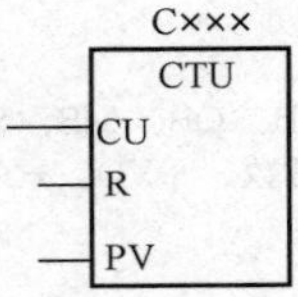 C××× [CTU: CU, R, PV]　CTU C×××, PV	当计数输入端CU上升沿输入时，计数器当前值加1。当当前值大于预置值PV时，置位计数器C×××。当复位输入端R接通时，计数器复位	PV（字）：VW、T、C、IW、QW、SW、MW、SMW、AC、AIW、常数、*VD、*AC
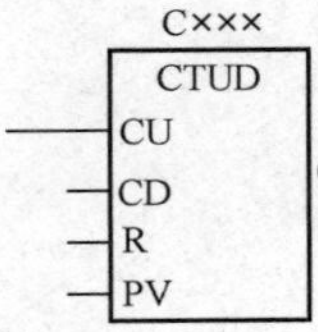 C××× [CTUD: CU, CD, R, PV]　CTUD C×××, PV	当加计数输入端CU上升沿输入时，加/减计数器当前值加1。当减计数输入端CD上升沿输入时，加/减计数器当前值减1。当前值大于预置值PV时，置位计数器C×××。当复位输入端R接通时，计数器复位	

11.2　欧姆龙C系列PLC

C系列PLC是日本欧姆龙公司生产的，有多种机型。小型PLC一般做成整体式，可以由基本单元及扩展单元组成不同规模的系统；大中型PLC通常做成模块式。例如C200H中型PLC和C1000H大型PLC，它们都由CPU单元、存储器单元、I/O扩展单元等模块组成。

11.2.1　C系列P型PLC的型号

欧姆龙C系列P型PLC有基本型（单元）、扩展型（单元）和专用型（单元）三种，共有四种CPU主机、六种I/O近程扩展机，还有多种专用单元。

1. 基本单元

基本单元（又称主机）带有CPU，其型号示意图如图11-2所示。

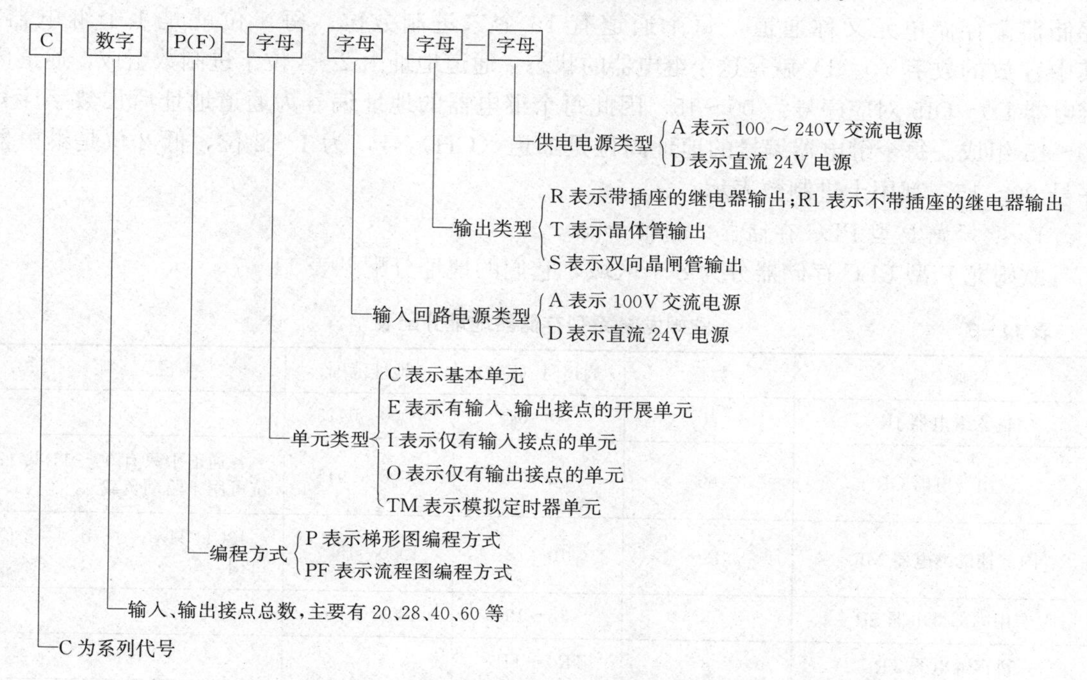

图11-2 欧姆龙C系列P型PLC型号示意图

例如：C40P-CDR-A，表示C系列P型主机，输入、输出接点为40，输入为直流24V，继电器输出方式，供电电源类型为交流100～240V。

基本单元主要有四种，其参数见表11-6。

表11-6 基本单元参数

型号	输入、输出总点数	输入点数	输出点数	扩展接口数
C20P	20	12	8	1
C28P	28	16	12	1
C40P	40	24	16	1
C60P	60	32	28	1

注 对于输入点数，如果是直流输入型就是表中的点数；如果是交流输入型，则交流输入点数为表中的点数减去2，另有2点为直流输入。

2. 扩展单元

扩展单元分为I/O扩展单元和单一（I或O）扩展单元，其型号及含义与基本单元基本相同。

11.2.2 欧姆龙C系列PLC的数据存储器

欧姆龙C系列可编程控制器一般以“字（16位二进制数）”为单位存储和处理信号，所以数据存储器每个单元有16个二进制数位，可存储16个逻辑变量。这些逻辑变量可仍采用电气控制术语而被分别称作继电器，如输入继电器、定时继电器、计数继电器、暂存继电器、内部辅助继电器等。

数据存储器将每若干个连续单元划分为一个继电器区，所有的继电器区组成了数据存储器。存储单元又称通道，每个通道有 16 个二进制数位，每 1 位就是 1 个继电器，其中存放的数字（0、1）就是这个继电器的状态。通道地址由 2～4 位十进制数组成，通道内继电器 D0～D15 对应序号为 00～15。因此每个继电器的地址编号为通道地址后加数字序号 00～15 组成。每个继电器编号的地址高位是通道（CH）号，为 1～2 位，低 2 位是继电器序号 00～15，都用十进制数表示。

1. 欧姆龙 P 型 PLC 存储器的地址分配

欧姆龙 P 型 PLC 存储器分为 8 个区域，它们的地址分配见表 11－7。

表 11－7　　欧姆龙 C 系列存储器地址分配表

区域名称	数量	通道号（CH）	地址范围	说　明
输入继电器 JR	80	00～04	0000～0415	
输出继电器 OR	60	05～09	0500～0915	各通道中只有 00～11 共 12 位可用于驱动负载
内部辅助继电器 MR	136	10～18	1000～1807	18CH 只有 00～07 共 8 位可用
专用内部继电器 SR	8	18～19	1808～1907	
暂存继电器 TR	8	TR0～TR7		
保持继电器 HR	160	HR0～HR9	HR000～HR915	
定时器/计数器 TC	48	TC00～47		
数据存储区 DM	64CH	DM00～DM63		

2. 欧姆龙 C200H PLC 存储器的地址分配

C200H 属欧姆龙 PLC 的高档机型，模块结构，它的存储器分为 9 个区域，每个存储器地址编号的高位是通道号（2～4 位），低 2 位是存储器序号 00～15，均为十进制数表示。C200H 存储器的地址分配见表 11－8。

表 11－8　　C200H 存储器地址分配表

区 域 名 称	通 道 号	区 域 名 称	通 道 号
I/O 继电器	000～029	辅助存储继电器 AR	AR00～AR27
内部存储继电器 IR	030～250	链接继电器 LR	LR00～LR63
专用继电器 SR	251～255	定时器/计数器 TC	TM000～TM511
暂存继电器 TR	TR0～TR7	数据存储区 DM	DM0000～DM0999 读/写
保持继电器 HR	HR00～HR99		DM1000～DM1999 只读

3. 专用继电器（SR）的功能

专用继电器用于监测 PLC 系统的工作状态，产生时钟脉冲和各类特殊标志信号，其通道号为 251～255。表 11－9 列出了 SR 区继电器的功能，其状态多由系统程序自动写入，用户一般只能读取使用。

表 11-9　SR 区继电器的功能

通道	位	功　能
251	00	几个远程 I/O 单元同时多重出错标志
	01 02	不用
	03	一个远程 I/O 或光传输 I/O 单元故障标志
	04	光传输 I/O 的 H 或 L 单元故障标志
	05 06	机架中错误安装了光传输 I/O 单元
	07	远程 I/O 主单元故障标志
	08 09 10 11 12 13 14 15	• 远程 I/O 主单元（B0～B7）故障标志 • 光传输 I/O 单元（00～31 号）故障标志 • I/O 链接单元（00～31）故障标志
252	00～05	不用
	06	1 号槽位安装型链接单元故障标志
	07	1 号槽位安装型链接单重新启动标志
	08	CPU 安装型链接单元故障标志
	09	CPU 安装型链接单元重新启动标志
	10 11	不用
	12	数据保持标志
	13	0 号槽位安装型链接单重新启动标志
	14	不用
252	15	输出禁止标志
253	00～07	故障代码输出区
	08	电池失效报警
	09	扫描时间报警
	10	I/O 检查错误标志
	11	0 号槽位安装型链接单元故障标志
	12	远程 I/O 单元故障标志
	13	动断继电器（ON）
	14	动合继电器（OFF）
	15	复位后第一次扫描时为 ON
254	00	1min 时钟脉冲
	01	0.02s 时钟脉冲
	02～06	不用
	07	步进启动标志
	08～14	不用
	15	特殊 I/O 单元故障标志
255	00	0.1s 时钟脉冲
	01	0.2s 时钟脉冲
	02	1.0s 时钟脉冲
	03	错误（ER）标志
	04	进位（CY）标志
	05	大于（GR）标志
	06	等于（EQ）标志
	07	小于（LE）标志

11.2.3 欧姆龙 C 系列 PLC 的功能 I/O 单元

功能 I/O 单元是可编程控制器生产厂家为增加 PLC 系统功能而开发的扩展模块，由用户根据需要组合选用，安装在 PLC 机架的插槽中。功能 I/O 单元可分为简单型和智能型两类：简单型 I/O 单元完全在主机 CPU 控制下工作，如扩展点数 I/O 单元和光纤传输单元等；智能型 I/O 单元带有自己的 CPU，在主机 CPU 管理下进行独立工作。智能型 I/O 单元又称特殊功能 I/O 单元，是功能 I/O 单元的主要形式。已形成系列产品的智能 I/O 单元有以温度、流量、压力等过程变量为输入的模拟量输入单元，发出模拟控制信号的模拟量输出单元，以热电偶测温元件为输入的温度传感器输入单元，以高速脉冲量为输入的高速计数单元，以大量快速数字量为输入/输出的多点 I/O 快速响应单元，具有通信功能的 PLC 链接单元和远程 I/O 单元，以及位置控制单元、PID 控制单元、模糊控制单元、温度控制单元、语音单元等。表 11－10 列出了 C200H PLC 的系列智能 I/O 单元型号和功能。

表 11－10 C200H PLC 的系列智能 I/O 单元型号和功能

单元名称	型号	功能
模拟量输入单元	AD001、AD002	4、8 路电压或电流信号输入，具有比例、平均值、上下限报警、断线检测、峰值保持、提取等功能
模拟量输出单元	DA001	2 路电压或电流信号输出，具有输出限幅、上下限报警、脉冲输出等功能
多点 I/O 单元	ID501/215 OD501/215 MD501/215	16、32、128 路数字量输入/输出，具有动态刷新和快速响应功能
温度传感器输入单元	TS001/002 TS101/102	4 路热电偶或热电阻温度传感器输入，具有自动量程设定、线性化、断线检测等功能
高速计数单元	CT001、CT002	50K、75KCPS 的高速计数器，其有 6 种工作模式、3 种输入类型和 8 点数字量输出
PID 控制单元	PID01/02/03	2 路独立的 PID 控制回路、3 种输出类型、先行 PID 控制或开关控制可选
温度控制单元	TC001/002/003 TC101/102/103	2 路独立的温度控制回路、3 种输出类型、先行 PID 控制或开关控制方式、加热器断线检测等
位置控制单元	NC111/112 NC211	脉冲速率变化可调、原点搜索、间隙补偿、多点定位、示教、手动操作等
模糊控制单元	FZ001	8 路输入、4 路输出，每个规则可有 8 个条件和两个结论，可与其他 I/O 单元配合使用，软件与个人计算机兼容
ID 传感器单元	IDS01 IDS02	采用微波或电磁波进行数据和命令的无线传输，具有环境适应性强、实时性好、纠错能力强等特点
语音单元	OV001	可外接话筒、扬声器和录音机等，用于声音的录入、存储、编辑和回放等，可实现声音控制和报警
ASCII 单元	ASC02	通过 RS－232C 接口可实现与计算机、键盘、打印机、MODEM、显示器、记录仪、编码器等的连接，实现 PLC 信息的输入/输出
远程 I/O 单元	RM201 RT201/202	实现主站与从站单元的远程连接，传输距离可达 200m，可采用电缆或光缆
PLC 链接单元	LK401	通过 RS－485 接口实现多台 PLC 之间的连接与通信
主机链接单元	LK101 LK201 LK202	通过 RS－232C 或 RS－422 接口实现 PLC 与计算机之间的连接与通信

智能 I/O 单元是一个自身包括 CPU、存储器、I/O 接口和总线的完整微机系统。它既能独立运行，通过 I/O 接口实现控制功能，减轻主机 CPU 负担。又能与主机 CPU 进行数据交换，通过 I/O 扩展接口的系统总线欧姆龙接受管理，从而实现主机 CPU 对整个 PLC 系统的控制与协调，大幅度增强了系统的处理能力和运行速度。

对于欧姆龙 C200 型 PLC，其智能 I/O 单元与主机 CPU 的数据交换一般是通过 PLC 的内部辅助继电器（IR）区和数据存储（DM）区进行的。一个 C200H 系统最多允许安装 10 个智能 I/O 单元。智能 I/O 单元的地址（单元号）由其面板上旋转开关设定，而与单元所在槽位无关。各种智能 I/O 单元在 IR 区的通道分配参见表 11－11，所能使用的 IR 区和 DM 区的范围见表 11－12。其中每个单元最多允许使用 IR 区 10 个通道，DM 区 100 个通道。

表 11－11　各种智能 I/O 单元在 IR 区的通道分配表

通道号	用　途	通道号	用　途
030～049	用户任意	200～231	光纤传输 I/O 单元
050～099	远程 I/O 从单元	232～246	用户任意
100～199	A/D、D/A、温度传感器、位置控置、高速计数等单元	247～250	PLC 链接单元

表 11－12　IR 区和 DM 区的范围表

单元号	IR 区范围	DM 区范围	单元号	IR 区范围	DM 区范围
0	IR100～109	DM1000～1099	5	IR150～159	DM1500～1599
1	IR110～119	DM1100～1199	6	IR160～169	DM1600～1699
2	IR120～129	DM1300～1299	7	IR170～179	DM1700～1799
3	IR130～139	DM1300～1399	8	IR180～189	DM1600～1899
4	IR140～149	DM1400～1499	9	IR190～199	DM1900～1999

11.2.4　欧姆龙 C 系列 PLC 的通信功能单元

C200H 的通信功能单元根据 PLC 连接对象的不同可分为如下三类。

(1) 上位连接单元：用于 PLC 与计算机的互连和通信。PLC 机架上最多安装两个上位连接单元，连接接口分别有光纤接口、RS－422 和 RS－232C 串行接口等形式。

(2) PLC 连接单元：用于 PLC 与 PLC 之间的互连和通信。PLC 机架上最多安装两个 PLC 连接单元。各个 PLC 通过 PLC 连接单元采用多级连接形成的环形或总线式网络结构。连接接口为 RS－485 串行接口。

(3) 远程 I/O 单元：远程 I/O 单元有主站单元和从站单元两类，分别安装在主站 PLC 机架和从站 PLC 机架上，实现主站 PLC 与从站 PLC 的远程互连。

各通信功能单元见表 11－13。

表 11－13　C200H PLC 通信功能单元

单元名称	型　号	接　口	说　明
上位连接单元	C200H－LK101－PV1 C200H－LK202－V1 C200H－LK201－V1	光纤 RS－422 RS－232C	机架上最多安装 2 个
PLC 连接单元	200H－LK401	RS－485	机架上最多安装 2 个。多级连接
远程 I/O 主站单元	C200H－RM001－PV1 C200H－RM201	光纤 RS－232C	机架上最多安装 2 个
远程 I/O 从站单元	C200H－RT201 C200H－RT202	RS－232C RS－422	机架上最多安装 5 个

11.2.5 欧姆龙 C 系列 PLC 的基本指令

1. 基本逻辑指令

基本逻辑指令包括基本输入输出指令和位逻辑的与、或、非运算指令。基本逻辑指令的梯形图及指令表见表 11－14。

表 11－14 基本逻辑指令梯形图及指令表

梯形图	指令表	功 能	操作数范围
	LD B	读取	
	LD NOT B	取反	
	AND B	与	0000～1807 HR000～915 TIM/CNT00～47 TR0～7
	AND NOT B	与非	
	OR B	或	
	OR NOT B	或非	
	OUT B	输出	0500～1807 HR000～915 TR0～7
	OUT NOT B	求反输出	
电路块	AND LD	块与	
电路块	OR LD	块或	

2. 定时器/计数器指令

定时器指令分为通用定时器指令和高速定时器指令，其梯形图及指令表见表 11－15。

表 11－15 定时器指令的梯形图及指令表

梯形图	指令表	功 能	操作数范围
TIM N SV	TIM N SV	通用定时	定时器编号 N：00～47 设定值：0000～9999
TIMH N SV	TIMH N SV	高速定时	定时器编号 N：00～47 设定值：0000～9999

计数器指令分为通用计数器指令和可逆计数器指令，其梯形图及指令表见表 11－16。

表 11－16　**计数器指令的梯形图及指令表**

梯形图	指令表	功　能	操作数范围
CP、R → CNT N SV	CNT　N SV	通用计数	计数器编号 N：00～47 设定值：0000～9999
IN、DI、R → CNT N SV	CNTR　N SV	可逆计数	计数器编号 N：00～47 设定值：0000～9999

11.3　松下电工 FP1 系列 PLC

目前，国内市场上进口的和国产的 PLC 产品种类很多，日本松下电工 FP 系列 PLC 产品以其独到之处，占有相当的国内市场份额。松下电工株式会社从 1982 年开始生产第一代 PLC 以来至今已有 20 多年的历史，FP 系列 PLC 是 20 世纪 90 年代开始的第三代产品，它代表了当今世界 PLC 的发展水平。该产品有 FP0、FP1、FP2、FP3、FP10、FP10S、FP10SH 等多种规格，已经形成系列化。虽然是小型机，其性价比很高，特别适合于中小型企业。

11.3.1　FP 系列产品的分类及特点

FP 系列 PLC 可分为三大类七种型号。

1. 整体性机型及其特点

整体性机型的代表有 FP0 和 FP1。

FP0 是一种超小尺寸的 PLC 产品，一个控制单元（主机）只有 25mm 宽，I/O 点有 16 点，可扩展 I/O 点最多为 128 点，整体宽度不超过 105mm，安装面积是同类产品中最小的。因 FP0 体积小、兼容性好，可用于室内检测、传送控制、给料机、食品加工机、包装机、停车器、自动货架、行车限距仪等，有着广泛的应用领域。

FP1 属于小型 PLC 产品。该系列产品有紧凑小巧的 C14 与 C16 型，还有具有较高级处理功能的 C24、C40、C56、C72 型等多种规格，C 后的数字代表该型号 PLC 主机的 I/O 点数之和。例如，C40 表示该种型号的可编程控制器主机有 24 个输入点、16 个输出点。PLC 的 I/O 点之比通常为 1∶1、2∶1 或 3∶2。

FP1 是一种功能非常强的小型机系列，某些功能甚至可与大型机媲美。它具有体积小、功能强、性价比高等特点，适用于单机、小规模控制，在机床、纺织机、电梯控制等领域得到广泛应用，特别适合在中小企业中推广应用。

FP1 由主机、扩展单元、智能和连接单元三大部分组成，扩展单元为 I/O 点的扩展模块，由 E8～E40（8～40 个 I/O 点）系列组成。智能单元包括远程 I/O、C－NET 网络、A/D、D/A 单元。利用这些模块最多可将 I/O 点扩展到 152 点，同时还可以控制 4 路 A/D 和 4 路 D/A。

采用FP1实现PLC的实时控制，具有如下主要特点。

(1) 程序最大容量可达5000步，最大用户数据区为6144字，最大内部继电器数为1008点，定时、计数器最大点数为144个。

(2) 具有81条基本功能指令，111条高级指令，可进行基本逻辑运算和加、减、乘、除等四则运算，能处理8位、16位、32位数字并能进行多码制变换。具有子程序调用、凸轮控制、高速计数、字符打印及步进指令等特殊功能指令，编程更为简单、容易。

(3) 主机控制单元内的高速计数器可输入频率高达10kHz的脉冲，并可同时输入两路脉冲。晶体管输出型的FP1可以输出频率可调的脉冲信号，该机还具有8个中断源的中断优先权管理。输入脉冲捕捉最小脉冲宽度为0.5ms的脉冲输入。另外还有强制置位、复位控制功能，口令保护功能，固定扫描时间设定功能，时钟、日历控制功能等，实现了对各种对象的控制。

(4) 主机单元还配有RS-232接口，可实现PLC与PC之间的通信。使用松下电工的C-NET网，用RS-485双绞线，可将1200m范围内多达32台PLC联网，实现上位机监控。用FP1的I/O连接单元，通过远程I/O可实现与FP系统进行I/O数据通信，从而实现一台主机控制单元对多台控制单元的控制。

2. 模块式机型及其特点

模块式机型有FP2、FP3、FP10、FP10S、FP10SH等。模块式机型具有组合灵活、功能强大、模块丰富等特点，广泛应用于石油化工、机械、食品、冶金、污水处理等大规模的控制中。

基本模块大致有以下几类。

(1) CPU单元：FP2、FP3、FP10、FP10S单元。

(2) 电源单元：24V DC、220V AC，电流输出24、6A等。

(3) 母板：3、5、8槽等。

(4) 输入/输出单元：8、16、24、32、64点输入，16、24、32点输出。

(5) 模拟量控制单元：4路、8路A/D模块，4路D/A模块，4路热电阻模块，4路热电偶输入模块，PID模块等。

(6) 位置控制单元：1路、2路高速计数模块，脉冲输出模块，单轴、双轴位置控制模块，双轴、三轴联动位置控制模块等。

(7) 数据处理单元。

(8) 网络通信单元：C-NET、MEWNET-H、MEWNET-P、MEWNET-W网络模块。

3. 板式机型及其特点

单板式PLC产品有FP-M和FP-C两大系列。FP-M是在FP1型PLC基础上改进设计的产品，其性能与FP1基本相同，最大I/O点数可达192点，采用堆叠式的扩展方法，由主控板、扩展版、模拟I/O板、网络板组成；FP-C是在FP3基础上改进设计的产品，其性能与FP3类似。

单板式PLC在编程上与整体式或模块式的PLC完全相同，只是结构更加紧凑、体积更小、价格也相对便宜，是松下电工比较独特的功能完备的产品，适用于安装空间小或对成本要求严格的场合，如大批量生产的轻工机械产品等。

4. FP 系列新产品

FP-BASIC 型 PLC 可用 BASIC 语言进行编程，为不熟悉梯形图语言的用户提供了方便。

FP10H 型 PLC 具有极高的运算速度，每一基本指令的扫描时间为 0.04μs，是当今世界上运算速度最快的 PLC 之一。

5. 中文编程软件

为了使用户能够方便地编写和调试程序，松下电工在 FP 系列 PLC 编程软件 NPST For DOS 的基础上，又推出了 FPSOFT For Windows 窗口编程软件和 FPWIN GR 中文版窗口编程软件。

NPST-GR 中文版不但提供中文菜单，用户还可以使用在线帮助以及输入中文注解，其独特的"动态时序图"功能可使用户同时监控 16 个 I/O 点的时序，是调试程序的极好工具。

11.3.2 FP1 系列产品的硬件组成

FP1 系列 PLC 与其他系列的硬件组成类似，主要由控制单元、扩展单元、智能单元和连接单元等组成。控制单元又称基本单元，它是 PLC 的核心，起控制和协调作用；扩展单元用于扩展 I/O 接口；智能单元主要是指 A/D 和 D/A 模块，完成模拟量与数字量之间的转换和输入与输出。连接单元是实现数据通信的接口，完成与外部信息的交流。FP1 系列 PLC 有 C14、C16、C24、C40、C56、C72 等型号，它们的硬件结构、指令系统、性能指标、编程方式基本相同，本节以 C40 控制单元为例进行介绍。

1. 控制面板

FP1-C40 型 PLC 控制单元面板如图 11-3 所示。主要器件如下：

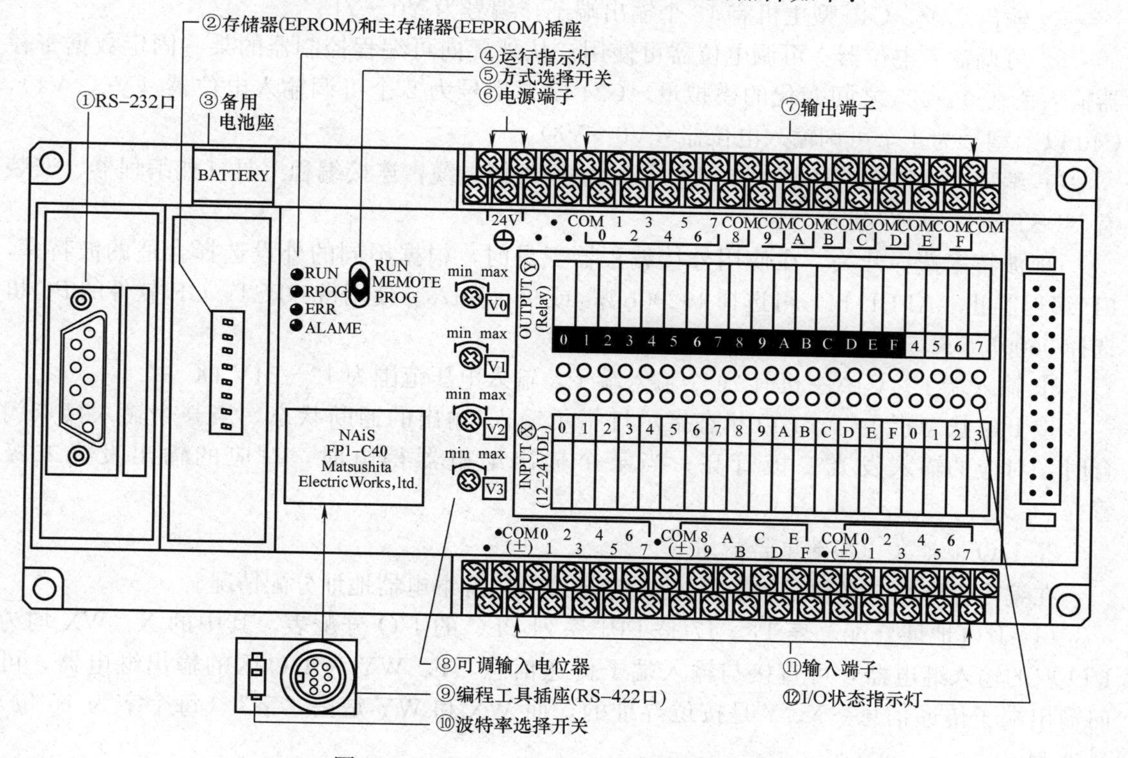

图 11-3 FP1-C40 型 PLC 控制单元面板

① RS-232 口。只有 C24、C40、C56、C72 的 C 型机才配有（C 型机带有 RS-232 口及日历/时钟），利用该口能与 PC 机通信编程，也可以连接其他有关外设（如 I. O. P 智能操作板、条形码判读器和串行打印机）。

② 存储器（EPROM）和主存储器（EEPROM）插座。该插座用来连接 EPROM 和 EEPROM。

③ 备用电池座。当控制单元断电时，由蓄电池供电保护有效信息，电池寿命一般为 3～6 年。

④ 运行指示灯如下：

"RUN" 亮：表示程序正在运行，当强制输入、输出（在 "RUN" 方式时）该灯闪烁。

"PROG" 亮：表示控制单元终止程序，可用手持编程器编程。

"ERR" 亮：表示有诊断错误发生。

"ALARM" 亮：表示检测到异常情况或出现 "Watchdog" 定时故障。

⑤ 方式选择开关如下：

"RUN" 方式，控制单元运行程序。

"PROG" 方式，可以进行编程。

"MENOTE" 方式，可用编程工具改变 PLC 的工作方式（"RUN" 或 "PROG"）。

⑥ 电源端子。FP1 型主机有交、直流两种电源形式，交流型电压为 100～240V AC，直流型电压为 24V DC。

⑦ 输出端子。C40 型主机有 16 个输出端子，编号为 Y0～YF。

⑧ 可调输入电位器。可调电位器可使用户从外部向可编程控制器的某些固定数据寄存器输入值在 0～225 之间变化的模拟量，C24 以下型号为 2 个可调输入电位器（V0、V1），C40 以上型号为 4 个可调输入电位器（V0～V3）。

⑨ 编程工具插座（RS-422 口）。用此插座外接电缆，连接编程工具（如编程器、安装有 NPST 软件的 PC 机）。

⑩ 波特率选择开关。在使用外接编程器工具时，根据不同的外设选择合适的波特率，FP 编程器Ⅱ（AFP1114）可选择 19200bit/s 或 9600bit/s。使用带 NPST-GR 软件的 PC 机选择 9600bit/s。

⑪ 输入端子。C40 主机有 24 个输入端子，输入电压范围为 12～24V DC。

⑫ I/O 状态指示灯。I/O 状态指示灯指示输入/输出的通断状态，当某个输入接点闭合时，对应的输入发光二极管亮；当某个输出继电器得电时，对应的输出发光二极管亮。

2. I/O 地址及内部继电器的组成

在编写程序时，必须了解 PLC 的 I/O 地址及内部继电器地址分配情况。

（1）I/O 地址分配。表 11-17 是 FP1 系列 PLC 的 I/O 分配表，其中的 X、WX 均为 I/O 取的输入继电器，可直接与输入端子传递信息。Y、WY 为 I/O 区的输出继电器，可向输出端子传递信息。X、Y 是按位寻址的，而 WX 和 WY 是按 "字"（每个字为 16 位）寻址的。

表 11-17 FP1 系列的 I/O 分配表

单元类型		输入继电器	输出继电器
主机单元	C14	X0～X7	Y0～Y4，Y7
	C16	X0～X7	Y0～Y7
	C24	X0～XF	Y0～Y7
	C40	X0～XF，X10～X17	Y0～YF
	C72	X0～XF，X10～X1F X20～X27	YU～YF，Y10～Y1F
扩展单元（1 号/2 号）	E8（入）	X30～X37/X50～X57	—
	E8（出入）	X30～X33/X50～X53	Y30～Y33/Y50～Y53
	E8（出）	—	Y30～Y37/Y50～Y57
	E16	X50～X57	Y50～Y57
	E24	X50～X5F	Y50～Y57
	E40	X50～X67	Y50～Y57
A/D（数/模）单元	通道 0	X90～X9F（WX9）	—
	道路 1	X100～X10F（WX10）	—
	道路 2	X110～X11F（WX11）	—
	通道 3	X120～X12F（WX12）	—
D/A（模/数）单元	0 号 通道 0	—	Y90～Y9F（WY9）
	0 号 通道 1	—	Y100～Y10F（WY10）
	1 号 通道 0	—	Y110～Y11（WY11）
	1 号 通道 1	—	Y120～Y12F（WY12）

（2）内部继电器。除了 I/O 继电器以外，PF1 系列 PLC 还有大量的内部继电器，这些继电器的使用可使可编程控制器的功能大大增强，编程变得十分灵活。内部继电器的符号及地址见表 11-18。

表 11-18 内部继电器的符号及地址

编程元件名称及符号	功能说明	符号	容 量
输入继电器	该继电器将外部开关信号送到 PLC	X（位）	208：X0～X12F
		WX（字）	13：WX0～WX12
输出继电器	该继电器将 PLC 执行程序的结果向外输出，驱动外设电器动作	Y（位）	208：Y0～Y12F
		WY（字）	13：WY0～WY12
内部继电器	该继电器不能提供外部输出，只能在 PLC 内部使用	R（位）	1008：R0～R62F
		WR（字）	63：WR0～WR62
特殊内部继电器	该继电器是有特殊用途的专用内部继电器，用户不能占用，也有能用于输出，但可作为触点使用	R（位）	64：R9000～R903F
		WR（字）	4：WR9000～WR9003

续表

编程元件名称及符号	功能说明	符号	容　量
定时器	该触点是定时器指令的输出	T（位）	100：T0～T99
计数器	该触点是计数器指令的输出	C（位）	44：C100～C143
定时器/计数器设定值寄存器	该寄存器用来存储定时器/计数器指令的预置值	SV（字）	144：SV0～SV143

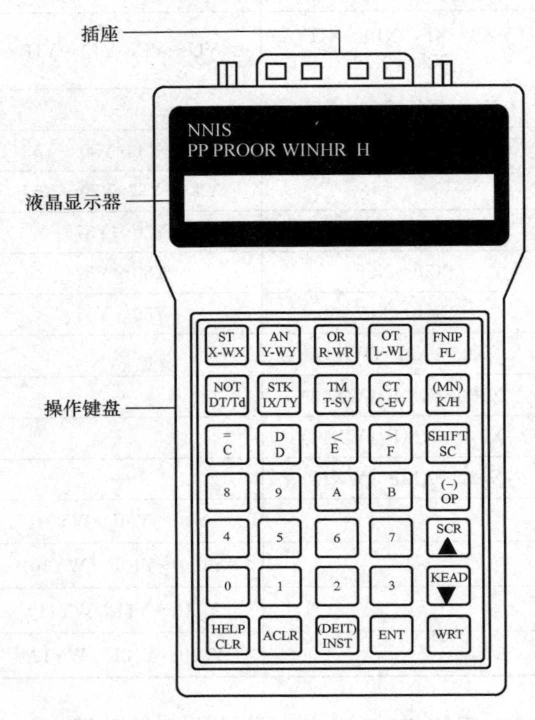

图 11-4　FP 编程器Ⅱ外形

3. 编程器

FP 编程器Ⅱ外形如图 11-4 所示，其主要功能是输入、修改、插入及删除已写入（CPU）内部 RAM 中的命令，还可监视或设置存储于 PLC 中的继电器通/断状态、寄存器内容以及寄存器参数等。在使用编程器时应了解以下几个部分。

（1）插座。插座是 FP 编程器Ⅱ与 PLC 连接的接口。当与 FP1、FP3、FP5、FP10S 或 FP10 连接时，可作为 RS-422 接口；当与 FP-C 和 FP-M 连接时，可作为 RS-232 接口。

（2）液晶显示器（LCD）。LCD 用于显示指令及信息，在显示窗口上可同时显示两行信息或数据，如果对 FP 编程器进行了错误操作，显示器上就会提示。

（3）操作键盘。PF 编程器Ⅱ共有 35 个操作键，利用它们可进行输入指令、设置系统寄存器、监视继电器或寄存器等操作。

11.3.3　FP1 主要技术性能

1. 控制性能

表 11-19 列出了 FP1 系列小型 PLC 产品控制单元的主要性能。

表 11-19　　FP1 系列小型 PLC 产品控制单元的主要性能

项　目	型　号					
	C14	C16	C24	C40	C56	C72
I/O 点数	8/6	8/8	16/8	24/16	32/24	40/32
最大 I/O 点数	54	56	104	120	136	152
运行速度	1.6μs/步基本指令					
程序容量	900 步		2720 步		5000 步	
存储器类型	EEPROM			RAM（备用电池）和 EPROM		
指令数	126		191		192	
内部继电器（R）	256			1008		

续表

项目	型号					
	C14	C16	C24	C40	C56	C72
特殊内部继电器（R）	64					
定时器/计数器（T/C）	128			144		
数据寄存器（DT）	256		1660		6144	
特殊数据寄存器	70					
索引寄存器（IX，IY）	2					
MC（MCE）点数	16			32		
Lebel 数（JMP，LOOP）	32			64		
步梯级数	64			128		
子程序数	8			16		
中断数	无			9		
输入滤波时间	1～128ms					
自诊断功能	如 WDT 定时器、电池检测、程序检测					

2. 输入特性

FP1 PLC 的输入特性见表 11-20。

表 11-20　FP1 PLC 的输入特性

项目	参数	项目	参数
额定输入电压（直流）	12～24V	响应时间（ON-OFF）	小于 200μs（设定中断输入） 小于 500μs（设定脉冲捕捉）
工作电压范围（直流）	10.2～26.4V		
接通电压/电流	小于 10V/小于 3mA	输入阻抗	约 3kΩ
关断电压/电流	大于 2.5V/大于 1mA	运行方式指示	LED
响应时间（ON→OFF）	小于 2ms（正常输入） 小于 50μs（设定高速计数器）	连接方式	端子板（M3.5 螺钉）
		绝缘方式	光耦合

3. 输出特性

FP1 PLC 的输出形式主要有继电器输出和晶体管输出两种类型，其输出特性见表 11-21。

表 11-21　FP1 PLC 的输出特性

输出类型	项目	参数
继电器输出	输出类型	动合
	额定控制能力	2A 250V AC，2A30V DC（5A/公共端）
	响应时间	OFF→ON 小于 8ms ON→OFF 小于 10ms
	机械寿命	大于 5×10^6 次
	电气寿命	大于 10^5 次

续表

输出类型	项　目	参　数
继电器输出	浪涌电流吸收	无
	工作方式指示	LED
晶体管输出	绝缘方式	光耦合
	输出方式	晶体管 PNP 和 NPN 集电极开路
	额定负载电压范围（直流）	5～24V
	工作负载电压范围（直流）	4.75～26.4V
	最大负载电流（直流）	0.5A/点（24V）
	最大浪涌电流	3A
	OFF 状态泄漏电流	不大于 100μA
	ON 状态压降	不大于 1.5V
	响应时间	不大于 1ms
	浪涌电流吸收器	压敏电阻
	工作方式指示	LED

11.3.4 FP1 的指令系统

FP1 系列 PLC 具有丰富的指令系统，指令多达 100 余条，根据功能可将这些指令分为基本指令、定时器/计数器指令、功能指令和高级指令四大类。

1. 基本指令

FP1－C40 基本指令见表 11－22，这些指令可以通过编程器键盘上的指令键直接输入。

表 11－22　FP1－C40 基本指令表

指　令	指令表	功　能
ST ST/	ST　s ST/　s	取动合触点开始 取动断触点开始
OT	OT　s	输出
NOT	NOT	求反
AN AN/	AN　s AN/　s	与 与非
OR OR/	OR　s OR/　s	或 或非
ANS ORS	ANS ORS	块与 块或

2. 定时器/计数器指令

FP1－C40 系列 PLC 有 0.01s 定时器、0.1s 定时器和 1s 定时器三种，对应的指令也各不相同。FP1－C40 系列 PLC 定时器/计数器指令见表 11－23。

表 11-23　**FP1-C40 系列 PLC 定时器/计数器指令**

指　令	语句表	功　能
TMR TMX TMY	TMR　T，N TMX　T，N TMY　Y，N	T：时间预置值； N：定时器编号 0～99
CT	CT　T，N	减 1 计数器 T：预置值；N：计数器编号 100～143

注　TMR 为 0.01s 定时器指令；TMX 为 0.1s 定时器指令；TMY 为 1s 定时器指令。

3. 功能指令

FP1-C40 系列功能指令表见表 11-24。

表 11-24　**FP1-C40 系列功能指令表**

指令	指令码	语句表	功　能
DF（DF/）	0	DF	前沿（后沿）微分
NOP	1	NOP	空操作
KP	2	KP　B	保持
SR	3	SR　WR	内部字继电器（WR）左移一位
MC MCE	4 5	MC　*n* MCE　*n*	执行 MC～MCE 之间的语句：*n* 为 0～31
JP LBL	6 7	JP　*n* LBL　*n*	跳转与跳转标记。跳转执行同一编号跳转标记后面的语名：*n* 为 0～63
LOOP LBL	8	LOOP　*n* LBL　*n*	循环与循环标记。循环执行同一编号循环标记后面的语句：*n* 为 0～63
PSHS RDS POPS	9 A B	PSHS RDS POPS	压入堆栈 读取堆栈 弹出堆栈
SSTP NSTP CSTP STPE	C D E F	SSTP　*n* NSTP　*n* CSTP　*n* STPE	步进标记。步进 *n* 起始位置 边沿触发时转移至步进 *n* 清除步进 *n* 步进区域 *n* 结束
ED	10	ED	主程序结束
CNDE	11	CNDE	结束当前程序，开始下一个扫描周期
CALL SUB RET	12 13 14	CALL　*n* SUB　*n* RET	调用子程序 n 子程序 n 入口 子程序返回
ICTL INT IRET	15 16 17	ICTL　S1，S2 INT　*n* IRET	设置中断控制字 中断入口 中断返回
SET RST	19 1A	SET　Y RST　Y	将指定输出置位 将指定输出复位

4. 高级指令

高级指令又称扩展指令，FP 系列 PLC 共有 160 余条。高级指令的格式为：指令助记符、源操作数、目标操作数。FP系列PLC部分高级指令见表11－25。

表11－25 FP系列PLC部分高级指令

指令码	助记符	语句表	功能
F0	MV	F0MV，S，D	16位数据传输 S：源操作数；D：目的操作数
F22	＋	F22＋，S1，S2，D	16位数据求和 S1：被加数；S2：加数；D：运算结果
F60	CMP	F60 CMP，S1，S2	16位数据比较
F130	BTS	F130BTS，D，n	将指定位置位 D：指定寄存器；n：被指定的位K0～K15
F131	BTR	F131BTR，D，n	将指定位复位
F132	BTI	F132BTI，D，n	将指定位求反

练习与思考题

11－1 S7－200系列PLC的电源电压有哪几种？输出有哪几种类型？

11－2 数字量扩展模块EM223有哪些I/O接点构成？

11－3 举例说明S7－200系列PLC数据存储空间的地址范围。

11－4 欧姆龙C系列PLC型号有哪几部分组成？

11－5 欧姆龙P型PLC输入、输出继电器的地址范围是什么？

11－6 举例说明FP1系列小型PLC控制单元的主要性能。

附 录

附录A FX$_{2N}$系列PLC的常用辅助继电器一览表

表A-1 PLC状态辅助继电器

元件编号	名 称	说 明
M8000	运行监控	运行闭合（ON）
M8001	运行监控	运行断开（OFF）
M8002	初始脉冲	运行后第1个扫描周期闭合（ON）
M8003	初始脉冲	运行后第1个扫描周期断开（OFF）
M8004	出错监视	M8060或M8067接通时闭合（ON）
M8005	电压监视	锂电池电压降低时闭合（ON）
M8006	电压降低锁存	保存电压降低信号
M8007	电源瞬停检测	电源停电后闭合（闭合时间短）
M8008	电源停电检测	电源停电后闭合（闭合时间长）
M8009	DC 24V电压监视	DC 24V为零闭合（ON）

表A-2 时钟辅助继电器

元件编号	名 称	说 明
M8010		
M8011	10ms时钟	每10ms输出1个脉冲
M8012	100ms时钟	每100ms输出1个脉冲
M8013	1s时钟	每1s输出1个脉冲
M8014	1min时钟	每1min输出1个脉冲
M8015	计时停止或预置	
M8016	时间显示停止	
M8017	±30s修正（时钟用）	
M8018	RTC检测	
M8019	RTC出错	

表A-3 标志辅助继电器

元件编号	名 称	说 明
M8020	零标志	加减运算结果为“0”置位
M8021	借位标志	减运算结果小于最小负数值时置位
M8022	进位标志	加法运算有进位或结果溢出时置位
M8024	BMOV方向指定	
M8025	HSC方式	外部复位HSC方式

续表

元件编号	名　称	说　明
M8026	RAMP保持方式	
M8027	RP方式	
M8028	允许中断标志	执行FROM/TO指令时允许中断
M8029	执行指令结束标志	执行指令结束时置位

表A-4　**PLC方式辅助继电器**

元件编号	名　称	说　明
M8030	电池LED关闭	M8030闭合（ON）时，电池电压LED指示不亮
M8031	非保持存储器寄存器清零	M8031闭合（ON）时，Y、M、S、T、C的映像寄存器及T、D、C的当前值全部清“0”。而数据存储器和文件寄存器中的内容不受影响
M8032	保持存储器清零	
M8033	存储器保持停止	PLC由RUN→STOP时，映像寄存器及数据存储器中的数据全部保留
M8034	禁止全部输出	M8034闭合（ON）时，外部输出均为OFF
M8035	强制RUN方式	
M8036	强制RUN信号	
M8037	强制STOP信号	
M8039	定时扫描方式	M8039闭合（ON）时，PLC以定时扫描方式运行，扫描时间由D8038设定

表A-5　**步进顺控辅助继电器**

元件编号	名　称	说　明
M8040	禁止状态转移	M8040闭合（ON）时，禁止状态转移
M8041	状态转移开始	M8041闭合（ON），自动状态时，从初始状态开始转移
M8042	启动脉冲	M8042闭合（ON），脉冲输出
M8043	复原完成	返回原点后，M8043闭合（ON）
M8044	原点条件	检测到返回原点时，M8044闭合（ON）
M8045	禁止全输出复位	方式切换时，禁止全输出复位
M8046	STL状态置位	S0～S999任一接通时，M8046闭合（ON）
M8047	STL状态监控有效	M8047闭合（ON），D8040～8047有效
M8048	报警器接通	S900～S999任一接通时，M8048闭合（ON）
M8049	报警器有效	M8042闭合（ON），D8049的操作有效

表A-6　**中断禁止辅助继电器**

元件编号	名　称	说　明
M8050	I00×禁止	M8050闭合（ON）时，I00×输入中断被禁止
M8051	I10×禁止	M8051闭合（ON）时，I10×输入中断被禁止

续表

元件编号	名　称	说　明
M8052	I20×禁止	M8052 闭合（ON）时，I20×输入中断被禁止
M8053	I30×禁止	M8053 闭合（ON）时，I30×输入中断被禁止
M8054	I40×禁止	M8054 闭合（ON）时，I40×输入中断被禁止
M8055	I50×禁止	M8055 闭合（ON）时，I50×输入中断被禁止
M8056	I60×禁止	M8056 闭合（ON）时，I60×定时中断被禁止
M8057	I70×禁止	M8057 闭合（ON）时，I70×定时中断被禁止
M8058	I80×禁止	M8058 闭合（ON）时，I80×定时中断被禁止
M8059	I010～I060 禁止	M8059 闭合（ON）时，I010～I060 计数中断全被禁止

表 A-7　　错误检测辅助继电器

元件编号	名　称	说　明
M8060	I/O 编号错误	PROGE 灯：OFF；PLC 状态：RUN
M8061	硬件错误	PROGE 灯：闪动；PLC 状态：STOP
M8062	通信错误	PROGE 灯：OFF；PLC 状态：RUN
M8063	并行接口错误	PROGE 灯：OFF；PLC 状态：RUN
M8064	参数错误	PROGE 灯：闪动；PLC 状态：STOP
M8065	语法错误	PROGE 灯：闪动；PLC 状态：STOP
M8066	电路错误	PROGE 灯：闪动；PLC 状态：STOP
M8067	运算错误	PROGE 灯：OFF；PLC 状态：RUN
M8068	运算错误锁存	PROGE 灯：OFF；PLC 状态：RUN
M8069	I/O 总线检查	

表 A-8　　并行连接功能辅助继电器

元件编号	名　称	说　明
M8070	并行连接主站标志	主站为 ON
M8071	并行连接从站标志	从站为 ON
M8072	并行连接运行标志	并行连接运行为 ON
M8073	主站/从站设置不良	M8070，M8071 设置不正确，M8073 为 ON
M8075	准备开始指令	采样扫描准备开始为 ON
M8076	运行开始指令	采样扫描运行开始为 ON
M8077	运行标志	采样扫描运行中为 ON
M8078	结束标志	采样扫描结束为 ON
M8079	超越标志	扫描次数超过 512 次为 ON

表 A－9 增减计数器辅助继电器

元件编号	说　明
M8200～M8234	M8×××为 ON，计数器 C×××为减计数 M8×××为 OFF，计数器 C×××为加计数 （注×××为 200～234）

表 A－10 高速计数器辅助继电器

元件编号	说　明
M8235	M8×××为 ON，单相高速计数器 C×××为减计数 M8×××为 OFF，单相高速计数器 C×××为加计数 （注×××为 235～245）
M8236	
M8237	
M8238	
M8239	
M8240	
M8241	
M8242	
M8243	
M8244	
M8245	
M8246	M8×××为 ON，1 相 2 输入高速计数器 C×××为增序计数 M8×××为 OFF，1 相 2 输入高速计数器 C×××为降序计数 （注×××为 246～250）
M8247	
M8248	
M8249	
M8250	
M8251	M8×××为 ON，2 相高速计数器 C×××为增序计数 M8×××为 OFF，2 相高速计数器 C×××为降序计数 （注×××为 251～255）
M8252	
M8253	
M8254	
M8255	

附录 B　FX 系列 PLC 主要功能指令一览表

分类	指令编号 FNC	指令助记符	操作数	功能及说明
程序流程	00	CJ	S·	条件跳转。程序跳转到［S·］P 指针（P0～P127）指定处
	01	CALL	S·	调用子程序。程序调用［S·］P 指针（P0～P127）指定的子程序。嵌套 5 层以下
	02	SRET		子程序返回。从子程序返回主程序

续表

分类	指令编号 FNC	指令助记符	操作数	功能及说明
程序流程	03	IRET		中断返回主程序
	04	EI		中断允许
	05	DI		中断禁止
	06	FEND		主程序结束
	07	WDT		监视定时器。程序中执行监视定时器刷新
	08	FOR	S·	循环开始。重复执行开始，嵌套 5 层以下
	09	NEXT		循环结束。重复执行结束
传送与比较	010	CMP	S1· S2· D·	比较。[S1·] 同 [S2·] 比较→[D·]
	011	ZCP	S1· S2· S· D·	区间比较。[S·] 同 [S1·]～[S2·] 区间比较→[D·]，[D·] 占 3 点
	012	MOV	S· D·	传送。[S·]→[D·]
	013	SMOV	S· m1 m2 D· n	移位传送。[S·] 第 m1 位开始的 m2 个数位移到 [D·]的第 n 个位置，m1、m2、n=1～4
	014	CML	S· D·	取反。[S·] 取反→[D·]
	015	BMOV	S· D· n	块传送。[S·]→[D·]（n 点→n 点）。[S·] 包括文件寄存器；n≤512
	016	FMOV	S· D· n	多点传送。[S·]→[D·]（1 点→n 点）；n≤512
	017	XCH	D1· D2·	数据交换。[D1·]→[D2·]
	018	BCD	S· D·	求 BCD 码。[S·]16/32 位二进制数转换成 4/8 位 BCD→[D·]
	019	BIN	S· D·	求二进制码。[S·]4/8 位 BCD 转换成 16/32 位二进制数→[D·]
四则逻辑运算	020	ADD	S1· S2· D·	二进制加法。[S1·]+[S2·]→[D·]
	021	SUB	S1· S2· D·	二进制减法。[S1·]−[S2·]→[D·]
	022	MUL	S1· S2· D·	二进制乘法。[S1·]×[S2·]→[D·]
	023	DIV	S1· S2· D·	二进制除法。[S1·]÷[S2·]→[D·]
	024	INC	D·	二进制加 1。[D·]+1→[D·]
	025	DEC	D·	二进制减 1。[D·]−1→[D·]
	026	WAND	S1· S2· D	逻辑字与。[S1·]∧[S2·]→[D·]
	027	OR	S1· S2· D·	逻辑字或。[S1·]∧[S2·]→[D·]
	028	XOR	S1· S2· D·	逻辑字异或。[S1·]∀[S2·]→[D·3]
	029	NEC	D·	求补码。[D·] 按位取反→[D·]
循环移位	030	ROR	D· n	循环右移。执行条件或立，[D·] 循环右移 n 位（高位→低位→高位）
	031	ROL	D· n	循环左移。执行条件或立，[D·] 循环左移 n 位（低位→高位→低位）
	032	RCR	D· n	带进位循环右移。[D·] 带进位循环右移 n 位（高位→低位→十进位→高位）

续表

分类	指令编号 FNC	指令助记符	操作数				功能及说明
循环移位	033	RCL	D·	n			带进位循环左移。[D·] 带进位循环左移 n 位（低位→高位→十进位→低位）
	034	SFTR	S·	D·	$n1$	$n2$	位右移。[S·] 开始的 $n2$ 位右移→[D·] 开始的 $n1$ 位，高位进，低位溢出
	035	SFTL	S·	D·	$n1$	$n2$	位左移。[S·] 开始的 $n2$ 位左移→[D·] 开始的 $n1$ 位，低位进，高位溢出
	036	WSFR	S·	D·	$n1$	$n2$	字右移。[S·] 开始的 $n2$ 字右移→[D·] 开始的 $n1$ 字，高字进，低字溢出
	037	WSFL	S·	D·	$n1$	$n2$	字左移。[S·] 开始的 $n2$ 字左移→[D·] 开始的 $n1$ 字，低字进，高字溢出
	038	SFWR	S·	D·	n		FIFO 写入。先进先出的数据写入，$2 \leqslant n \leqslant 512$
	039	SFRD	S·	D·	n		FIFO 读出。先进先出的数据读出，$2 \leqslant n \leqslant 512$
数据处理	040	ZRST	D1·	D2·			成批复位。[D1·]～[D2·] 复位。[D1·]<[D2·]
	041	DECO	S·	D·	n		解码。[S·] 的 n(n=1～8) 位二进制数解码为十进制数 x→[D·]，使 [D·] 的第 x 位为“1”
	042	ENCO	S·	D·	n		编码。[S·] 的 2^n(n=1～8) 位中的最高“1”位代表的位数（十进制数）编码为二进制数后→[D·]
	043	SUM	S·	D·			求置 ON 位的总和。[S·] 中“1”的数目存入 [D·]
	044	BON	S·	D·	n		ON 位判断。[S·] 中第 n 位为 ON 时，[D·] 为 ON (n=0～15)
	045	MEAN	S·	D·	n		平均值。[S·] 中 n 点平均值→[D·]（n=1～64）
	046	ANS	S·	m	D·		标志置位。若执行条件为 ON，[S·] 中定时器定时 m ms 后，标志位 [D·] 置位。[D·] 为 S900～S999
	047	ANR					标志复位。被置位的定时器复位
	048	SOR	S·	D·			二进制平方根。[S·] 平方根→[D·]
	049	FLT	S·	D·			二进制整数与二进制浮点数转换
高速处理	050	REF	D·	n			输入输出刷新。指令执行。[D·] 立即刷新。[D·] 为 X000，X010…，Y000，Y010，…；n 为 8，16，…，256
	051	REFF	n				滤波调整。输入滤波时间调整为 $n$ms，刷新 X0～X17，n=0～60
	052	MTR	S·	D1·	D2·	n	矩阵输入（使用一次）。n 列 8 点数据以 [D1·] 输出的选通信号分时将 [S·] 数据读入 [D2·]
	053	HSCS	S1·	S2·	D·		比较置位（高速计数）。[S1·]=[S2·] 时，[D·] 置位，中断输出到 Y、[S2·] 为 C235～C255
	054	HSCR	S1·	S2·	D·		比较复位（高速计数）。[S1·]=[S2·] 时，[D·] 复位，中断输出到 Y。[D·] 为 C 时，自复位
	055	HSZ	S1·	S2·	S·	D·	区间比较（高速计数）。[S·] 与 [S1·]～[S2·] 比较，结果驱动 [D·]
	056	SPD	S1·	S2·	D		脉冲密度。在 [S2·] ms 内，将 [S1·] 输入的脉冲存入 [D·]

续表

分类	指令编号 FNC	指令助记符	操作数					功能及说明
高速处理	057	PLSY	S1·	S2·	D·			脉冲输出（使用一次）。以［S1·］的频率从［D·］送出［S2·］个脉冲。［S1·］：1～1000Hz
	058	PWM	S1·	S2·	D·			脉宽调制（使用一次）。输出周期［S2·］、脉冲宽度［S1·］的脉冲至［D·］。周期可为1～36767ms，脉宽可为1～36737ms，［D·］仅为Y0或Y1
	059	PLSR	S1·	S2·	S3·	D·		可调速脉冲输出（使用一次）。［S1·］：最高频率，10～20000（Hz）；［S2·］：总输出脉冲数；［S3·］：增减速时间，5000ms以下；［D·］：输出脉冲，仅能指定Y0或Y1
方便指令	060	IST	S·	D1·	D2·			状态初始化（使用一次）。自动控制步进程序中的状态初始化。［S·］为运行模式的初始输入，［D1·］为自动模式中的实用状态的最小号码，［D2·］为自动模式中的实用状态的最大号码
	061	SER	S1·	S2·	D·	n		查找数据。检索以［S1·］为起始的n个数据中与［S2·］相同的数据，并将其个数存于［D·］
	062	ABSD	S1·	S2·	D	n		绝对值式凸轮控制（使用一次）。对应［S2·］计数器的当前值，输出以［D·］开始的n点由［S1·］内数据决定的输出波形
	063	INCD	S1·	S2·	D·	n		增量式凸轮顺控（使用一次）。对应［S2·］的计数器当前值，输出以［D·］开始的n点由［S1·］内数据决定的输出波形。［S2·］的第二计数器计数复位次数
	064	TTMR	D·	n				示数定时器。用［D·］开始的第二个数据寄存器测定执行条件为ON的时间，乘以n指定的倍率存入［D·］。n为0～2
	065	STMR	S·	m	D·			特殊定时器。m指定的值作为［S·］指定的定时器的设定值，以［D·］开始的首先为延时断开定时器，其次的是输入ON→OFF后的脉冲定时器，再次的是输入OFF→ON后的脉冲定时器，最后的是与前次状态相反的脉冲定时器
	066	ALT	D·					交替输出
	067	RAMP	S1·	S2·	D·	n		斜坡信号
	068	ROTC	S·	m1	m2	D·		旋转工作台控制（使用一次）
	069	SORT	S·	m1	m2	D·	n	列表数据排序（使用一次）
I/O	070	TKY	S·	D1·	D2·			10键输入（使用一次）
	071	HKY	S·	D1·	D2·	D3·		16键（十六进制）输入（使用一次）
	072	DSW	S·	D1·	D2·	n		数字开关（使用二次）
	073	SEGD	S·	D·				七段码译码
	074	SEGL	S·	D·	n			带锁存七段码显示（使用二次）
	075	ARWS	S·	D1·	D2·	n		方向开关（使用一次）
	076	ASC	S·	D·				ASC码转换
	077	PR	S·	D·				ASC码打印（使用二次）
	078	FROM	m1	m2	D·	n		BFM读出
	079	TO	m1	m2	S·	n		写入BFM

续表

分类	指令编号 FNC	指令助记符	操作数					功能及说明
外围设备 SER	080	RS	S·	*m*	D·	*n*		串行通信传送
	081	RSUN	S·	D·				八进制位传送
	082	ASCI	S·	D·	*n*			HEX→ASCII 变换
	083	HEX	S·	D·	*n*			ASCII→HEX 变换
	084	CCD	S·	D·	*n*			校验码
	085	VRRD	S·	D·				模拟量输入
	086	VRSC	S·	D·				模拟量开关设定
	088	PID	S1·	S2·	S3·	D·		PID 运算
浮点数运算	110	ECMP	S1·	S2·	D·			二进制浮点比较
	111	EZCP	S1·	S2·	S·	D·		二进制浮点区域比较
	118	EBCD	S·	D·				浮点数转换。二进制浮点→十进制浮点
	119	EBIN	S·	D·				浮点数转换。十进制浮点→二进制浮点
	120	EADD	S1·	S2·	D·			二进制浮点加法。[S1·]＋[S2·]→[D·]
	121	ESUB	S1·	S2·	D·			二进制浮点减法。[S1·]－[S2·]→[D·]
	122	EMUL	S1·	S2·	D·			二进制浮点乘法。[S1·]×[S2·]→[D·]
	123	EDIV	S1·	S2·	D·			二进制浮点除法。[S1·]÷[S2·]→[D·]
	127	ESOR	S·	D·				二进制浮点开方。[S·] 开方→[D·]
	129	INT	S·	D·				二进制浮点→BIN 整数转换
	130	SIN	S·	D·				浮点 SIN 运算。[S·] 角度的正弦→[D·]
	131	COS	S·	D·				浮点 COS 运算。[S·] 角度的余弦→[D·]
	132	TAN	S·	D·				浮点 TAN 运算。[S·] 角度的正切→[D·]
	147	SWAP	S·					高低位变换
时钟运算	160	TCMP	S1·	S2·	S3·	S·	D·	时钟数据比较
	161	TZCP	S1·	S2·	S·	D·		时钟数据区域比较
	162	TADD	S1·	S2·	D·			时钟数据加法
	163	TSUB	S1·	S2·	D·			时钟数据减法
	166	TRD	D·					时钟数据读出
	167	TWR	S·					时钟数据写入
触点比较	224	LD＝	S1·	S2·				触点型比较指令。连接母线型触点，当 [S1·]＝[S2·] 时接通
	225	LD＞	S1·	S2·				触点型比较指令。连接母线型触点，当 [S1·]＞[S2·] 时接通
	226	LD＜	S1·	S2·				触点型比较指令。连接母线型触点，当 [S1·]＜[S2·]时接通
	228	LD＜＞	S1·	S2·				触点型比较指令。连接母线型触点，当 [S1·]＜＞[S2·] 时接通

续表

分类	指令编号 FNC	指令助记符	操作数		功能及说明
接点比较	229	LD⩽	S1·	S2·	触点型比较指令。连接母线型触点，当[S1·]⩽[S2·]时接通
	230	LD⩾	S1·	S2·	触点型比较指令。连接母线型触点，当[S1·]⩾[S2·]时接通
	232	AND=	S1·	S2·	触点型比较指令。串联型触点，当[S1·]=[S2·]时接通
	233	AND>	S1·	S2·	触点型比较指令。串联型触点。当[S1·]>[S2·]时接通
	234	AND<	S1·	S2·	触点型比较指令。串联型触点，当[S1·]<[S2·]时接通
	236	AND<>	S1·	S2·	触点型比较指令。串联型触点，当[S1·]<>[S2·]时接通
	237	AND⩽	S1·	S2·	触点型比较指令。串联型触点，当[S1·]⩽[S2·]时接通
	238	AND⩾	S1·	S2·	触点型比较指令。串联型触点，当[S1·]⩾[S2·]时接通
	240	OR=	S1·	S2·	触点型比较指令。并联型触点，当[S1·]=[S2·]时接通
	241	OR>	S1·	S2·	触点型比较指令。并联型触点，当[S1·]>[S2·]时接通
	242	OR<	S1·	S2·	触点型比较指令。并联型触点，当[S1·]<[S2·]时接通
	244	OR<>	S1·	S2·	触点型比较指令。并联型触点，当[S1·]<>[S2·]时接通
	245	OR⩽	S1·	S2·	触点型比较指令。并联型触点，当[S1·]⩽[S2·]时接通
	246	OR⩾	S1·	S2·	触点型比较指令。并联型触点，当[S1·]⩾[S2·]时接通

参 考 文 献

[1] 范次猛. 可编程控制器原理与应用. 北京：北京理工大学出版社，2006.
[2] 刘敏. 可编程控制器技术. 北京：机械工业出版社，2002.
[3] 王永华. 现代电气控制及 PLC 应用技术. 北京：北京航空航天大学出版社，2003.
[4] 蔡红斌. 电气与 PLC 控制技术. 北京：清华大学出版社，2007.
[5] 刘美俊. 可编程控制器应用技术. 福州：福建科学技术出版社，2006.
[6] 张万忠. 可编程控制器应用技术. 北京：化学工业出版社，2001.
[7] 王晓军，杨庆煊，许强. 可编程控制器原理及应用. 北京：化学工业出版社，2007.
[8] 王兆义，杨志新. 小型可编程控制器实用技术. 北京：机械工业出版社，2006.
[9] 廖常初. FX 系列 PLC 编程及应用. 2 版. 北京：机械工业出版社，2013.
[10] 张均，卢涵宇. 可编程控制器原理及应用. 北京：中国铁道出版社. 2007.
[11] 龚仲华，史建成，孙毅，等. 三菱 FX/Q 系列 PLC 应用技术. 北京：人民邮电出版社，2006.
[12] 汤自春. PLC 原理及应用技术. 北京：高等教育出版社，2006.
[13] 王整风，谢云敏. 可编程控制器原理与实践教程. 上海：上海交通大学出版社，2007.
[14] 张方庆，肖功明. 可编程控制器技术及应用：三菱系列. 北京：电子工业出版社，2007.
[15] 高勤. 可编程控制器原理及应用（三菱机型）. 北京：电子工业出版社，2006.
[16] 张万忠，孙俊. 可编程控制器入门与应用实例（三菱 FX2N 系列）. 北京：中国电力出版社，2005.
[17] 谢伟红，刘斌，黄定明. 可编程控制器原理及应用. 北京：中国电力出版社，2006.
[18] 王卫星，傅立思，孙耀杰. 可编程控制器原理及应用. 北京：中国水利水电出版社，2002.
[19] 劳动和社会保障部教材办公室. PLC 应用技术（三菱）. 北京：中国劳动和社会保障出版社，2006.
[20] 陈苏波，杨俊辉，陈伟欣. 三菱 PLC 快速入门与实例提高. 北京：人民邮电出版社，2008.
[21] 吕景泉. 可编程控制器技术教程. 北京：高等教育出版社，2006.
[22] 刘继修. PLC 应用系统设计. 福州：福建科学技术出版社，2007.
[23] 刘光起，周亚夫. PLC 技术及应用 . 北京：化学工业出版社，2007.
[24] 王也仿. 可编程控制器应用技术. 北京：机械工业出版社，2001.
[25] 林春方. 可编程控制器原理及其应用. 上海：上海交通大学出版社，2004.
[26] 张鹤鸣，等. 可编程控制器原理及应用教程. 2 版. 北京：北京大学出版社，2011.
[27] 罗伟. 陶艳. PLC 与电气控制. 2 版. 北京：中国电力出版社，2012.